高等学校新工科人才培养"十三五"规划教材

# 信号与系统基础

张卫钢　编著

西安电子科技大学出版社

# 内 容 简 介

"信号与系统"是高等学校本科通信工程、电子信息工程、网络工程、物联网工程、自动控制及机电一体化等专业的一门重要的专业基础课程。它不仅是本科生培养计划中的必修课,也是不少专业研究生入学考试的必考科目。

本书是专门针对上述专业而编写的应用型本科教材。全书共 11 章,内容包括:信号,系统,连续系统时域分析,周期信号作用下的连续系统实频域分析,非周期信号作用下的连续系统实频域分析,连续系统的复频域分析,连续系统的模拟与稳定性分析,离散信号与离散系统时域分析,离散信号与离散系统 z 域分析,系统的状态空间分析,信号与系统分析理论及方法的应用。

本书在内容上基本涵盖了当前国内外信号与系统经典教材中的主要知识点;在深度上与应用型本科教学需求相吻合;在风格上,无论是编排、讲解还是插图都有独到之处。本书具有内容全面不赘、概念清晰明了、语言通俗易懂、插图准确形象、例题丰富多彩、理论与实践相结合等特点,是应用型本科学校"信号与系统"课程理想的备选教材。

经过教师适当摘选,本书也适用于高职高专院校,同时也可作为相关领域工程技术人员的参考书。

**图书在版编目(CIP)数据**

信号与系统基础/张卫钢编著. —西安:西安电子科技大学出版社,2019.1
ISBN 978 - 7 - 5606 - 5211 - 5

Ⅰ. ① 信… Ⅱ. ① 张… Ⅲ. ① 信号系统 Ⅳ. ① TN911.6

**中国版本图书馆 CIP 数据核字(2019)第 014726 号**

策划编辑 李惠萍
责任编辑 李惠萍
出版发行 西安电子科技大学出版社(西安市太白南路 2 号)
电 话 (029)88242885 88201467 邮 编 710071
网 址 www.xduph.com 电子邮箱 xdupfxb001@163.com
经 销 新华书店
印刷单位 陕西利达印务有限责任公司
版 次 2019 年 1 月第 1 版 2019 年 1 月第 1 次印刷
开 本 787 毫米×1092 毫米 1/16 印张 18
字 数 420 千字
印 数 1~3000 册
定 价 42.00 元

ISBN 978 - 7 - 5606 - 5211 - 5/TN
**XDUP 5513001—1**

* * * 如有印装问题可调换 * * *

# 前 言

　　"信号与系统"是高等学校本科通信工程、电子信息工程、物联网工程、网络工程、机电一体化、自动控制等专业的一门重要的专业基础课程，对理工科学生自学能力、分析问题和解决问题能力的提高，以及科学思维、实践技能和综合素质的培养有着深远的影响。它不仅是本科生培养计划中的必修课，而且也是不少专业研究生入学考试的必考科目，在本科教学环节中占有极其重要的地位，是我们学习信息理论，掌握信息技术，促进国家信息化建设的理论基础，有人甚至把它比喻为开启 21 世纪信息科学殿堂的一把钥匙。

　　为适合应用型本科院校的教学需求，我们编写了这本《信号与系统基础》教材，以期学生能在 48 学时内，全面了解信号与系统的基本概念和分析思路，掌握基本的分析与计算方法，具备一定的独立分析问题与解决问题的能力，理解该课程与前导课程"电路分析"和后续课程"通信原理"或"自动控制原理"的关系，从而具有扎实的理论基础和较高的专业理论水平与实践技能。

## 1. 本课程的主要内容

　　从内容上看，"信号与系统"与其说是一门专业课，不如说是一门具有专业特色的数学课更加准确。所谓"信号"，就是数学中的函数，不过赋予了"电压""电流"等物理意义罢了。而"系统"则可以看作一个对信号具有某种变换（处理或运算）作用的"变换"模块。

　　"信号与系统"课程的主要内容可以归纳为：研究信号被一个给定系统变换前后之间的关系，或者说是研究函数被一个运算模块处理前后之间的关系。在这里，变换前的信号被称为"输入"或"激励"，经过系统变换处理后的信号被称为"输出"或"响应"。"激励"是原因，"响应"是结果。用数学语言描述的话，就是自变量（激励）通过模块（系统）运算，得到因变量（响应），我们用图 0 - 1 解释这种关系。其中，图(a)给出一个实际的物理系统——变压器及其两端的电压关系；而图(b)则是对图(a)的数学描述或等效。可见，所谓"信号与系统"，实际上就是把物理系统抽象为数学模型，然后通过分析该模型，即求解激励与响应之间的关系进而研究系统性能的一门课程。注意：图中的字符"$T[\cdot]$"表示对括号内元素的一种处理或变换。显然，"信号"是"系统"处理的对象，"系统"是处理"信号"的主体，两者相辅相成。

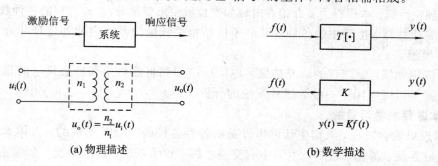

(a) 物理描述　　　　　　　　　　(b) 数学描述

图 0 - 1　激励、响应与系统之间的关系

由于"信号与系统"中信号与系统之间的关系是用数学模型(数学表达式)来描述的,即 $y(t)=T[f(t)]$,所以该课程自始至终贯穿着一条主线,即求解数学模型,通俗地说,就是"解方程"。围绕着这条主线派生出不同的求解方法,并由此构成全书的主要知识点。

由于信号和系统是本课程的核心,所以,全部分析工作都是围绕着它们展开的。

对"信号"的分析工作主要包括:

(1) 信号的建模,即将现实生活中遇到的各种物理信号通过数学方法抽象为一个数学表达式,亦即"数学建模",其目的是将物理信号变成可以"纸上谈兵"的数学函数。

(2) 信号的分解与组合,即将一个信号分解为其他信号的线性组合形式,或者说用一组信号的线性组合去表达另一个信号。

对"系统"的分析工作主要指在给定系统(数学模型)的前提下,研究任意激励下的系统响应(见图0-2)。或者说,"系统分析"就是已知系统的构成,分析其对信号的变换特性。

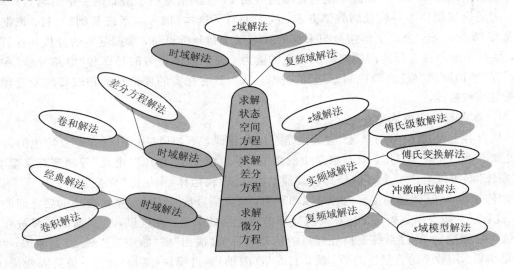

图0-2 "信号与系统"内容树

简言之,"信号与系统"课程主要由"信号分析"和"系统分析"两大部分构成,主要讲的是:在时域和变换域(实频域、复频域、z 域)中对线性微分方程或差分方程进行求解的方法或手段。

**2. 本课程的主要特点**

(1) 理论性强。本课程主要介绍在时域和变换域中求解微分/差分方程的各种数学手段。

(2) 专业性强。生活中的各种系统必须依靠相关领域的基本定律和定理才能构建起系统的数学模型。

(3) 应用领域广。课程的研究结果可以推广应用到自然科学和社会科学的很多实际系统中去,甚至可以应用于一些非线性系统的分析。

**3. 本课程的学习目的**

仔细想想就会发现,人们生活的世界是由各种各样的"系统"构成的。人体本身有神经系统、血液系统、消化系统等,生活中有交通系统、照明系统、供水系统、金融系统、医疗系统、通信系统、控制系统,等等。其中很多系统的功能都可以归纳为对输入量的处理或变换。因此,这些系统的输入量与输出量(激励与响应)之间的关系就是我们需要研究的问题。

为了便于研究，我们把实际物理系统抽象为理论数学模型，并根据模型特性将系统分为两大类：线性系统和非线性系统。因此，学习"信号与系统"课程的目的就是学会分析"线性系统"激励与响应之间的关系，同时，可以将"线性系统"的分析方法推广应用到非线性系统的分析中去，解决人们在实际系统应用中遇到的各种问题。

通过该课程的学习，可以帮助我们建立一种正确、科学、合理地分析问题与解决问题的普适思路或方法，提高处理生活、学习和工作中碰到的各种问题和困难的能力。同时，学会如何将基础知识，尤其是数学知识应用于解决实际问题。

**4．本课程的研究路线**

本课程的内容可以分为两个层面：下层为信号分析层，上层为系统分析层。下层是上层的基础，上层是下层的成果。根据图 0-2，可以给出该课程的研究路线图，如图 0-3 所示。

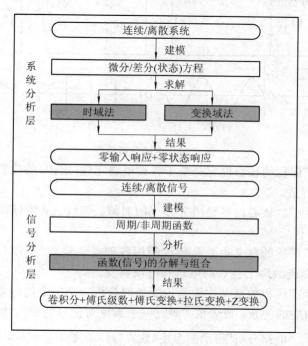

图 0-3 "信号与系统"课程研究路线图

**5．本课程与基础课程的关系**

通过上述介绍，可以清楚地看到"数学"这个科学工具在"信号与系统"课程中所处的重要地位。这里所用到的数学知识主要包括：级数的展开与求和、微分方程和差分方程的求解、代数方程组的求解、部分分式的展开以及基本的微积分运算和线性代数知识。除此之外，以"电系统"为研究对象的"信号与系统"课程所涉及的专业基础知识主要包括"电路分析""模拟电路"以及"数字电路"。其中，"电路分析"与本课程有着密切的关系。"电路分析"是"信号与系统"的前导课程，"信号与系统"是"电路分析"内容的扩展和研究方法的提高。它们的异同点主要表现在以下几点：

（1）研究对象都是由电子元器件构成的电路或网络。

（2）研究的主要目标都是求解以电压和电流为主的电路变量。

（3）"电路分析"课程的研究方法主要是在激励为直流电（直流信号）或交流电（交流信

号)的前提下,通过列写代数方程求得电路中各点对激励的响应,即各点的电压或电流值。

(4)"信号与系统"课程的研究方法主要是在激励为周期信号或非周期信号的前提下,通过列写微分方程(差分方程)求得系统对激励的响应(电压或电流)。

比如,在图 0-4 的电路分析例图中,假设电压源 $u_S$ 是系统的激励,电流 $i$ 是系统的响应,现要求得同样的电路在不同激励下的响应。显然,根据"电路分析"课程的知识,我们知道图(a)的电流为 $i=\dfrac{u_S}{R}$,图(b)的电流为 $\dot{I}=\dfrac{\dot{U}_S}{R+\mathrm{j}\omega L}$,图(c)和图(d)因为激励是非正弦周期信号和非周期信号而导致电流 $i$ 无法求出,但在"信号与系统"课程中,则可通过傅里叶级数和傅里叶变换解决这个问题。

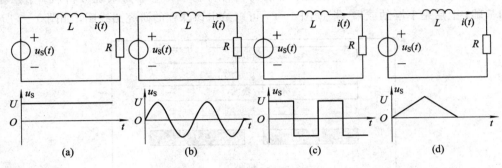

(a)       (b)       (c)       (d)

图 0-4   电路分析例图

(5)"电路分析"课程的核心内容是基于各种电路定理(定律)的代数方程的求解方法和交流电路的相量分析法。

(6)"信号与系统"的核心内容是微分方程的时域、频域、复频域以及差分方程的时域和 $z$ 域的求解方法。

(7)"电路分析"课程的意义主要是传授利用各种电路定理(定律)求解由 $RLC$ 构成的各种电路在直流或交流激励下各点的电压和电流响应。

(8)"信号与系统"课程的意义主要是传授如何分析一个给定的电系统/电路(其构成不限于 $RLC$)激励与响应的关系,或者说,研究一个系统对信号的变换特性。

(9)从结果上看,"电路分析"得出的多是"数值"解,比如 $U_{ab}=10\ \mathrm{V}$,$I=5\mathrm{e}^{\mathrm{j}\frac{\pi}{4}}\ \mathrm{A}$,而"信号与系统"得出的多是"函数"解,比如 $u(t)=1+2\sin100\pi t\ \mathrm{V}$,$i(t)=(10\mathrm{e}^{-t}\cos100t)\varepsilon(t)\ \mathrm{A}$。

两门课程的主要异同点对比见图 0-5。需要提醒注意的是,这些异同点只是着眼于"电"领域,而实际上"信号与系统"还适用于机械系统和其他相似系统。

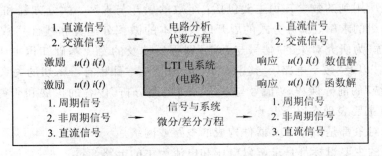

图 0-5  "电路分析"与"信号与系统"课程的主要异同点对比示意图

**6. 本课程的地位**

综上所述,"信号与系统"是一门以研究系统性能为目的,以信号和系统为核心,以数学知识为工具,以建立数学模型为前提,以求解系统模型为手段的专业基础课程。

**7. 本教材的特点**

(1) 讨论了"电路分析"与"信号与系统"课程的主要异同点,厘清了它们之间的关系,为更好地学习"信号与系统"课程奠定了基础。

(2) 每章都设置了引出问题的前导语和帮助学习的"学习提示"以及巩固知识的"问与答"环节。

(3) 本着"优化理论"、"强化实践"的原则,尽量减少理论分析内容,尽可能地用例题说明问题,同时,在第 11 章中介绍了系统分析法在通信系统中的应用。

(4) 以"解方程"为主线,简明扼要地介绍了系统时域和变换域的分析方法。

(5) 用图和生活实例诠释了一些难懂的概念和知识。

(6) 例题丰富,习题数量够用,难度适中。**书末附有大部分习题的参考答案。**

(7) 内容全面,逻辑清晰,概念清楚,应用性强。

(8) 匹配应用型本科教学需求。本书与作者编写的《电路分析》和《通信原理与通信技术》(西安电子科技大学出版社出版)两部教材共同组成了为应用型本科学校"量身定做"的"三部曲"系列专业教材。

(9) 提纲挈领,前后呼应,知识连贯,脉络清楚。作者将"电路分析"、"信号与系统"、"通信原理"及"模拟与数字电路"四门课按照"专业知识主线"和"课程群"统一考虑,在教材中给出了彼此之间的关系和相关的知识点,强化了专业知识体系,减少了"知识孤岛"现象的出现。

作者在电子信息、通信、计算机应用与道路交通领域耕耘多年,具有丰富的教学经验和科研经历,先后出版了不同广度和深度的"电路分析"、"信号与系统"和"通信原理"方面的多部教材,其中,《信号与系统教程》英文版正由德国德古意特出版社与清华大学出版社负责出版,向全球发行。

本书是英文版的浓缩和提炼,是集作者多年教学经验的心血之作。唐亮、边倩、宫丽娜老师参与了本书部分章节的写作。唐亮还与李香云、王培丞、吴娟娟和伍菁整理校对了全部例题、习题及答案。

衷心感谢书中引用著作的编、著、译者。

恳请广大读者斧正。作者通信邮箱:648383177@qq.com。

张卫钢

2018 年 12 月 于西安

# 目　录

# 第1章　信　　号

- 问题引入：在生产实践中，人们经常需要对各种物理信号进行分析与研究。面对千千万万种信号，如何分析研究？能否找到通用方法？
- 解决思路：寻找信号共性，将信号分类，提取其中的基本信号；重点分析，找出适合大多数信号的运算分析方法。
- 研究结果：确定了正弦型、复指数、阶跃和冲激等9种基本信号；给出了信号的算术、奇偶、时移、翻转、尺度变换、微分/积分、分解/合成、卷积等8种基本运算以及作图方法。
- 核心内容：信号的分解与合成；卷积积分。

## 1.1　信　号　的　概　念

### 1. 信号的定义

我们知道，通信就是信息的空间传递过程，而信息的传递必须基于信号的传输才能实现。用于通信的信号通常是人为产生或控制的，被称为人工信号，比如远古时代的烽火、抗日战争时期的消息树、舰船上的灯语和旗语、人们交谈的语音等。还有一类在测量与控制领域经常遇到的信号，由于它们自身和携带的信息源于大自然，所以，被称为自然信号，比如地壳振动、温度和湿度、人体脉搏等。显然，信号（signal）是信息（information）的物理载体，在通信、测量与控制等领域扮演着极为重要的角色。

根据上述信号实例，可以给出一般信号的定义：**信号指一切能够携带信息且可以被人或仪器感知的客观物理现象或物理量。**

本课程不讨论信号的信息特性，而只是把它作为一种可物理实现并在人们生产实践中有所用途的数学函数看待，并认为它是对实际物理信号的概括和抽象，具有代表性和普适性。因此，本课程讨论的"信号"可以认为是：**一类随时间变化而变化的物理量，主要指电流和电压。**

为了便于在理论上研究物理信号，必须将物理信号抽象为数学模型（mathematical model），即要为信号建模，而这个数学模型就是我们熟悉的"函数"（function）。因此，从理论上看，本课程中的"信号"与"函数"等价。

### 2. 信号的表达方式

在我们熟悉的时间域中，信号的表达方式主要有三种：

（1）数学表达式。此表达式是时间的函数。

（2）图形。此处所说图形可以是根据数学表达式（也可以是根据测量）绘出的函数（因变量）随自变量（时间）的变化关系图，即信号的波形。

（3）表格。这里的表格多用于对无法得到数学表达式的信号的描述。

在本课程中，还要了解并掌握信号在变换域中的数学表达式、图形和表格三种表达方式。此时，信号的自变量不是时间 $t$ 而是实频率 $\omega$、复频率 $s$ 或 $z$。信号的变换域表达方式是时间域的补充，是研究信号的辅助工具，通常在方程求解过程中或特定的情况下使用。

显然，信号的不同表达方式也就是信号模型的不同形式。

**3. 信号的基本特性**

一般认为信号具有时间、频率、能量和信息四大基本特性。

时间特性指信号的大小（幅值）、快慢（频率）和延迟（相位）随时间变化的关系。频率特性指信号的幅值、相位随频率变化的关系。能量特性指信号的能量或功率随时间或频率的变化规律。信息特性指信号可以携带信息，即信息总是存在于信号的某种变化波形之中。

**4. 信号研究的内容**

对信号的研究通常包括信号分析和信号处理两个方面。

信号分析主要指把一个信号分解为其各个组成分量的概念、理论和方法。比如，卷积（和）、傅氏级数、傅氏变换、拉氏变换、Z 变换等。

信号分析可在时域和变换域中进行。信号的变换域分析可以认为是时域分析在概念和方法上的补充和扩展，比如频域分析给出的频谱概念对信号的使用和处理具有重要意义。

信号处理主要指按照某种需求或目的，对信号进行的加工、操作、修改和变换，比如滤波、放大、调制/解调、编码/译码、加密/解密、均衡、平滑、锐化等。

**5. 信号分析的手段**

对信号进行分析的手段主要包括信号算术运算、时移、翻转、尺度变换、分解/合成、卷积（卷和）以及作图。

**6. 信号分析的目的**

因为信号是一个系统的激励和响应，所以，信号分析就是为了便于分析系统对各种信号的传输、变换或处理特性，即系统特性。简言之，分析信号的目的就是为了研究系统特性。

# 1.2 信 号 的 分 类

信号有各种形式，根据其特征可从不同角度进行分类，以下是常用的基本类型。

## 1.2.1 连续信号与离散信号

连续时间信号与离散时间信号是本课程要讨论的两种主要信号。

**1. 连续时间信号（continuous-time signal）**

通常，信号以时间为自变量。因此，连续时间信号可定义如下：

在时间定义域内自变量连续取值的信号被称为连续时间信号，简称连续信号。

图 1-1 和图 1-6 所示的信号都是连续信号，其因变量可以连续也可以不连续。

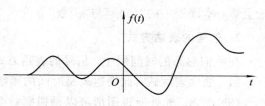

图 1-1  连续信号（模拟信号）示意图

与连续信号紧密相关的是模拟信号(analog signal)。模拟信号可定义如下：

**随时间自变量的连续变化而连续变化的信号被称为模拟信号。**

模拟信号的波形是一条连续曲线(见图 1-1)。需要注意，模拟信号一定是连续信号，而连续信号不一定是模拟信号，比如图 1-5(b)所示的就是连续时间数字信号。

通常，连续信号可表示为 $f(t)$、$x(t)$、$y(t)$、$s(t)$ 等。

**2. 离散时间信号(discrete-time signal)**

**在时间定义域内自变量离散取值的信号被称为离散时间信号，简称离散信号。**

典型的自变量不是时间的离散信号是后面要介绍的周期信号频谱函数，其自变量为频率。除频谱函数外，本课程讨论的离散信号主要指离散时间信号。

图 1-2 所示的信号 $f[t_n]$ 就是一个只在离散时刻 $t_n$ 才有函数值的离散信号。设时刻 $t_n$ 和 $t_{n+1}$ 之间的间隔为 $T_n$(可以是常数 $T$，也可以是 $n$ 的函数)，当 $T_n = T$ 为常数时，离散信号 $f[t_n]$ 就只在均匀离散时刻 $t_n = \cdots, -2T, -T, 0, T, 2T, \cdots$ 时有定义，可表示为 $f[nT]$，当 $T=1$ 时，记为 $f[n]$。通常，将这种均匀分布的离散信号称为"序列"。

为了与连续信号的表达形式相区别，我们将离散信号(序列)用方括号形式表示，即 $f[n]$、$x[n]$、$y[n]$ 和 $s[n]$。同时，规定序列的自变量只取整数，序列在自变量的非整数点无定义或取值为零。

根据来源不同，离散信号可分为两种，一种是"天生"的，其所携带的消息本身就是离散的，比如图 1-3 所示某城市一年的月平均温度 $f[n]$；另一种是"后天"得到的，即通过对连续信号的"抽样"处理，将其变换为离散信号。比如在图 1-4 中，连续信号 $f(t)$ 施加在一个被"抽样脉冲序列"$p(t)$控制的开关 S 上，则开关 S 输出的信号 $y_S(t)$ 就是离散信号。

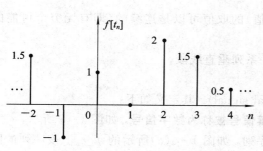

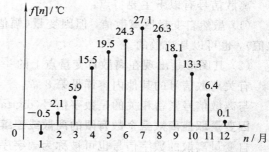

图 1-2 离散信号          图 1-3 某城市 2010 年月平均气温图

这里，所谓"抽样"就是以一定的时间间隔依次采取连续信号瞬时值的操作或过程。

显然，从波形上看，抽样得到的离散信号丢掉了原连续信号的很多内容(信息)。读者自然会问：这样的离散信号有何用？其实，将连续信号通过抽样变为离散信号是"通信原理"课程中的一个重要内容，目的就是对信号进行模/数转换，从而实现"数字通信"。为了保证能够从转换后的离散信号中恢复出原连续信号的全部信息，人们研究出了"抽样定理"。

**低通抽样定理**：对于一个带限或低通连续信号 $f(t)$，假设其频带为$[f_L, f_H]$，若以抽样频率 $f_S \geq 2f_H$ 对其进行抽样的话(抽样间隔 $T_S \leq 1/f_S$)，则 $f(t)$ 将被其样值信号 $y_S(t) =$

$\{f(nT_{\mathrm{S}})\}$完全确定，或者说，可从样值信号$y_{\mathrm{S}}(t)$中无失真地恢复出原信号$f(t)$。

定理中的抽样间隔和抽样频率也被称为"奈奎斯特间隔"和"奈奎斯特频率"。抽样过程见图$1-4(\mathrm{a})$。

**注意**：低通信号指的是其频带满足$f_{\mathrm{H}}-f_{\mathrm{L}}>f_{\mathrm{L}}$的信号，而频带满足$f_{\mathrm{H}}-f_{\mathrm{L}}<f_{\mathrm{L}}$的信号被称为带通信号。它们的频谱波形示意图见图$1-4(\mathrm{b})$。

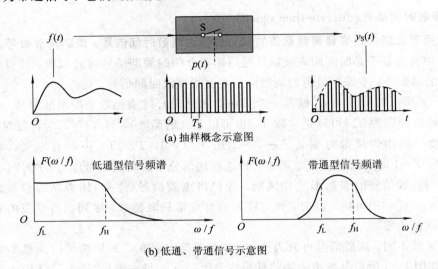

(a) 抽样概念示意图

(b) 低通、带通信号示意图

图$1-4$　抽样及低通、带通信号概念示意图

抽样定理是连续（模拟）信号与离散（数字）信号之间的纽带或桥梁，是通信技术中"时分复用"和"数字通信"的理论基础，因此，在计算机和通信领域中得到广泛应用。

离散信号有以下主要特点：

（1）虽然自变量取离散值，但因变量（幅值）的取值可以是连续的（即有无穷个可能的取值），也可以是离散的。

（2）其图形是出现在离散自变量点上的一系列垂直线段。

有关离散信号的其他内容详见第8章。

与离散信号紧密相关的是数字信号（digital signal）。其定义如下：

**因变量取值离散且个数有限的离散或连续信号被称为数字信号**，如图$1-5$所示。

自变量离散的数字信号也可被称为数字序列，如图$1-5(\mathrm{a})$所示的$f[n]$。该序列的因变量只取0和1两个值，自变量$n$取整数，则$f[n]$可表示为

$$f[n] = \begin{cases} 0 & (n<0) \\ 1 & (n \geqslant 0) \end{cases} \tag{1-1}$$

为了把离散信号变为数字信号，一般需要对离散信号进行"量化"处理。**将离散信号因变量上无限个可能的取值变为有限个的过程或方法称为"量化"**。这样，数字信号又可表述为：幅度量化的信号。

通常，在计算机和通信领域见到的数字信号是图$1-5(\mathrm{b})$所示的连续信号，这种数字信号被称为数字基带信号。在通信的角度上，可以认为：**用因变量有限个状态或取值携带消息的信号就是数字信号**。

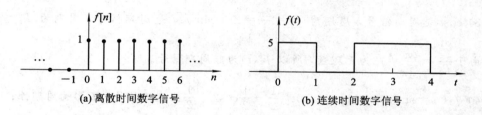

图 1-5　数字信号

综上所述，"连续"和"离散"描述的是信号"自变量"的变化特征，而"模拟"和"数字"则刻画的是信号"因变量"的变化特性。

## 1.2.2　周期信号与非周期信号

周期信号（periodic signal）就是按照一定的时间间隔周而复始变化、无始无终的信号，如图 1-6(a)所示，其数学表示式可写为

$$f(t) = f(t + nT) \quad n = 0, \pm 1, \pm 2, \cdots（任意整数） \tag{1-2}$$

满足上述关系式的最小 $T$ 称为周期信号的周期。显然，只要给出周期信号在任意一个完整周期内的函数表达式或波形，即可确定它在任一时刻的数值。三角函数 $f(t) = A\sin(\omega t + \theta)$ 就是我们最熟悉的周期信号实例。

不具有周期变化特性的信号被称为非周期信号（aperiodic signal），比如指数信号 $f(t) = Ae^{at}$（见图 1-6(b)）。若令周期信号的周期 $T$ 趋于无穷大，也就是说信号不重复出现，则周期信号就变成非周期信号。这个概念非常重要，它揭示了周期信号与非周期信号的内在关系，在引入傅里叶变换时被用到。

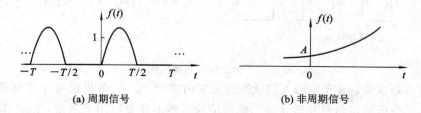

图 1-6　周期信号与非周期信号

设两个周期信号 $x(t)$ 和 $y(t)$ 的周期分别为 $T_1$ 和 $T_2$。若周期比 $T_1/T_2$ 为有理数，则和信号 $x(t) + y(t)$ 仍然是周期信号，其周期为 $T_1$ 和 $T_2$ 的最小公倍数。

**【例题 1-1】** 判断下列信号是否为周期信号，若是，求出其周期。

(1) $f_1(t) = \sin 2t + \cos 3t$　　　　(2) $f_2(t) = \cos 2t + \sin \pi t$

(3) $f_3(t) = \cos t + \sin \sqrt{2}t$　　　　(4) $f_4(t) = \sin^2 t$

**解**　(1) $\sin 2t$ 为周期信号，周期为 $T_1 = \dfrac{2\pi}{2} = \pi$；$\cos 3t$ 为周期信号，周期为 $T_2 = \dfrac{2\pi}{3}$。

由于 $\dfrac{T_1}{T_2} = \dfrac{3}{2}$ 为有理数，故 $f_1(t)$ 为周期信号，其周期为 $T_1$ 和 $T_2$ 的最小公倍数 $2\pi$。

(2) $\cos 2t$ 和 $\sin \pi t$ 的周期分别为 $T_1 = \pi$、$T_2 = 2$。由于 $\dfrac{T_1}{T_2} = \dfrac{\pi}{2}$ 为无理数，故 $f_2(t)$ 为非周期信号。

（3）$\cos t$ 是周期信号，周期为 $T_1 = \dfrac{2\pi}{1} = 2\pi$；$\sin \sqrt{2}\, t$ 是周期信号，周期为 $T_2 = \dfrac{2\pi}{\sqrt{2}} = \sqrt{2}\pi$。由于 $\dfrac{T_1}{T_2} = \dfrac{2\pi}{\sqrt{2}\pi} = \sqrt{2}$ 为无理数，所以 $f_3(t)$ 为非周期信号。

（4）$f_4(t) = \sin^2 t = \dfrac{1}{2}(1 - \cos 2t) = \dfrac{1}{2} - \dfrac{1}{2}\cos 2t$。$\dfrac{1}{2}$ 为直流信号，不影响周期性；$-\dfrac{1}{2}\cos 2t$ 为周期信号，周期为 $T = \dfrac{2\pi}{2} = \pi$。因此 $f_4(t)$ 为周期信号，周期为 $\pi$。

## 1.2.3  确定信号与随机信号

工程中的信号根据其变化规律可划分为确定信号（certain signal）和随机信号（random signal）两大类。如果信号的未来值是可知的或变化规律可用函数准确描述，则称这类信号为确定信号，比如用正弦函数描述的正弦信号。若信号的未来值无法预知或变化是随机的（不能用时间函数来描述），则称该类信号为不确定信号或随机信号，比如人们讲话的语音信号。一个随机信号除幅度是随机的外，其频率或相位参量也可以是随机变化的。

严格地说，客观存在的信号基本上都是随机信号，如语音信号、图像信号、生物电信号、地震信号等，只有那些供分析和测试用的基本信号，如正弦信号、方波、三角波、指数信号等才是确定信号。图 1 - 7 给出了确定和随机信号示意图。

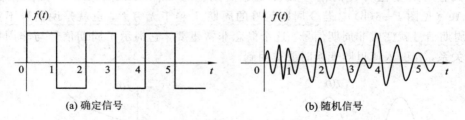

(a) 确定信号          (b) 随机信号

图 1 - 7  确定信号与随机信号

从通信的角度看，研究携带人们欲知而未知内容（信息）的随机信号才有意义，但为何本课程却主要分析确定信号？这是因为确定信号虽然不能直接用于通信，但可作为对系统特性分析和研究的基本信号，其分析方法和结果可直接推广或借鉴到随机信号的分析中去。

## 1.2.4  因果信号与反因果信号

根据信号在观察时间点前后的变化特性，可把信号分为因果信号和反因果信号。假设 $t = 0$ 或 $n = 0$ 为观察点，则有

因果信号：　　　　　$f(t) = 0,\ t < 0$　或　$f[n] = 0,\ n < 0$　　　　　　　　　　（1 - 3）

反因果信号：　　　　$f(t) = 0,\ t > 0$　或　$f[n] = 0,\ n > 0$　　　　　　　　　　（1 - 4）

因果（反因果）信号的提出，主要是为了与系统的因果概念相对应，即一个物理系统不可能在没有激励的情况下产生响应，只能"先有因才有果"。从图形上看，因果信号就是单边（右边）信号（以时间参考点为准，比如 $t = 0$），反因果信号就是左边信号。

# 1.3 基本连续时间信号

现实生活中,信号的种类繁多,要想逐个研究是不可能的。因此,人们从各种信号中挑选出一些基本信号加以研究,主要原因是:

(1) 基本信号可以通过数学手段去精确或近似表征其他信号,比如傅里叶级数的基本形式是正弦和余弦信号,但它们可以表示绝大多数不同形式的周期信号(详见第 4 章)。

(2) 基本信号作用于系统所产生的响应对系统分析起着主导作用,具有普遍意义。比如系统对冲激信号和阶跃信号所产生的冲激响应和阶跃响应。

(3) 便于物理实现。

可见,研究讨论基本信号的特点与性能是研究其他信号和分析系统的基础。

## 1.3.1 直流信号

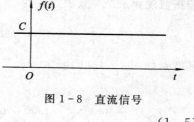

图 1-8 直流信号

一般而言,只有一个方向变化的电流或电压就是直流信号,简记为 DC 信号(direct-current signal)。而人们通常所说的直流信号多是指大小和方向均不随时间变化的信号,也就是恒压信号或恒流信号,其表达式为

$$f(t) = C \,(常数) \tag{1-5}$$

其波形如图 1-8 所示。这就是说,在数学表达式中我们熟悉的"常数项",在电信号中具有物理意义,代表"直流信号"。各种电池是常见的直流信号源。

## 1.3.2 正弦型信号

正弦型信号(sinusoidal signal)指我们熟悉的正弦和余弦信号。因为余弦信号实际上是正弦信号相移 $\dfrac{\pi}{2}$ 而成,即 $\cos(\omega t + \varphi) = \sin\left(\omega t + \varphi + \dfrac{\pi}{2}\right)$,所以,为便于研究,将正弦和余弦信号统称为正弦型信号,可以记作

$$f(t) = A\sin(\omega t + \varphi) \tag{1-6a}$$

也可以记作

$$f(t) = A\cos(\omega t + \varphi) \tag{1-6b}$$

式中 $A$ 为振幅,$\omega$ 为角频率,$\varphi$ 称为初相位。式(1-6a)的波形如图 1-9 所示。

生活中,市电、$LC$ 电路的自然响应(谐振波)、机械系统的简谐振动和乐器单音振动的声压都是正弦型信号的实例。

在"电路分析"、"信号与系统"和"通信原理"课程中,正弦交流电或正弦型信号常借助欧拉公式用虚指数信号来表示,即

$$\sin\omega t = \frac{e^{j\omega t} - e^{-j\omega t}}{2j} \tag{1-7}$$

$$\cos\omega t = \frac{e^{j\omega t} + e^{-j\omega t}}{2} \tag{1-8}$$

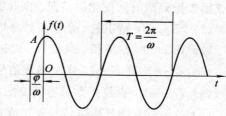

图 1-9 正弦型(交流)信号

欧拉公式的重要意义在于：它不仅在三角函数与指数函数之间架起了一座桥梁，而且也是实函数与虚函数之间的一条纽带。它为正弦交流电或正弦型信号的分析提供了一条捷径。

**注意**：这里的字符"j"与数学中的虚数表示符"i"同义，即 $j = \sqrt{-1}$。

### 1.3.3　指数信号

指数信号（exponent signal）也称为实指数信号，其表示式为

$$f(t) = K\mathrm{e}^{at} \tag{1-9}$$

式中，$K$ 为常数，$a$ 是实数。其波形如图 1-10(a) 所示。

当 $a > 0$ 时，信号随时间 $t$ 的增大而增大；$a < 0$ 时，信号随时间 $t$ 的增大而减小；$a = 0$ 时，信号成为直流信号 $K$。工程中还会遇到按指数衰减的正弦型信号，即正弦振荡的幅度按指数规律衰减，其表达式为

$$f(t) = \begin{cases} 0 & (t < 0) \\ K\mathrm{e}^{-at}\sin\omega t & (t \geqslant 0) \end{cases} \tag{1-10}$$

其波形如图 1-10(b) 所示。

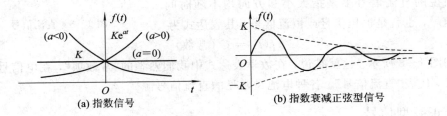

(a) 指数信号　　　　　　　(b) 指数衰减正弦型信号

图 1-10　指数信号及指数衰减正弦型信号

### 1.3.4　复指数信号

复指数信号（complex exponential signal）表示为

$$f(t) = K\mathrm{e}^{st} \tag{1-11}$$

其中，$s = \sigma + \mathrm{j}\omega$，被称为复频率，$K$ 为常数，$\sigma$ 与 $\omega$ 均为实数。

根据欧拉公式，复指数信号还可表达为

$$f(t) = K\mathrm{e}^{st} = K\mathrm{e}^{(\sigma+\mathrm{j}\omega)t} = K\mathrm{e}^{\sigma t}\cos\omega t + \mathrm{j}K\mathrm{e}^{\sigma t}\sin\omega t \tag{1-12}$$

此结果表明，一个复指数信号可分解为实、虚信号两部分。其中，实部包含余弦信号，虚部包含正弦信号。复频率 $s$ 虚部的 $\omega$ 表示正弦与余弦信号的角频率，实部的 $\sigma$ 表征了正弦与余弦函数振幅随时间变化的情况。因此，有如下结论：

（1）若 $\sigma > 0$，则正弦、余弦信号是增幅振荡信号。

（2）若 $\sigma < 0$，则正弦、余弦信号是减幅振荡信号。

（3）若 $\sigma = 0$ 且 $K = 1$，则复指数信号只有虚部，就变成了虚指数信号，即 $f(t) = \mathrm{e}^{\mathrm{j}\omega t}$。

（4）若 $\omega = 0$，则复指数信号就变成实指数信号。

（5）若 $s = 0$，则复指数信号就变成直流信号。

虽然在实际中并不能产生复指数信号，但因它概括了多种信号的变化情况，所以，可

被用于描述一些基本信号，如直流信号、指数信号、正弦和余弦信号以及增长或衰减的正弦与余弦信号。显然，复指数信号也是一种非常重要的基本信号。它的另一个重要特性是：通过一个线性时不变系统后，仍然是一个仅幅度有所变化的复指数信号（见式(6-53)）。

### 1.3.5 符号信号

符号信号(signum signal)也叫正负号信号，其定义为

$$\text{sgn}(t) \overset{\text{def}}{=\!=} \begin{cases} -1 & (t < 0) \\ 1 & (t > 0) \end{cases} \qquad (1-13)$$

其波形如图 1-11 所示。可见，符号信号的意义很明显，当 $t>0$ 时，信号值为正；反之为负。

### 1.3.6 单位阶跃信号

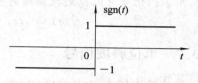

图 1-11　符号信号

单位阶跃信号(unit-step signal)的定义为

$$\varepsilon(t) \overset{\text{def}}{=\!=} \begin{cases} 0 & (t < 0) \\ 1 & (t > 0) \end{cases} \qquad (1-14)$$

其波形如图 1-12 所示。注意，在 $t=0$ 处的函数值未作定义。

$\varepsilon(t)$ 信号是从实际应用中抽象出来的。比如图 1-13 中的开关 S 在 $t=0$ 时刻闭合，则电阻 $R$ 上的电压 $u_R(t)=E\varepsilon(t)=\varepsilon(t)$。显然，$\varepsilon(t)$ 可用作控制其他信号的开关。

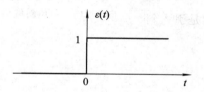

图 1-12　单位阶跃信号

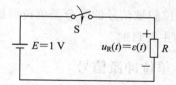

图 1-13　单位阶跃信号实例

**注意**：有些书用 $U(t)$ 或 $u(t)$ 表示单位阶跃信号。但在电子领域，$U(t)$ 和 $u(t)$ 更多的时候被用来表示电压信号，因此，为了与电压表示相区别，这里用 $\varepsilon(t)$ 表示单位阶跃信号。

单位阶跃信号也可以用符号信号和直流信号组合表示，即

$$\varepsilon(t) = \frac{1}{2} + \frac{1}{2}\text{sgn}(t) \qquad (1-15)$$

同样，符号信号也可以用阶跃信号和直流信号的组合表示，即

$$\text{sgn}(t) = 2\varepsilon(t) - 1 \qquad (1-16)$$

单位阶跃信号有四个主要用途：

（1）用于表示系统输入信号（激励）或系统输出信号（响应）的时间起始点（或控制其他信号的开关），比如 $t=0$ 时刻接入信号 $f(t)$，可表示为 $f(t)\varepsilon(t)$；再比如，某系统的零状态响应为 $y_f(t)=Eu_C(t)\varepsilon(t)$。

（2）用于描述系统或信号的因果性，即单边性。

（3）以线性组合的形式表示其他信号，便于表达和分析其他信号以及分析系统。

（4）作为冲激信号的积分，产生与冲激响应紧密相关的阶跃响应。

**【例题 1-2】** 写出图 1-14 所示信号的数学表达式。

**解**　按一般方法，该信号必须分 5 段表示，即

$$f(t) = \begin{cases} 0 & (t < 0) \\ 1 & (0 \leqslant t < 1) \\ 2 & (1 \leqslant t < 2) \\ 1 & (2 \leqslant t < 3) \\ 0 & (3 < t) \end{cases}$$

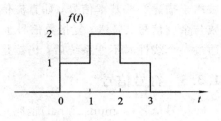

现利用 $\varepsilon(t)$ 信号可以得到很简练的表达式：

图 1-14　例题 1-2 图

$$f(t) = \varepsilon(t) + \varepsilon(t-1) - \varepsilon(t-2) - \varepsilon(t-3)$$

### 1.3.7　单位斜坡信号

单位斜坡信号(unit-ramp signal)的定义式为

$$r(t) \xlongequal{\text{def}} \begin{cases} t & (t > 0) \\ 0 & (t \leqslant 0) \end{cases} \tag{1-17}$$

其波形如图 1-15 所示，它还可写为 $r(t) = t\varepsilon(t)$。

单位斜坡信号与单位阶跃信号有如下关系

$$r(t) = \int_{-\infty}^{t} \varepsilon(\tau) d\tau \tag{1-18}$$

或

$$\frac{dr(t)}{dt} = \varepsilon(t) \tag{1-19}$$

显然，单位斜坡信号的微分是单位阶跃信号，这也是引入斜

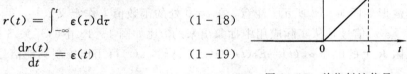

图 1-15　单位斜坡信号

坡信号的主要目的。

### 1.3.8　单位冲激信号

单位冲激信号(unit-impulse signal 或 Delta impulse signal)的定义可由多种方式给出。

**1. 矩形脉冲信号演变为单位冲激信号**

如图 1-16(a)所示，给定一个宽度为 $\tau$，高度为 $\frac{1}{\tau}$ 的矩形脉冲 $p_\tau(t)$，在保持其面积

$\tau \cdot \frac{1}{\tau} = 1$ 不变的前提下，当脉冲宽度 $\tau$ 趋近于零时，脉冲高度 $\frac{1}{\tau}$ 必趋近于无穷大，此极限

情况下的 $p_\tau(t)$ 即为单位冲激信号，记作

$$\delta(t) \xlongequal{\text{def}} \lim_{\tau \to 0} p_\tau(t) \tag{1-20}$$

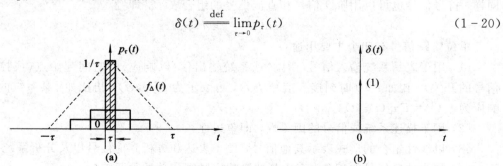

图 1-16　单位冲激信号

并用一个带箭头的单位长度线段表示(图 1-16(b)),同时,将该脉冲的强度 1(面积)置于括号之中标注在线段旁。若 $p_\tau(t)$ 面积是一个常数 $A$,则这个强度为 $A$ 的冲激信号可表示为 $A\delta(t)$,在图形上将 $A$ 置于括号之中标注在箭头旁。

**2. 狄拉克定义**

英国理论物理学家狄拉克(Dirac,1902—1984)给出了另一种定义,也是常用的定义:

$$\begin{cases} \delta(t) = 0 & (t \neq 0) \\ \int_{-\infty}^{+\infty} \delta(t)\mathrm{d}t = 1 & (-\infty < t < +\infty) \end{cases} \tag{1-21}$$

上式表明,单位冲激信号函数值在原点以外处处为零,但信号波形下的面积为 1。

$\delta(t)$ 信号可以看作是那些在较短时间内产生很大能量的物理现象的理想化模型,比如自然界中的电闪雷击、地震,工业生产中的强电火花,生活中用榔头敲钉子等现象。

**3. 单位冲激信号的主要特性**

(1) **筛选特性**:若信号 $f(t)$ 在 $t=0$ 处连续,且处处有界,则有

$$f(t)\delta(t) = f(0)\delta(t) \tag{1-22}$$

式(1-22)说明 $f(t)$ 与 $\delta(t)$ 相乘的结果是强度为 $f(0)$ 的冲激信号。该式可以推广为

$$f(t)\delta(t-t_0) = f(t_0)\delta(t-t_0)$$

根据式(1-22),还可得到

$$\int_{-\infty}^{+\infty} f(t)\delta(t-t_0)\mathrm{d}t = \int_{-\infty}^{+\infty} f(t_0)\delta(t-t_0)\mathrm{d}t = f(t_0) \tag{1-23}$$

式(1-23)表明,一个连续有界函数 $f(t)$ 与单位冲激函数 $\delta(t)$ 相乘后,在 $(-\infty, \infty)$ 区间内作积分,即可以得到 $f(t)$ 在 $t=0$ 时刻的函数值 $f(0)$,也就是筛选出函数值 $f(0)$。若 $\delta(t)$ 延迟 $t_0$ 时间,则筛选出 $f(t_0)$。这里的"筛选"也可以称为"抽样"。

(2) **偶函数特性**:$\delta(t)$ 是偶函数,即

$$\delta(-t) = \delta(t) \tag{1-24}$$

**【例题 1-3】** 求积分 $\int_1^3 \cos[\omega(t-3)]\delta(2-t)\mathrm{d}t$ 的值。

**解** 利用 $\delta(t)$ 是偶函数的特性,有

$$\int_1^3 \cos[\omega(t-3)]\delta(2-t)\mathrm{d}t = \int_1^3 \cos[\omega(t-3)]\delta(t-2)\mathrm{d}t$$

利用筛选特性,有

$$\int_1^3 \cos[\omega(t-3)]\delta(t-2)\mathrm{d}t = \int_1^3 \cos[\omega(2-3)]\delta(t-2)\mathrm{d}t$$

$$= \int_1^3 \cos(-\omega)\delta(t-2)\mathrm{d}t = \cos\omega\int_1^3 \delta(t-2)\mathrm{d}t$$

又因为 $\delta(t-2)$ 在 $t \neq 2$ 时处处为零,而积分区间为 $[1, 3]$,所以有

$$\int_1^3 \cos[\omega(t-3)]\delta(2-t)\mathrm{d}t = \cos\omega$$

(3) **尺度变换**:设 $a$ 为实数,则有

$$\delta(at) = \frac{1}{|a|}\delta(t) \tag{1-25a}$$

式(1-25a)可推广为

$$\delta(at \pm b) = \frac{1}{|a|}\delta\left(t \pm \frac{b}{a}\right) \tag{1-25b}$$

**(4) 单位冲激信号的积分等于单位阶跃信号**：由狄拉克定义式可知

$$\int_{-\infty}^{t}\delta(\tau)\mathrm{d}\tau = \begin{cases} 0 & (t < 0) \\ 1 & (t > 0) \end{cases}$$

对照单位阶跃信号的定义式(1-14)，可得出

$$\int_{-\infty}^{t}\delta(\tau)\mathrm{d}\tau = \varepsilon(t) \tag{1-26}$$

与之相对应，单位阶跃信号的导数等于单位冲激信号

$$\delta(t) = \frac{\mathrm{d}\varepsilon(t)}{\mathrm{d}t} \tag{1-27}$$

该式说明，单位冲激信号可以描述单位阶跃信号在 $t=0$ 处跳变的变化率。

冲激信号有四个主要用途：

(1) 使阶跃信号可导。$t=0$ 是阶跃信号的第一类间断点，$\varepsilon(t)$ 在该点不可导，但是，借助冲激信号可以解决这一问题。

(2) 作为典型信号用于系统分析，产生冲激响应。

(3) 能够以线性组合的形式表达一个一般信号，如出现在 1.4.8 节的表达式

$$f(t) = \int_{-\infty}^{+\infty} f(\tau)\delta(t - \tau)\mathrm{d}\tau$$

(4) 用于抽样系统的建模，即把它作为理想的"抽样脉冲"，也就是 1.2.1 节中的 $p(t)$。冲激信号和阶跃信号不同于我们熟悉的普通信号，因此，也被称为"奇异信号"。

**【例题 1-4】** 写出图 1-17(a)所示 $f(t)$ 表达式。求信号 $y(t)=\dfrac{\mathrm{d}}{\mathrm{d}t}f(t)$，画出其波形。

**解**  利用单位阶跃信号，$f(t)$ 可表示为

$$f(t) = (t+1)[\varepsilon(t+1) - \varepsilon(t)] - \varepsilon(t) + 2\varepsilon(t-1) - \varepsilon(t-2)$$

$$\begin{aligned}
y(t) &= \frac{\mathrm{d}}{\mathrm{d}t}f(t) \\
&= \varepsilon(t+1) - \varepsilon(t) + (t+1)[\delta(t+1) - \delta(t)] - \delta(t) + 2\delta(t-1) - \delta(t-2) \\
&= \varepsilon(t+1) - \varepsilon(t) + t\delta(t+1) - t\delta(t) + \delta(t+1) - \delta(t) - \delta(t) + 2\delta(t-1) - \delta(t-2) \\
&= \varepsilon(t+1) - \varepsilon(t) + (-1)\delta(t+1) - 0 \cdot \delta(t) + \delta(t+1) - \delta(t) - \delta(t) + 2\delta(t-1) - \delta(t-2) \\
&= \varepsilon(t+1) - \varepsilon(t) - 2\delta(t) + 2\delta(t-1) - \delta(t-2)
\end{aligned}$$

$y(t)$ 的波形如图 1-17(b)所示。

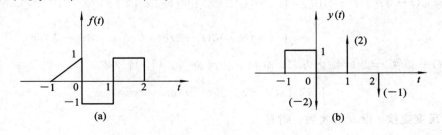

图 1-17  例题 1-4 图

### 1.3.9　单位门信号

单位门信号 $g_\tau(t)$ 是一个位于原点、宽度为 $\tau$、高度为 1 的矩形脉冲信号，其定义为

$$g_\tau(t) \stackrel{\text{def}}{=\!=} \begin{cases} 1 & \left(|t| < \dfrac{\tau}{2}\right) \\ 0 & \left(|t| > \dfrac{\tau}{2}\right) \end{cases} \tag{1-28}$$

其波形见图 1-18。注意：通常函数在 $t = -\dfrac{\tau}{2}$ 和 $\dfrac{\tau}{2}$ 处未作定义。门信号可用阶跃信号描述：

$$g_\tau(t) = \varepsilon\left(t + \dfrac{\tau}{2}\right) - \varepsilon\left(t - \dfrac{\tau}{2}\right) \tag{1-29}$$

门信号在"通信原理"的舞台上是一个重要角色，它具有以下主要功能：

（1）表示理想低通滤波器（一种信号处理系统）的频率特性；

（2）利用时移特性构成一系列门信号，用来表示二进制数字信号；

（3）和另一个重要信号——抽样信号构成傅氏变换对。

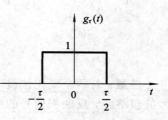

图 1-18　门信号

仔细观察可以发现，上述各信号大多与复指数信号或冲激信号有关，因此，可以认为本课程的核心信号是复指数信号和冲激信号。

综上所述，本课程主要分析的是连续和离散、周期和非周期的确定信号。

# 1.4　连续时间信号的运算

### 1.4.1　算术运算

两个连续信号相加（减、乘、除）可得到一个新的连续信号，它在任意时刻的值等于两个信号在该时刻的值之和（差、积、商）。

【例题 1-5】　信号 $f_1(t)$ 和 $f_2(t)$ 的波形如图 1-19(a)、(b) 所示，试求 $f_1(t) + f_2(t)$ 和 $f_1(t) - f_2(t)$ 的波形，并写出表达式。

**解**　由波形可写出 $f_1(t)$ 和 $f_2(t)$ 的表达式为

$$f_1(t) = \begin{cases} 0 & (t < 0) \\ t & (0 \leqslant t \leqslant 1), \\ 1 & (t > 1) \end{cases} \quad f_2(t) = \begin{cases} 0 & (t < 0) \\ 1 & (0 \leqslant t \leqslant 1) \\ 0 & (t > 1) \end{cases}$$

由此可得 $f_1(t) + f_2(t)$ 的表达式为

$$f_1(t) + f_2(t) = \begin{cases} 0 & (t < 0) \\ t + 1 & (0 \leqslant t \leqslant 1) \\ 1 & (t > 1) \end{cases}$$

$f_1(t)-f_2(t)$ 的表达式为

$$f_1(t)-f_2(t)=\begin{cases}0 & (t<0)\\ t-1 & (0\leqslant t\leqslant 1)\\ 1 & (t>1)\end{cases}$$

继而可分别画出它们的波形如图 1-19(c)、(d)所示。

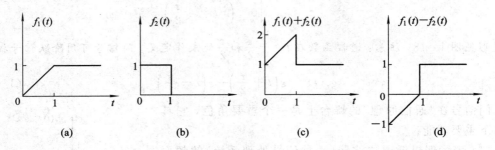

图 1-19　例题 1-5 图

**注意**：若两个变化快慢不一样的信号相乘，则变化慢的信号（低频信号）会表现为积信号的包络线，反映积信号的变化趋势，这也是"通信原理"中幅度调制技术的数学基础。

### 1.4.2　奇、偶信号的运算

**1. 奇信号和偶信号**

若信号 $f(t)$ 满足 $f(t)=-f(-t)$，则称 $f(t)$ 为奇信号。若信号 $f(t)$ 满足 $f(t)=f(-t)$，则称 $f(t)$ 为偶信号。

上述奇信号和偶信号的定义也适合离散信号。

**2. 偶信号的运算**

（1）两个偶信号的和、差仍然是偶信号。该运算也适合离散信号。

（2）两个偶信号的积仍然是偶信号。该运算也适合离散信号。

（3）一个偶信号的微分是奇信号。

**3. 奇信号的运算**

（1）两个奇信号的和、差仍然是奇信号。该运算也适合离散信号。

（2）两个奇信号的积是偶信号。该运算也适合离散信号。

（3）一个奇信号的微分是偶信号。

**4. 奇信号和偶信号的运算**

（1）一个奇信号和一个偶信号的积是奇信号。该运算也适合离散信号。

（2）一个奇信号和一个偶信号之和非奇非偶。该运算也适合离散信号。

### 1.4.3　时移运算

时移信号 $f(t+t_0)$ 的波形比 $f(t)$ 的波形在时间上超前 $t_0$ 时间段，即 $f(t+t_0)$ 的波形是 $f(t)$ 的波形向左移动 $t_0$；$f(t-t_0)$ 的波形比 $f(t)$ 的波形在时间上滞后 $t_0$，即 $f(t-t_0)$ 的波形是 $f(t)$ 的波形向右移动 $t_0$，如图 1-20 所示。

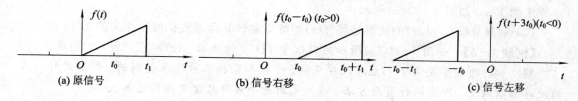

图 1 - 20 信号时移变换示意图

## 1.4.4 翻转运算

$f(-t)$ 的波形就是 $f(t)$ 的波形相对于纵轴的镜像，如图 1 - 21 所示。

从波形上看，$f[-(t+t_0)]$ 的波形是将 $f(-t)$ 的波形（见图 1 - 22(a)）向左移动 $t_0$，如图 1 - 22(b) 所示；$f[-(t-t_0)]$ 的波形是将 $f(-t)$ 的波形向右移动 $t_0$，如图 1 - 22(c) 所示。

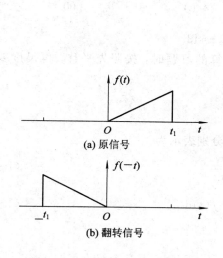

图 1 - 21 信号翻转变换示意图

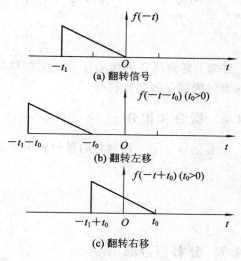

图 1 - 22 翻转信号时移变换示意图

## 1.4.5 尺度变换

尺度变换就是把信号 $f(t)$ 表达式中的自变量 $t$ 用 $at$ 替换，成为 $f(at)$，其中，$a$ 是常数，称为尺度变换系数。

(1) 如果 $a>1$，则 $f(at)$ 的波形是把 $f(t)$ 的波形（图 1 - 23(a)）以原点（$t=0$）为基准，沿横轴压缩至原来的 $1/a$，如图 1 - 23(b) 所示；

(2) 如果 $0<a<1$，则 $f(at)$ 的波形是把 $f(t)$ 的波形以原点（$t=0$）为基准，沿横轴扩展

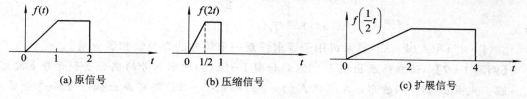

图 1 - 23 信号尺度变换示意图

至原来的 $1/a$，如图 $1-23(c)$所示；

(3) 如果 $a<0$，$f(at)$的波形是将 $f(t)$的波形翻转并压缩或扩展至原来的 $1/|a|$。

**【例题 1-6】** 如图 $1-24(a)$所示的门信号 $f(t)$，请作出 $y(t)=f(-2t+3)$ 的波形。

**解** $y(t)$的波形是由 $f(t)$经过尺度变换、平移和翻转三种运算得到的。但前两种运算的次序可以改变，即有两种解题方法。这里采用先平移再尺度变换的运算次序。

首先，将 $f(t)$向左移动 3 个单位，得到 $f(t+3)$，其波形如图 $1-24(b)$所示。再将 $f(t+3)$的波形压缩至原来的 $1/2$，得到 $f(2t+3)$，波形如图 $1-24(c)$所示。再将 $f(2t+3)$的波形翻转（相对于纵轴的镜像）得到 $y(t)$，波形如图 $1-24(d)$所示。

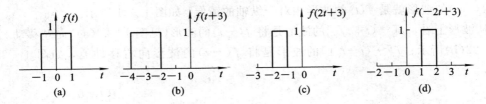

图 $1-24$　例题 $1-6$ 图

**注意**：遇到既有平移又有尺度变换和翻转运算的习题时，按照先平移，再尺度变换，最后翻转的顺序解题比较好。

### 1.4.6　微分和积分

设有信号 $f(t)$，则对它的微分和积分运算可分别表示为

$$f'(t)=\frac{\mathrm{d}f(t)}{\mathrm{d}t} \tag{1-30}$$

$$f^{(-1)}(t)=\int_{-\infty}^{t}f(t)\mathrm{d}t \tag{1-31}$$

### 1.4.7　分解与合成

通俗地讲，将一个信号分解为有限个或无穷个其他信号的过程或方法就叫信号分解。而将有限个或无穷个其他信号组合起来表示一个信号的过程或方法就是信号合成。

比如，把图 $1-15$ 的信号 $f(t)$表示为阶跃信号 $\varepsilon(t)$的代数和就是对 $f(t)$的分解处理。再比如，任意一个信号 $f(t)$可以分解为一个偶信号和一个奇信号分量的代数和。

证明：设偶信号分量为 $f_e(t)$，奇信号分量为 $f_o(t)$，则有

$$f_e(t)=\frac{1}{2}f(t)+\frac{1}{2}f(-t) \tag{1-32}$$

$$f_o(t)=\frac{1}{2}f(t)-\frac{1}{2}f(-t) \tag{1-33}$$

可见 $$f(t)=f_e(t)+f_o(t)$$

式$(1-32)$和式$(1-33)$通常可用于寻求任意一个信号的奇分量和偶分量。

**【例题 1-7】** 请粗略画出图 $1-25(a)$和图 $1-25(b)$所示信号的偶分量和奇分量波形。

**解** 先画出 $f(-t)$波形，再根据式$(1-32)$和式$(1-33)$即可画出偶分量和奇分量波形。如图 $1-25(c)$和$(d)$所示。

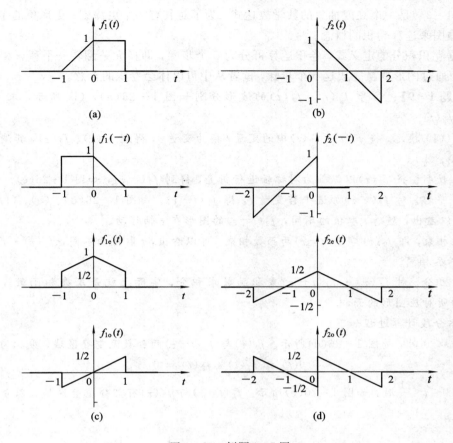

图 1 - 25 例题 1 - 7 图

信号的分解方法有多种，如后面要介绍的傅里叶级数、傅氏变换、拉氏变换和 Z 变换等。可以说，"信号的分解运算"是信号分析的精髓。显然，信号合成是分解的逆运算。

## 1.4.8 卷积积分

卷积积分(简称卷积)是一种特殊运算，其定义如下：

**设有函数 $f_1(t)$ 和 $f_2(t)$，则 $f_1(t)$ 和 $f_2(t)$ 的卷积运算为**

$$f_1(t) * f_2(t) \xlongequal{\text{def}} \int_{-\infty}^{+\infty} f_1(\tau)f_2(t-\tau)\mathrm{d}\tau \qquad (1-34)$$

式中，"＊"号为卷积运算符号。

**【例题 1 - 8】** 已知 $f_1(t)=(3\mathrm{e}^{-2t}-1)\varepsilon(t)$ 和 $f_2(t)=\mathrm{e}^t\varepsilon(t)$。试求卷积 $f_1(t) * f_2(t)$。

**解** $\quad f_1(t) * f_2(t) = \int_{-\infty}^{+\infty} f_1(\tau)f_2(t-\tau)\mathrm{d}\tau = \int_{-\infty}^{+\infty} (3\mathrm{e}^{-2\tau}-1)\varepsilon(\tau)\mathrm{e}^{t-\tau}\varepsilon(t-\tau)\mathrm{d}\tau$

当 $\tau<0$ 时，$\varepsilon(\tau)=0$；$\tau>0$ 时，$\varepsilon(\tau)=1$；当 $\tau>t$ 时，$\varepsilon(t-\tau)=0$；$\tau<t$ 时，$\varepsilon(t-\tau)=1$。
则有

$$f_1(t) * f_2(t) = \int_0^t (3\mathrm{e}^{-2\tau}-1)\mathrm{e}^{t-\tau}\mathrm{d}\tau = \mathrm{e}^t\int_0^t 3\mathrm{e}^{-3\tau}\mathrm{d}\tau - \mathrm{e}^t\int_0^t \mathrm{e}^{-\tau}\mathrm{d}\tau$$

$$= -\mathrm{e}^t \cdot \mathrm{e}^{-3\tau}\Big|_0^t + \mathrm{e}^t \cdot \mathrm{e}^{-\tau}\Big|_0^t = 1-\mathrm{e}^{-2t}, \ t \geqslant 0$$

式(1-34)是一个高度抽象的数学表达式，为了对其有一个更深刻、更形象的了解，我们通过作图来诠释卷积的概念。

根据卷积积分的定义式，卷积运算可分为 5 个步骤，即换元—翻转—平移—相乘—积分。下面通过图形变换完成这 5 个步骤，读者从中可以体会卷积的含意。

**【例题 1-9】** 信号 $f_1(t)$、$f_2(t)$ 的波形分别如图 1-26(a)、(b)所示，求 $y(t) = f_1(t) * f_2(t)$。

**解** (1) 换元。将 $f_1(t)$、$f_2(t)$ 中的变量 $t$ 换为变量 $\tau$，得到 $f_1(\tau)$、$f_2(\tau)$，其波形同图 1-26(a)、(b)。

(2) 反折。将 $f_2(\tau)$ 以纵轴为对称轴进行折叠，得到 $f_2(-\tau)$，如图 1-26(c)。

(3) 平移。对 $f_2(-\tau)$ 加进平移变量 $t$，得 $f_2(t-\tau)$。由图 1-26(d)、(e)、(f)、(g)、(h)图可以看出，随着 $t$ 取值的不同，$f_2(t-\tau)$ 的图形在 $\tau$ 轴移动。

(4) 相乘，即 $f_1(\tau)$ 与 $f_2(t-\tau)$ 两函数相乘。可以看出，$t$ 取值的不同，$f_1(\tau) \cdot f_2(t-\tau)$ 结果也不尽相同。

(5) 积分。对 $f_1(\tau) \cdot f_2(t-\tau)$ 乘积函数求积分，实际上就是求乘积函数 $f_1(\tau) \cdot f_2(t-\tau)$ 所对应图形的面积。

具体分段计算过程如下：

(1) $t \leqslant 0$ 时，如图 1-26(d)所示。$f_1(\tau)$ 与 $f_2(t-\tau)$ 两函数无重叠区域，乘积为 0。

$$y(t) = f_1(t) * f_2(t) = 0$$

(2) $0 \leqslant t \leqslant \dfrac{1}{2}$ 时，如图 1-26(e)所示。$f_2(t-\tau)$ 与 $f_1(\tau)$ 有部分重叠区域。积分下限为 0，上限为 $t$。

$$y(t) = f_1(t) * f_2(t) = \int_0^t \tau \cdot \frac{1}{2} \mathrm{d}\tau = \frac{1}{4} t^2$$

(3) $\dfrac{1}{2} \leqslant t \leqslant 1$ 时，如图 1-26(f)所示。$f_2(t-\tau)$ 与 $f_1(\tau)$ 完全重叠在一起。积分下限为 $t - \dfrac{1}{2}$，上限为 $t$。

$$y(t) = f_1(t) * f_2(t) = \int_{t-\frac{1}{2}}^t \tau \cdot \frac{1}{2} \mathrm{d}\tau = \frac{1}{4} t - \frac{1}{16}$$

(4) $1 \leqslant t \leqslant \dfrac{3}{2}$ 时，如图 1-26(g)所示。$f_2(t-\tau)$ 已有一部分移出 $f_1(\tau)$ 的非零区域。积分下限 $t - \dfrac{1}{2}$，上限为 1。

$$y(t) = f_1(t) * f_2(t) = \int_{t-\frac{1}{2}}^1 \tau \cdot \frac{1}{2} \mathrm{d}\tau$$

$$= -\frac{1}{4} t^2 + \frac{1}{4} t + \frac{3}{16}$$

(5) $t \geqslant \dfrac{3}{2}$ 时，如图 1-26(h)所示。$f_2(t-\tau)$ 已完全移出 $f_1(\tau)$ 的非零区域，乘积为 0。

$$y(t) = f_1(t) * f_2(t) = 0$$

根据各段计算结果，$y(t)$ 的分段表达式为

$$y(t) = \begin{cases} \dfrac{1}{4}t^2 & \left(0 \leqslant t \leqslant \dfrac{1}{2}\right) \\[2mm] \dfrac{1}{4}t - \dfrac{1}{16} & \left(\dfrac{1}{2} < t \leqslant 1\right) \\[2mm] -\dfrac{1}{4}t^2 + \dfrac{1}{4}t + \dfrac{3}{16} & \left(1 < t \leqslant \dfrac{3}{2}\right) \\[2mm] 0 & （其他） \end{cases}$$

波形为图 1-26(i)。

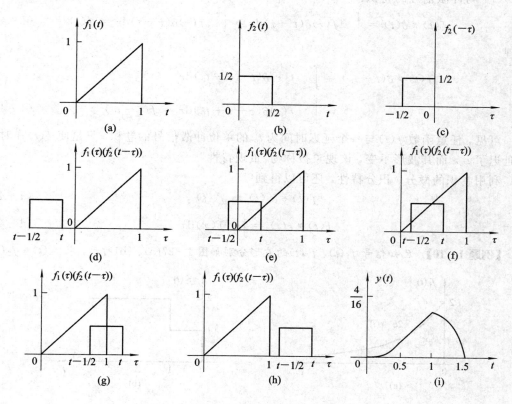

图 1-26　卷积的图形解释

可见，卷积实际上可以简单地理解为"折叠积分"。图 1-26 还告诉我们：对于一些函数的卷积可以直接采用图形解法，从而避免繁杂的数学运算。

卷积运算具有如下特性：

（1）交换律：

$$f_1(t) * f_2(t) = f_2(t) * f_1(t) \tag{1-35}$$

（2）分配律：

$$f_1(t) * [f_2(t) + f_3(t)] = f_1(t) * f_2(t) + f_1(t) * f_3(t) \tag{1-36}$$

（3）结合律：

$$[f_1(t) * f_2(t)] * f_3(t) = f_1(t) * [f_2(t) * f_3(t)] \tag{1-37}$$

（4）卷积的微分：设 $y(t) = f_1(t) * f_2(t)$，则有

$$y'(t) = f_1(t) * f_2'(t) = f_1'(t) * f_2(t) \tag{1-38}$$

(5) 卷积的积分：设 $y(t) = f_1(t) * f_2(t)$，则有

$$\int_{-\infty}^{t} y(x)\mathrm{d}x = f_1(t) * \left[\int_{-\infty}^{t} f_2(x)\mathrm{d}x\right] = \left[\int_{-\infty}^{t} f_1(x)\mathrm{d}x\right] * f_2(t) \tag{1-39}$$

(6) 微积分特性：设 $y(t) = f_1(t) * f_2(t)$，若 $f_1(t)\big|_{t=-\infty} = f_2(t)\big|_{t=-\infty} = 0$，则有

$$y(t) = f_1'(t) * \int_{-\infty}^{t} f_2(t)\mathrm{d}t = \int_{-\infty}^{t} f_1(t)\mathrm{d}t * f_2'(t) \tag{1-40}$$

(7) 与冲激信号的卷积：

$$f(t) * \delta(t) = \int_{-\infty}^{+\infty} f(\tau)\delta(t-\tau)\mathrm{d}\tau = \int_{-\infty}^{+\infty} f(\tau)\delta(\tau-t)\mathrm{d}\tau = f(t) \tag{1-41}$$

同理

$$f(t) * \delta(t-t_0) = \int_{-\infty}^{+\infty} f(\tau)\delta(t-\tau-t_0)\mathrm{d}\tau$$

$$= \int_{-\infty}^{+\infty} f(\tau)\delta(\tau-t+t_0)\mathrm{d}\tau = f(t-t_0) \tag{1-42}$$

可见，任意函数 $f(t)$ 与一个延迟时间为 $t_0$ 的单位冲激信号的卷积，只是使 $f(t)$ 在时间上延迟了 $t_0$，而其波形不变，该现象被称为"重现特性"。

利用卷积的微分、积分特性，还可以得到

$$f(t) * \delta'(t) = f'(t) \tag{1-43}$$

$$f(t) * \varepsilon(t) = \int_{-\infty}^{t} f(x)\mathrm{d}x \tag{1-44}$$

**【例题 1-10】** 已知信号 $f_1(t)$、$f_2(t)$ 的波形分别如图 1-27(a)、(b)所示，求 $f_1(t) * f_2(t)$。

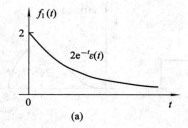
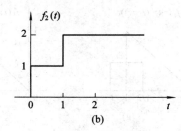

图 1-27　例题 1-10 图

**解**　由卷积微积分特性得

$$f_1(t) * f_2(t) = f_2'(t) * \int_{-\infty}^{t} f_1(\tau)\mathrm{d}\tau$$

$$= [\delta(t) + \delta(t-1)] * \int_{-\infty}^{t} 2\mathrm{e}^{-\tau}\varepsilon(\tau)\mathrm{d}\tau$$

$$= 2[\delta(t) + \delta(t-1)] * \int_{0}^{t} \mathrm{e}^{-\tau}\mathrm{d}\tau$$

$$= 2[\delta(t) + \delta(t-1)] * [(1-\mathrm{e}^{-t})\varepsilon(t)]$$

$$= 2(1-\mathrm{e}^{-t})\varepsilon(t) + 2[1-\mathrm{e}^{-(t-1)}]\varepsilon(t-1)$$

(8) 卷积的时移：若 $y(t) = f_1(t) * f_2(t)$，则

$$f_1(t-t_1) * f_2(t-t_2) = y(t-t_1-t_2) \tag{1-45}$$

为便于查找和记忆，现将卷积主要特性归纳于表 1 – 1。

**表 1 – 1　卷积特性表**

| 序号 | 特性 | 表　达　式 |
|---|---|---|
| 1 | 交换律 | $f_1(t) * f_2(t) = f_2(t) * f_1(t)$ |
| 2 | 分配律 | $f_1(t) * [f_2(t) + f_3(t)] = f_1(t) * f_2(t) + f_1(t) f_3(t)$ |
| 3 | 结合律 | $[f_1(t) * f_2(t)] * f_3(t) = f_1(t) * [f_2(t) * f_3(t)]$ |
| 4 | 微分特性 | $y'(t) = f_1(t) * f_2'(t) = f_1'(t) * f_2(t)$ |
| 5 | 积分特性 | $\int_{-\infty}^{t} y(x)\mathrm{d}x = f_1(t) * \left[\int_{-\infty}^{t} f_2(x)\mathrm{d}x\right] = \left[\int_{-\infty}^{t} f_1(x)\mathrm{d}x\right] * f_2(t)$ |
| 6 | 微积分特性 | $y(t) = f_1'(t) * \int_{-\infty}^{t} f_2(t)\mathrm{d}t = \int_{-\infty}^{t} f_1(t)\mathrm{d}t * f_2'(t)$ |
| 7 | 与冲激信号的卷积 | $f(t) * \delta(t) = f(t),\ f(t) * \delta^{(k)}(t) = f^{(k)}(t)$ <br> $f(t) * \delta(t - t_0) = f(t - t_0),\ f(t) * \delta^{(k)}(t - t_0) = f^{(k)}(t - t_0)$ |
| 8 | 时移特性 | $f_1(t - t_1) * f_2(t - t_2) = y(t - t_1 - t_2)$ |

至此，读者也许会问：为什么要构造卷积这样一种奇怪的运算？答案是因为它可以用于信号分解，在系统的时域分析中具有重要作用。

## 1.4.9　信号作图

信号作图就是将信号的数学表达式形象化。虽然在"高等数学"中讲过利用微积分特性进行函数作图，但本节强调的是利用信号运算特性和信号本身的特点进行作图。

请读者仔细研究下列信号波形，体会并掌握其中的作图方法与技巧。

**【例题 1 – 11】**　画出下列信号的波形。

(1) $f_1(t) = \varepsilon(-2t + 3)$　　　　　(2) $f_2(t) = \mathrm{e}^{-t} \sin 4\pi t [\varepsilon(t - 1) - \varepsilon(t - 2)]$

(3) $f_3(t) = \varepsilon[\cos(\pi t)]$　　　　　(4) $f_4(t) = \mathrm{sgn}[\sin(\pi t)]$

(5) $f_5(t) = \delta(t^2 - 4)$　　　　　　(6) $f_6(t) = \sin[\pi t\ \mathrm{sgn}(t)]$

**解**　各信号波形如图 1 – 28 所示。

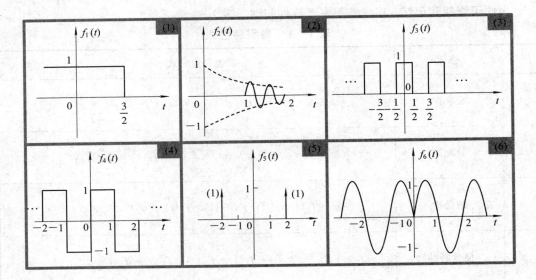

图 1-28   例题 1-11 图

## 学 习 提 示

信号是系统处理的对象和产物，提示读者关注以下知识点：

**(1)** 信号是时间的函数。

**(2)** 当周期信号的周期 $T$ 趋于无穷大时，就变成了非周期信号。

**(3)** 复指数信号和冲激信号是本课程的核心信号。

**(4)** 一个信号可以分解为某些其他形式信号的有限个或无限个代数和。

**(5)** 卷积积分。

**(6)** 利用信号本身的特点可以作图。

## 问 与 答

**问题 1：** 请简单描述一下信号与函数的关系。

**答：** 信号是一种物理变化现象或物理量。函数是信号的数学模型，是人们"纸上谈兵"的对象。

**问题 2：** 信号在本课程中的作用是什么？

**答：** 充当系统的激励与响应。

**问题 3：** 复指数信号的重要性是什么？

**答：** 复指数信号是一种人们构造出来的信号，现实中不存在。构造这样一个虚拟信号的意义在于用它可以表示直流、指数、正弦型等多种基本信号。另外，在通过一个线性时不变系统后，其"长相"不变，但"个子"可能会"变高"或"变低"。

**问题 4：** 构造冲激信号的意义是什么？

答：一是模拟事件中的物理冲击现象，成为现象的数学模型；二是可以作为基本信号用于描述其他信号。

**问题 5：卷积的物理意义是什么？**

答：卷积积分是一个信号折叠后，从负无穷远处向正无穷远处连续移动，其间与另一个信号相乘后所围图形的面积的变化曲线。简言之，卷积就是求两个信号相对移动过程中重合面积的变化规律。

**问题 6：构造卷积计算的主要目的是什么？**

答：可用无数个位于不同时刻且不同强度的冲激信号的连续和表示一个任意信号 $f(t)$，即有 $f(t) = \lim\limits_{\Delta \to 0} \sum\limits_{k=-\infty}^{+\infty} f(k\Delta)\Delta p(t-k\Delta) = \int_{-\infty}^{+\infty} f(\tau)\delta(t-\tau)\mathrm{d}\tau$，如图 1−29 所示。

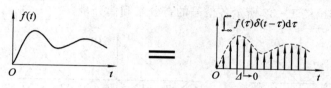

图 1−29 信号表示为冲激信号的连续和

**问题 7：对由奇异信号构成的复合函数作图的要点是什么？**

答：解这类题的关键点是要记住奇异信号的值域和定义域。

# 习 题 1

**1−1** 画出下列各复合函数的波形。

(1) $f_1(t) = \varepsilon(t^2 - 4)$      (2) $f_2(t) = \mathrm{sgn}(t^2 - 1)$      (3) $f_3(t) = \delta(t^2 - 9)$

(4) $f_4(t) = \mathrm{sgn}[\cos(\pi t)]$      (5) $f_5(t) = \delta[\cos(\pi t)]$      (6) $f_6(t) = \varepsilon[\cos(2\pi t)]$

**1−2** 画出下列信号的波形。

(1) $f_1(t) = \varepsilon(-2t + 3)$      (2) $f_2(t) = t\varepsilon(t-1)$

(3) $f_3(t) = (t-1)\varepsilon(t-1)$      (4) $f_4(t) = [\varepsilon(t-1) - \varepsilon(t-2)]\mathrm{e}^{-t}\cos(10\pi t)$

**1−3** 已知信号 $f(t)$ 的波形如图 1−30 所示，试画出下列各信号的波形。

(1) $f(2t)$      (2) $f(t+3)$

(3) $f(t-2)$      (4) $f(-4-t)$

(5) $f(2t-4)$      (6) $f(4-3t)$

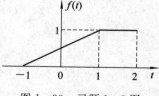

图 1−30 习题 1−3 图

**1−4** 求下列积分。

(1) $\int_{-\infty}^{+\infty} f(t-t_0)\delta(t)\mathrm{d}t$      (2) $\int_{-\infty}^{+\infty} f(t_0 - t)\delta(t)\mathrm{d}t$

(3) $\int_{0}^{+\infty} \delta(t-4)\varepsilon(t-2)\mathrm{d}t$      (4) $\int_{-\infty}^{+\infty} (\mathrm{e}^{-2t} + t\mathrm{e}^{-t})\delta(2-t)\mathrm{d}t$

(5) $\int_{-\infty}^{+\infty} \dfrac{\sin(2t)}{t}\delta(t)\mathrm{d}t$      (6) $\int_{-\infty}^{+\infty} (t^2 + 2)\delta\left(\dfrac{t}{2}\right)\mathrm{d}t$

1-5　计算下列各式。

(1) $\dfrac{\mathrm{d}}{\mathrm{d}t}[\mathrm{e}^{-t}\delta(t)]$　　　　(2) $\dfrac{\mathrm{d}}{\mathrm{d}t}[\mathrm{e}^{-2t}\varepsilon(t)]$　　　　(3) $\dfrac{\mathrm{d}}{\mathrm{d}t}[\varepsilon(t)-2t\varepsilon(t-1)]$

1-6　写出图1-31所示信号的表达式。

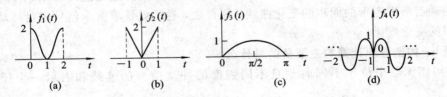

图1-31　习题1-6图

1-7　粗略作出图1-32所示各信号的奇分量和偶分量。

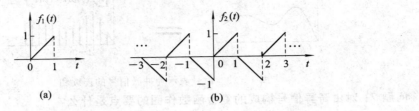

图1-32　习题1-7图

1-8　已知 $f_1(t)=\mathrm{e}^{2t}(-\infty<t<\infty)$ ，$f_2(t)=\mathrm{e}^{-t}\varepsilon(t)$ ，求 $f_1(t)*f_2(t)$ 。

1-9　求图1-33所示各组信号 $f_1(t)$ 、$f_2(t)$ 的卷积积分 $f_1(t)*f_2(t)$ ，并画出其波形。

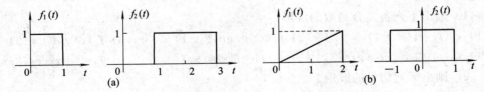

图1-33　习题1-9图

1-10　求下列卷积

(1) $f_1(t)=\mathrm{e}^{-t}\varepsilon(t)*\varepsilon(t)$　　　　(2) $f_2(t)=\sin(2\pi t)[\varepsilon(t)-\varepsilon(t-1)]*\varepsilon(t)$

# 第 2 章 系 统

• 问题引入：人类生产实践中的很多工作或任务都可认为是由某个系统完成的。那么，什么是系统？如何分析系统？

• 解决思路：从实践中提炼系统概念 → 寻找共性，将系统分类 → 找出系统的基本分析方法。

• 研究结果：将系统分为线性和非线性、时变和非时变、连续和离散等 18 种；给出了加、减、乘、延时、微分和积分等 6 种基本运算；指出 LTI 系统分析具有"外部时域/变换域"和"状态空间时域/变换域"四种基本分析方法。

• 核心内容：一个 LTI 系统可以用线性常系数微分或差分方程描述。系统分析的实质就是解方程。

## 2.1 系统的概念

### 1. 系统的定义

在人们的生活中存在着各种各样的系统。观察研究这些系统可以发现一个共性，即都是一个由各种相互独立的物体、设备（设施）甚至包含相关工作人员互联而成，有一定规模，能够完成某些特定功能的集合体。因此，可以这样说，**相互独立又彼此联系，能够共同实现一些特定功能的若干元素的集合就是系统**。这个定义概括了所有物理和非物理系统。

由于本课程讨论的"系统"属于物理系统，主要指由电阻 $R$、电感 $L$ 和电容 $C$ 构成的电路以及相关理论模型。所以，可以定义：

**系统就是能够对信号进行传输、处理或变换的电路、设备或算法的总称。**

显然，系统可以抽象为一个具有因果关系的变换模块，给定一个（多个）输入信号（原因），就可以变换出一个（多个）输出信号（结果）。因此，系统也可被认为是"一个存在因果关系的整体"，其示意图如图 2-1 所示。

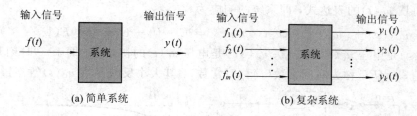

(a) 简单系统　　　　　　(b) 复杂系统

图 2-1　系统示意图

图中的输出信号 $y(t)$ 与输入信号 $f(t)$ 的变换关系或一个系统的功能可描述为

$$y(t) = T[f(t)] \tag{2-1}$$

式（2-1）中的符号 $T[\cdot]$ 表示对括号中的元素进行某种处理或变换。如果把 $t$ 换成 $n$，该式也适合对离散系统的描述。若 $T[\cdot]$ 可以进一步用具体的数学表达式描述，则这些明确的表达式就是该系统的数学模型。

**2. 系统分析的内容及目的**

系统分析的主要内容用以下两句话描述是等价的。

(1) 一个信号通过一个系统后会变成什么样子。

(2) 对一个系统施加一个激励会得到怎样的响应。

概括地说，系统分析就是讨论一个给定系统对信号的传输、变换或处理特性，或者说，是分析一个给定系统的激励与响应之间的关系。其主要目的是：

(1) 为设计、建设和使用能够用微分方程或差分方程描述的系统（比如实际通信系统或控制系统）提供理论依据和方法指导。

(2) 为"通信原理""自动控制原理"等专业课程的学习奠定基础。

虽然，本课程主要研究"电系统"，但因为很多真实物理系统与电系统是相似系统，所以，本课程的研究结果可以适用于或推广到其他相似系统，比如机械系统等。所谓"相似系统"，是指具有相同数学模型的真实系统，比如，一个 $LC$ 电路和一个机械单摆就是相似系统。

## 2.2　系统的激励、响应与状态

要对系统进行分析，首先需要了解系统的"激励"(excitation)、"响应"(response)和"状态"(state)等基本概念。

**"激励信号"简称"激励"**，是外部对系统施加的能量或作用。"激励信号"也可称为"输入信号"。

**"响应信号"简称"响应"**，是系统对"激励"的反应或结果。"响应信号"也可称为"输出信号"。

图 2-2(a)所示的 $RC$ 电路就是一个典型的电系统。若电源 $E$ 作为激励，则电容 $C$ 两端的电压 $u_C(t)$ 就是当开关 S 合上后由 $E$ 产生的响应。当 $t=0$ 时刻开关 S 合上后，根据"电路分析"中"三要素"法的公式

$$y(t) = y(\infty) + [y(0_+) - y(\infty)]e^{-\frac{1}{\tau}t} \tag{2-2}$$

可以写出电压 $u_C(t)$ 的表达式，即系统的响应为

$$u_C(t) = u_C(\infty) + [u_C(0_+) - u_C(\infty)]e^{-\frac{1}{\tau}t} = E + (0-E)e^{-\frac{1}{\tau}t} = E(1-e^{-\frac{1}{\tau}t}) \tag{2-3}$$

式中，$u_C(\infty)$ 是电压 $u_C(t)$ 的终值；$u_C(0_+)$ 是电压 $u_C(t)$ 的初始值，即 $t=0$ 时刻开关 S 合上后瞬间的值；$\tau=RC$ 称为时间常数（简称时常数），其大小反映函数 $u_C(t)$ 暂态过程的长短，

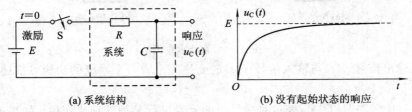

(a) 系统结构　　　　　　　　　　(b) 没有起始状态的响应

图 2-2　没有起始状态的 $RC$ 充电电路及其响应

时常数越大，暂态过程就越长，波形变化就越缓慢。系统响应 $u_C(t)$ 的波形如图 2-2(b)所示。可见，系统响应完全由 $t=0$ 后出现的激励所产生。

**注意**：上述结论是在开关 S 合上前电容两端电压 $u_C(t)$ 为零的前提下得出的，即 $u_C(0_-)=0$。如果 $u_C(t)$ 在开关合上前不为零，比如 $u_C(0_-)=E_1$，那么系统响应又如何呢？

在图 2-3 中，开关 S 动作前，电路处于稳定状态，即 $u_C(0_-)=E_1$。$t=0$ 时刻把开关 S 扳到 2 位，根据电路分析理论中的换路定理可知，电容的端电压不能突变（对电感而言是流过的电流不能突变），即 $u_C(0_+)=u_C(0_-)=E_1$，再由"三要素"法可得

$$u_C(t) = u_C(\infty) + [u_C(0_+) - u_C(\infty)]e^{-\frac{1}{\tau}t}$$
$$= E + (E_1 - E)e^{-\frac{1}{\tau}t} = E_1 e^{-\frac{1}{\tau}t} + E(1 - e^{-\frac{1}{\tau}t}) \qquad (2-4)$$

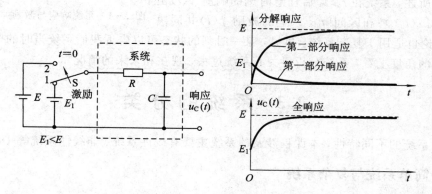

图 2-3 具有起始状态的 $RC$ 充电电路及其响应

显然，此时的响应 $u_C(t)$ 由两部分构成：第一部分 $E_1 e^{-\frac{1}{\tau}t}$ 是由电容在 $t=0$ 时刻前存储的电压（能量）$E_1$ 产生的；第二部分 $E(1-e^{-\frac{1}{\tau}t})$ 是由 $t=0$ 时刻后的外激励 $E$ 造成的。

**注意**：电容在 $t=0$ 时刻前存储的电压被称为起始状态，上述第一部分响应就是由这个起始状态产生的，与 $t=0$ 时刻后的激励无关。显然，在概念上，能够引起响应的状态也是一种"激励"，可称之为"内激励"。而通常所说的激励均指系统外部输入的信号。

$E_1$ 在形式上虽然也是外部激励，但在 $t=0$ 时刻后它已不起作用，其作用已经转化为电容的储能，因此，外激励只有 $E$。

这样，就引出一个新概念——系统状态。"状态"可理解为事物的某种特征，是划分事物发展阶段的依据。状态发生变化意味着事物有了发展和变化。因此，系统状态是指：一组必须知道的个数最少数据，利用这组数据和 $t \geqslant t_0$ 时接入的激励，就能够完全确定 $t_0$ 以后任何时刻的响应。通常这组数据代表系统各储能元件在接入激励前的储能情况。换句话说，**"系统状态"是指在给定所有外部激励的前提下，为确定系统未来响应而必须知道的一组必要与充分的数据集合。**

因"换路"的影响，系统状态有可能在 $t=t_0$ 时刻发生跳变。为区分跳变前后的数值，以 $t_{0_-}$ 表示激励接入之前的瞬时，以 $t_{0_+}$ 表示激励接入以后的瞬时，则

**激励接入前一刹那，系统的状态被称为系统的起始状态，记为**

$$x_1(t_{0_-}), \ x_2(t_{0_-}), \ \cdots, \ x_n(t_{0_-})$$

显然，这组数据记录了系统过去历史的所有相关信息，而

**激励接入后一刹那，系统的状态被称为系统的初始状态，记为**

$$x_1(t_{0_+}), \; x_2(t_{0_+}), \; \cdots, \; x_n(t_{0_+})$$

从上面系统状态的概念中可知，$t \geqslant t_0$ 后系统的响应 $y(t)$ 是系统的起始状态和在 $t = t_0$ 时输入的信号 $f(t)$ 的函数，可以表示为

$$y(t) = T[x_1(t_{0_-}), \; x_2(t_{0_-}), \; \cdots, \; x_n(t_{0_-}), \; f(t)] \quad t \geqslant t_0 \qquad (2-5)$$

为方便起见，将 $t = t_0$ 时刻上的起始状态：$x_1(t_{0_-}), \; x_2(t_{0_-}), \; \cdots, \; x_n(t_{0_-})$ 用符号 $\{x(t_{0_-})\}$ 表示。则式（2-5）可表示为

$$y(t) = T[\{x(t_{0_-})\}, \; f(t)], \; t \geqslant t_0 \qquad (2-6)$$

式（2-6）可以用图 2-4 来诠释。

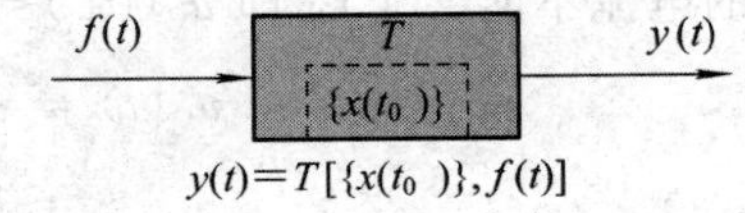

综上所述，系统在 $t \geqslant t_0$ 后任意时刻的响应 $y(t)$ 由起始状态 $\{x(t_{0_-})\}$ 和区间 $[t_0, t]$ 上的激励 $f(t)$ 共同决定。该结论也适用于复杂系统。可见，某一时刻的状态可以告诉我们系统当时的全部信息。故从响应的角度上看，系统分析要关心系统过去、现在和未来的情况。

图 2-4　系统响应与激励关系示意图

# 2.3　系统的分类

根据系统的不同特性，本课程涉及的系统主要有线性系统、非线性系统等 18 种类型。

## 2.3.1　简单系统与复杂系统

具有单输入信号和单输出信号的系统（single input single output，SISO）通常被称为简单系统，而相应的多输入信号多输出信号系统（MIMO-multiple inputs multiple outputs）就被称为复杂系统，它们的示意图如图 2-1 所示。本课程主要分析简单系统。

## 2.3.2　连续系统与离散系统

如同信号被分为连续时间信号和离散时间信号一样，系统也可以被分为连续时间系统和离散时间系统。输出输入都是连续时间信号的系统就是连续时间系统（continuous-time system），简称连续系统，记为 CT 系统；而输出输入都是离散信号的系统就是离散时间系统（discrete-time system），简称离散系统，记为 DT 系统，有时也称为数字系统。

通常，连续系统中的激励与响应用 $f(t)$ 和 $y(t)$ 表示，而离散系统中的激励与响应用 $f[n]$ 和 $y[n]$ 表示，如图 2-5 所示。在实际中，也会有连续信号和离散信号同时存在的混合系统。

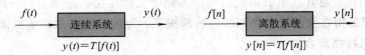

图 2-5　连续系统和离散系统

## 2.3.3　线性系统与非线性系统

一般把由线性元件（比如线性电阻、电感和电容等）构成的系统称为线性系统（linear

system)。而包含有非线性元件(比如二极管等)的系统就是非线性系统(non-linear system)，图 2-6 是两种系统的实例。

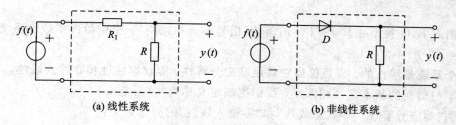

**(a) 线性系统**　　　　　　　**(b) 非线性系统**

图 2-6　线性系统与非线性系统实例

那么，对于无法知道系统内部结构及部件特性的系统如何判断其是否为线性系统呢？为了回答这个问题，首先要介绍由齐次性和可加性构成的"线性特性"的概念。

(1) **齐次性**：若一个系统的输入(激励)增加 $k$ 倍，则系统输出(响应)也增加 $k$ 倍(对任意的 $k$ 值)。这一事实可表示为

若 $f(t) \rightarrow y(t)$，则

$$kf(t) \rightarrow ky(t) \tag{2-7}$$

此处(包括以后)出现的箭头符号"→"表示经过一种"变换"或"处理"。

**注意**：若系数 $k=0$，就会得出零输入必然导致零输出的结论。

(2) **可加性**：如果有几个激励同时作用在系统上，则系统的总响应可以表示为各激励单独作用时(其余激励为零)所产生响应的代数和。该特性可表示为

若 $f_1(t) \rightarrow y_1(t)$，$f_2(t) \rightarrow y_2(t)$，则

$$f_1(t) + f_2(t) \rightarrow y_1(t) + y_2(t) \tag{2-8}$$

如果将齐次性和可加性结合起来考虑，则线性特性可表示为

若 $f_1(t) \rightarrow y_1(t)$，$f_2(t) \rightarrow y_2(t)$，则

$$k_1 f_1(t) + k_2 f_2(t) \rightarrow k_1 y_1(t) + k_2 y_2(t) \tag{2-9}$$

图 2-7 对线性特性的概念进行了图解。

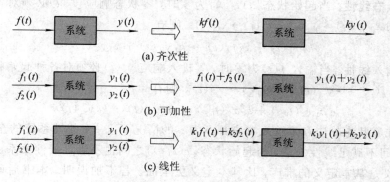

**(a) 齐次性**

**(b) 可加性**

**(c) 线性**

图 2-7　线性特性示意图

根据线性特性可以给出线性系统的基本定义：**响应与激励之间满足线性特性的系统就是线性系统。**

该定义被很多人认可并出现在不少教材及专著中，且线性特性也就可以作为判断系统

是否线性的依据并被称为线性条件。而"零输入导致零输出"的结论可直接用于判定一个系统是非线性系统。显然，线性条件的应用不需要了解系统内部结构而只需要进行外部测量即可。

美国人 B. P. 拉斯在其 1974 年所著的《信号系统和控制》一书中给出了线性系统的另一种定义：

**一个系统是线性的，当且仅当它满足响应分解性、零状态线性和零输入线性。**

为了与前面的基本定义相区别，我们把该定义称为"拉斯定义"。

所谓"响应分解性""零状态线性"和"零输入线性"的概念如下：

(1) **响应分解性**。在 2.2 节中讲过，系统的响应 $y(t)$ 往往不仅取决于输入信号 $f(t)$，还取决于起始状态 $\{x(t_{0_-})\}$。这一事实可以被认为系统响应是由两个不同的激励 $f(t)$ 和 $\{x(t_{0_-})\}$ 而产生的，即系统的全响应 $y(t)$ 应当是第二个激励 $\{x(t_{0_-})\}$ 不为零而第一个激励 $f(t)$ 为零时的响应 $y_x(t)$ 和第二个激励 $\{x(t_{0_-})\}$ 为零而第一个激励 $f(t)$ 不为零时的响应 $y_f(t)$ 两部分之和。其中，$y_x(t)$ 被称为零输入分量或零输入响应（zero-input response），$y_f(t)$ 被称为零状态分量或零状态响应（zero-state response）。因此，全响应 $y(t)$ 可以表示为

$$y(t) = y_x(t) + y_f(t) \qquad (2-10)$$

可以用一个生活实例加深对式(2-10)的理解：比如，昨天你不小心左脚踢到了一块石头，今天仍然很疼（这就是神经系统的零输入响应）；可你今天仍然倒霉，左脚又被掉下的水杯砸了一下（造成零状态响应），这时你是"雪上加霜"，由石头带来的"疼"和由杯子造成的"痛"共同构成的"全响应"让你"疼痛不已"！

式(2-10)就是响应分解特性，即一个系统的全响应可以分解为零输入响应和零状态响应两个部分。

系统响应分解特性允许我们用相对简单的方法求得全响应，即分别计算由两种不同激励引起的两个响应分量，继而叠加成全响应。在式(2-4)中，第一项 $E_1 e^{-\frac{1}{\tau}t}$ 就是零输入分量，第二项 $E(1-e^{-\frac{1}{\tau}t})$ 就是零状态分量。

(2) **零状态线性**。当起始状态 $\{x(t_{0_-})\}$ 为零时，零状态响应 $y_f(t)$ 必须对各种输入呈现线性特性，即若 $f_1(t) \rightarrow y_{f1}(t)$，$f_2(t) \rightarrow y_{f2}(t)$，则有

$$k_1 f_1(t) + k_2 f_2(t) \rightarrow k_1 y_{f1}(t) + k_2 y_{f2}(t) \qquad (2-11)$$

(3) **零输入线性**。当输入 $f(t)$ 为零时，零输入响应 $y_x(t)$ 必须对各种起始状态呈现线性特性，即若 $x_1(t_{0_-}) \rightarrow y_{x1}(t)$，$x_2(t_{0_-}) \rightarrow y_{x2}(t)$，则有

$$k_1 x_1(t_{0_-}) + k_2 x_2(t_{0_-}) \rightarrow k_1 y_{x1}(t) + k_2 y_{x2}(t) \qquad (2-12)$$

显然，在零状态响应和零输入响应都不为零的情况下，一个线性系统的全响应 $y(t)$ 与激励 $f(t)$ 之间不满足线性关系，与起始状态 $\{x(t_{0_-})\}$ 之间也不满足线性关系。

拉斯定义是基本定义的推广，比基本定义更全面。若不加说明，本书后面出现的线性系统均指拉斯定义下的线性系统。（注意：有些书只采用基本定义。）

线性系统在应用中有一个很重要的特性，即响应与激励是同频信号。换句话说，就是响应不会产生与激励不同的频率分量。该特性也就是"电路分析"课程中"交流稳态电路"可以采用相量（不包含频率的正弦量表达式）分析计算的理论基础。

有了线性系统的判别标准，对非线性系统的判别就很简单，即

**一个系统是非线性的,如果它不是线性的。**

由于上述特性的存在,所以对线性系统的分析过程可以大为简化。利用分解性可以较容易地计算出系统全响应的两个分量(令输入信号为零可以求出零输入响应,令起始状态为零可以求出零状态响应),进而,如果激励 $f(t)$ 可以分解为许多简单函数(信号)的代数和

$$f(t) = a_1 f_1(t) + a_2 f_2(t) + \cdots + a_i f_i(t) + \cdots \tag{2-13}$$

则根据零状态线性,可得零状态响应为

$$y_f(t) = a_1 y_{f1}(t) + a_2 y_{f2}(t) + \cdots + a_i y_{fi}(t) + \cdots \tag{2-14}$$

式中 $y_{fi}(t)$ 是系统对激励 $f_i(t)$ 的零状态响应。

式(2-13)及式(2-14)所给出的系统分析思路具有重要意义。

下面举几个例子说明线性系统的特性。

**【例题 2-1】** 设一线性系统起始状态为 $x_1(0_-)=1$ 和 $x_2(0_-)=2$,即起始状态为 $\{1,2\}$ 时的零输入响应为 $2+3e^{-2t}$,若起始状态增加为原来的 5 倍,求零输入响应。

**解** 已知 $x_1(0_-)=1$ 和 $x_2(0_-)=2$ 时的零输入响应为 $2+3e^{-2t}$。若起始状态增加 5 倍即变成 $\{5,10\}$,则根据零输入线性可得零输入响应为 $5(2+3e^{-2t})$。

**【例题 2-2】** 设一线性系统起始状态为 $\{1,2\}$ 时的零输入响应为 $2-3e^{-2t}$,起始状态为 $\{4,1\}$ 时的零输入响应为 $5+2e^{-2t}$。求起始状态为 $\{5,3\}$ 时的零输入响应。

**解** 已知起始状态为 $\{1,2\}$ 和 $\{4,1\}$ 时的零输入响应分别为 $2-3e^{-2t}$ 和 $5+2e^{-2t}$。显然,起始状态 $\{5,3\}$ 是起始状态 $\{1,2\}$ 和 $\{4,1\}$ 的叠加,所以,其对应的零输入响应也是 $2-3e^{-2t}$ 和 $5+2e^{-2t}$ 的叠加,即为 $7-e^{-2t}$。即起始状态为 $\{5,3\}$ 时的零输入响应为 $7-e^{-2t}$。

**【例题 2-3】** 判断下列系统是否为线性系统。

(1) $y(t) = t \cdot f^2(t)$     (2) $y(t) = t \cdot f(t)$

(3) $y(t) = x(0_-) + f^2(t)$     (4) $y(t) = x^2(0_-) + \int_0^t f(\tau) d\tau$

(5) $y(t) = 5x(0_-) f(t)$     (6) $y(t) = 3f(t) + 6$

**解** 设 $f_1 \to y_1$,$f_2 \to y_2$,有

(1) 因为 $af_1 + bf_2 \to t(af_1 + bf_2)^2 = t(af_1)^2 + t(af_2)^2 + t2abf_1f_2 \neq ay_1 + ay_2$,所以该系统不满足线性条件,是非线性系统。

(2) 因为 $af_1 + bf_2 \to t(af_1 + bf_2) = atf_1 + atf_1 = ay_1 + ay_2$,所以该系统满足线性条件,是线性系统。

(3) 该系统满足分解特性和零输入线性,但不满足零状态线性,是非线性系统。

(4) 该系统满足分解特性和零状态线性,但不满足零输入线性,是非线性系统。

(5) 该系统不满足分解特性,是非线性系统。

(6) 该系统满足分解特性、零输入线性和零状态线性,在拉斯定义下是线性系统。

## 2.3.4 时变系统与时不变系统

如果一个系统在激励为 $f(t)$ 时的响应为 $y(t)$,当激励为 $f(t-t_0)$ 时的响应为 $y(t-t_0)$,即若激励时移一段时间,响应也同样时移一段时间,则该系统就是时不变系统(time-invariant system),简记为 TI 系统。该特性可表示为

若 $f(t) \rightarrow y(t)$，则

$$f(t - t_0) \rightarrow y(t - t_0) \tag{2-15}$$

时不变特性可以用图 2-8 说明。

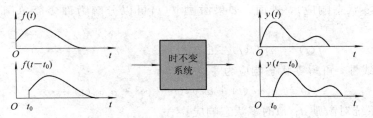

图 2-8 时不变特性示意图

时不变性意味着系统数学模型中所有的参数不随时间变化，即为常数。因此，时不变系统也可称为定常系统。通俗地讲，不管什么时候测量或分析系统，其特性都不会改变。

实际生活中见到的大多数系统都是时不变系统或者可以合理地近似成时不变的系统。反之，不具备这个特性的系统就是时变参数系统，简称时变系统(time-variant system)。

一个既满足线性条件又满足时不变条件的系统就是线性时不变系统，简记为 LTI 系统。LTI 系统具有微分和积分特性，即

若 $f(t) \rightarrow y(t)$，则有

$$\frac{\mathrm{d}f(t)}{\mathrm{d}t} \rightarrow \frac{\mathrm{d}y(t)}{\mathrm{d}t} \tag{2-16}$$

$$\int_{-\infty}^{t} f(\tau)\mathrm{d}\tau \rightarrow \int_{-\infty}^{t} y(\tau)\mathrm{d}\tau \tag{2-17}$$

我们经常见到的 $RLC$ 网络和采用其他有源器件(如电子管和晶体管)组成的电路都是时不变系统。(注意：这里的 $y(t)$ 指零状态响应 $y_f(t)$。)

**【例题 2-4】** 判断系统 $y(t) = tf(t)$ 是否为时不变系统。

**解** 响应时移 $t_0$ 后的表达式为

$$y(t - t_0) = (t - t_0)f(t - t_0)$$

而激励时移 $t_0$ 后所对应的响应为

$$T[f(t - t_0)] = tf(t - t_0)$$

显然，$T[f(t-t_0)] \neq y(t-t_0)$，因此该系统是时变系统。

响应的分解、叠加和时不变特性为线性系统的分析开辟了许多好途径。像"卷积"、"卷和"和"变换域分析"等分析方法就都是建立在这些特性的基础之上的。因此，可以这样说，"系统的线性和时不变特性"是系统分析的灵魂。

非线性系统由于没有上述线性系统的特性，使得其分析和研究变得很困难，不但没有一个简单的分析方法而且得不到系统的通解。幸运的是，许多非线性系统可以用工作在有限范围内的线性系统来近似，从而为非线性系统的研究找到了一条捷径。

## 2.3.5 因果系统与非因果系统

如果一个系统在某时刻的输出只决定于该时刻和该时刻以前的输入，而与未来的输入无关，则该系统就称为因果系统(causal system)。或者说，因果系统的输出不能领先于输入；未加激励不会产生响应。简言之，就是先有"因"后有"果"。

因果系统也称为可实现系统,其特性可表示为

$$f(t)=0, t<t_0 \rightarrow y(t)=0, \quad t<t_0 \qquad (2-18)$$

通常设 $t_0=0$。式(2-18)也可作为判断因果系统的条件。

不满足因果条件的系统就是物理上是不可能实现的非因果系统(non-causal system)。

【例题 2-5】　判断下列系统是否为因果系统。

(1) $y(t)=f(t)-f(t-3)$　　　　　　(2) $y(t-1)=f(t)+f(t-1)$

(3) $y(t)=f(t-1)+f(t+2)$　　　　　(4) $y(t)=f(3t)$

**解**　根据因果系统的定义,我们假设 $t_0=0$,将 $t_0=0$ 代入各系统表达式,有

(1) $y(0)=f(0)-f(-3)$。激励 $f(0)$ 和 $f(-3)$ 均在响应 $y(0)$ 之前,故该系统是因果系统。

(2) $y(-1)=f(0)+f(-1)$。$y(-1)$ 在 $t_0=0$ 之前存在且先于 $f(0)$,故该系统是非因果系统。

(3) $y(0)=f(-1)+f(2)$。因为激励 $f(2)$ 在响应 $y(0)$ 之后,也就是说,$t_0=0$ 时刻的响应 $y(0)$ 不仅与前面的激励 $f(-1)$ 有关,还与它后面出现的激励 $f(2)$ 有关,所以,该系统是非因果系统。

(4) $y(t)=f(3t)$。令 $t=1$,有 $y(1)=f(3)$,显然,响应在激励之前,系统非因果。

【例题 2-6】　判断下列系统是否为线性、时不变、因果系统。

(1) $y'(t)+a_0 y(t)=b_1 f'(t)+b_0 f(t)$　　　　(2) $y(t)=2f(t)\varepsilon(t)$

**解**　(1) 该系统是一个线性、时不变、因果系统。

(2) 系统满足线性和因果特性。但因为 $y(t-t_0)=2f(t-t_0)\varepsilon(t-t_0)\neq 2f(t-t_0)\varepsilon(t)$,所以不满足时不变特性。故该系统是一个线性、因果、时变系统。

## 2.3.6　动态系统与静态系统

一个在 $t_0$ 时刻的响应 $y(t_0)$ 不仅与 $t_0$ 时刻的激励 $f(t_0)$ 有关,还与该时刻以前的激励有关的系统被称为动态系统(dynamic system)或记忆系统(memory system)。若系统在 $t_0$ 时刻的响应 $y(t_0)$ 只与 $t_0$ 时刻的激励 $f(t_0)$ 有关,则这种系统被称为静态系统(static system)、非记忆系统(memoryless system)、即时系统或瞬时系统。例如,只由电阻元件组成的系统就是即时系统(因为电阻不能存储能量);而包含储能元件(如电容、电感、磁芯等)或记忆电路(如寄存器)的系统就是动态系统。两种系统的实例见图 2-9。

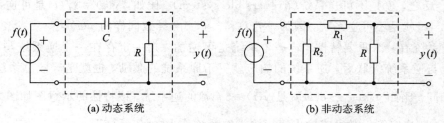

(a) 动态系统　　　　　　　　　　(b) 非动态系统

图 2-9　动态系统与非动态系统实例

**注意**:"电路分析"课程中的正弦稳态电路在形式上虽然包含动态元件,但因为其激励是正弦型信号,其稳态响应只决定于当前的激励,所以不是动态系统。

通常,静态系统的时域数学模型为代数方程,而动态系统则为微分方程或差分方程。

### 2.3.7 开环系统与闭环系统

只有信号正向（从输入端到输出端）传输或变换的系统叫开环系统（opened loop system），也称为无反馈系统；既有正向传输或变换也有反向（从输出端到输入端）传输或变换的系统叫闭环系统（closed loop system），也称为反馈系统（feedback system），如图 2-10 所示。生活中，电视遥控器就是开环系统；空调机和冰箱的温控系统就是闭环系统。

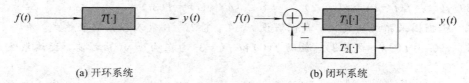

(a) 开环系统　　　　　　　　(b) 闭环系统

图 2-10　开环系统和闭环系统

从系统拓扑结构或物理构成上看，开环系统是一条"线"，而闭环系统因为有反馈支路（连接输出端与输入端的支路）的出现，所以是一个"环"。

根据反馈信号对系统的影响不同，闭环系统可分为正反馈系统和负反馈系统。反馈信号对输入信号起增强作用的系统是正反馈系统（图中取"＋"运算），起抵消作用的是负反馈系统（图中取"一"运算）。

### 2.3.8 稳定系统与非稳定系统

对任意一个起始无储能的系统，如果有界输入产生有界输出（Bound-Input/Bound-Output，BIBO），则该系统被称为稳定系统（stable system）。该系统可表示为

$$|f(t)| < \infty \rightarrow |y(t)| < \infty \qquad (2-19)$$

若系统输入有界而输出无界（无限），则称为不稳定系统（unstable system）。

**注意**：这里的 $y(t)$ 依然是指零状态响应 $y_f(t)$。

通常，正反馈系统是不稳定系统，负反馈系统是稳定系统。我们熟悉的信号发生器就是基于不稳定系统构成的。

### 2.3.9 可逆系统与不可逆系统

若一个系统在不同的激励下会导致不同的响应，则该系统就被称为可逆系统（invertible system）。反之，就是不可逆系统（irreversible system）。比如，$y(t) = 3f(t)$ 是可逆系统，而 $y(t) = 3f^2(t)$ 就是不可逆系统，因为 $+f(t)$ 和 $-f(t)$ 会导致同样的 $y(t)$。

可逆系统有一个重要特性：若一个系统是可逆的，则一定存在一个逆系统与之对应。当原系统与逆系统级联后，逆系统的响应就等于原系统的激励，也就是等效总系统的输出与输入相同。比如 $y(t) = \frac{1}{3}f(t)$ 就是 $y(t) = 3f(t)$ 的逆系统。该特性的示意图如图 2-11 所示。通常，把响应等于激励或输出等于输入的系统称为"恒等系统"。

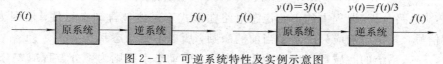

图 2-11　可逆系统特性及实例示意图

可逆系统很重要，比如在通信系统中，编码器就必须是可逆系统，其逆系统就是译码器。

通过上述内容可知，一个系统可以具有多类性，比如可以既是线性系统，又是时不变系统和因果系统。而在诸多各类系统中，线性时不变因果系统是最基本和最重要的系统，是分析和研究其他系统的基础。因此，本课程主要讨论线性时不变因果系统，简记为 LTI 系统。

**注意**：若不加说明，上述关于各种连续系统的概念或定义也适合于相应的离散系统。

# 2.4　LTI 系统的模型

## 2.4.1　LTI 系统的数学模型

为了能有效地分析各种 LTI 系统，需要根据结构和功能将各种不同的物理系统抽象为一个统一的模型——数学表达式，从而为各种分析方法奠定基础。因此，定义：

**能够全面反映系统特性的数学表达式被称为系统的数学模型，简称模型。**

而寻求这种数学表达式的过程就是"系统建模"。

可以证明，一个 $n$ 阶连续 LTI 系统的数学模型是一个 $n$ 阶常系数线性微分方程，即

$$a_n \frac{d^n y(t)}{dt^n} + \cdots + a_i \frac{d^i y(t)}{dt^i} + \cdots + a_1 \frac{dy(t)}{dt} + a_0 y(t)$$

$$= b_m \frac{d^m f(t)}{dt^m} + \cdots + b_i \frac{d^i f(t)}{dt^i} + \cdots + b_1 \frac{df(t)}{dt} + b_0 f(t)$$

或
$$\sum_{i=0}^{n} a_i \frac{d^i y(t)}{dt^i} = \sum_{j=0}^{m} b_j \frac{d^j f(t)}{dt^j} \tag{2-20}$$

一个 $N$ 阶离散 LTI 系统的数学模型是一个 $N$ 阶常系数线性差分方程，即

$$a_N y[n] + a_{N-1} y[n-1] + \cdots + a_i y[n-i] + \cdots + a_0 y[n-N]$$

$$= b_M f[n] + b_{M-1} f[n-1] + \cdots + b_i f[n-i] + \cdots + b_0 f[n-M]$$

或
$$\sum_{k=0}^{N} a_{N-k} y[n-k] = \sum_{r=0}^{M} b_{M-r} f[n-r] \tag{2-21}$$

式(2-20)和式(2-21)中的 $a_i$、$b_j$、$a_{N-k}$、$b_{M-r}$ 均为实常数；$m$、$n$、$M$、$N$ 的大小均取决于系统的有关参数，通常，$m \leqslant n$，$M \leqslant N$。若系数 $a_i$、$b_j$、$a_{N-k}$、$b_{M-r}$ 是时间 $t$ 或 $n$ 的函数，则系统就是线性时变系统。

## 2.4.2　LTI 系统的数学建模

能否完整和准确地分析一个系统的性能，在很大程度上取决于对该系统的数学描述是否全面和精确，因此，建立系统数学模型是分析系统的前提和关键。对于电系统，"建模"就是根据与电路相关的基本定律（约束特性）和系统构成，建立反映系统运动状态的方程式。

建立电系统数学模型的基本依据是电路的两个约束特性：

（1）元器件约束特性，即表征元器件特性的关系式，通常为电压与电流的关系，即伏安特性。表 2-1 为常用元器件的约束关系式。

（2）网络结构约束特性，即由网络结构决定的电压、电流约束关系，主要以基尔霍夫电压定律（KVL）和基尔霍夫电流定律（KCL）表示出来。

因此，也可以说，元器件的伏安特性和基尔霍夫定律是电系统建模的理论基础。

**基尔霍夫电流定律(第一定律)**：对于电路中任一节点，在任何时刻该节点所有支路电流的代数和为零，即

$$\sum i(t) = 0 \quad 或 \quad \sum i_{入}(t) = \sum i_{出}(t) \tag{2-22}$$

**基尔霍夫电压定律(第二定律)**：对于电路中任一回路，在任何时刻沿着该回路所有支路电压的代数和为零，即

$$\sum u(t) = 0 \quad 或 \quad \sum u_{升}(t) = \sum u_{降}(t) \tag{2-23}$$

下面通过例题给出电系统建模的具体方法。

**表 2-1  电路元件约束关系**

| 元 件 | 符 号 | 约束关系(关系式) |
|---|---|---|
| 电阻 | $i_R$ $\underset{+\ u_R\ -}{\overset{R}{\rule{1cm}{0pt}}}$ | $i_R(t) = \dfrac{u_R(t)}{R}$ |
| 电容 | $i_C$ $\underset{+\ u_C\ -}{\overset{C}{\rule{1cm}{0pt}}}$ | $i_C(t) = C\dfrac{du_C(t)}{dt}$ |
| 电感 | $i_L$ $\underset{+\ u_L\ -}{\overset{L}{\rule{1cm}{0pt}}}$ | $u_L(t) = L\dfrac{di_L(t)}{dt}$ |

**【例题 2-7】** 图 2-12 是一个三阶(三个动态元件)电系统。其中 $u_S(t)$ 为激励信号，$u(t)$ 为响应，$L_1 = L_2 = 1$ H，$R_1 = R_2 = 1$ Ω，$C = 2$ F。写出系统的微分方程(数学模型)。

**解** 已知 $L_1 = L_2 = 1$ H，$R_1 = R_2 = 1$ Ω，$C = 2$ F。

设网孔 I、II 及各电流参考方向如图中所示。应用 KCL 写出节点 a 的电流方程

$$i_C = i_1 - i_2$$

对网孔 I、II 应用 KVL，分别列写方程

$$R_1 i_1 + L_1 \frac{di_1}{dt} + u_C = u_S$$

$$R_2 i_2 + L_2 \frac{di_2}{dt} = u_C$$

代入元件参数，有

$$i_1 + \frac{di_1}{dt} + u_C = u_S$$

$$i_2 + \frac{di_2}{dt} = u_C$$

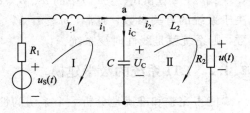

图 2-12  例题 2-7 图

由以上两式可得

$$i_1 + \frac{di_1}{dt} + i_2 + \frac{di_2}{dt} = u_S \tag{2-24}$$

再列写元件的电压、电流关系，并代入元件参数，得

$$i_2 = \frac{u}{R_2} = u \tag{2-25}$$

$$u_C = L_2 \frac{di_2}{dt} + u = \frac{du}{dt} + u$$

$$i_C = C \frac{du_C}{dt} = 2 \frac{d^2 u}{dt^2} + 2 \frac{du}{dt} = i_1 - i_2$$

因此

$$i_1 = 2 \frac{d^2 u}{dt^2} + 2 \frac{du}{dt} + i_2 \qquad (2-26)$$

将式(2-26)和式(2-25)代入式(2-24),得系统微分方程

$$\frac{d^3 u}{dt^3} + 2 \frac{d^2 u}{dt^2} + 2 \frac{du}{dt} + u = \frac{1}{2} u_S \qquad (2-27)$$

**注意:微分或差分方程的阶数就是系统的阶数,也就是系统中包含独立储能元件的个数。**

综上所述,电系统建模的具体步骤是:

(1) 根据元件约束特性(伏安特性)写出各元件的伏安关系式。

(2) 将各元件的伏安关系式代入网络约束关系式中(KCL 和 KVL),得到若干个代数方程和微分方程。

(3) 将得到的所有方程通过"消元"方法整理成只包含激励与响应的关系式。该关系式就是系统的数学模型。

对于本课程而言,电系统的基本数学模型就是常系数线性微分方程或差分方程。

### 2.4.3 LTI 系统的框图模型

用图形表示的知识更容易被理解和记忆。那么,能否用图形表示式(2-20)? 或者说,微分方程表达式能否被图示化?

仔细观察式(2-20)可以发现,系统的数学模型是利用加法、减法、乘法、微分等运算将激励 $f(t)$ 和响应 $y(t)$ 联系起来的。显而易见,若能用图形表示这些运算操作并将 $f(t)$ 和 $y(t)$ 联系起来,则可得到系统的图形模型。为此,人们分别把加法(减法)、乘法、延时、微分、积分等运算抽象为一个"运算系统"或"运算器"并用框图(block diagram)表示,见图2-13。需要注意的是,微分器是积分器的逆系统。

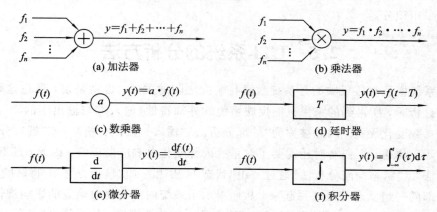

图 2-13 系统基本运算框图

由线性条件可以证明上述运算器都是线性系统。因此，利用这些"图元"就能够将由微分方程表示的抽象晦涩的"数学模型"变为直观易懂的"图形模型"。这种利用框图图形进行系统描述的方法被称为系统的**"框图模拟法"**。

后面会介绍与之相似的"流图模拟法"。

**注**：图中延迟器也可用大写字母"$D$"表示。

**【例题 2-8】** 给定一个二阶系统模型 $\dfrac{d^2 y(t)}{dt^2} + a_1 \dfrac{dy(t)}{dt} + a_0 y(t) = f(t)$，用基本运算模型模拟该系统。

**解** 解微分方程的基本思路就是用积分将原函数取出。对于上述二阶微分方程，显然需要积两次分。为此，将原式变形为

$$\frac{d^2 y(t)}{dt^2} = -a_1 \frac{dy(t)}{dt} - a_0 y(t) + f(t)$$

分析该式可知，方程右边应该是一个加法器将三项求和，加法器的输出就是 $\dfrac{d^2 y(t)}{dt^2}$ 二阶项，而对二阶项积分一次就变成一阶项，再积分一次就变成原函数，然后将两次积分后的结果乘以相应的系数反馈到加法器即可。据此，可得图 2-14 所示的系统模拟框图。

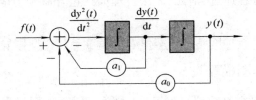

图 2-14　例题 2-8 图

**注意**：该方法只是为了说明模拟原理，实际中常用的是第 7 章介绍的梅森公式模拟法。

显然，一个系统除了可用微分方程数学模型表示外，还可用框图模型描述。但要注意，框图模型不是一种与数学模型不同的新模型，而仅仅是数学模型的图示化。也就是说，数学模型是根本。根据数学模型，系统可有多种描述形式。

在连续系统中，因微分器的稳定性和抗干扰能力比积分器差，故基本运算单元不采用微分器而采用积分器。

# 2.5　LTI 系统的分析方法

LTI 系统模型直接反映的是系统激励与响应之间的关系。也就是说，通过这种模型对系统进行分析时，所得到的结果只能反映系统的外部特性（输入端与输出端的特性），与系统内部的参数变化无关。因此被称为"外部分析法""输入—输出分析法"或"端口分析法"。

在实际工作中，人们有时还需要了解系统内部变化对响应的影响，因此，就有了"状态空间分析法"。"状态空间分析法"通过一组"状态方程"和一组"输出方程"，将激励、响应以及系统内部的一组状态变量联系起来，从而揭示了系统内部变化对响应的影响规律。

因描述系统的"状态方程"和"输出方程"也是一种数学模型，故不管是"外部分析法"还是"状态空间分析法"，其原理都是对数学模型，即方程进行求解。而方程求解又分为"时域

求解"和"变换域求解"两种方法。因此，LTI 系统的分析方法主要包括"外部时域分析法"
"外部变换域分析法""状态空间时域分析法"和"状态空间变换域分析法"四种。

　　综上所述，LTI 系统主要有四种分析方法，它们的基本思路都是"建模→求解"。换句
话说，系统分析的实质就是——解方程。

## 学 习 提 示

　　系统是本课程的主角和研究对象，提示读者关注以下知识点：

　　(1) 理论上，"系统"是一种信号变换机，是一种能够用数学模型描述其特性的算法。
而实际中的系统主要指"电路"。因此"电路分析"的基础知识很重要。

　　(2) 系统的状态和响应分别是系统对储能和激励的反应。

　　(3) LTI 系统是分析其他各种系统的基础。

　　(4) 系统可以用多种模型描述，对系统的理论研究实际上是对模型的分析。

　　(5) 系统模型是利用系统本身结构与特性建立起来的连接激励与响应的桥梁。

　　(6) 系统数学模型可以用运算框图模拟，或者说，数学模型与框图模型等价。

## 问 　 与 　 答

**问题 1：能否用图诠释线性系统的两种定义？**

**答：**可以，见图 2 - 15。

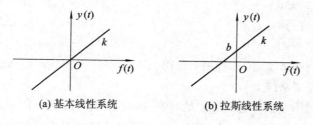

(a) 基本线性系统　　　　　　　(b) 拉斯线性系统

图 2 - 15　线性系统的两种定义示意图

　　**问题 2：系统具有线性和时不变性的意义何在？**

　　**答：**设一个激励信号可以分解为一连串位于不同时刻、强度不一的冲激信号的代数
和。若系统是 LTI 的，则其总响应等于一连串起始于不同时刻(与激励冲激信号的位置相
同)、大小不一(个子不等)的子响应的代数和。而每个子响应的形式(长相)都一样，与位于
"0"点的冲激信号所产生的响应相同。若系统不是 LTI 系统，则总响应将难以求得。

　　**问题 3：能否用简练的语言说一说系统具有线性时不变性和因果性的意义？**

　　**答：**线性时不变性可保证系统响应能够用叠加法求出，而因果性则保证系统可物理
实现。

　　**问题 4：为什么说系统分析的实质是解方程？**

　　**答：**因为系统分析的内容是了解激励与响应之间关系的变化特性，而激励与响应之间
的关系由系统的数学模型——微分方程或差分方程确定，所以，只要解出微分方程或差分

方程，我们分析系统的目的就达到了。

# 习 题 2

**2-1** 设系统的起始状态为 $x(0_-)$，激励为 $f(t)$，响应为 $y(t)$，试判断下列系统在 $t \geqslant 0$ 时是否为线性系统。

(1) $y(t) = x^2(0_-) + f^2(t)$ 　　(2) $y(t) = x(0_-) \log_a f(t)$

(3) $y(t) = x(0_-)\sin(t) + tf(t)$ 　　(4) $y(t) = x^2(0_-) + \int_0^t f(\tau) d\tau$

**2-2** 设系统的起始状态为 $x(0_-)$，激励为 $f(t)$，响应为 $y(t)$，试判断下列系统是否为时不变系统。

(1) $y(t) = f(t) + f(t - t_0)$

(2) $y(t) = x(0_-) + 3tf^2(t)$

(3) $y(t) = f(t) + tx(0_-)$

(4) $y''(t) = y'(t)y(t) + x_1(0_-) + x_2(0_-) + \lg[f(t)]$

**2-3** 试判断下列系统是否为因果系统。

(1) $y(t) = \cos(t) \cdot f(t)$ 　　(2) $y(t) = f(-t)$

(3) $y(t) = f(t-1) - f(1-t)$ 　　(4) $y(t) = f(t) \cdot f(t-b)$

(5) $y(t) = 2f(t) \cdot \varepsilon(t)$

**2-4** 判断下列系统是否为线性的、时不变系统和因果系统。

(1) $y(t) = x(0_-)\sin(t) + at^2 f(t)$ 　　(2) $y(t) = f(t+10) + f^2(t)$

(3) $y(t) = (t+1)f(t)$ 　　(4) $y'(t) + 10y(t) = f(t)$

(5) $y'(t) + y(t) = f(t+10)$ 　　(6) $y'(t) + t^2 y(t) = f(t)$

**2-5** 某系统当输入为 $\delta(t-\tau)$ 时，输出为 $h(t) = \varepsilon(t-\tau) - \varepsilon(t-3\tau)$，问该系统是否为因果系统，是否为时变系统。

**2-6** 一线性时不变因果系统，起始状态为 0，已知激励 $f_1(t) = \varepsilon(t)$ 时的响应 $y_1(t) = (3e^{-t} + 4e^{-2t})\varepsilon(t)$，求当激励分别为如图 2-16 所示的信号时系统的响应。

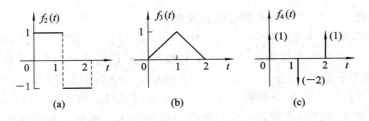

图 2-16 习题 2-6 图

**2-7** 有一个具有起始状态的 LTI 系统。已知激励为 $f(t)$ 时系统的全响应 $y_1(t) = 3e^{-2t} + \sin(4t) (t > 0)$。若起始状态不变，激励为 $2f(t)$ 时，系统全响应为 $y_2(t) = 4e^{-2t} + 2\sin(4t) (t > 0)$。求在相同的起始状态下，激励为 $3f(t)$ 时系统的全响应。

**2-8** 一具有起始条件 $x_1(0_-)$、$x_2(0_-)$ 的 LTI 系统，激励为 $f(t)$，响应为 $y(t)$。

已知：

(1) 当 $f(t)=0$，$x_1(0_-)=5$，$x_2(0_-)=2$ 时，$y(t)=\mathrm{e}^{-t}(7t+5)$，$t>0$；

(2) 当 $f(t)=0$，$x_1(0_-)=1$，$x_2(0_-)=4$ 时，$y(t)=\mathrm{e}^{-t}(5t+1)$，$t>0$；

(3) 当 $f(t)=\begin{cases}0, & t<0 \\ 1, & t>0\end{cases}$，$x_1(0_-)=1$，$x_2(0_-)=1$，$y(t)=\mathrm{e}^{-t}(t+1)$，$t>0$。

求当 $f(t)=\begin{cases}0, & t<0 \\ 3, & t>0\end{cases}$ 时系统的零状态响应。

2-9　系统如图 2-17 所示，试列写出 $u_{\mathrm{C}}(t)$ 的微分方程。

2-10　在图 2-18 的系统中，已知激励 $f(t)=\sin(2t)\varepsilon(t)$，初始时刻电容电压均为零，求输出 $u_{\mathrm{C}}(t)$ 的表达式。

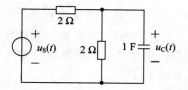

图 2-17　习题 2-9 图

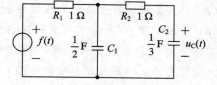

图 2-18　习题 2-10 图

2-11　电路如图 2-19 所示，试写出 $u_1(t)$、$u_2(t)$ 与 $i(t)$ 之间的微分方程。

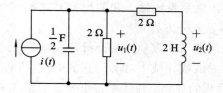

图 2-19　习题 2-11 图

2-12　试画出系统 $y''(t)+7y'(t)+12y(t)=f(t)$ 的框图模型。

# 第3章　连续系统时域分析

●问题引入：为了分析一个连续 LTI 系统激励与响应的关系，需要对系统模型，即微分方程求解，那么，在时域中如何求解呢？

●解决思路：

(1) 利用"高等数学"中的经典求解方法。

(2) 引入算子，简化微分方程求解过程，同时为冲激响应解法提供支持。

(3) 用基本信号（冲激信号或阶跃信号）作为输入→求得其解（冲激响应或阶跃响应）→找出其他信号与基本信号的关系→利用线性特性求得其他信号作为激励时的系统响应。

●研究结果：响应分解；冲激响应；阶跃响应；传输算子。

●核心内容：求解系统全响应可以分为零输入响应求解和零状态响应求解两部分。

系统分析过程一般可以分为以下三个阶段（见图 3-1）：

(1) 建立系统模型。写出联系系统输入和输出信号之间的数学表达式。连续系统模型是微分方程，离散系统模型是差分方程。

(2) 求解系统模型。采用适当的数学方法分析并求解系统的线性微分或差分方程。

(3) 分析所得结果。在时域或频域中对所得到的响应（方程解）进行物理解释，深化系统对信号进行变换或处理过程的理解，并从中得出所需的结果或结论。

图 3-1　系统分析流程

由于本课程只讨论 LTI 系统，而其数学模型就是 $n$ 阶常系数线性微分或差分方程，所以，"系统分析"就是建立并求解 $n$ 阶常系数线性微分或差分方程，然后分析所得结果。

对于连续系统，围绕着"解微分方程"这条主线，我们将陆续介绍时域解法、频域解法以及复频域解法；对于离散系统，则是围绕着"解差分方程"这条主线，有相应的时域解法和 $z$ 域解法。通过本课程的学习必须明白，这些系统分析方法都是建立在"信号分解"和"系统线性与时不变"两大基石之上的。

本章介绍基于端口的连续系统时域分析方法，讨论系统对激励产生的响应随时间的变化规律，也就是系统的时间特性，或者说，研究系统方程模型在时间域的求解方法。

# 3.1　微分方程分析法

## 3.1.1　经典分析法

所谓"微分方程"通常是指含有未知函数导函数的等式。导函数的最大阶数就是微分方程的阶数。

求解微分方程的经典方法在"高等数学"中已经学过，以下再作简要复习。

我们知道，LTI 系统的数学模型是常系数线性微分方程，而常系数线性微分方程的全解 $y(t)$ 由齐次解 $y_c(t)$ 和特解 $y_p(t)$ 两部分组成，即

$$y(t) = y_c(t) + y_p(t) \tag{3-1}$$

### 1. 求齐次解

当常系数微分方程

$$\sum_{i=0}^{n} a_i y^{(i)}(t) = \sum_{j=0}^{m} b_j f^{(j)}(t) \tag{3-2}$$

即

$$a_n y^{(n)}(t) + a_{n-1} y^{(n-1)}(t) + \cdots + a_1 y'(t) + a_0 y(t)$$
$$= b_m f^{(m)}(t) + b_{m-1} f^{(m-1)}(t) + \cdots + b_1 f'(t) + b_0 f(t)$$

右端等于零时，方程的解即为齐次解。也就是说，齐次解满足齐次方程

$$a_n y^{(n)}(t) + a_{n-1} y^{(n-1)}(t) + \cdots + a_1 y'(t) + a_0 y(t) = 0 \tag{3-3}$$

通常，齐次解由形如 $Ce^{\lambda t}$ 的多个函数组合而成。将 $Ce^{\lambda t}$ 代入式(3-3)，得

$$a_n C \lambda^n e^{\lambda t} + a_{n-1} C \lambda^{n-1} e^{\lambda t} + \cdots + a_1 C \lambda e^{\lambda t} + a_0 C e^{\lambda t} = 0$$

因为 $C \neq 0$，所以有

$$a_n \lambda^n + a_{n-1} \lambda^{n-1} + \cdots + a_1 \lambda + a_0 = 0 \tag{3-4}$$

式(3-4)被称为微分方程式(3-2)的特征方程。特征方程的 $n$ 个根 $\lambda_1$、$\lambda_2$、$\cdots$、$\lambda_n$ 被称为微分方程的特征根或自然频率(固有频率)。

在特征根无重根的情况下，微分方程的齐次解为

$$y_c(t) = \sum_{i=1}^{n} c_i e^{\lambda_i t} = c_n e^{\lambda_n t} + c_{n-1} e^{\lambda_{n-1} t} + \cdots + c_1 e^{\lambda_1 t} \tag{3-5}$$

若特征根有重根，齐次解的形式略有不同。假设 $\lambda_1$ 是特征方程的 $r$ 重根，即有 $\lambda_1 = \lambda_2 = \cdots = \lambda_r$，其余 $n-r$ 个根是单根，则微分方程的齐次解为

$$y_c(t) = \sum_{i=1}^{r} c_i t^{r-i} e^{\lambda_1 t} + \sum_{j=r+1}^{n} c_j e^{\lambda_j t}$$
$$= c_1 t^{r-1} e^{\lambda_1 t} + c_2 t^{r-2} e^{\lambda_2 t} + \cdots + c_r e^{\lambda_r t} + c_{r+1} e^{\lambda_{r+1} t} + \cdots + c_n e^{\lambda_n t} \tag{3-6}$$

### 2. 求特解

因为特解的形式与激励信号的形式有关，所以，表 3-1 列出了几种典型激励信号 $f(t)$ 及其所对应的特解 $y_p(t)$ 以便查阅。将表 3-1 中给定的特解 $y_p(t)$ 代入原微分方程，根据方程两端对应项系数相等的条件，即可确定特解 $y_p(t)$ 中的待定系数 $p$ 和 $B$。

**表 3 - 1　典型激励信号 $f(t)$ 及其对应的特解 $y_p(t)$**

| 序　号 | 激励 $f(t)$ | 特解 $y_p(t)$ |
|:---:|:---:|:---:|
| 1 | $t^m$ | $p_m t^m + p_{m-1} t^{m-1} + \cdots + p_0$ |
| 2 | $e^{\alpha t}$ | $p e^{\alpha t}$（$\alpha$ 不是特征根） |
| | | $\sum\limits_{i=0}^{r} p_i t^i e^{\alpha t}$（$\alpha$ 是 $r$ 重特征根） |
| 3 | $\cos\beta t$ | $p_1 \cos\beta t + p_2 \sin\beta t$ |
| 4 | $\sin\beta t$ | $p_1 \cos\beta t + p_2 \sin\beta t$ |
| 5 | $A$（常数） | $B$（常数） |

最后，需要确定齐次解中 $n$ 个待定系数 $c_i (i=1,2,\cdots n)$。此时，只需将系统的 $n$ 个初始条件代入全解中即可确定。那么，什么是系统的初始条件呢？

与第 2 章中系统起始状态和初始状态的概念相似，由于"换路"的影响，系统响应 $y(t)$ 及其各阶导函数有可能在 $t_0=0$ 时刻发生跳变。为区分跳变前后的数值，我们用"$0_-$"表示激励接入或"换路"之前的瞬间，并称此时刻为"起始时刻"；而用"$0_+$"表示激励接入或"换路"之后的瞬间，并称此时刻为"初始时刻"。

**系统的起始条件就是系统响应及其各阶导函数在 $0_-$ 时刻的函数值，可用 $\{y^{(i)}(0_-), i=0,1,\cdots n-1\}$ 表示；而系统的初始条件就是系统响应及其各阶导函数在 $0_+$ 时刻的函数值，用 $\{y^{(i)}(0_+), i=0,1,\cdots n-1\}$ 表示。**

通常，系统响应是指系统接入激励以后的响应，即在 $0_+ \leqslant t < +\infty$ 区间存在的响应。因此，应当利用系统的初始条件求齐次解中的各待定系数。

**注意**：起始条件和起始状态或初始条件和初始状态是有区别的。系统的状态是指系统储能的情况或数据。因为电系统的储能元件是电感和电容，其储能情况可以由电感的电流和电容的电压反映出来，所以，电系统的起始状态可定义如下：

**起始状态主要指系统中电感电流和电容电压在起始时刻的值 $i_L(0_-)$ 和 $u_C(0_-)$。**

**初始状态主要指系统中电感电流和电容电压在初始时刻的值 $i_L(0_+)$ 和 $u_C(0_+)$。**

系统响应不一定是电感电流或电容电压，可能是电阻的电压、电流或其他参量，这意味着响应及其各阶导函数在起始时刻或初始时刻的值 $\{y^{(i)}(0_-), i=0, 1, \cdots n-1\}$ 或 $\{y^{(i)}(0_+), i=0, 1, \cdots n-1\}$ 不能用起始状态或初始状态直接表示。但根据初始条件及初始状态的定义可知，初始状态包含在初始条件之中；初始状态肯定是初始条件；初始条件不一定是初始状态，但肯定可以根据初始状态求出。类似地，起始状态包含在起始条件之中；起始状态肯定是起始条件；起始条件不一定是起始状态，但肯定可以根据起始状态求出。因此，在电系统中，

**初始条件或起始条件是系统响应（包含电感电流和电容电压以及其他电路参数或变量（可能还包含它们的各阶导函数））在初始时刻或起始时刻的值。**

因"条件"肯定可以根据"状态"求出，故常把"条件"和"状态"等同起来。又因系统状态

不能突变(电感电流和电容电压不能突变),所以起始状态和初始状态相等,即有 $i_L(0_-) = i_L(0_+)$ 和 $u_C(0_-) = u_C(0_+)$。注意,起始条件不一定与初始条件相等(比如电阻端电压在 $t=0$ 时刻是可以突变的)。图 3-2 给出了起始/初始时刻及对应的状态/条件示意图。

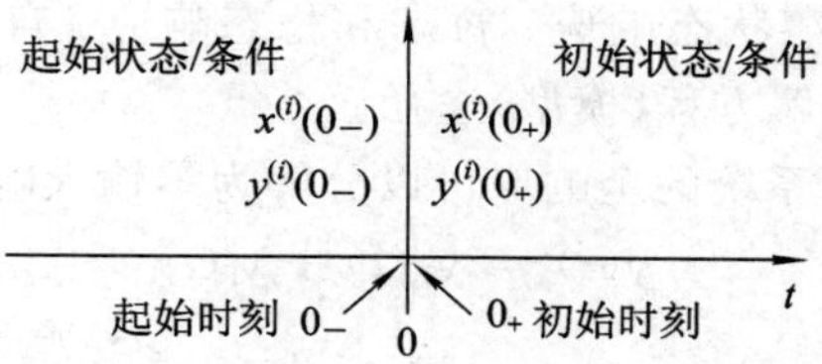

图 3-2 起始/初始时刻及状态/条件示意图

【例题 3-1】 一个线性时不变系统的模型为

$$\frac{d^2}{dt^2}y(t) + 3\frac{d}{dt}y(t) + 2y(t) = \frac{d}{dt}f(t) + 2f(t)$$

若系统激励 $f(t) = t^2$,系统初始条件为 $y(0_+) = 1$,$y'(0_+) = 1$,试求系统全解。

**解** 系统的齐次方程为

$$\frac{d^2}{dt^2}y(t) + 3\frac{d}{dt}y(t) + 2y(t) = 0$$

特征方程为

$$\lambda^2 + 3\lambda + 2 = 0$$

解得特征根为 $\lambda_1 = -1$,$\lambda_2 = -2$,因此,齐次解为

$$y_c(t) = c_1 e^{-t} + c_2 e^{-2t}$$

由于 $f(t) = t^2$,所以,设特解为

$$y_p(t) = p_2 t^2 + p_1 t + p_0$$

将上式和 $f(t) = t^2$ 代入系统模型,有

$$2p_2 t^2 + (2p_1 + 6p_2)t + (2p_0 + 3p_1 + 2p_2) = 2t^2 + 2t$$

故有

$$\begin{cases} 2p_2 = 2 \\ 2p_1 + 6p_2 = 2 \\ 2p_0 + 3p_1 + 2p_2 = 0 \end{cases}$$

解得 $p_2 = 1$,$p_1 = -2$,$p_0 = 2$,这样,特解为

$$y_p(t) = t^2 - 2t + 2$$

全解为

$$y(t) = c_1 e^{-t} + c_2 e^{-2t} + t^2 - 2t + 2$$

将初始条件 $y(0_+) = 1$ 和 $y'(0_+) = 1$ 代入上式,得

$$\begin{cases} c_1 + c_2 + 2 = 1 \\ -c_1 - 2c_2 - 2 = 1 \end{cases}$$

解得 $c_1 = 1$,$c_2 = -2$,因此,全响应 $y(t)$ 为

$$y(t) = e^{-t} - 2e^{-2t} + t^2 - 2t + 2 \quad t \geqslant 0$$

### 3.1.2 响应分解分析法

常系数线性微分方程的全解（全响应）除了可分解为齐次解和特解两部分外，根据不同标准，还可分解为零输入和零状态响应、暂态和稳态响应、自由和强迫响应等。这就提供了除经典解法之外的其他求解方程（模型）途径。

第 2 章讲过，一个 LTI 系统的全响应可以分解为零输入响应和零状态响应两部分，即

$$y(t) = y_x(t) + y_f(t) \tag{3-7}$$

其中

$$y_x(t) = T[x_1(0_-), x_2(0_-), \cdots, x_n(0_-), 0] = T[\{x(0_-)\}, 0] \tag{3-8}$$

$$y_f(t) = T[0, f_1(t), f_2(t), \cdots, f_n(t)] = T[0, \{f(t)\}] \tag{3-9}$$

因为系统内部起始状态 $\{x(0_-)\}$ 可以等效为 $n$ 个激励源，所以，系统的全响应就可以看作是外加激励源 $f(t)$ 以及内部等效激励源 $\{x(0_-)\}$ 共同作用的结果。据此，就找到了一种新的系统分析方法——响应分解分析法。

**响应分解分析法是指先分别求出系统的零输入响应和零状态响应，然后将二者叠加而获得全响应的一种求解方程的方法。**

首先要研究电容和电感在 $[-\infty, t]$ 时间段内 $(t \geqslant 0)$ 的响应 $u_C(t)$ 和 $i_L(t)$。

对于如图 3-3(a) 所示电容 $C$，设起始电压为 $u_C(0_-)$，则其电压响应 $u_C(t)$ 可写为

$$
\begin{aligned}
u_C(t) &= \frac{1}{C} \int_{-\infty}^{t} i_C(\tau) d\tau \\
&= \frac{1}{C} \int_{-\infty}^{0_-} i_C(\tau) d\tau + \frac{1}{C} \int_{0_-}^{0_+} i_C(\tau) d\tau + \frac{1}{C} \int_{0_+}^{t} i_C(\tau) d\tau \\
&= u_C(0_-) + 0 + \frac{1}{C} \int_{0_+}^{t} i_C(\tau) d\tau \quad (t \geqslant 0)
\end{aligned}
$$

可见，在 $[-\infty, t]$ 时间范围内，一个起始电压不为零（等于 $u_C(0_-)$）的电容，可等效为一个起始电压为零的电容和一个电压源 $u_C(0_-)$ 的串联，如图 3-3(b) 所示。

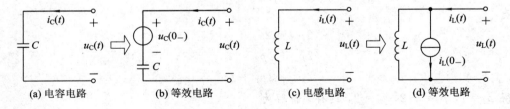

**(a) 电容电路**　　**(b) 等效电路**　　**(c) 电感电路**　　**(d) 等效电路**

图 3-3 电容、电感电路及其等效电路

同样，对于图 3-3(c) 中起始电流为 $i_L(0_-)$ 的电感 $L$，有

$$
\begin{aligned}
i_L(t) &= \frac{1}{L} \int_{-\infty}^{t} u_L(\tau) d\tau \\
&= \frac{1}{L} \int_{-\infty}^{0_-} u_L(\tau) d\tau + \frac{1}{L} \int_{0_-}^{0_+} u_L(\tau) d\tau + \frac{1}{L} \int_{0_+}^{t} u_L(\tau) d\tau \\
&= i_L(0_-) + 0 + \frac{1}{L} \int_{0_+}^{t} u_L(\tau) d\tau \quad (t \geqslant 0)
\end{aligned}
$$

可见，在 $[-\infty, t]$ 时间范围内，一个起始电流不为零（等于 $i_L(0_-)$）的电感 $L$，可以等效为

一个起始电流为零的电感和一个电流源 $i_L(0_-)$ 的并联，如图 3-3(d)所示。

显然，$u_C(0_-)$ 和 $i_L(0_-)$ 属于零输入响应，而 $\dfrac{1}{C}\displaystyle\int_{0_+}^{t} i_C(\tau)d\tau$ 和 $\dfrac{1}{L}\displaystyle\int_{0_+}^{t} u_L(\tau)d\tau$ 则是零状态响应。

基于上述储能元件电容和电感的响应分解结果，就可以研究一个 LTI 系统的零输入响应与零状态响应的求解方法。

**1. 零输入响应 $y_x(t)$ 的求解方法**

令式(3-2)右端为零，可得

$$\sum_{i=0}^{n} a_i y^{(i)}(t) = 0 \tag{3-10}$$

因零输入响应是在 $t \geqslant 0$ 和 $f(t)$ 及其各阶导数为零的条件下，仅由系统的起始状态引起，故应该满足式(3-10)，与齐次解具有相同形式，即与式(3-5)或式(3-6)一样。

假定特征根为相异单根，则零输入响应为

$$y_x(t) = \sum_{i=1}^{n} c_{xi} e^{\lambda_i t}, \quad t \geqslant 0 \tag{3-11}$$

式中，系数 $c_{xi}(i=1, 2, \cdots, n)$ 由零输入响应初始条件 $\{y_x^{(k)}(0_+)\}$ 确定。

根据 LTI 系统的线性概念，系统全响应的初始条件 $y^{(k)}(0_+)$（即系统的初始条件）应该等于零输入响应初始条件 $y_x^{(k)}(0_+)$ 和零状态响应初始条件 $y_f^{(k)}(0_+)$ 之和，即 $y^{(k)}(0_+) = y_x^{(k)}(0_+) + y_f^{(k)}(0_+)$。在零输入条件下，考虑方程在 $-\infty < t < \infty$ 的整个区间内存在，则全响应的起始条件 $y^{(k)}(0_-)$ 实际上就是零输入响应的初始条件 $y_x^{(k)}(0_+)$，此时，$y^{(k)}(0_-) = y_x^{(k)}(0_+) = y_x^{(k)}(0_-)$。这说明可由全响应的起始条件 $\{y^{(k)}(0_-)\}$ 确定系数 $c_{xi}$。应该注意，绝不能用 $y^{(k)}(0_+)$ 确定 $c_{xi}$，因为 $y^{(k)}(0_+)$ 中可能含有激励对系统的作用。

**【例题 3-2】** 已知一个 LTI 系统微分方程相对应的齐次方程为 $y''(t) + 2y'(t) + 2y(t) = 0$，系统起始状态 $y(0_-) = 0$，$y'(0_-) = 2$。试求系统零输入响应。

**解** 由系统特征方程

$$\lambda^2 + 2\lambda + 2 = 0$$

得特征根 $\lambda_1 = -1+j$，$\lambda_2 = -1-j$，求得零输入响应

$$y_x(t) = c_1 e^{(-1+j)t} + c_2 e^{(-1-j)t}$$

利用欧拉公式，将齐次解化为三角函数形式

$$\begin{aligned}
y_x(t) &= c_1 e^{(-1+j)t} + c_2 e^{(-1-j)t}\\
&= e^{-t}(c_1 \cos t + jc_1 \sin t + c_2 \cos t - jc_2 \sin t)\\
&= e^{-t}[(c_1 + c_2)\cos t + j(c_1 - c_2)\sin t]\\
&= e^{-t}(A_1 \cos t + A_2 \sin t)
\end{aligned}$$

利用起始状态 $y(0_-) = 0$，$y'(0_-) = 2$，可得 $A_1 = 0$，$A_2 = 2$，因此，零输入响应

$$y_x(t) = 2e^{-t} \sin t, \quad t \geqslant 0$$

**2. 零状态响应 $y_f(t)$ 的求解方法**

**"零状态"指的是在激励加入系统之前系统没有储能。**

因此，$t \geqslant 0$ 时的系统响应只能由 $t \geqslant 0$ 时所施加的激励信号引起。此时，系统模型为非

齐次微分方程。显然，零状态响应应该满足这一非齐次微分方程，即

$$\sum_{i=0}^{n} a_i y_{\mathrm{f}}^{(i)}(t) = \sum_{j=0}^{m} b_j f^{(j)}(t) \tag{3-12}$$

要求解式(3-12)，还应知道一组初始条件$\{y_{\mathrm{f}}^{(k)}(0_+)\}$，即零状态响应的初始条件。需要注意的是：因为$\{y_{\mathrm{f}}^{(k)}(0_+)\}$与$t=0$时刻加入的激励信号$f(t)$有关，所以零状态并非意味着$\{y_{\mathrm{f}}^{(k)}(0_+)\}=0$。其实，在零状态条件下，有$y_{\mathrm{f}}^{(k)}(0_+) = y^{(k)}(0_+) - y^{(k)}(0_-) = y^{(k)}(0_+)$，因此，$y_{\mathrm{f}}^{(k)}(0_+)$也可称为系统响应的跳变量。

设式(3-12)所表述系统方程的特征根$\lambda_1, \lambda_2, \cdots, \lambda_n$为相异单根，那么，零状态响应中的齐次解为

$$y_{\mathrm{f_c}}(t) = \sum_{i=1}^{n} c_{\mathrm{f}_i} \mathrm{e}^{\lambda_i t} \tag{3-13}$$

由于零状态响应中特解的求解方法同经典求法的一样，所以有

$$y_{\mathrm{f}}(t) = y_{\mathrm{f_c}}(t) + y_{\mathrm{p}}(t) = \sum_{i=1}^{n} c_{\mathrm{f}_i} \mathrm{e}^{\lambda_i t} + y_{\mathrm{p}}(t) \tag{3-14}$$

式(3-13)和式(3-14)中的系数$c_{\mathrm{f}_i}$要利用条件$\{y_{\mathrm{f}}^{(k)}(0_+)\}$通过式(3-14)确定。在实际系统分析中，更多的情况是已知$0_-$时刻的起始状态，这就需要通过起始状态来确定$\{y_{\mathrm{f}}^{(k)}(0_+)\}$。一般而言，有两个途径可以解决这个问题：一是$\delta$函数平衡法；二是利用换路定理等物理概念对电路模型进行分析判断的模型分析法，即本书主要介绍的分析法。

为确定初始条件，需要利用"换路定理"：**电容电压不能跳变，电感电流不能跳变**。

该定理可表示为

$$u_{\mathrm{C}}(0_+) = u_{\mathrm{C}}(0_-) \tag{3-15}$$

$$i_{\mathrm{L}}(0_+) = i_{\mathrm{L}}(0_-) \tag{3-16}$$

下面通过一个例题说明如何利用换路定理确定系统的零输入和零状态响应。

**【例题3-3】** 如图3-4(a)所示的电路已处于稳态，当$t=0$时开关S快速闭合，求$t \geqslant 0_+$时的$u_{\mathrm{C}}(t)$的零输入响应$u_{\mathrm{C_x}}(t)$和零状态响应$u_{\mathrm{C_f}}(t)$。

**解** 开关S闭合后，系统的等效电路如图3-4(b)所示。据此，可写出等效电路的微分方程。由元件上的电流电压关系及KCL可得

$$i_{\mathrm{C}}(t) = C\frac{\mathrm{d}u_{\mathrm{C}}(t)}{\mathrm{d}t} = 0.2\frac{\mathrm{d}u_{\mathrm{C}}(t)}{\mathrm{d}t}$$

$$i_{\mathrm{R}}(t) = \frac{u_{\mathrm{C}}(t)}{R} = u_{\mathrm{C}}(t)$$

$$i_{\mathrm{L}}(t) = i_{\mathrm{C}}(t) + i_{\mathrm{R}}(t) = 0.2\frac{\mathrm{d}u_{\mathrm{C}}(t)}{\mathrm{d}t} + u_{\mathrm{C}}(t)$$

$$u_{\mathrm{L}}(t) = L\frac{\mathrm{d}i_{\mathrm{L}}(t)}{\mathrm{d}t} = 1.25\frac{\mathrm{d}}{\mathrm{d}t}\left[0.2\frac{\mathrm{d}u_{\mathrm{C}}(t)}{\mathrm{d}t} + u_{\mathrm{C}}(t)\right] = 0.25\frac{\mathrm{d}^2 u_{\mathrm{C}}(t)}{\mathrm{d}t^2} + 1.25\frac{\mathrm{d}u_{\mathrm{C}}(t)}{\mathrm{d}t}$$

再由KVL定律可得

$$u_{\mathrm{L}}(t) + u_{\mathrm{C}}(t) = u_{\mathrm{S}}(t) = 2$$

即

$$0.25\frac{\mathrm{d}^2 u_{\mathrm{C}}(t)}{\mathrm{d}t^2} + 1.25\frac{\mathrm{d}u_{\mathrm{C}}(t)}{\mathrm{d}t} + u_{\mathrm{C}}(t) = 2$$

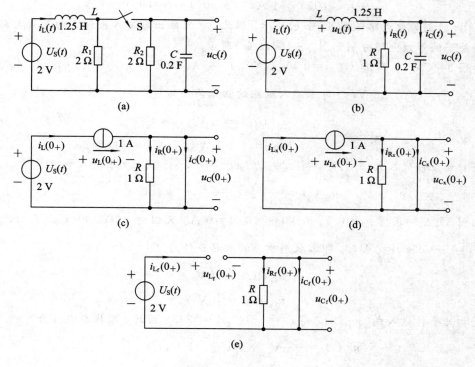

图 3-4 例题 3-3 图

整理后可得

$$\frac{\mathrm{d}^2 u_C(t)}{\mathrm{d}t^2} + 5\frac{\mathrm{d}u_C(t)}{\mathrm{d}t} + 4u_C(t) = 8$$

由特征方程

$$\lambda^2 + 5\lambda + 4 = 0$$

得特征根 $\lambda_1 = -1$，$\lambda_2 = -4$。

设零输入响应为

$$u_{C_x}(t) = c_{x1}\mathrm{e}^{-t} + c_{x2}\mathrm{e}^{-4t} \qquad (3-17)$$

再设零状态响应齐次解为

$$u_{C_{fc}}(t) = c_{f1}\mathrm{e}^{-t} + c_{f2}\mathrm{e}^{-4t}$$

容易求得零状态响应特解为

$$u_{C_{fp}}(t) = 2$$

则零状态响应为

$$u_{C_f}(t) = c_{f1}\mathrm{e}^{-t} + c_{f2}\mathrm{e}^{-4t} + 2 \qquad (3-18)$$

为求得系数 $c_{x1}$，$c_{x2}$，$c_{f1}$，$c_{f2}$，需要根据换路定理找出 $u_{C_x}(0_+)$，$u'_{C_x}(0_+)$ 和 $u_{C_f}(0_+)$，$u'_{C_f}(0_+)$。由图 3-4(a)可知该电路为恒定激励，在 $t=0_-$ 时刻处于稳态，此时，电感可看作短路，电容看作开路，因此，

$$i_L(0_-) = \frac{u_S}{R_1} = 1\ \mathrm{A}, \qquad u_C(0_-) = 0\ \mathrm{V}$$

由换路定理可知，在 $t=0_+$ 时刻有

$$i_L(0_+) = i_L(0_-) = 1 \text{ A}, \quad u_C(0_+) = u_C(0_-) = 0 \text{ V}$$

$t = 0_+$ 时刻等效电路如图 3 - 4(c)所示。据此，就可画出零输入条件下的等效电路和零状态条件下的等效电路分别如图 3 - 4(d)、(e)所示。

由图 3 - 4(d)求得 $u_{C_x}(0_+) = 0$ V，$i_{C_x}(0_+) = 1$ A。又因为 $i_{C_x}(0_+) = Cu'_{C_x}(0_+)$，所以，$u'_{C_x}(0_+) = \dfrac{1}{C}i_{C_x}(0_+) = 5$ V/s。即零输入响应的初始条件为

$$\begin{cases} u_{C_x}(0_+) = 0 \text{ V} \\ u'_{C_x}(0_+) = 5 \text{ V/s} \end{cases}$$

将初始条件代入式(3-17)，得 $c_{x1} = 5/3$，$c_{x2} = -5/3$。因此，零输入响应为

$$u_{C_x}(t) = \frac{5}{3}e^{-t} - \frac{5}{3}e^{-4t}, \quad t \geqslant 0$$

由图 3 - 4(e)求得 $u_{C_f}(0_+) = 0$ V，$i_{C_f}(0_+) = 0$ A。又因为 $i_{C_f}(0_+) = Cu'_{C_f}(0_+)$，所以，$u'_{C_f}(0_+) = \dfrac{1}{C}i_{C_f}(0_+) = 0$ V/s。即零状态响应的初始条件为

$$\begin{cases} u_{C_f}(0_+) = 0 \text{ V} \\ u'_{C_f}(0_+) = 0 \text{ V/s} \end{cases}$$

将初始条件代入式(3-18)，得 $c_{f1} = -8/3$，$c_{f2} = 2/3$。因此，零状态响应为

$$u_{C_f}(t) = -\frac{8}{3}e^{-t} + \frac{2}{3}e^{-4t} + 2 \text{ V}, \quad t \geqslant 0$$

### 3. 全响应 $y(t)$ 的求解方法

由于零输入响应和零状态响应都已求出，则全响应为

$$y(t) = y_x(t) + y_f(t) = \underbrace{\overbrace{\sum_{i=1}^{n} c_{xi}e^{\lambda_i t}}^{\text{零输入响应}} + \overbrace{\sum_{i=1}^{n} c_{fi}e^{\lambda_i t} + y_p(t)}^{\text{零状态响应}}}_{} \tag{3-19}$$

$$\underbrace{}_{\text{自由响应}} \quad \underbrace{}_{\text{强迫响应}}$$

$$= \underbrace{\sum_{i=1}^{n} c_i e^{\lambda_i t}}_{\text{自由响应}} + \underbrace{y_p(t)}_{\text{强迫响应}} \tag{3-20}$$

根据上述两式以及响应的表现特性可以将全响应表示为以下几种形式：

(1) 全响应＝零输入响应＋零状态响应
(2) 全响应＝自由响应＋强迫响应
(3) 全响应＝暂态响应＋稳态响应

通常，将响应中形如 $ae^{\lambda t}$ 的指数函数项称为自然型项，则响应中由所有自然型项构成的分量就被称为自然响应或自由响应。可见，自然响应的形式是由系统的特征根决定的。

自然响应以外的响应分量被称为强迫响应，其形式由激励决定。因此，经典解法中的齐次解就是自然响应，特解就是强迫响应。

由式(3 - 19)和(3 - 20)可以看出：

(1) 自由响应可以分解为两部分，一部分由起始状态引起，另一部分由激励信号产生。

（2）虽然自由响应和零输入响应都是能满足齐次方程的解，但它们的系数却不相同。$c_{x_i}$ 仅由系统的起始状态决定，而 $c_i$ 要由系统的起始状态和 $t=0$ 时所加的激励共同决定。

（3）自由响应包含着零输入响应的全部与零状态响应中的一部分，即零状态响应中的齐次解部分。对于稳定系统，零输入响应必然是自由响应的一部分。

根据响应随时间的变化特性，还可将响应分为暂态响应（过渡响应）和稳态响应。全响应中随时间的增大而最终衰减为零的部分被称为暂态响应；而随时间的增大最终变为常数或振荡变化的部分称为稳态响应（一般由阶跃信号或周期信号构成）。通常，暂态响应还可能包含强迫响应中的暂态分量。

对于稳定系统，因特征根（自由频率）均为负值，所有自然项都会随时间的增大而趋于零，故自由响应必为暂态响应。对于不稳定系统，特征根会出现虚根、正实部复根或正实根，由此构成的自然项就不会随时间的增大而趋于零，则自由响应就不是暂态响应了。

为帮助大家记忆和理解，图 3-5(a) 给出了全响应与上述各子响应之间的关系；图 3-5(b) 给出了微分方程的解和系统响应的关系。

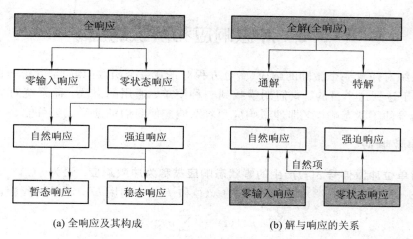

(a) 全响应及其构成　　　　　　　　(b) 解与响应的关系

图 3-5　全响应构成及解与响应的关系示意图

**注意**：因为零状态响应是零状态系统在 $t=0$ 时刻接入激励后的响应，所以为了在形式上体现出这一"时间"概念，通常要在零状态响应 $y_f(t)$ 后面乘上 $\varepsilon(t)$，或标出"$t \geqslant 0$"字样。这里的 $t \geqslant 0$ 可理解为 $t \geqslant 0_+$。

**【例题 3-4】**　已知系统输入输出方程为 $y'(t)+3y(t)=3\varepsilon(t)$，起始状态 $y(0_-)=\dfrac{3}{2}$。求自由响应、强迫响应和零输入响应、零状态响应。

**解**　首先求自由响应和强迫响应。由特征方程

$$\lambda + 3 = 0$$

得到特征根 $\lambda = -3$，则齐次解为

$$y_c(t) = c_1 e^{-3t}$$

设特解 $y_p(t) = A$，代入系统方程，得 $A=1$。有 $y_p(t)=1$，于是得全解

$$y(t) = c_1 e^{-3t} + 1 \tag{3-21}$$

由冲激函数平衡法可知 $y(t)$ 在 $t=0$ 处连续，即有

$$y(0_-) = y(0_+) = \frac{3}{2}$$

在式(3-21)中代入初始条件,得 $c_1 = \frac{1}{2}$,由此,系统自由响应和强迫响应分别为

$$y_c(t) = \frac{1}{2}e^{-3t}, \quad y_p(t) = 1$$

设零输入响应、零状态响应分别为

$$y_x(t) = c_2 e^{-3t}$$
$$y_f(t) = c_3 e^{-3t} + 1$$

因为 $y_x(0_+) = y(0_-) = \frac{3}{2}$,$y_f(0_+) = y_f(0_-) = 0$,可分别解得 $c_2 = \frac{3}{2}$,$c_3 = -1$,所以系统零输入响应和零状态响应分别为

$$y_x(t) = \frac{3}{2}e^{-3t}, \quad t \geqslant 0$$
$$y_f(t) = 1 - e^{-3t}, \quad t \geqslant 0$$

# 3.2 冲激响应和阶跃响应

求解系统对任意一个激励的响应(微分方程对任意一个函数的解)是系统分析的终极目标。为了便于达到这个目的,我们期望找到一种简单、通用的方法。而系统对冲激和阶跃两个基本信号的零状态响应,即冲激响应和阶跃响应使我们的期望成为可能。

## 3.2.1 冲激响应

**系统对单位冲激信号 $\delta(t)$ 产生的零状态响应被称为冲激响应,记为 $h(t)$。**
把式(2-20)或式(3-2)系统模型中的 $y(t)$ 和 $f(t)$ 分别用 $h(t)$ 和 $\delta(t)$ 代替,则有

$$\sum_{i=0}^{n} a_i h^{(i)}(t) = \sum_{j=0}^{m} b_j \delta^{(j)}(t) \tag{3-22}$$

根据 $n$ 和 $m$ 的大小关系,式(3-22)具有如下几种形式的解:
(1) $n > m$ 时,有

$$h(t) = \sum_{i=1}^{n} c_i e^{\lambda_i t} \varepsilon(t) \tag{3-23}$$

(2) $n = m$ 时,有

$$h(t) = \sum_{i=1}^{n} c_i e^{\lambda_i t} \varepsilon(t) + B\delta(t) \tag{3-24}$$

(3) $n < m$ 时,有

$$h(t) = \sum_{i=1}^{n} c_i e^{\lambda_i t} \varepsilon(t) + A\delta'(t) + B\delta(t) \tag{3-25}$$

式(3-23)、式(3-24)、式(3-25)中的各项待定系数 $A$、$B$ 和 $c_i$ 均需代入式(3-22)利用等号两端各奇异函数项系数对应相等的原则确定(可参看其他书籍)。

## 3.2.2 阶跃响应

**系统对单位阶跃信号 $\varepsilon(t)$ 产生的零状态响应被称为阶跃响应,记为 $g(t)$。**

把系统模型中的 $y(t)$ 和 $f(t)$ 分别用 $g(t)$ 和 $\varepsilon(t)$ 代替，即有

$$\sum_{i=0}^{n} a_i g^{(i)}(t) = \sum_{j=0}^{m} b_j \varepsilon^{(j)}(t) \tag{3-26}$$

对式(3-26)也可按(3-22)的思路求解，但因为我们讨论的系统是 LTI 系统且阶跃信号和冲激信号满足微分(积分)关系，所以，更多的是利用 $h(t)$ 求解 $g(t)$，即

若 $\varepsilon(t) \xrightarrow{\text{系统变换}} g(t)$，$\delta(t) \xrightarrow{\text{系统变换}} h(t)$，且因 $\delta(t) = \dfrac{\mathrm{d}\varepsilon(t)}{\mathrm{d}t}$，或者 $\varepsilon(t) = \displaystyle\int_{-\infty}^{t} \delta(\tau)\mathrm{d}\tau$，

所以，有

$$h(t) = \frac{\mathrm{d}g(t)}{\mathrm{d}t} \tag{3-27}$$

和

$$g(t) - g(-\infty) = \int_{-\infty}^{t} h(\tau)\mathrm{d}\tau \tag{3-28}$$

对于因果系统，因 $g(-\infty) = 0$，所以，式(3-28)变为

$$g(t) = \int_{-\infty}^{t} h(\tau)\mathrm{d}\tau \tag{3-29}$$

式(3-27)或式(3-29)是线性时不变因果系统的一个重要特性，它揭示了系统两个重要响应之间的关系，对分析线性时不变因果系统有着重要作用。

利用式(3-22)和式(3-26)求解 $h(t)$ 和 $g(t)$ 主要是为了说明冲激响应和阶跃响应的概念和关系，实际上很少采用。下面要讲的传输算子法才是比较常用的时域求解方法。

## 3.3　算 子 分 析 法

### 3.3.1　微分算子与传输算子

为了便于在时域中求解微分方程，我们引入一个新概念——微分算子。

**微分算子实际上就是微分运算的简化符号，用小写字母"$p$"表示**，即

$$p = \frac{\mathrm{d}}{\mathrm{d}t} \tag{3-30}$$

或

$$\frac{1}{p} = \int_{-\infty}^{t} (\cdot)\mathrm{d}t \tag{3-31}$$

于是，有

$$px = \frac{\mathrm{d}x}{\mathrm{d}t}, \quad p^n x = \frac{\mathrm{d}^n x}{\mathrm{d}t^n}$$

和

$$\frac{1}{p}x = \int_{-\infty}^{t} x\,\mathrm{d}t$$

同时，还有

$$p\frac{1}{p}x = \frac{\mathrm{d}}{\mathrm{d}t}\int_{-\infty}^{t} x\,\mathrm{d}t = x \tag{3-32}$$

式(3-32)表明：对函数先积分再微分，函数保持不变。从表达式上看，两个 $p$ 能够像变量一样约掉。(注意：若对函数先微分再积分，则两个 $p$ 不能约掉，除非 $x(-\infty) = 0$。)

"算子"概念的引入指出了一条简化数学表达式的新思路：用"变量"替换"运算"。

利用微分算子就可以将 LTI 系统模型——常系数线性微分方程

$$a_n \frac{d^n y(t)}{dt^n} + a_{n-1} \frac{d^{n-1} y(t)}{dt^{n-1}} + \cdots + a_1 \frac{dy(t)}{dt} + a_0 y(t) = b_m \frac{d^m f(t)}{dt^m} + \cdots + b_1 \frac{df(t)}{dt} + b_0 f(t)$$

可简化为

$$(a_n p^n + a_{n-1} p^{n-1} + \cdots + a_1 p + a_0) y(t) = (b_m p^m + b_{m-1} p^{m-1} + \cdots + b_1 p + b_0) f(t)$$

$$(3-33)$$

显然，微分算子的引入可以将微分方程变成"算子方程"或"伪代数方程"进行求解。之所以称为"伪代数方程"是因为"算子方程"虽然有代数方程的形式和代数方程的部分特性，但还不完全等同于代数方程。因此，还需要了解有关算子的几个运算特性。

**特性 1**：$p$ 的正幂次多项式可以像代数多项式那样进行展开和因式分解。

**特性 2**：一个信号前面的两个 $p$ 多项式可以交换顺序。比如

$$(p+1)(p^2 + 2p + 3) f(t) = (p^2 + 2p + 3)(p+1) f(t)$$

**特性 3**：算子方程两边的 $p$ 公因式不能随便消去。比如 $py(t) = pf(t)$ 通常不能轻易变成 $y(t) = f(t)$，而应该是 $y(t) = f(t) + c$，其中 $c$ 为一常数。

**特性 4**：对一个信号进行乘和除运算的顺序不能随意改变。

**结论**：以微分算子形式出现的微分方程组可以用代数方程中的克莱梅尔（Cramer）法则消去变量，这就是引入微分算子的主要目的。也就是说，引入微分算子可以将求解过程相对复杂的微分方程（组）化为求解过程相对简单的代数方程（组）。

将式（3-33）整理，得

$$y(t) = \frac{b_m p^m + b_{m-1} p^{m-1} + \cdots + b_1 p + b_0}{a_n p^n + a_{n-1} p^{n-1} + \cdots + a_1 p + a_0} f(t) = \frac{N(p)}{D(p)} f(t) \qquad (3-34)$$

其中

$$N(p) = b_m p^m + b_{m-1} p^{m-1} + \cdots + b_1 p + b_0 \qquad (3-35)$$

$$D(p) = a_n p^n + a_{n-1} p^{n-1} + \cdots + a_1 p + a_0 \qquad (3-36)$$

$D(p)$ 称为微分方程（系统）的特征多项式，$D(p) = 0$ 即为特征方程。

由此可以引出另一个重要概念——传输算子。

**把算子方程中的响应 $y(t)$ 与激励 $f(t)$ 之比定义为系统的传输算子，用 $H(p)$ 表示为**

$$H(p) = \frac{y(t)}{f(t)} = \frac{N(p)}{D(p)} \qquad (3-37)$$

引入 $H(p)$ 的一个目的是把系统模型中与输入和输出无关但能直接体现系统本身特性的内容提取出来，以便于对系统的分析。而这个结果正是系统线性特性的具体体现。

由式（3-37）可得

$$y(t) = H(p) f(t) \qquad (3-38)$$

可见，$f(t)$ 好像是被 $H(p)$ 从系统的输入端"传输"到输出端，传输算子的名字由此而来。显然，只要传输算子 $H(p)$，也就确定了系统模型。根据 $H(p)$ 可以求出任何输入信号 $f(t)$ 下的系统响应 $y(t)$。另外，$H(p)$ 与后面要介绍的系统函数 $H(j\omega)$ 和 $H(s)$ 结构相同，即 $H(s) = H(p)|_{p=s}$，$H(j\omega) = H(p)|_{p=j\omega}$，故也可用于寻找系统函数。

**【例题 3-5】** 求例题 2-7 系统的传输算子。

**解** 已知例题 2-7 系统的数学模型为

$$\frac{\mathrm{d}^3 u}{\mathrm{d}t^3} + 2\frac{\mathrm{d}^2 u}{\mathrm{d}t^2} + 2\frac{\mathrm{d}u}{\mathrm{d}t} + u = \frac{1}{2}u_{\mathrm{s}}$$

将算子代入上式可得算子方程

$$(p^3 + 2p^2 + 2p + 1)u = \frac{1}{2}u_{\mathrm{s}}$$

则传输算子为

$$H(p) = \frac{1}{2(p^3 + 2p^2 + 2p + 1)}$$

**【例题 3 - 6】**　如图 3 - 6 所示系统，$i_2(t)$ 为响应，$f(t)$ 为激励，求系统模型和传输算子。

**解**　根据 KVL 列出回路方程组

$$\begin{cases} i_1 + 3\dfrac{\mathrm{d}i_1}{\mathrm{d}t} - \dfrac{\mathrm{d}i_2}{\mathrm{d}t} = f \\ 3i_2 + \dfrac{\mathrm{d}i_2}{\mathrm{d}t} - \dfrac{\mathrm{d}i_1}{\mathrm{d}t} = 0 \end{cases}$$

变为算子方程组

$$\begin{cases} (3p+1)i_1 - pi_2 = f \\ -pi_1 + (p+3)i_2 = 0 \end{cases}$$

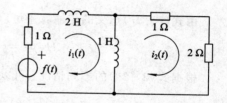

图 3 - 6　例题 3 - 6 图

下面采用克莱梅尔法则对算子方程组进行消元。

$$i_2 = \frac{\begin{vmatrix} 3p+1 & f \\ -p & 0 \end{vmatrix}}{\begin{vmatrix} 3p+1 & -p \\ -p & p+3 \end{vmatrix}} = \frac{p}{2p^2 + 10p + 3}f$$

即

$$(2p^2 + 10p + 3)i_2 = pf$$

于是，系统模型为

$$2\frac{\mathrm{d}^2 i_2}{\mathrm{d}t^2} + 10\frac{\mathrm{d}i_2}{\mathrm{d}t} + 3i_2 = \frac{\mathrm{d}f}{\mathrm{d}t}$$

传输算子为

$$H(p) = \frac{p}{2p^2 + 10p + 3}$$

**【例题 3 - 7】**　已知系统的传输算子和初始条件。求系统的零输入响应。

$$H(p) = \frac{1}{p^2 + 2p + 5}, \qquad y_x(0_+) = 1, \ y_x{'}(0_+) = 1$$

**解**　由系统的特征方程

$$\lambda^2 + 2\lambda + 5 = 0$$

得特征根

$$\lambda_1 = -1 + 2\mathrm{j}, \quad \lambda_2 = -1 - 2\mathrm{j}$$

则零输入响应为

$$y_x(t) = \mathrm{e}^{-t}[A_1\cos(2t) + A_2\sin(2t)]$$

同时，有

$$y_x{'}(t) = -\mathrm{e}^{-t}[A_1\cos(2t) + A_2\sin(2t)] + \mathrm{e}^{-t}[-2A_1\sin(2t) + 2A_2\cos(2t)]$$

将初始条件 $y_x(0_+)=1$ 和 $y_x'(0_+)=1$ 代入上式，得 $A_1=A_2=1$，则零输入响应为

$$y_x(t) = e^{-t}[\cos(2t)+\sin(2t)] = \sqrt{2}e^{-t}\sin\left(2t+\frac{\pi}{4}\right), \quad t \geqslant 0$$

根据上述例题可以得到传输算子的两种常用求解方法：

(1) 利用系统模型——微分方程（模拟框图）。

(2) 利用电路约束条件。

引入传输算子的另一个主要目的是为了求解零状态响应。不同的传输算子对应不同的冲激响应，通过数学推导可以得到很多相应的公式。

### 3.3.2　利用传输算子求得冲激响应

由式(3-37)定义的传输算子可以进行部分分式分解，即有

$$H(p) = \sum_{i=0}^{q} K_i p^i + \sum_{j=1}^{l} \frac{K_j}{(p-\lambda_j)^{r_j}} \qquad (3-39)$$

根据式(3-39)的不同情况，可以得到与之对应的不同的冲激响应 $h(t)$，即有

(1) $\qquad H(p) = \dfrac{K}{p-\lambda} \rightarrow h(t) = Ke^{\lambda t}\varepsilon(t)$ $\qquad\qquad$ (3-40)

(2) $\qquad H(p) = \dfrac{K}{(p-\lambda)^2} \rightarrow h(t) = Kte^{\lambda t}\varepsilon(t)$ $\qquad\qquad$ (3-41)

(3) $\qquad H(p) = \dfrac{K}{(p-\lambda)^r} \rightarrow h(t) = \dfrac{K}{(r-1)!}t^{r-1}e^{\lambda t}\varepsilon(t)$ $\qquad$ (3-42)

(4) $\qquad H(p) = Kp^n \rightarrow h(t) = K\delta^{(n)}(t)$ $\qquad\qquad$ (3-43)

这样，就可得到利用传输算子求解冲激响应的一般主要步骤：

第一步，确定传输算子 $H(p)$。

第二步，将 $H(p)$ 进行部分分式展开，如式(3-39)。

第三步，根据式(3-40)至式式(3-43)，确定各分式对应的冲激响应 $h_i(t)$。

第四步，将所有的 $h_i(t)$ 相加，即可得到系统的冲激响应 $h(t)$。

【例题3-8】　求系统 $y^{(3)}+5y^{(2)}+8y^{(1)}+4y=f^{(3)}+6f^{(2)}+10f^{(1)}+6f$ 的 $h(t)$。

**解**　系统的算子方程为

$$(p^3+5p^2+8p+4)y = (p^3+6p^2+10p+6)f$$

利用长除法有

$$H(p) = \frac{p^3+6p^2+10p+6}{p^3+5p^2+8p+4} = 1 + \frac{1}{p+1} - \frac{2}{(p+2)^2}$$

利用式(3-40)~式(3-43)得冲激响应为

$$h(t) = \delta(t) + e^{-t}\varepsilon(t) - 2te^{-2t}\varepsilon(t) = \delta(t) + (e^{-t}-2te^{-2t})\varepsilon(t)$$

因为传输算子在形式上和后面要讲到的传输函数（系统函数）一样，其求解零状态响应的方法与公式也与传输函数求解法相似，所以本节不再赘述。

## 3.4　卷积分析法

读者可能会问：引入冲激响应的目的何在？它仅仅是系统对特定信号——冲激信号的

零状态响应且求解过程也比较复杂，对分析任意非周期信号作用下的系统零状态响应有何意义？其实，引入冲激响应的目的恰恰是要解决任意非周期信号作用下系统零状态响应的求解问题（而它本身的求解也会有更方便、更简单的方法），比如下面介绍的卷积分析法。

设一个 LTI 系统的激励为 $f(t)$，零状态响应为 $y_f(t)$，则 $y_f(t)$ 等于 $f(t)$ 与冲激响应 $h(t)$ 的卷积积分，即

$$y_f(t) = f(t) * h(t) \tag{3-44}$$

上述推导过程可以用图 3-7 描述。

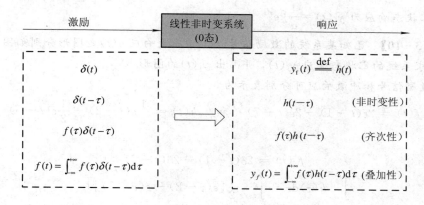

图 3-7　零状态响应与冲激响应的关系推导过程示意图

根据冲激信号与阶跃信号的关系，系统的零状态响应 $y_f(t)$ 也可表示为

$$y_f(t) = f(t) * h(t) = f'(t) * \int_{-\infty}^{t} h(\tau)\mathrm{d}\tau = f'(t) * g(t)$$

可见，当已知系统单位阶跃响应求零状态响应时，可直接按

$$y_f(t) = f'(t) * g(t) \tag{3-45}$$

进行计算。该式也可以通过类似图 3-7 的过程推导出来。

根据图 3-7 可以得到如下结论：

（1）信号的分解特性告诉我们：“一个信号可以表示为出现在不同时刻的冲激信号的连续和”。

（2）系统的线性特性告诉我们：“系统对一个信号的响应可以表示为若干个子信号产生的子响应的代数和”。

（3）系统的时不变特性告诉我们：“系统对一个在不同时刻加入的信号的响应是一样的”。

（4）系统的线性和时不变特性告诉我们：“系统对一个信号的响应可以用该信号与冲激响应的卷积求出”。

综上所述，式（3-44）就是信号分解特性和系统线性与时不变特性对系统分析做出的最大贡献，为求解系统零状态响应提供了一条新路径，而这也正是引入卷积运算的主要目的。

【例题 3-9】　一个线性非时变系统的冲激响应为 $h(t)=\mathrm{e}^{at}\varepsilon(t)$，系统的激励为 $f(t)=\varepsilon(t-1)$，试求系统的零状态响应。

**解**
$$y_f(t) = f(t) * h(t) = \int_{-\infty}^{+\infty} f(\tau) h(t - \tau) d\tau$$

$$= \int_{-\infty}^{+\infty} \varepsilon(\tau - 1) e^{\alpha(t-\tau)} \varepsilon(t - \tau) d\tau = \int_{1}^{t} e^{\alpha(t-\tau)} d\tau$$

$$= e^{\alpha t} \int_{1}^{t} e^{-\alpha\tau} d\tau = e^{\alpha t} \left( -\frac{1}{\alpha} \right) e^{-\alpha\tau} \Big|_{1}^{t}$$

$$= \frac{1}{\alpha} e^{\alpha t} (e^{-\alpha} - e^{-\alpha t}) = \frac{1}{\alpha} [e^{\alpha(t-1)} - 1], \quad t \geqslant 0$$

即系统的零状态响应为 $y_f(t) = \frac{1}{\alpha} [e^{\alpha(t-1)} - 1]$，$t \geqslant 0$。

**【例题 3 - 10】** 已知某系统的激励信号 $f(t)$、冲激响应 $h(t)$ 之图形分别如图 3 - 8(a)、(b) 所示。求系统的零状态响应 $y_f(t)$，并画出 $y_f(t)$ 的图形。

**解** 激励信号和冲激响应可分别表示为

$$f(t) = 2\varepsilon(t-1) - 2\varepsilon(t-7) \quad 和 \quad h(t) = \frac{1}{2}\varepsilon(t-2) - \frac{1}{2}\varepsilon(t-5)$$

则有

$$f'(t) = 2\delta(t-1) - 2\delta(t-7)$$

$$\int_{-\infty}^{t} h(\tau) d\tau = \int_{-\infty}^{t} \frac{1}{2} [\varepsilon(\tau - 2) - \varepsilon(\tau - 5)] d\tau$$

$$= \frac{1}{2}(t-2)\varepsilon(t-2) - \frac{1}{2}(t-5)\varepsilon(t-5)$$

而

$$y_f(t) = f(t) * h(t) = f'(t) * \int_{-\infty}^{t} h(\tau) d\tau$$

$$= [2\delta(t-1) - 2\delta(t-7)] * \left[ \frac{1}{2}(t-2)\varepsilon(t-2) - \frac{1}{2}(t-5)\varepsilon(t-5) \right]$$

$$= (t-3)\varepsilon(t-3) - (t-6)\varepsilon(t-6) - (t-9)\varepsilon(t-9) + (t-12)\varepsilon(t-12)$$

写成分段函数表示形式为

$$y_f(t) = \begin{cases} 0 & (0 \leqslant t \leqslant 3) \\ t-3 & (3 < t \leqslant 6) \\ 3 & (6 < t \leqslant 9) \\ 12-t & (9 < t \leqslant 12) \\ 0 & (t > 12) \end{cases}$$

其波形如图 3 - 8(c) 所示。

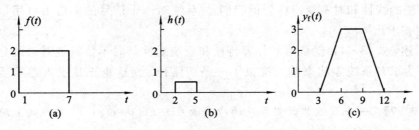

图 3 - 8 例题 3 - 10 图

可以用一个生活实例帮助读者了解卷积分析法的应用。李工程师根据实践经验设计了一个信号变换器（LTI 系统）。由于理论水平不高，他只能采用逐个信号测试法（即输入一个信号，测试出输出信号；再输入另一个信号，再测试出其对应的输出信号）了解该系统的变换特性。但现实中的信号有千千万万种，他一辈子也测不完。为此，他请教了理工大学的张教授。张教授告诉他：你只需测试一种信号即可，也就是说，只要测出系统对窄脉冲信号（冲激信号）的输出波形（冲激响应），其他所有信号对应的输出波形都可通过冲激响应波形和输入信号波形的卷积得到。李工程师高兴地说：你可帮了我大忙了。

# 3.5　系统动态性、可逆性及因果性的判断

因为冲激响应可以描述或代表一个 LTI 系统，所以，LTI 系统的一些特性可以通过冲激响应进行描述和判断。

## 3.5.1　动态性判断

对于一个连续系统，若其冲激响应 $h(t)$ 满足

$$h(t) = K\delta(t) \tag{3-46}$$

该系统的响应 $y(t)$ 与激励 $f(t)$ 就满足

$$y(t) = Kf(t) \tag{3-47}$$

显然，该系统是一个静态（无记忆）系统。式（3-47）就是系统动态与否的判断条件。

若系数 $K>1$，系统就是一个理想放大器；若 $0<K<1$，系统就是一个理想衰减器。

【例题 3-11】　证明一个 LTI 系统是无记忆系统的条件是 $h(t)=K\delta(t)$。

**证**　设一个 LTI 系统的激励为 $f(t)$，由该激励产生的响应为 $y(t)$，则在 $t=t_0$ 时刻有

$$y(t_0) = f(t) * h(t) \mid_{t=t_0} = \int_{-\infty}^{+\infty} f(\tau)h(t_0-\tau)\mathrm{d}\tau \tag{3-48}$$

根据冲激信号的抽样特性，有

$$\int_{-\infty}^{+\infty} f(t)\delta(t-t_0)\mathrm{d}t = f(t_0) \tag{3-49}$$

因为 $\delta(t)$ 为偶信号，上式可变为

$$\int_{-\infty}^{+\infty} f(t)\delta(t_0-t)\mathrm{d}t = f(t_0) \tag{3-50}$$

比较式（3-48）和式（3-50）可见，若

$$h(t) = K\delta(t) \quad (K \text{ 为正或负常数}) \tag{3-51}$$

则有

$$y(t_0) = \int_{-\infty}^{+\infty} f(\tau)K\delta(t_0-\tau)\mathrm{d}\tau = Kf(t_0)$$

即系统满足当前响应只决定于当前激励的条件，是无记忆系统。证毕。

## 3.5.2　可逆性判断

若一个系统的冲激响应为 $h(t)$，另一个系统的冲激响应为 $h_i(t)$，则当

$$h(t) * h_i(t) = \delta(t) \tag{3-52}$$

时，冲激响应为 $h(t)$ 的系统就是可逆系统，即原系统；冲激响应为 $h_i(t)$ 的系统就是逆系统。

### 3.5.3 因果性判断

若一个连续系统的冲激响应 $h(t)$ 满足

$$h(t) = 0, \, t < 0 \tag{3-53}$$

则该系统就是一个因果系统。或者说，冲激响应为因果信号的系统就是因果系统。

本章的核心在于：为避免在时域求解微分方程的繁琐过程以及便于对系统的分析，人们想出了一个通过冲激响应 $h(t)$ 解决问题的方法。而 $h(t)$ 除了可以在时域用传输算子获得外，还可以在频域、复频域利用后面章节介绍的系统函数获得。

## 学 习 提 示

时域响应通常是系统分析的最终结果，提示读者关注以下知识点：

(1) 算子的引入可以把微分方程转化为伪代数方程，从而简化了微分方程的求解过程。

(2) 传输算子能够直接反映系统本身的结构和特性。

(3) 冲激响应是响应分解分析法的第一要素或灵魂。

(4) 冲激响应和传输算子均与系统的激励和响应无关，只与系统本身的参数和结构有关。

(5) 零状态响应可以通过激励与冲激响应的卷积运算得到，其本质是激励 $f(t)$ 可以变为冲激信号 $\delta(t)$ 的连续和，而零状态响应 $y_f(t)$ 可表示为冲激响应 $h(t)$ 的连续和。

## 问 与 答

**问题 1：连续系统主要有那些时域分析法？**

**答：**(1) 经典数学分析法。这是微分方程的基本解法。本课程几乎不用这种方法。

(2) 响应分解分析法。这是本课程的特色解法，需要熟练掌握。

(3) 算子分析法。它不是一种完整、独立的系统分析法，主要用于响应分解法中零状态响应的求解。

(4) 卷积分析法。与算子分析法类似，它也不是一种完整、独立的系统分析法，主要用于响应分解法中零状态响应的求解。

综上所述，连续系统的时域分析法主要有两种：即经典数学分析法和响应分解分析法。

**问题 2：为什么响应分解法要把全响应分解为零输入响应和零状态响应两部分？**

**答：**虽然经典数学法也把响应分为两部分，但物理概念不清楚。而分解法以 0 时刻为界，把系统响应分为由系统状态引起的和由激励引起的两部分，这样，物理意义很清楚，便于理解和求解系统响应。

**问题 3：条件和状态是什么关系？换路定理意味着什么？**

**答：**状态肯定可以是条件，而条件不一定是状态。如果响应是电感电流或电容电压的话，条件就是状态；否则，条件就可能不等于状态，但可以由状态求出，比如，响应是电阻的电压或电流。换路定理意味着起始状态和初始状态相等。

**问题 4：为什么要求冲激响应和阶跃响应？**

**答：**因为任意一个信号都可用冲激信号的连续和（也就是卷积）表示，所以只要求出冲激响应，即可根据系统的线性与时不变特性用叠加法求得系统的零状态响应。

因为任意一个信号也可用阶跃信号的连续和（也就是卷积）表示。所以，只要求出阶跃响应，即可根据系统的线性与时不变特性用叠加法求得系统的零状态响应。另外，因为阶跃信号与冲激信号满足微积分关系，所以可以通过求出阶跃响应求得冲激响应。

**问题 5：卷积运算和一般的定积分运算有何区别？**

**答：**两个计算式分别如下：

(1) 两个函数（信号）的定积分 $C = \int_{-\infty}^{+\infty} f_1(t) f_2(t) \mathrm{d}t$ （面积值）

(2) 两个函数（信号）的卷积分 $s(t) = \int_{-\infty}^{+\infty} f_1(\tau) f_2(t-\tau) \mathrm{d}\tau$ （面积函数）

从形式上看，两者都是连续求和计算，但含义不太一样。普通定积分求的是乘积函数曲线下的面积，积分结果是一个常数，即积分区间内的面积值。而卷积的结果是一个面积函数（信号），其大小是随时间变化的，反映的是当一个函数从左至右平移时，乘积函数曲线下的面积在积分区间内的变化规律。

# 习　题　3

3-1　描述某 LTI 系统的微分方程为 $y'(t)+3y(t)=f(t)$，已知 $y(0_+)=3/2$，$f(t)=3\varepsilon(t)$，求系统的自由响应和强迫响应。

3-2　已知一个 LTI 系统的微分方程为 $y''(t)+4y'(t)+4y(t)=2f'(t)+8f(t)$，求当 $f(t)=\mathrm{e}^{-t}$、$y(0_+)=3$、$y'(0_+)=4$ 时的全响应，并指出其中的自由响应和强迫响应。

3-3　已知系统的微分方程为 $y''(t)+4y'(t)+3y(t)=f(t)$，若系统起始条件为 $y(0_-)=1$，$y'(0_-)=2$，求系统的零输入响应 $y_x(t)$。

3-4　一个系统的微分方程为 $y''(t)+3y'(t)+2y(t)=f'(t)+5f(t)$，已知 $f(t)=\mathrm{e}^{-3t}\varepsilon(t)$，$y_f(0_+)=1$，$y_f'(0_+)=2$，求系统的零状态响应 $y_f(t)$。

3-5　如图 3-9 所示电路，$t<0$ 时开关位于位置"1"且已处于稳态。$t=0$ 时开关自位置"1"转至位置"2"。

(1) 求 $u_C(0_+)$ $i(0_+)$ 的取值。

(2) 求 $u_C(t)$ 的完全响应，并指出自由响应、强迫响应、零输入响应和零状态响应。

3-6　如图 3-10 所示电路，已知 $L=2\ \mathrm{H}$，$C=\dfrac{1}{4}\ \mathrm{F}$，$R_1=1\ \Omega$，$R_2=5\ \Omega$；电容上起始电压 $u_C(0_-)=3\ \mathrm{V}$，电感上起始电流 $i_L(0_-)=1\ \mathrm{A}$；激励电流源 $i_S(t)=\varepsilon(t)$。求电感电流 $i_L(t)$ 的零输入响应 $i_{Lx}(t)$ 和零状态响应 $i_{Lf}(t)$。

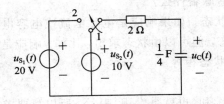

图 3-9 习题 3-5 图

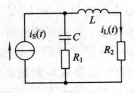

图 3-10 习题 3-6 图

3-7 如图 3-11 所示电路，求电路中 $i(t)$、$u(t)$ 对激励源 $f(t)$ 的传输算子。

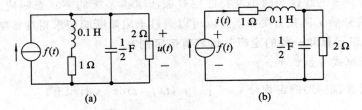

图 3-11 习题 3-7 图

3-8 已知系统的传输算子 $H(p)$ 及 $0_+$ 时刻的状态或条件，求零输入响应。

(1) $H(p)=\dfrac{p+3}{p^2+3p+2}$，$y_x(0_+)=1$，$y_x{}'(0_+)=2$

(2) $H(p)=\dfrac{p+3}{p^2+2p+2}$，$y_x(0_+)=1$，$y_x{}'(0_+)=2$

3-9 已知某二阶连续系统的微分方程为 $y''(t)+5y'(t)+6y(t)=f(t)$，求该系统的冲激响应。

3-10 已知某二阶连续系统的微分方程为 $y''(t)+3y'(t)+2y(t)=f(t)$，求该系统的阶跃响应。

3-11 一 LTI 系统对输入 $f(t)=2e^{-3t}\varepsilon(t)$ 的零状态响应为 $y_f(t)$，对 $f'(t)$ 的零状态响应为 $y_{fd}(t)=-3y_f(t)+e^{-2t}\varepsilon(t)$，求系统的冲激响应 $h(t)$。

3-12 一 LTI 系统的一对激励和零状态响应的波形如图 3-12 所示。求该系统对另一个激励 $f_1(t)=\sin\pi t[\varepsilon(t)-\varepsilon(t-1)]$ 的零状态响应 $y_{f1}(t)$。

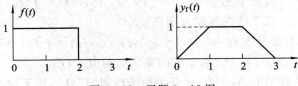

图 3-12 习题 3-12 图

3-13 已知某 LTI 系统的单位阶跃响应 $g(t)=(2e^{-2t}-1)\varepsilon(t)$，利用卷积特性求在图 3-13 所示各激励信号下的零状态响应。

3-14 图 3-14 所示系统由冲激响应分别为 $h_1(t)=\varepsilon(t)$（积分器）、$h_2(t)=\delta(t-1)$（单位延时器）、$h_3(t)=-\delta(t)$（倒相器）、$h_4(t)=3\delta(t)$

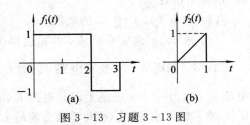

图 3-13 习题 3-13 图

（3 倍乘器）的几个子系统构成。试求总系统的冲激响应 $h(t)$ 和阶跃响应 $g(t)$ 并画出它们的波形。

　3-15　图 3-15 所示系统由几个子系统组成。子系统的冲激响应分别为 $h_a(t)=\delta(t-1)$，$h_b(t)=\varepsilon(t)-\varepsilon(t-3)$。试求总系统的冲激响应 $h(t)$。

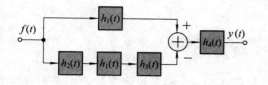

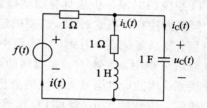

图 3-14　习题 3-14 图　　　　　　　　图 3-15　习题 3-15 图

　3-16　图 3-16 所示电路中，$i_S(t)$ 为输入，$u_L(t)$ 为输出，求阶跃响应 $g(t)$ 和冲激响应 $h(t)$。

　3-17　图 3-17 所示电路中，$f(t)$ 为输入，$u_C(t)$ 为输出，求冲激响应 $h(t)$。

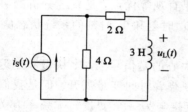

图 3-16　习题 3-16 图　　　　　　　　图 3-17　习题 3-17 图

# 第4章 周期信号作用下的连续系统实频域分析

- 问题引入：除时域外，信号还具有频域特性。如何在频域中分析系统对周期信号的响应？
- 解决思路：寻找可以表征各种周期信号的基本信号 → 在频域中找出系统对基本信号的响应 → 利用对基本信号的分析方法求得一般周期信号的频域响应。
- 研究结果：傅氏级数；系统函数；谐波响应求和。
- 核心内容：一个周期信号可以由无穷个正弦型信号之代数和描述。系统函数是系统模型的另一种表达形式。

LTI 系统的时域分析法具有物理概念清楚、结果直观等优点，是系统分析的一种基本方法。但该方法存在概念较多，需要确定边界条件($0_-$ 时刻和 $0_+$ 时刻的系统状态值)，运算比较麻烦、复杂等缺点，因此，在实践中并不常用。

在时域分析中，信号 $f(t)$ 是时间的函数，我们关心的是信号大小、快慢和延迟随时间的变化关系。因此，对信号与系统的分析自然也就围绕着时间变量展开。但是我们还注意到一个事实，信号的大小(幅度)和延迟(相位)还直接与另一个变量——频率有关，或者说，信号的幅度和相位还是频率的函数。那么，能否围绕着频率变量对信号与系统进行分析研究呢？回答是肯定的，并由此引出了一个与时域法全然不同的分析方法——实频率域(简称频域)分析法，从而为信号与系统分析另辟了一条捷径。两种方法效果比较见图 4-1。

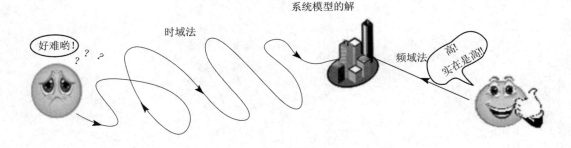

图 4-1 时域法与频域法比较示意图

## 4.1 傅里叶级数

傅里叶级数(Fourier Series)，简称为傅氏级数，是法国数学家傅里叶于 1807 年提出的一个分析周期函数的数学工具。

### 4.1.1　傅里叶级数的三角形式

任意一个周期为 $T$（角频率为 $\omega_0=2\pi/T$）的实际周期信号 $f(t)$ 都可以展开为傅里叶级数的三角形式（三角级数），即

$$f(t) \xlongequal{\text{def}} a_0 + \sum_{n=1}^{\infty}(a_n \cos n\omega_0 t + b_n \sin n\omega_0 t), \quad n=1,2,\cdots \qquad (4-1)$$

其中，$a_0$、$a_n$ 和 $b_n$ 称为傅里叶系数。（注意：以后若不说明，$n$ 均指整数。）

式（4-1）可以称为傅氏级数的定义式。它说明任何一个周期信号都可以用无穷个三角函数的线性组合表示。显然，这是信号分解特性的价值体现。

傅氏级数采用三角函数集的主要特点有：

(1) 三角函数是基本函数。

(2) 三角函数同时具有时间和频率两个物理量。

(3) 三角函数容易产生、传输和处理。

(4) 三角函数通过线性时不变系统后仍为同频三角函数，仅幅值和相位会有所变化。

式（4-1）中的三个系数可由以下三式求出。

$$a_0 = \frac{1}{T}\int_{-\frac{T}{2}}^{\frac{T}{2}} f(t)\,\mathrm{d}t \qquad (4-2)$$

$$a_n = \frac{2}{T}\int_{-\frac{T}{2}}^{\frac{T}{2}} f(t)\cos n\omega_0 t\,\mathrm{d}t \qquad (4-3)$$

$$b_n = \frac{2}{T}\int_{-\frac{T}{2}}^{\frac{T}{2}} f(t)\sin n\omega_0 t\,\mathrm{d}t \qquad (4-4)$$

因为定义式（4-1）既包含正弦函数也包含余弦函数，在物理概念上还不够明晰，所以需要将正弦函数和余弦函数合并为一个余弦函数，即有

$$f(t) = c_0 + c_1\cos(\omega_0 t + \varphi_1) + c_2\cos(2\omega_0 t + \varphi_2) + \cdots$$
$$= c_0 + \sum_{n=1}^{\infty} c_n\cos(n\omega_0 t + \varphi_n) \qquad (4-5)$$

其中

$$c_0 = a_0 \qquad (4-6)$$

被称为直流分量值。若 $c_0>0$，则认为 $\varphi_0=0$；若 $c_0<0$，则 $\varphi_0=\pi$。$c_n$ 是第 $n$ 次余弦分量的幅值。$\varphi_n$ 是第 $n$ 次余弦分量的初相位值。

式（4-5）表明，任何一个周期信号都可分解为一个直流信号和无数个不同频率不同相位的余弦信号分量之和。其中，$c_0$ 常数项是 $f(t)$ 在一个周期内的平均值，是周期信号具有的直流分量；$c_1\cos(\omega_0 t + \varphi_1)$ 被称为基波或一次谐波，其角频率与原周期信号 $f(t)$ 的角频率相同，$c_1$ 是基波振幅，$\varphi_1$ 是基波初相角；$c_2\cos(2\omega_0 t + \varphi_2)$ 被称为二次谐波，其频率是基波频率的二倍，$c_2$ 是二次谐波振幅，$\varphi_2$ 是二次谐波初相角。依此类推，还有三次、四次等高次谐波。$c_n\cos(n\omega_0 t + \varphi_n)$ 被称为 $n$ 次谐波，$c_n$ 是 $n$ 次谐波振幅，$\varphi_n$ 是其初相角。

在本课程中，式（4-5）可以认为是傅氏级数三角形式的标准式。该式的重要意义在于：

(1) 一个周期信号可以分解为常数分量和无穷个不同频率余弦信号的代数和。或者

说，一个周期电信号可以分解为直流分量和无穷个谐波分量的代数和。

（2）不同频率余弦信号或各次谐波的初相就是 $\varphi_n$。

这两个特点在画周期信号频谱时要用到。

### 4.1.2 函数对称性与傅里叶系数的关系

在求周期信号的傅里叶级数时，需要进行三次积分以求得系数 $a_0$、$a_n$、$b_n$，计算比较麻烦。研究发现，信号本身的对称特性会简化三个系数的计算过程。

（1）$f(t)$ 是偶信号，如图 4-2 所示。则

$$a_0 = \frac{1}{T} \int_{-\frac{T}{2}}^{\frac{T}{2}} f(t) \, \mathrm{d}t = \frac{2}{T} \int_{0}^{\frac{T}{2}} f(t) \, \mathrm{d}t \qquad (4-7)$$

$$a_n = \frac{2}{T} \int_{-\frac{T}{2}}^{\frac{T}{2}} f(t) \cos n\omega_0 t \, \mathrm{d}t = \frac{4}{T} \int_{0}^{\frac{T}{2}} f(t) \cos n\omega_0 t \, \mathrm{d}t \qquad (4-8)$$

$$b_n = 0 \qquad (4-9)$$

可见，偶函数的傅氏级数中不会有正弦函数项，只能出现余弦函数项，即

$$f(t) = a_0 + \sum_{n=1}^{\infty} (a_n \cos n\omega_0 t) \qquad (4-10)$$

而直流分量 $a_0$ 存在与否，取决于 $f(t)$ 是否以横轴上下对称。比如图 4-2(a) 的 $f(t)$ 中就有直流，而图 4-2(b) 的 $f(t)$ 中就没有。

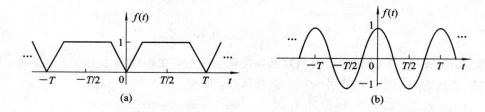

图 4-2 周期偶信号

（2）$f(t)$ 是奇信号，如图 4-3 所示。则

$$a_n = 0, \quad n = 0, 1, 2, \cdots \qquad (4-11)$$

$$b_n = \frac{4}{T} \int_{0}^{\frac{T}{2}} f(t) \sin n\omega_0 t \, \mathrm{d}t, \quad n = 1, 2, \cdots \qquad (4-12)$$

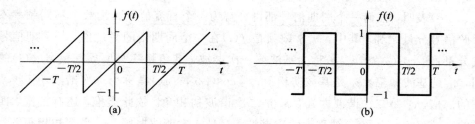

图 4-3 周期奇信号

可见，奇信号的傅氏级数中不会有直流分量和余弦函数项，只能出现正弦函数项，即

$$f(t) = \sum_{n=1}^{\infty} (b_n \sin n\omega_0 t) \tag{4-13}$$

综上所述，信号的奇偶特性决定了其傅氏级数的组成成分，即是否有直流分量、正弦分量和余弦分量。

**【例题 4-1】** 将如图 4-3(b)所示的方波 $f(t)$ 展开为傅里叶级数。

**解** 因为 $f(t)$ 为奇对称，所以 $a_0 = 0$，$a_n = 0$。

$$b_n = \frac{4}{T} \int_0^{\frac{T}{2}} f(t) \sin n\omega_0 t \, dt = \frac{4}{T} \int_0^{\frac{T}{2}} \sin n\omega_0 t \, dt$$

$$= -\frac{4}{T} \frac{1}{n\omega_0} \cos n\omega_0 t \Big|_0^{\frac{T}{2}} = -\frac{4}{T} \frac{1}{n\omega_0} \left( \cos n\omega_0 \frac{T}{2} - 1 \right)$$

$$= \frac{2}{n\pi} (1 - \cos n\pi) = \begin{cases} 0 & (n = 2m) \\ \dfrac{4}{n\pi} & (n = 2m+1) \end{cases}$$

则有

$$f(t) = \frac{4}{\pi} \left[ \sin \omega_0 t + \frac{1}{3} \sin 3\omega_0 t + \frac{1}{5} \sin 5\omega_0 t + \cdots + \frac{1}{n} \sin n\omega_0 t + \cdots \right]$$

$$n = 1, 3, 5, \cdots$$

**【例题 4-2】** 将如图 4-4(a)所示的对称方波 $f(t)$ 展开为傅里叶级数。

**解** 因为 $f(t)$ 为偶对称，所以

$$b_n = 0$$

$$a_0 = \frac{2}{T} \int_0^{\frac{T}{2}} f(t) dt = 0$$

$$a_n = \frac{4}{T} \int_0^{\frac{T}{2}} f(t) \cos n\omega_0 t \, dt$$

$$= \frac{4}{T} \int_0^{\frac{T}{4}} \cos n\omega_0 t \, dt - \frac{4}{T} \int_{\frac{T}{4}}^{\frac{T}{2}} \cos n\omega_0 t \, dt$$

$$= \frac{4}{T} \frac{1}{n\omega_0} \left( 2 \sin n\omega_0 \frac{T}{4} - \sin n\omega_0 \frac{T}{2} \right)$$

$$= \frac{4}{n\pi} \sin \frac{n\pi}{2}$$

$$= \frac{4}{n\pi} (-1)^{\frac{n-1}{2}}, \quad n = 1, 3, 5, \cdots$$

则有

$$f(t) = \sum_{n=1}^{\infty} a_n \cos n\omega_0 t$$

$$= \frac{4}{\pi} \left[ \cos \omega_0 t - \frac{1}{3} \cos 3\omega_0 t + \frac{1}{5} \cos 5\omega_0 t - \frac{1}{7} \cos 7\omega_0 t + \cdots + \frac{1}{n} (-1)^{\frac{n-1}{2}} \cos n\omega_0 t + \cdots \right]$$

$$n = 1, 3, 5, \cdots$$

图 4-4 给出了对称方波 $f(t)$ 的傅里叶级数取有限项的波形情况。其中，(b)图是只取

基波一项（即 $f_1(t) = \dfrac{4}{\pi} \cos\omega_0 t$）的波形；(c)图是取基波和三次谐波两项（即 $f_2(t) = \dfrac{4}{\pi} \cos\omega_0 t - \dfrac{4}{3\pi} \cos3\omega_0 t$）的波形；(d)图是取基波、三次谐波和五次谐波三项（即 $f_3(t) = \dfrac{4}{\pi} \cos\omega_0 t - \dfrac{4}{3\pi} \cos3\omega_0 t + \dfrac{4}{5\pi} \cos5\omega_0 t$）的波形。可见：

（1）傅里叶级数所取项数（谐波数）越多，相加后的波形越接近原信号 $f(t)$，但波形起伏的峰值大小保持不变，即不随谐波数的多少而变化。这个事实被称为"吉伯斯现象"。

（2）高频分量（高次谐波）振幅较小，主要影响脉冲跳变沿的陡峭程度；低频分量振幅较大，是组成方波的主体，主要影响脉冲顶部的形状。因此，可以说高频勾画波形细节，低频决定波形形状。

（3）当信号中任一频率分量发生变化时，输出波形或多或少都会产生失真。

（4）假设给定 $f_3(t)$，若通过滤波器将 $\cos5\omega_0 t$ 分量滤除，则 $f_3(t)$ 就变成 $f_2(t)$；若再滤除 $\cos3\omega_0 t$ 分量，则 $f_2(t)$ 就变成 $f_1(t)$。显然，低通滤波器可以"滤除"曲线波纹（高频分量），起到"圆滑"曲线的作用。滤波概念在"通信原理"课程中很重要。

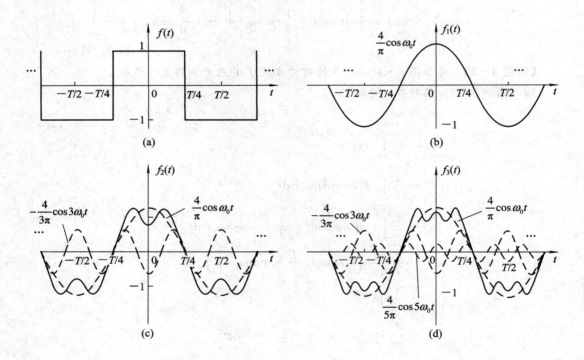

图 4-4　对称方波的组成

傅里叶级数告诉我们：任何一个实际周期信号都可以表示成一个统一形式——一连串三角函数（正弦型信号）的代数和。它的重要意义在于：人们不用去逐个为千千万万种周期信号寻找相应的研究方法，而只需研究一种信号——正弦型信号即可。由于傅里叶级数提供了一个研究周期信号的通用方法，所以，可以把它形象地比喻为一把能"开"各种"周期信号锁"的"万能钥匙"，如图 4-5 所示。

图 4 - 5　傅氏级数功能示意图

### 4.1.3　傅里叶级数的指数形式

因为三角函数和虚指数函数满足欧拉公式，所以式(4-1)可以变形为

$$f(t) = \sum_{n=-\infty}^{\infty} F_n e^{jn\omega_0 t}, \quad n = 0, \pm 1, \pm 2, \cdots \tag{4-14}$$

该式被称为傅里叶级数的指数形式。其中

$$F_n = \frac{1}{T} \int_{-\frac{T}{2}}^{\frac{T}{2}} f(t) e^{-jn\omega_0 t} \, dt \tag{4-15}$$

经过比较可知，傅氏级数三角形式与指数形式系数的关系为

$$F_0 = c_0 = a_0 \tag{4-16}$$

$$|F_n| = \frac{1}{2} c_n, \quad n \neq 0 \tag{4-17}$$

$$\varphi_n = -\arctan \frac{b_n}{a_n} \tag{4-18}$$

据此，可以给出三角形式与指数形式的关系式

$$f(t) = \sum_{n=-\infty}^{+\infty} F_n e^{jn\omega_0 t} = \sum_{n=-\infty}^{+\infty} |F_n| e^{j(n\omega_0 t + \varphi_n)}$$

$$= F_0 + \sum_{n=1}^{+\infty} 2 |F_n| \cos(n\omega_0 t + \varphi_n) \tag{4-19}$$

可见，傅氏级数指数形式和三角形式的直流分量两者相等；而指数形式各谐波系数模值等于三角形式系数的一半；两者各谐波分量的初相位相等；两者 $n$ 的取值范围不同。

式(4-19)表明，虽然在傅里叶级数指数形式中，$f(t)$ 可由分布在频率从负无穷大到正无穷大之间的一系列形如 $F_n e^{jn\omega_0 t}$ 的复指数信号构成，但其中位于 $-n\omega_0$ 的项和位于 $+n\omega_0$ 的项只有相加后才能组成一个谐波分量，单独的 $-n\omega_0$ 项或 $+n\omega_0$ 项并不是谐波分量，仅仅是一种数学表示形式。这个概念可以利用下式说明，即

$$(F_n e^{jn\omega_0 t} + F_{-n} e^{-jn\omega_0 t}) = (|F_n| e^{j\varphi_n} e^{jn\omega_0 t} + |F_n| e^{-j\varphi_n} e^{-jn\omega_0 t}) = c_n \cos(n\omega_0 t + \varphi_n), \quad n \neq 0$$

因为 $F_n$ 来自 $a_n \cos(n\omega_0 t + \varphi_n)$ 和 $b_n \sin(n\omega_0 t + \varphi_n)$，即 $F_n$ 与 2 个正弦型函数有关，所以根据式(4-19)可以写出 $F_n$ 所对应的正弦量应该为

$$f_n(t) = 2 |F_n| \cos(n\omega_0 t + \varphi_n), \quad n = 1, 2, 3, \cdots \tag{4-20}$$

上述两种不同形式的傅里叶级数均表明，一个任意波形的周期信号都可以看作由无数个基本连续时间信号（正弦型信号或复指数信号）的组合所构成，即都是以 $\omega_0$ 为基本频率的无数个谐波的代数和。因此，可以得出一个结论：

不同形状的周期信号只是它们的基波频率、各次谐波的幅度及初相位有所不同而已。

**【例题 4-3】** 求如图 4-3(b)所示方波 $f(t)$ 的傅里叶级数指数展开式。

**解**

$$F_n = \frac{1}{T} \int_{-\frac{T}{2}}^{\frac{T}{2}} f(t) e^{-jn\omega_0 t}\, dt = -\frac{1}{T} \int_{-\frac{T}{2}}^{0} e^{-jn\omega_0 t}\, dt + \frac{1}{T} \int_{0}^{\frac{T}{2}} e^{-jn\omega_0 t}\, dt$$

$$= \frac{1}{T} \frac{1}{jn\omega_0} e^{-jn\omega_0 t}\Big|_{-\frac{T}{2}}^{0} - \frac{1}{T} \frac{1}{jn\omega_0} e^{-jn\omega_0 t}\Big|_{0}^{\frac{T}{2}}$$

$$= \frac{1}{T} \frac{1}{jn\omega_0} (1 - e^{jn\omega_0 \frac{T}{2}}) - \frac{1}{T} \frac{1}{jn\omega_0} (e^{-jn\omega_0 \frac{T}{2}} - 1)$$

$$= \frac{1}{T} \frac{1}{jn\omega_0} (2 - e^{jn\omega_0 \frac{T}{2}} - e^{-jn\omega_0 \frac{T}{2}})$$

$$= \frac{2}{jnT\omega_0} \left(1 - \cos n\omega_0 \frac{T}{2}\right) = \frac{1}{jn\pi} (1 - \cos n\pi)$$

$$= \begin{cases} 0, & n \text{ 为偶数} \\ \dfrac{2}{jn\pi}, & n \text{ 为奇数} \end{cases}$$

则有

$$f(t) = \sum_{n=-\infty}^{\infty} F_n e^{jn\omega_0 t} = \frac{2}{j\pi} \left(\cdots - \frac{1}{3} e^{-j3\omega_0 t} - e^{-j\omega_0 t} + e^{j\omega_0 t} + \frac{1}{3} e^{j3\omega_0 t} + \cdots\right)$$

可见，$f(t)$ 的展开式中只有基波和奇次谐波项。

## 4.1.4 傅里叶级数的特性

为了便于书写，规定用符号"$\xrightleftharpoons{\text{F S}}$"描述信号与其傅氏级数的关系。

**1. 线性特性**

若 $f_1(t) \xrightleftharpoons{\text{F S}} F_{1n}$，$f_2(t) \xrightleftharpoons{\text{F S}} F_{2n}$，则

$$a_1 f_1(t) + a_2 f_2(t) \xrightleftharpoons{\text{F S}} a_1 F_{1n} + a_2 F_{2n} \tag{4-21}$$

**2. 时移特性**

若 $f(t) \xrightleftharpoons{\text{F S}} F_n$，则

$$f(t - t_0) \xrightleftharpoons{\text{F S}} F_n e^{-jn\omega_0 t_0} \tag{4-22}$$

**【例题 4-4】** 如图 4-6(a)所示的周期信号 $f_1(t)$ 的傅里叶系数为 $F_n$，试用其表示图 4-6(b)、(c)、(d)所示各信号的傅里叶系数。

**解** 因为

$$f_2(t) = f_1\left(t - \frac{T}{2}\right)$$

所以根据傅里叶级数的时移特性有

$$f_2(t) \xrightleftharpoons{\text{F S}} e^{-jn\frac{T}{2}\omega_0} F_n = (-1)^n F_n$$

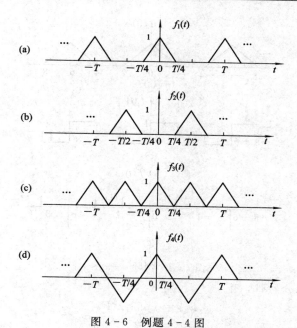

图 4-6 例题 4-4 图

由题意可知

$$f_3(t) = f_1(t) + f_2(t)$$

则根据傅里叶级数的线性特性有

$$f_3(t) \overset{\text{F S}}{\Longleftrightarrow} F_n + (-1)^n F_n$$

由题意可知

$$f_4(t) = f_1(t) - f_2(t)$$

因此

$$f_4(t) \overset{\text{F S}}{\Longleftrightarrow} F_n - (-1)^n F_n$$

**3. 时间反转特性**

若 $f(t) \overset{\text{F S}}{\Longleftrightarrow} F_n$，则

$$f(-t) \overset{\text{F S}}{\Longleftrightarrow} F_{-n} \qquad (4-23)$$

**4. 微分特性**

若 $f(t) \overset{\text{F S}}{\Longleftrightarrow} F_n$，则

$$f'(t) \overset{\text{F S}}{\Longleftrightarrow} (\mathrm{j}n\omega_0) F_n \qquad (4-24)$$

**【例题 4-5】** 求如图 4-7(a)所示的周期三角波信号的傅里叶级数。

**解** 对 $f(t)$ 连续两次求导，得到 $f'(t)$、$f''(t)$，波形分别如图 4-7(b)、(c)所示。设 $f(t)$ 的傅里叶系数为 $F_n$，$f''(t)$ 的傅里叶系数为 $F_{2n}$，则

$$F_{2n} = \frac{1}{T} \int_{-\frac{T}{2}}^{\frac{T}{2}} f''(t) \mathrm{e}^{-\mathrm{j}n\omega_0 t} \, \mathrm{d}t = \frac{1}{6} \int_{-3}^{3} [\delta(t+2) - 2\delta(t) + \delta(t-2)] \mathrm{e}^{-\mathrm{j}n\frac{\pi}{3}t} \, \mathrm{d}t$$

$$= \frac{1}{6} (\mathrm{e}^{\mathrm{j}n\frac{2\pi}{3}} - 2 + \mathrm{e}^{-\mathrm{j}n\frac{2\pi}{3}}) = \frac{1}{3} \left( \cos \frac{2n\pi}{3} - 1 \right) = -\frac{2}{3} \sin^2 \frac{n\pi}{3}$$

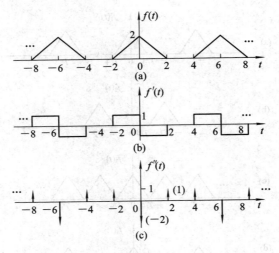

图 4 - 7　例题 4 - 5 图

根据傅里叶级数的微分特性，有

$$F_{2n} = (jn\omega_0)^2 F_n$$

则

$$F_n = \frac{F_{2n}}{(jn\omega_0)^2} = \frac{1}{(jn\omega_0)^2}\left(-\frac{2}{3}\sin^2\frac{n\pi}{3}\right) = \frac{6}{(n\pi)^2}\sin^2\frac{n\pi}{3}$$

因此，周期三角波信号的傅里叶级数是

$$f(t) = \sum_{n=-\infty}^{\infty} F_n e^{jn\frac{\pi}{3}t} = \frac{6}{\pi^2}\sum_{n=-\infty}^{\infty}\frac{\sin^2\frac{n\pi}{3}}{n^2}e^{jn\frac{\pi}{3}t}$$

**5. 能量守恒**

一个周期信号 $f(t)$ 在时域和频域的能量守恒特性可以由帕塞瓦尔定理描述，即

$$P = \overline{f^2(t)} = \frac{1}{T}\int_{t_0}^{t_0+T} f^2(t)\,\mathrm{d}t = a_0^2 + \frac{1}{2}\sum_{n=1}^{\infty}(a_n^2 + b_n^2) = c_0^2 + \frac{1}{2}\sum_{n=1}^{+\infty} c_n^2 = \sum_{n=-\infty}^{+\infty}|F_n|^2$$

$$(4-25)$$

式(4-25)表明，一个周期信号的平均功率等于全部谐波分量（包括直流分量）平均功率之和。帕塞瓦尔定理在"通信原理"课程中多用于求解通信系统的信噪比。

对于实信号，有 $F_n = F_{-n}^*$，因此，

$$P = \sum_{n=-\infty}^{+\infty}|F_n|^2 = F_0^2 + 2\sum_{n=1}^{+\infty}|F_n|^2 \qquad\qquad (4-26)$$

通常，把 $P$ 随 $n\omega_0$ 的变化特性称为周期信号的功率谱。注意，$F_{-n}^*$ 是 $F_{-n}$ 的共轭复数。

# 4.2　信 号 频 谱

## 4.2.1　正弦型信号的频域表示

假设现在有四个不同频率、振幅和初相的余弦信号，它们的时域表达式分别为

$$f_1(t) = 4\cos(100t),\quad f_2(t) = 3\cos\left(200t + \frac{\pi}{6}\right)$$

$$f_3(t) = 2\cos\left(300t + \frac{\pi}{4}\right),\ f_4(t) = 1\cos\left(400t + \frac{\pi}{3}\right)$$

显然,它们都是时间 $t$ 的函数。但是我们注意到,如果把四个信号的振幅和初相看作因变量的话,那它们和另一个变量——频率 $\omega$ 也成函数关系。因此,可以把这种关系画出来,见图 4-8。可见,振幅与频率构成一个函数,简称幅频函数,相位(初相)与频率也构成一个函数,简称相频函数。也就是说,任意一个正弦型信号除了时域波形外,还可用幅频波形与相频波形在频域中表示。简言之,正弦型信号的频域波形(频谱)是两个垂直线段。

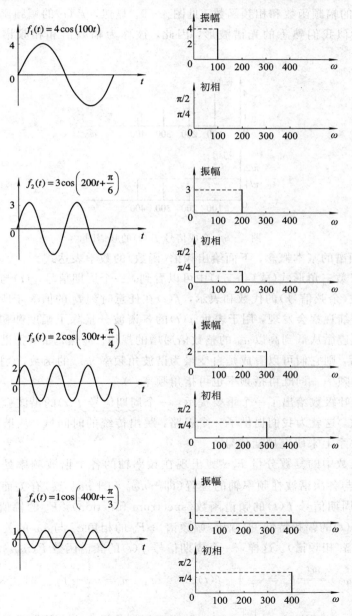

图 4-8　正弦型信号时域及频域波形

**注意**：通常,幅频波形和相频波形要分开画。只有当相频波形只取"0"和"π"两个值时,二者才可以画在一起。

### 4.2.2　频谱的概念

现在，假设把上述 4 个信号加起来，构成信号 $f_5(t)$，即有

$$f_5(t) = 4\cos(100t) + 3\cos\left(200t + \frac{\pi}{6}\right) + 2\cos\left(300t + \frac{\pi}{4}\right) + 1\cos\left(400t + \frac{\pi}{3}\right)$$

那么，在频域，就是把图 4-8 中的 4 个幅频函数波形和 4 个相频函数波形分别相加，即可构成 $f_5(t)$ 的幅频函数和相频函数，见图 4-9。显然，$f_5(t)$ 的幅频函数和相频函数呈谱线状波形，类似我们熟悉的光谱波形，因此，被称为幅频谱和相频谱，统称为信号的频谱。

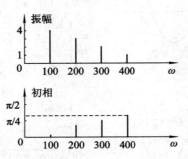

图 4-9　合成信号 $f_5(t)$ 的频谱图

有了上述频谱的基本概念，下面给出频谱（函数）的数学表达式。

从傅里叶级数三角形式（式（4-5））中可以看到，一个周期信号 $f(t)$ 与时间的关系也可以由一系列谐波（余弦信号）的代数和表示，$f(t)$ 在任意时刻 $t_0$ 的值等于所有谐波在该时刻值的代数和。仔细观察会发现，用于表示 $f(t)$ 的各谐波分量除了幅度和初相不同外，其频率也不相同，且遵循从低到高以 $\omega_0$ 的整数倍递增的规律。显然，如果把谐波幅度和初相定义为因变量的话，则它们可以看成是自变量为谐波角频率 $n\omega_0$ 的函数。（注意：如果没有特别说明，后面的频率一词既可指频率也可指角频率。）

可见，傅里叶级数给出了一个重要提示：一个周期信号 $f(t)$ 的谐波幅度和相位可以表示为频率的函数。这就为我们提供了一个思路：跳出传统的时间域，从谐波的幅度和相位与频率之间的关系上来研究周期信号。

由于傅氏级数中的复数分量 $F_n \mathrm{e}^{\mathrm{j}n\omega_0 t}$ 出现在频率轴的各个谐波频率处，且其复振幅值 $F_n = |F_n|\mathrm{e}^{\mathrm{j}\varphi_n}$ 只与各次谐波在频率轴的位置（即 $-n\omega_0$ 和 $+n\omega_0$ 点）有关而与时间无关，所以就把 $F_n$ 称为周期信号 $f(t)$ 的频谱函数（spectrum function）。$F_n$ 的幅值 $|F_n|$ 与变量 $n\omega$ 的关系被称为 $f(t)$ 的幅频特性（振幅谱/幅频谱）；$F_n$ 的相角 $\varphi_n$ 与 $n\omega$ 的关系被称为 $f(t)$ 的相频特性（相位谱/相频谱）。这样，一个周期信号 $f(t)$ 的频谱函数 $F(n\omega_0)$ 可以定义为

$$F(n\omega_0) \xlongequal{\text{def}} F_n = \frac{1}{T}\int_{-\frac{T}{2}}^{\frac{T}{2}} f(t)\mathrm{e}^{-\mathrm{j}n\omega_0 t}\,\mathrm{d}t, \quad n = 0, \pm 1, \pm 2, \pm 3, \cdots \quad (4-27)$$

当 $n=0$ 时，$F(n\omega_0) = F(0) = \frac{1}{T}\int_{-\frac{T}{2}}^{\frac{T}{2}} f(t)\,\mathrm{d}t$ 表示周期信号在一个周期内的平均值也就是直流分量 $a_0$ 或 $c_0$。$n \neq 0$ 时，$F(n\omega_0)$ 表示各次谐波的复振幅。

因为 $F_n = |F_n| \mathrm{e}^{\mathrm{j}\varphi_n}$，$F_{-n} = |F_n| \mathrm{e}^{-\mathrm{j}\varphi_n}$，所以，振幅谱 $|F(n\omega_0)| = |F_n|$ 为偶函数，而相位谱 $\varphi_n$ 为奇函数。这样，可以很容易地画出振幅谱和相位谱。

由于引入了 $F(n\omega_0)$，傅氏级数指数形式的式(4-14)就变为

$$f(t) = \sum_{n=-\infty}^{\infty} F(n\omega_0) \mathrm{e}^{\mathrm{j}n\omega_0 t} \qquad (4-28)$$

这样，周期信号 $f(t)$ 与其频谱函数 $F(n\omega_0)$ 或 $F_n$ 就形成了一种由傅氏级数联系起来的对应关系。可以用下式描述这种关系

$$f(t) \overset{\mathrm{F\,S}}{\rightleftharpoons} F(n\omega_0) \qquad (4-29a)$$

或

$$f(t) \overset{\mathrm{F\,S}}{\rightleftharpoons} F_n \qquad (4-29b)$$

虽然频谱是以傅氏级数指数形式为基础定义的，但概念也适用于三角形式，根据式(4-5)也可以画出频谱。

下面给出三角形式频谱和指数形式频谱的具体画法(以例题 4-6 为例)。

**1. 三角形式频谱**

第一步，将三角傅氏级数化为式(4-5)的标准形式 $f(t) = c_0 + \sum_{n=1}^{\infty} c_n \cos(n\omega_0 t + \varphi_n)$。

第二步，画一个频域坐标系，纵轴为幅值 $c_n$，横轴为 $\omega$。以 $\omega_0$ 为间隔在横轴上画出刻度。

第三步，将 $c_0$ 长度的竖线段画在原点处，将 $c_n$ 依次画在 $n\omega_0$ 处，即可完成振幅谱。

第四步，再画一个频域坐标，其纵轴为相位 $\varphi_n$。

第五步，在 $n\omega_0$ 处，以竖线段形式画上对应的 $\varphi_n$，即可完成相位谱。若 $c_0 < 0$，则 $\varphi_0 = \pi$；若 $c_0 > 0$，则 $\varphi_0 = 0$。

**注意：**(1) 因为把余弦函数级数当作标准式，即式(4-5)，所以，若级数中出现正弦函数形式分量，则需要化成余弦形式，即 $\sin(n\omega_0 t \pm \varphi_n) = \cos\left(n\omega_0 t \pm \varphi_n - \dfrac{\pi}{2}\right)$，初相位为 $\varphi_n = \pm\varphi_n - \dfrac{\pi}{2}$。

(2) 若谐波分量为 $-\cos(n\omega_0 t \pm \alpha_n)$，则应化为 $\cos(n\omega_0 t \pm \alpha_n \mp \pi)$，初相为 $\varphi_n = \pm\alpha_n \mp \pi$。其中 $\pi$ 的正负选择要保证 $-\pi < \varphi_n < \pi$。

(3) 若(2)中的 $\alpha_n = 0$，则 $\varphi_n$ 可取 $\pm\pi$，本书取 $\varphi_n = +\pi$。

(4) 若式(4-1)中 $b_n = 0$，则可直接画出 $a_0$、$a_n$ 随 $n\omega_0$ 的变化图，即频谱图。

(5) 若式(4-1)中 $a_n = 0$，则将正弦函数转化为余弦函数后，再画出 $a_0$、$b_n$ 随 $n\omega_0$ 的变化图，即频谱图。

**2. 复指数形式频谱**

第一步，根据 $F(n\omega_0) = F_n = \dfrac{1}{T} \int_{-\frac{T}{2}}^{\frac{T}{2}} f(t) \mathrm{e}^{-\mathrm{j}n\omega_0 t}\,\mathrm{d}t$，求出 $F_n$，并化为 $F_n = |F_n| \mathrm{e}^{\mathrm{j}\varphi_n}$ 形式。

第二步，在振幅谱坐标平面的频率轴 $-n\omega_0$ 和 $+n\omega_0$ 处，分别画出线段 $|F_n|$。

第三步，在相位谱坐标平面的频率轴 $+n\omega_0$ 处，画出线段 $\varphi_n$；在 $-n\omega_0$ 处，画出线段 $-\varphi_n$。

综上所述，有如下结论：

（1）周期信号的频谱可以以指数和三角函数两种形式出现。

（2）指数形式频谱是双边谱，三角形式的是单边谱。

（3）双边振幅谱的谐波幅值是单边振幅谱的一半，但两者的直流分量相等。双边振幅谱的波形是偶对称。

（4）双边相位谱的正频率侧波形与单边相位谱是一样的，其波形满足奇对称。

（5）除非相位谱只有 0 和 π 两种取值，一般不能把振幅谱和相位谱画在一起。

（6）单边谱具有物理意义，体现了信号谐波幅度和相位随频率的变化关系。而双边谱因为存在负频率成分，所以，只是一种数学表现形式，没有实际意义。

（7）由于复指数形式便于分析和运算，所以其比三角形式更常用。

两种形式频谱的对比见例题 4 - 9。显然只要画出一种频谱，根据上述结论（3）和（4），就可画出另一种频谱。

为便于理解，频谱可以定性解释如下：

**周期信号 $f(t)$ 的频谱是指其直流大小、基波及各次谐波幅度和相位随频率的变化关系。或者说，一个信号的频域表达式或波形就是该信号的频谱。**

为了更形象地诠释频谱概念，我们把例题 4 - 2 的波形用图 4 - 10(a)再描述一次。另外，可以借助苏轼的一句诗理解这张图：横看成岭侧成峰，远近高低各不同。

生活中，一个非常形象的频谱实例是大家熟悉的钢琴键盘。每个键代表（发出）一个音频信号，则从低音（频）到高音（频）依次排列 88 个频率不同的音频（正弦）信号，相当于 88 个线谱，见图 4 - 10(b)。

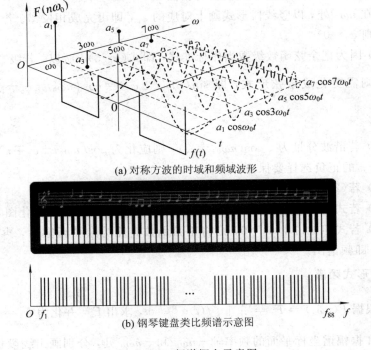

(a) 对称方波的时域和频域波形

(b) 钢琴键盘类比频谱示意图

图 4 - 10　频谱概念示意图

## 4.2.3　频谱的特点

下面以三个典型周期信号为例，给出周期信号频谱的具体画法和特点。

【例题 4-6】　试画出图 4-11 所示的周期锯齿脉冲信号 $f(t)$ 的频谱图。

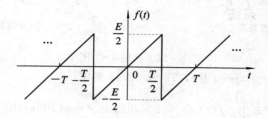

图 4-11　周期锯齿脉冲信号

**解**　因 $f(t)$ 是奇函数，所以 $a_0=0$，$a_n=0$。

$$b_n = \frac{2}{T}\int_{-\frac{T}{2}}^{\frac{T}{2}} f(t)\sin n\omega_0 t\, \mathrm{d}t = \frac{4E}{T^2}\int_0^{\frac{T}{2}} t\sin n\omega_0 t\, \mathrm{d}t$$

$$= -\frac{4E}{n\omega_0 T^2}\left(t\cos n\omega_0 t\Big|_0^{\frac{T}{2}} - \int_0^{\frac{T}{2}}\cos n\omega_0 t\, \mathrm{d}t\right)$$

$$= -\frac{4E}{n\omega_0 T^2}\frac{T}{2}\cos n\omega_0\frac{T}{2} = \frac{E}{n\pi}(-1)^{n+1}$$

因此，周期锯齿脉冲信号的傅里叶级数为

$$f(t) = \frac{E}{\pi}\left(\sin\omega_0 t - \frac{1}{2}\sin 2\omega_0 t + \frac{1}{3}\sin 3\omega_0 t - \frac{1}{4}\sin 4\omega_0 t + \cdots\right)$$

$$= \frac{E}{\pi}\sum_{n=1}^{\infty}\frac{1}{n}(-1)^{n+1}\sin n\omega_0 t$$

$$= \frac{E}{\pi}\sum_{n=1}^{\infty}\frac{1}{n}(-1)^{n+1}\cos\left(n\omega_0 t - \frac{\pi}{2}\right)$$

可以看出，周期锯齿脉冲信号的频谱只包含正弦分量，且各次谐波的幅度以 $\frac{1}{n}$ 速度衰减，其单边幅频谱和相频谱分别如图 4-12 和图 4-13 所示。

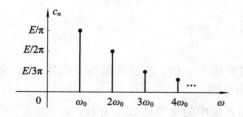

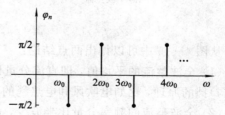

图 4-12　周期锯齿脉冲信号的振幅频谱图　　　图 4-13　周期锯齿脉冲信号的相位频谱图

【例题 4-7】　求图 4-14 所示 50 Hz 交流电半波整流和全波整流波形的振幅谱前四个非零项，并画出振幅谱。

**解**　因为两个波形均为偶对称，所以都没有正弦函数分量。

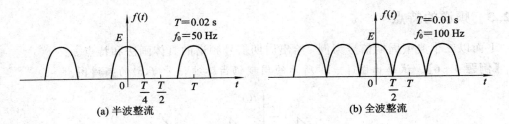

图 4 – 14　例题 4 – 7 图 1

对于半波整流：$\omega_0 = 100\pi$ rad/s, $T = 0.02$ s，则有

$$a_0 = \frac{1}{T}\int_{-\frac{T}{2}}^{\frac{T}{2}} f(t)\,\mathrm{d}t = 2 \times 50E \int_0^{\frac{0.02}{4}} \cos(100\pi t)\mathrm{d}t = \frac{E}{\pi}$$

$$a_n = \frac{2}{T}\int_{-\frac{T}{2}}^{\frac{T}{2}} f(t)\cos n\omega_0 t\,\mathrm{d} = 4 \times 50E \int_0^{\frac{1}{200}} \cos(100\pi t)\cos(100n\pi t)\mathrm{d}t$$

利用欧拉公式可得 $a_n = \dfrac{2E\cos\dfrac{n\pi}{2}}{(1-n^2)\pi}$，当 $n=1$ 时，用罗比塔法则得 $a_1 = \dfrac{E}{2}$。则有

$$f(t) = \frac{E}{\pi} + \frac{E}{2}\cos 100\pi t + \frac{2E}{3\pi}\cos 200\pi t - \frac{2E}{15\pi}\cos 400\pi t + \cdots$$

对于全波整流：$\omega_0 = 200\pi$ rad/s, $T = 0.01$ s，则有

$$a_0 = \frac{2E}{\pi}, \qquad a_n = \frac{4E\cos n\pi}{(1-4n^2)\pi}$$

最后有

$$f(t) = \frac{2E}{\pi} + \frac{4E}{3\pi}\cos 200\pi t - \frac{4E}{15\pi}\cos 400\pi t + \frac{4E}{35\pi}\cos 600\pi t + \cdots$$

画出半波和全波整流波形的振幅谱如图 4 – 15 所示。

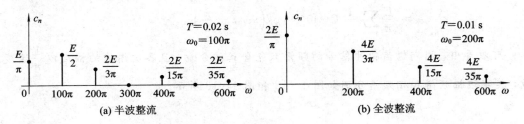

图 4 – 15　例题 4 – 7 图 2

从图 4 – 15 中可以得出两点结论：

(1) 全波整流的平均值，即直流分量比半波整流大一倍。这也就是不少电器分大（强）、小（弱）挡的原理，比如电吹风和电热毯的高挡和低挡。

(2) 全波整流的频率分量比半波少，这对电系统中的电源滤波很有利。

**提示：**本题也可利用例题 5 – 8 的结果求得，$c_n = \dfrac{2}{T}F(\mathrm{j}\omega)\big|_{\omega = n\omega_0}$，$\omega_0 = \dfrac{2\pi}{T}$。

**【例题 4 – 8】**　画出周期信号 $f(t) = 3\cos t + \sin\left(5t + \dfrac{\pi}{6}\right) - 2\cos\left(8t - \dfrac{2\pi}{3}\right)$ 的单边振幅谱和相位谱。

**解**　显然，$f(t)$ 只在 1、5、8 三个频率点存在。正弦项要化成余弦项，即

$$\sin\left(5t+\frac{\pi}{6}\right)=\cos\left(5t+\frac{\pi}{6}-\frac{\pi}{2}\right)=\cos\left(5t-\frac{\pi}{3}\right)$$。另外，因 $f(t)$ 第 3 项为负号，所以，相位

要变为 $\pi-\dfrac{2\pi}{3}=\dfrac{\pi}{3}$。因此，单边振幅频谱和相位频谱如图 4-16(a) 和 (b) 所示。

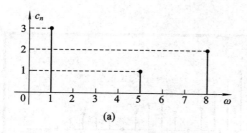 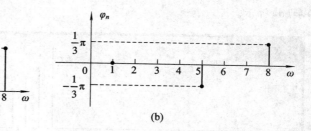

(a)　　　　　　　　　　　　　　　　　(b)

图 4-16　例题 4-8 图

**【例题 4-9】**　设周期矩形脉冲信号 $f(t)$ 的脉冲宽度为 $\tau$，脉冲幅度为 $E$，周期为 $T$，如图 4-17 所示。求该信号傅里叶级数的三角形式和指数形式。

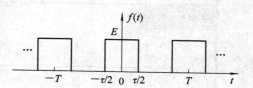

图 4-17　例题 4-9 周期矩形脉冲信号

**解**　根据式 (4-15) 可求出

$$F_n=\frac{1}{T}\int_{-\frac{T}{2}}^{\frac{T}{2}}f(t)\mathrm{e}^{-\mathrm{j}n\omega_0 t}\,\mathrm{d}t$$

$$=\frac{1}{T}E\int_{-\frac{\tau}{2}}^{\frac{\tau}{2}}\mathrm{e}^{-\mathrm{j}n\omega_0 t}\,\mathrm{d}t=\frac{E}{T}\frac{1}{-\mathrm{j}n\omega_0}\mathrm{e}^{-\mathrm{j}n\omega_0 t}\bigg|_{-\frac{\tau}{2}}^{\frac{\tau}{2}}=\frac{2E}{T}\frac{\sin\frac{n\omega_0\tau}{2}}{n\omega_0}$$

$$=\frac{E\tau}{T}\frac{\sin\frac{n\omega_0\tau}{2}}{n\omega_0\frac{\tau}{2}}=\frac{E\tau}{T}\mathrm{Sa}\left(\frac{n\omega_0\tau}{2}\right)$$

虽然 $F_n$ 没有虚部，但有正负变化。因此，在 $F_n>0$ 的点，认为 $\varphi_n=0$，在 $F_n<0$ 的点，认为 $\varphi_n=\pi$。因为相位谱为奇对称，所以在左半轴 $\varphi_n=-\pi$。另外，$\mathrm{Sa}\left(\dfrac{n\omega_0\tau}{2}\right)$ 在 $\omega=\dfrac{2n\pi}{\tau}$ 处为零，故相位谱波形见图 4-18(d)。因此，$f(t)$ 的傅里叶级数指数形式是

$$f(t)=\sum_{n=-\infty}^{\infty}\frac{E\tau}{T}\mathrm{Sa}\left(\frac{n\omega_0\tau}{2}\right)\mathrm{e}^{\mathrm{j}n\omega_0 t}=\frac{E\tau}{T}\sum_{n=-\infty}^{\infty}\mathrm{Sa}\left(\frac{n\omega_0\tau}{2}\right)\mathrm{e}^{\mathrm{j}n\omega_0 t}$$

若要把 $f(t)$ 写成三角函数形式的傅里叶级数，则根据函数奇偶性有

$$a_0=\frac{2}{T}\int_0^{\frac{T}{2}}f(t)\,\mathrm{d}t=\frac{2}{T}\int_0^{\frac{\tau}{2}}E\,\mathrm{d}t=\frac{E\tau}{T},\quad b_n=0$$

$$a_n=\frac{4}{T}\int_0^{\frac{T}{2}}f(t)\cos n\omega_0 t\,\mathrm{d}t$$

$$=\frac{4E}{T}\int_0^{\frac{\tau}{2}}\cos n\omega_0 t\,\mathrm{d}t=\frac{4E}{T}\frac{1}{n\omega_0}\sin n\omega_0 t\bigg|_0^{\frac{\tau}{2}}=\frac{4E}{T}\frac{1}{n\omega_0}\sin\left(\frac{n\omega_0\tau}{2}\right)=\frac{2E\tau}{T}\mathrm{Sa}\left(\frac{n\omega_0\tau}{2}\right)$$

因此

$$f(t) = a_0 + \sum_{n=1}^{\infty} a_n \cos n\omega_0 t = \frac{E\tau}{T} + \frac{2E\tau}{T} \sum_{n=1}^{\infty} \mathrm{Sa}\left(\frac{n\omega_0\tau}{2}\right) \cos n\omega_0 t$$

即有，直流分量 $c_0 = a_0 = \dfrac{E\tau}{T}$，$n$ 次谐波幅度 $c_n = a_n = \dfrac{2E\tau}{T} \mathrm{Sa}\left(\dfrac{n\omega_0\tau}{2}\right)$。

若设 $f(t)$ 的周期 $T = 5\tau$，则其三角形式频谱和指数形式频谱分别如图 4-18(a)、(b)、(c)和(d)所示。

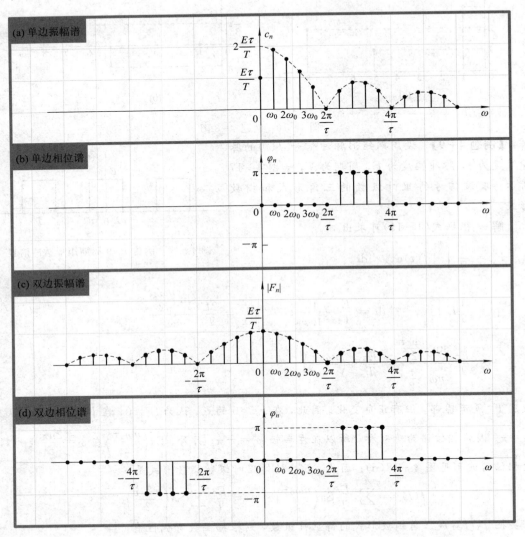

图 4-18  周期矩形脉冲信号的频谱

从图 4-18 中除了可以看出周期矩形脉冲信号每一个频率分量的幅度和相位之间的相对关系外，还能发现以下特点：

（1）周期矩形脉冲的频谱是离散谱。谱线只会出现在 0、$\omega_0$、$2\omega_0$ 等离散频率上，任意两个谱线的间隔都是 $\omega_0$ $\left(\omega_0 = \dfrac{2\pi}{T}\right)$，故信号周期 $T$ 愈大，相邻谱线的间隔 $\omega_0$ 愈小。

（2）各谱线的幅度（高低）正比于脉冲高度 $E$ 和宽度 $\tau$，反比于周期 $T$。

（3）各谱线的幅度按包络线 $\mathrm{Sa}\left(\dfrac{n\omega_0\tau}{2}\right)$ 的规律变化。例如，当 $T=5\tau$ 和 $E=1$ 时，$c_n=\dfrac{2}{5}\left|\mathrm{Sa}\left(\dfrac{n\pi}{5}\right)\right|$，则基波幅度为 $c_1=0.37$；二次谐波幅度为 $c_2=0.30$；而当 $n=5m(m=1$，$2$，$3$，…)时，相应谱线幅度为零。

（4）周期矩形脉冲信号频谱包含无限多条谱线，即该信号可分解为无限多个频率分量。各分量幅度变化的趋势是随频率的增加而减小。

综上所述，周期信号的频谱具有以下特点：

（1）离散性。谱线只在基波频率的整数倍处出现，其高低具有非周期变化的特性。

（2）谐波性。各谱线以基波频率为间隔等距分布，没有基波频率整数倍以外的频率分量（谱线）。

（3）收敛性。各次谐波的振幅（谱线高低）总的变化趋势是随着谐波次数的增加而逐渐衰减。时域波形变化越慢，其频谱的高频分量衰减越快，高频成分越少。反之，时域波形变化越快，频谱高频分量就越多。

为了便于理解，可以把傅里叶级数对周期信号的分解与物理课程中三棱镜对白色光的分解相对比：三棱镜可以把白色光分解为不同波长的赤橙黄绿青蓝紫七色光（如图4-19所示），而"傅里叶棱镜"可以把一个周期信号分解为不同频率的无数个谐波分量。

显然，信号的频谱给出了信号在时域中难以看出的物理特性，为信号的分析提供了新的概念和方法。因此，可以说傅氏级数（包括傅氏变换）架起了信号时域分析和频域分析之间的"桥梁"，是信号分析的一种主要方法，在信号分析领域占有极其重要的地位。

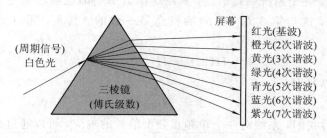

图4-19　三棱镜分光原理图

# 4.3　傅里叶级数分析法

用"万能钥匙"——傅氏级数表征各种周期信号只是完成了系统分析的第一步，如何利用傅氏级数求得周期信号通过线性系统后的响应才是我们的最终目标。因此，还需要完成第二步，即求得系统对基本信号——正弦型信号的响应，进而得到系统对任一周期信号的响应。

## 4.3.1　系统函数

在"电路分析"中讲过，LTI系统在正弦型信号激励下的稳态响应是频率相同的正弦型信号。因此，可以忽略频率变量，将激励和响应都用一个只与幅度和相角有关的量——相量表示，比如信号 $f(t)=A\cos(\omega_0 t+\varphi)$，用相量可表示为 $\dot{F}=A\mathrm{e}^{\mathrm{j}\varphi}$ 或 $\dot{F}=A\angle\varphi$。

假设一个系统的激励和响应分别用相量 $\dot{F}$ 和 $\dot{Y}$ 表示，则定义：**系统的响应相量与激励相量之比为系统传输函数或系统函数**。用符号 $H(\mathrm{j}\omega)$ 表示，即

$$H(\mathrm{j}\omega) = \frac{\dot{Y}}{\dot{F}} \tag{4-30}$$

$H(\mathrm{j}\omega)$ 一般为复数函数，故 $H(\mathrm{j}\omega)$ 又可写为

$$H(\mathrm{j}\omega) = |H(\mathrm{j}\omega)| e^{\mathrm{j}\varphi(\omega)} \tag{4-31}$$

其中，$|H(\mathrm{j}\omega)|$ 是 $H(\mathrm{j}\omega)$ 的模，$\varphi(\omega)$ 是 $H(\mathrm{j}\omega)$ 的相位。$|H(\mathrm{j}\omega)|$ 是 $\omega$ 的偶函数，$\varphi(\omega)$ 是 $\omega$ 的奇函数。

因为 $H(\mathrm{j}\omega)$ 反映了系统对不同频率信号的幅值和相位的变换情况，所以，通常也把系统函数 $H(\mathrm{j}\omega)$ 称为系统的频率响应特性（简称频响特性），其模值称为幅频特性，相位称为相频特性。这个概念在通信系统的研究中非常有用。

读者可能会问：相量 $\dot{F}$ 和 $\dot{Y}$ 中没有变量 $\omega$，为什么 $H(\mathrm{j}\omega)$ 中却包含 $\omega$？原因是 $\dot{F}$ 和 $\dot{Y}$ 虽然表面上不含 $\omega$，但并不意味着与 $\omega$ 无关，只是因为激励与响应的频率相同，所以在表达形式上可以简化而已。另外，由于 $H(\mathrm{j}\omega)$ 是系统结构和特性的集中体现，需要满足不同频率的正弦型激励，它是 $\omega$ 的函数（比如阻抗），故不能像 $\dot{F}$ 和 $\dot{Y}$ 那样将 $\omega$ 略去。例题 4-10 可以帮助读者理解该问题。

从上述文字中可以看到，系统函数与信号频谱概念很相似。通过后面的介绍我们会知道，系统函数其实就是冲激响应 $h(t)$ 的频谱。

虽然系统函数 $H(\mathrm{j}\omega)$ 是系统的输出与输入之比，但其本身却是反映系统结构特性的，与输出和输入无关。一个系统一旦给定，其系统函数 $H(\mathrm{j}\omega)$ 也随之而定，不会因所加激励信号的不同而改变，这与第 3 章 $H(p)$ 的概念是一致的。其实，通过 $H(p)$ 也可以得到 $H(\mathrm{j}\omega)$，即有

$$H(\mathrm{j}\omega) = H(p) \big|_{p=\mathrm{j}\omega} \tag{4-32}$$

式（4-30）可以写为

$$\dot{Y} = H(\mathrm{j}\omega)\dot{F} \tag{4-33}$$

式（4-33）告诉我们，系统对一个单频正弦型信号的响应，可以通过系统函数与正弦激励相量相乘获得。这就是我们第二步想要的结果。

根据傅氏级数可知，任何一个余弦或正弦信号在形式上都可看作是一个谐波，因此，也可以说，系统对一个谐波的响应可以通过系统函数与谐波相量相乘获得。

**注意**：术语"系统函数"中的"函数"不能用"信号"代替。

### 4.3.2 分析方法

周期信号是在 $-\infty$ 到 $+\infty$ 的时间区间内定义的，因此，当周期信号作用于系统时，可以认为信号是在 $t=-\infty$ 时刻接入系统的，因而在考察系统时认为系统只存在稳态响应。

有了第一步傅里叶级数对周期激励信号的分解，第二步系统对单频激励信号（谐波）的响应（式（4-33）），则可以实施最后一步——利用系统线性特性对各谐波响应求和，得到系统对任意一个周期信号的响应。

下面给出求解周期信号作用下系统响应的具体步骤。

第一步，将给定的周期信号用傅里叶级数标准式展开。由于频谱的收敛性，所以，通

常只需要取傅氏级数的有限项即可，比如取：$c_0$，$c_1\cos(\omega_0 t+\varphi_1)$，$\cdots$，$c_n\cos(n\omega_0 t+\varphi_n)$。最好将每个谐波写成复数形式以便于计算，即 $\dot{c}_n=c_n\mathrm{e}^{\mathrm{j}\varphi_n}$ 或 $\dot{c}_n=c_n\angle\varphi_n$。

　　第二步，根据电路知识或传输算子概念求出系统函数 $H(\mathrm{j}\omega)$ 及其各次（有限次）谐波值。

$$H(\mathrm{j}\omega)=|H(\mathrm{j}\omega)|\mathrm{e}^{\mathrm{j}\varphi(\omega)}$$
$$=\{|H(\mathrm{j}0)|\mathrm{e}^{\mathrm{j}\varphi(0)}，|H(\mathrm{j}\omega_0)|\mathrm{e}^{\mathrm{j}\varphi(\omega_0)}，|H(\mathrm{j}2\omega_0)|\mathrm{e}^{\mathrm{j}\varphi(2\omega_0)}，\cdots，|H(\mathrm{j}n\omega_0)|\mathrm{e}^{\mathrm{j}\varphi(n\omega_0)}，\cdots\}$$

　　令 $\dot{F}=\dot{c}_n$，然后将各谐波分量 $\dot{c}_n$ 依次代入式（4-33）求出系统对各谐波的响应 $y_0(t)$、$y_1(t)$、$\cdots$、$y_n(t)$，且

$$y_n(t)=c_n|H(\mathrm{j}n\omega_0)|\cos(n\omega_0 t+\varphi_{Hn}) \tag{4-34}$$

式中，$\varphi_{Hn}=\varphi(n\omega_0)+\varphi_n$，即响应谐波的相位等于系统函数相位与激励谐波初相位之和。

　　第三步，将各谐波响应叠加，即可得到总响应 $y(t)=y_0(t)+y_1(t)+\cdots+y_n(t)$。即

$$y(t)=\sum_{n=0}^{\infty}c_n|H(\mathrm{j}n\omega_0)|\cos(n\omega_0 t+\varphi_{Hn}) \tag{4-35}$$

【例题 4-10】　电路如图 4-20(a)所示，电压源 $u_S(t)$ 的波形如图 4-20(b)所示，已知 $T=10\ \mu\mathrm{s}$。试求电阻上的电压 $u_O(t)$。

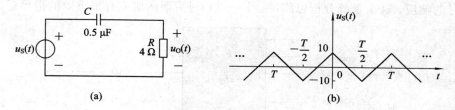

图 4-20　例题 4-10 图

　　解　（1）激励源的傅里叶级数展开式为

$$u_S(t)=\frac{80}{\pi^2}\left(\cos\omega_1 t+\frac{1}{9}\cos3\omega_1 t+\frac{1}{25}\cos5\omega_1 t+\cdots\right)$$

其中，$\omega_1=\dfrac{2\pi}{T}=2\pi\times10^5\ \mathrm{rad/s}$。则激励源的各次谐波相量分别为

$$\dot{U}_{S1}=\frac{80}{\pi^2}\cos\omega_1 t=8.11\angle0^\circ\ (\mathrm{V})$$

$$\dot{U}_{S2}=\frac{80}{\pi^2}\times\frac{1}{9}\cos3\omega_1 t=0.90\angle0^\circ\ (\mathrm{V})$$

$$\dot{U}_{S3}=\frac{80}{\pi^2}\times\frac{1}{25}\cos5\omega_1 t=0.324\angle0^\circ\ (\mathrm{V})$$

$$\vdots$$

　　（2）根据分压公式可得电路的系统函数为

$$H(\mathrm{j}\omega)=\frac{\dot{U}_O}{\dot{U}_S}=\frac{R}{R-\mathrm{j}\dfrac{1}{\omega C}}$$

　　（3）由式（4-34）得各次激励谐波相量在电阻 $R$ 上产生的响应电压相量为

$$\dot{U}_{O1}=H(\mathrm{j}\omega_1)\dot{U}_{S1}=\frac{R}{R-\mathrm{j}\dfrac{1}{\omega_1 C}}\dot{U}_{S1}=\frac{4}{4-\mathrm{j}3.18}\times8.11\angle0^\circ=6.35\angle38.5^\circ\ (\mathrm{V})$$

$$\dot{U}_{O3} = H(j3\omega_1)\dot{U}_{S3} = \frac{R}{R - j\dfrac{1}{3\omega_1 C}}\dot{U}_{S3} = \frac{4}{4 - j1.06} \times 0.9\angle 0° = 0.87\angle 14.84°(V)$$

$$\dot{U}_{O5} = H(j5\omega_1)\dot{U}_{S5} = \frac{R}{R - j\dfrac{1}{5\omega_1 C}}\dot{U}_{S5} = \frac{4}{4 - j0.636} \times 0.324\angle 0° = 0.32\angle 9.03°(V)$$

$$\vdots$$

（4）最后，根据叠加原理，利用式（4-35）得到电阻 $R$ 上的电压响应为

$$u_O(t) = 6.35\cos(\omega_1 t + 38.5°) + 0.87\cos(3\omega_1 t + 14.84°) + 0.32\cos(5\omega_1 t + 9.03°) + \cdots$$

根据例题 4-10，可以给系统对周期信号的实频域分析法起一个更准确、更形象的名字——谐波响应求和法。

将本章内容和"电路分析"课程中的"正弦稳态电路"相比较可以看出：正弦电路的相量分析法是傅里叶级数分析法的基础。正是因为相量法解决了单频正弦信号激励下系统响应的求解问题，才使得傅氏级数有了用武之地。

纵观本章，我们首先根据信号分解特性将周期信号用基本信号——正弦型信号表示；然后利用系统函数找到系统对基本信号的响应；最后，利用线性特性求得系统对任意一个周期信号的响应。这个系统分析思路（见图 4-21）对后面的研究有很重要的指导意义。

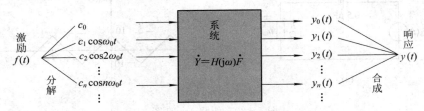

图 4-21　周期信号下的系统分析思路

周期信号是一种常用的重要信号。频域分析不但是对时域分析的补充，更是信号物理特性的展示手段。提示大家关注以下知识点：

**（1）傅氏级数是一把研究周期信号的"万能钥匙"。**

**（2）信号频谱是与时域表达式同样重要的另一种信号描述方式，可以反映出在时域表达式中看不到的一些信号特性。**

**（3）系统函数是一个反映系统结构及特性而与激励和响应无关的重要函数，是一个在频域连接激励与响应的纽带。**

**（4）系统对任一个周期信号的响应，可以表示为不同频率正弦型信号的代数和，即谐波的代数和。**

## 问　与　答

**问题 1：什么是时域和频域？**

答：简单地说，"时间域（时域）"就是以时间为自变量的坐标系；"频率域（频域）"就是以频率为自变量的坐标系。

因为本课程研究分析的都是平面函数（信号），所以这里的时域就是以时间 $t$ 为横轴的二维坐标系（空间），频域就是以频率 $f$ 或角频率 $\omega$ 为自变量的二维坐标系（空间）。

**问题 2**：为什么要在频域分析信号？

答：因为信号具有时间和频率两方面的特性，所以除了时域外，还要在频域分析信号，以全面了解信号的特性。

实际工程中的电信号都是一个随时间变化的函数，其所含信息都携带在变化的时域波形中。简言之，信号只有变化才能携带信息。那么，人们自然就会想到：信号变化的快慢与通信任务有何关系？或者说，信号变化的速率对通信系统有何影响？这就引出了信号频域特性的研究问题。

**问题 3**：从一个信号可以用时域波形也可以用频域波形表达这件事上能悟出什么道理？

答：这件事告诉我们一个道理：一个事物可以用不同的方法去描述或表示；或者说，从不同的角度去看一个事物，可能会得到不同的结果。

**问题 4**：为什么要引入傅氏级数？

答：为了给千千万万种周期信号配一把分析的"万能钥匙"，同时还引入了周期信号频谱的概念。换句话说，傅氏级数的价值就是能够把一个周期信号分解为正弦型信号的离散和，同时，可以给出该信号的频域特性。

# 习　题　4

4-1　利用奇偶性判断图 4-22 所示各周期信号的傅里叶级数中所含有的频率分量。

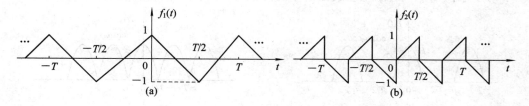

图 4-22　习题 4-1 图

4-2　用直接计算法求图 4-23 所示信号的三角形式和指数形式傅里叶级数展开式。

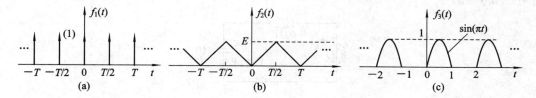

图 4-23　习题 4-2 图

4-3　图 4-24 是 4 个周期相同的信号。

（1）用直接计算傅里叶系数的方法求信号 $f_1(t)$ 的傅里叶级数。

（2）试利用傅里叶级数的特性，求图示信号 $f_2(t)$、$f_3(t)$ 和 $f_4(t)$ 的傅里叶级数。

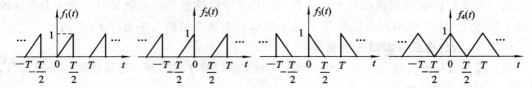

图 4-24 习题 4-3 图

4-4 利用傅里叶级数的微分特性，求图 4-25 所示信号的三角形式傅里叶级数展开式。

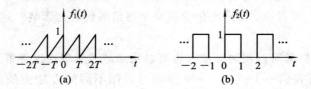

图 4-25 习题 4-4 图

4-5 试画出下列周期信号 $f(t)$ 的振幅频谱和相位频谱。

（1）$f(t)=\dfrac{4}{\pi}\left(\cos\omega_0 t-\dfrac{1}{3}\cos3\omega_0 t+\dfrac{1}{5}\cos5\omega_0 t-\dfrac{1}{7}\cos7\omega_0 t+\cdots\right)$

（2）$f(t)=\dfrac{1}{2}-\dfrac{2}{\pi}\left(\sin2\pi t+\dfrac{1}{2}\sin4\pi t+\dfrac{1}{3}\sin6\pi t+\dfrac{1}{4}\sin8\pi t+\cdots\right)$

（3）$f(t)=1-\sin\pi t+\cos\pi t+\dfrac{1}{\sqrt{2}}\cos\left(2\pi t+\dfrac{\pi}{6}\right)$

4-6 求图 4-26 所示半波余弦信号的傅里叶级数，并画出振幅频谱和相位频谱。

4-7 求图 4-27 所示全波余弦信号的傅里叶级数，并画出振幅频谱和相位频谱。

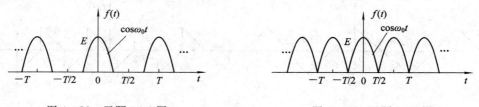

图 4-26 习题 4-6 图          图 4-27 习题 4-7 图

4-8 如图 4-28 所示电路，已知 $u_S(t)=6+10\cos(10^3 t)+6\cos(2\times10^3 t)$ V，求电容电压 $u_C(t)$。

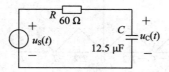

图 4-28 习题 4-8 图

4-9 电路如图 4-29(a)所示，电压源 $u_S(t)$ 为周期信号，其波形如图 4-29(b)所示。求电阻上电压 $u_R(t)$（忽略三次以上谐波）。

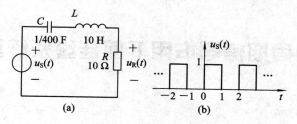

图 4 - 29　习题 4 - 9 图

4 - 10　如图 4 - 30 所示的周期性方波电压作用于 $RL$ 电路，试求电流 $i(t)$ 的前四次谐波。

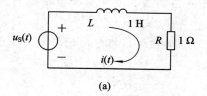
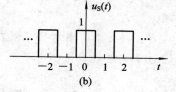

图 4 - 30　习题 4 - 10 图

# 第5章 非周期信号作用下的连续系统实频域分析

- 问题引入：为了在频域分析各种周期信号，我们找到了一把"万能钥匙"——傅氏级数。那么，对于各种非周期信号是否也能找到一把类似的"万能钥匙"呢？
- 解决思路：寻找周期信号与非周期信号之间的关系→利用分析周期信号的方法与结果，找到非周期信号的分析方法。
- 研究结果：傅氏变换；系统函数；零状态响应的傅氏变换等于激励的傅氏变换与系统函数的乘积。
- 核心内容：一个非周期信号可以表示为无穷个虚指数信号的连续和。微分方程的解可以间接地通过系统函数求出。

## 5.1 傅里叶变换的概念

第4章给出了系统对周期信号响应的频域求解方法，其核心思想是将任意一个实际周期信号用傅氏级数展开为无穷项（通常取有限项）正弦型信号（谐波）的代数和，然后求出各次谐波所对应的零状态响应分量，最后将这些响应分量叠加成全零状态响应。

那么，对于形形色色的非周期信号如何求解系统的零状态响应呢？能否也像周期信号那样寻求出一种通用的分析方法，对所有非周期信号进行分析呢？回答是肯定的。分析非周期信号的"万能钥匙"叫作"傅里叶变换"。

设 $f(t)$ 为一非周期信号，其频谱函数 $F(j\omega)$ 定义为

$$F(j\omega) \xlongequal{\text{def}} \text{F}[f(t)] = \int_{-\infty}^{+\infty} f(t) e^{-j\omega t} \, dt \tag{5-1}$$

因此，$f(t)$ 可以用 $F(j\omega)$ 表示为

$$f(t) = \text{F}^{-1}[F(j\omega)] = \frac{1}{2\pi} \int_{-\infty}^{+\infty} F(j\omega) e^{j\omega t} \, d\omega \tag{5-2}$$

式（5-2）表明，信号 $f(t)$ 可以被视为频率无限密集、幅度 $\frac{d\omega}{2\pi} F(j\omega)$ 无限小、个数无限多的复指数信号 $e^{j\omega t}$ 的连续和。显然这再次体现了信号的分解与合成特性。

式（5-1）被称为傅里叶（正）变换（Fourier Transform）；式（5-2）被称为傅里叶反（逆）变换（Inverse Fourier Transform）。$F(j\omega)$ 称为 $f(t)$ 的傅里叶变换；$f(t)$ 称为 $F(j\omega)$ 的原函数。符号"F"表示傅氏正变换；"$\text{F}^{-1}$"表示傅氏逆变换。这样，式（5-1）和式（5-2）就被称为傅里叶变换对。也常把 $f(t)$ 和 $F(j\omega)$ 的对应关系用符号"$\xrightleftharpoons{\text{F}}$"简记为

$$f(t) \xrightleftharpoons{\text{F}} F(j\omega) \tag{5-3}$$

一般而言，$F(j\omega)$ 是复函数，可写为

$$F(j\omega) = R(\omega) + jI(\omega) = |F(j\omega)| e^{j\varphi(\omega)} \tag{5-4}$$

其中，$|F(j\omega)|$ 和 $\varphi(\omega)$ 分别是 $F(j\omega)$ 的模和相位，$R(\omega)$ 和 $I(\omega)$ 分别是它的实部和虚部。

应当指出，傅里叶变换存在的充分条件是 $f(t)$ 必须满足绝对可积，即

$$\int_{-\infty}^{+\infty} |f(t)| \, \mathrm{d}t < \infty \tag{5-5}$$

现实生活中，有很多信号因不满足该条件而不具有傅氏变换。对于部分不满足该条件的信号（如直流信号、符号信号等），可采用极限法求得其傅氏变换。

傅氏级数告诉我们：一个周期信号 $f(t)$ 可以表示成虚指数信号的离散和，即

$$f(t) = \sum_{n=-\infty}^{\infty} F(n\omega_0) \mathrm{e}^{\mathrm{j}n\omega_0 t}$$

而傅氏变换告诉我们：一个非周期信号 $f(t)$ 可以表示为虚指数信号的连续和，即

$$f(t) = \frac{1}{2\pi} \int_{-\infty}^{+\infty} F(\mathrm{j}\omega) \mathrm{e}^{\mathrm{j}\omega t} \, \mathrm{d}\omega$$

可见，从周期信号到非周期信号的演变在形式上是一个从"离散和"到"连续和"的变化过程。傅氏变换是傅氏级数的推广。

同周期信号一样，一个非周期信号也可以分解为许多不同频率的余弦分量之和，只是频率包含了从零到无限高的所有值，即频率为连续变量。通过推导可以得出

$$f(t) = \frac{1}{\pi} \int_0^{+\infty} |F(\mathrm{j}\omega)| \cos[\omega t + \varphi(\omega)] \, \mathrm{d}\omega \tag{5-6}$$

将式（5-6）与第 4 章的公式（4-5）

$$f(t) = c_0 + \sum_{n=1}^{\infty} c_n \cos(n\omega_0 t + \varphi_n)$$

相比较，不难发现它们的异同点。

需要说明的是，本书定义 $f(t)$ 的傅氏变换为 $F(\mathrm{j}\omega)$，强调自变量为虚数，而有些书（比如《通信原理》）定义为 $F(\omega)$，其概念是将自变量定义在实频率轴上，以便于对通信信号和噪声物理概念的理解。另外，需要注意，$F(\mathrm{j}\omega)$ 表达式中的自变量并不是 $\mathrm{j}\omega$，仍然是 $\omega$，因此，从使用的角度上看，$F(\mathrm{j}\omega)$ 与 $F(\omega)$ 没有本质区别，一般情况下可以互换。使用 $F(\mathrm{j}\omega)$ 的一个原因是约定俗成，另一个原因是它能更清楚地反映傅氏变换与拉氏变换的关系。因为在拉氏变换中，当自变量 $s=\sigma+\mathrm{j}\omega$ 中的实部 $\sigma=0$ 时，$f(t)$ 的拉氏变换 $F(s)$ 就变为傅氏变换 $F(\mathrm{j}\omega)$，即傅氏变换是拉氏变换的特例，或者说傅氏变换是 $\sigma=0$ 时的拉氏变换。

思考一下，傅氏变换 $F(\mathrm{j}\omega)$ 和傅氏级数系数 $F_n$ 之间的具体关系是什么呢？

可以证明

$$F_n = \frac{1}{T} F(\mathrm{j}\omega) \Big|_{\omega=n\omega_0} \tag{5-7}$$

式（5-7）说明，可以利用周期信号一个周期波形的傅氏变换 $F(\mathrm{j}\omega)$ 求得该周期信号的傅氏系数 $F_n$，即频谱 $F(n\omega_0)$。

# 5.2　典型非周期信号的傅里叶变换

下面给出一些典型非周期信号的傅氏变换（频谱）。

## 5.2.1　门信号

如图 5-1 所示宽度为 $\tau$，幅度为 $E$ 的矩形脉冲 $f(t)$，当 $E=1$ 时称为单位门函数，记

为 $g_\tau(t)$。傅氏变换对可表示为

$$f(t) = \begin{cases} E & \left( |t| < \dfrac{\tau}{2} \right) \\ 0 & \left( |t| > \dfrac{\tau}{2} \right) \end{cases} \xleftrightarrow{\text{F}} F(\text{j}\omega) = E\tau \cdot \text{Sa}\left(\dfrac{\omega\tau}{2}\right) \qquad (5-8)$$

式中 $\text{Sa}(t) = \dfrac{\sin t}{t}$ 被称为抽样信号（函数），是"通信原理"课程中的一个重要信号。

由于 $F(\text{j}\omega)$ 是一个实函数，通常可用一条曲线 $F(\text{j}\omega) \sim \omega$ 同时表示振幅谱和相位谱，如图 5 - 2 所示。当 $F(\text{j}\omega)$ 为正值时，其相位为 0；当 $F(\text{j}\omega)$ 为负值时，其相位为 $\pi$。

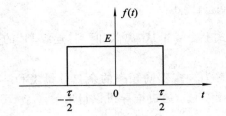

图 5 - 1　矩形脉冲信号

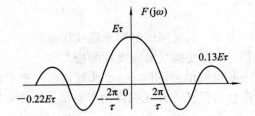

图 5 - 2　矩形脉冲信号的频谱

## 5.2.2　单边指数信号

如图 5 - 3 所示的单边指数信号及其傅氏变换的表达式为

$$f(t) = \begin{cases} \text{e}^{-at} & (t \geqslant 0), \ (a > 0) \\ 0 & (t < 0) \end{cases} \xleftrightarrow{\text{F}} F(\text{j}\omega) = \frac{1}{a + \text{j}\omega} \qquad (5-9)$$

**证明**　单边指数信号的频谱为

$$F(\text{j}\omega) = \int_{-\infty}^{+\infty} f(t) \text{e}^{-\text{j}\omega t} \, \text{d}t = \int_{0}^{+\infty} \text{e}^{-at} \text{e}^{-\text{j}\omega t} \, \text{d}t = -\frac{1}{a + \text{j}\omega} \text{e}^{-(a + \text{j}\omega)t} \bigg|_{0}^{\infty} = \frac{1}{a + \text{j}\omega}$$

即

$$|F(\text{j}\omega)| = \frac{1}{\sqrt{a^2 + \omega^2}} \qquad (5-10\text{a})$$

$$\varphi(\omega) = -\arctan\left(\frac{\omega}{a}\right) \qquad (5-10\text{b})$$

式（5 - 10）给出的单边指数信号振幅频谱和相位频谱如图 5 - 4 所示。证毕

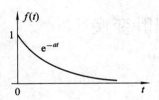

图 5 - 3　单边指数信号

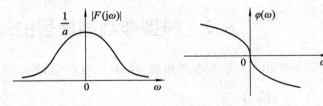

图 5 - 4　单边指数信号的幅度谱和相位谱

### 5.2.3　双边指数信号

如图 5-5 所示的双边指数信号及其傅氏变换的表示式为

$$f(t) = \begin{cases} e^{-at} & (t \geqslant 0,\ a > 0) \\ e^{at} & (t < 0,\ a > 0) \end{cases} \xrightarrow{F} F(j\omega) = \frac{2a}{a^2 + \omega^2} \tag{5-11}$$

即

$$|F(j\omega)| = \frac{2a}{a^2 + \omega^2} \tag{5-12a}$$

$$\varphi(\omega) = 0 \tag{5-12b}$$

式(5-12a)给出的双边指数信号振幅谱见图 5-6。

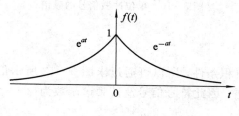

图 5-5　双边指数信号

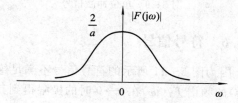

图 5-6　双边指数信号的幅频谱

### 5.2.4　单位直流信号

幅度为 1 的单位直流信号如图 5-7 所示,其表达式为

$$f(t) = 1, \quad -\infty < t < \infty$$

直流信号因不满足绝对可积条件,故不能直接用式(5-1)计算其频谱函数。但因直流信号可看作是双边指数信号在 $a \to 0$ 时的极限情况,故其频谱函数 $F(j\omega)$ 也可看作是双边指数信号频谱在 $a \to 0$ 时的极限。因此,直流信号及其频谱为

$$f(t) = 1 \xrightarrow{F} F(j\omega) = 2\pi\delta(\omega) \tag{5-13}$$

频谱波形如图 5-8 所示。

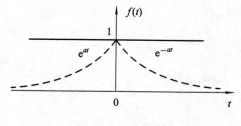

图 5-7　直流信号

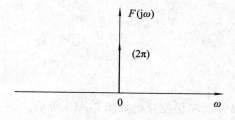

图 5-8　直流信号的频谱

### 5.2.5　单位冲激信号

单位冲激信号(见图 5-9)的频谱函数为

$$F(j\omega) = \int_{-\infty}^{+\infty} \delta(t) e^{-j\omega t}\, dt = \int_{-\infty}^{+\infty} \delta(t)\, dt = 1$$

即有

$$\delta(t) \xrightarrow{F} F(j\omega) = 1 \tag{5-14}$$

频谱波形如图 5-10 所示。可见，单位冲激信号的频谱占据了从 −∞ 到 +∞ 的全部频率，且所有频率分量的幅度为常数，说明冲激信号包含丰富的频率分量，且所有分量对信号的贡献都一样。因此，也被称为"均匀谱"或"白色谱"。

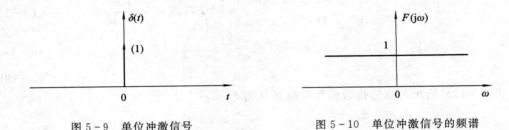

图 5-9　单位冲激信号　　　　　图 5-10　单位冲激信号的频谱

## 5.2.6　符号信号

因为图 5-11 所示的符号信号不满足绝对可积条件，所以可通过求图 5-12 所示信号 $f_1(t)$ 的频谱 $F_1(j\omega)$ 在 $a\to 0$ 时的极限得到其频谱。因此符号信号及其频谱函数为

$$\text{sgn}(t) \overset{\text{F}}{=\!=\!=} F(j\omega) = \lim_{a\to 0} F_1(j\omega) = -\lim_{a\to 0}\frac{2\omega j}{a^2+\omega^2} = \frac{2}{j\omega} \tag{5-15}$$

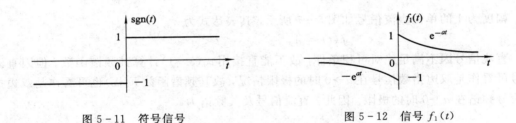

图 5-11　符号信号　　　　　　图 5-12　信号 $f_1(t)$

因为 $F(j\omega) = |F(j\omega)| e^{j\varphi(\omega)}$，则有

$$|F(j\omega)| = \frac{2}{|\omega|} \tag{5-16a}$$

$$\varphi(\omega) = \begin{cases} -\dfrac{\pi}{2} & (\omega > 0) \\[2mm] \dfrac{\pi}{2} & (\omega < 0) \end{cases} \tag{5-16b}$$

振幅频谱和相位频谱如图 5-13 所示。

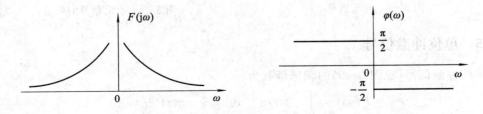

图 5-13　符号信号的振幅谱和相位谱

### 5.2.7 单位阶跃信号

单位阶跃信号 $\varepsilon(t)$ 的傅氏变换对为

$$\varepsilon(t) \overset{F}{\Longleftrightarrow} F(j\omega) = \frac{1}{j\omega} + \pi\delta(\omega) \tag{5-17}$$

其证明与频谱波形见例题 5-1。

最后，将典型信号的傅里叶变换列于表 5-1 中以供参考。

**表 5-1 典型信号的频谱函数**

| 序 号 | 信号名称 | 符号或函数式 | 频谱函数 |
|---|---|---|---|
| 1 | 冲激信号 | $\delta(t)$ | 1 |
| 2 | 阶跃信号 | $\varepsilon(t)$ | $\frac{1}{j\omega} + \pi\delta(\omega)$ |
| 3 | 门信号 | $g_\tau(t)$ | $\tau Sa\left(\frac{\omega\tau}{2}\right)$ |
| 4 | 单边指数信号 | $e^{-at}\varepsilon(t)\ (a>0)$ | $\frac{1}{a+j\omega}$ |
| 5 | 双边指数信号 | $e^{-a|t|}\varepsilon(t)\ (a>0)$ | $\frac{2a}{a^2+\omega^2}$ |
| 6 | 直流信号 | 1 | $2\pi\delta(\omega)$ |
| 7 | 符号信号 | $sgn(t)$ | $\frac{2}{j\omega}$ |
| 8 | 正弦信号 | $\sin\omega_0 t$ | $j\pi[\delta(\omega+\omega_0)-\delta(\omega-\omega_0)]$ |
| 9 | 余弦信号 | $\cos\omega_0 t$ | $\pi[\delta(\omega+\omega_0)+\delta(\omega-\omega_0)]$ |

# 5.3 傅里叶变换的特性

掌握傅里叶变换的特性有助于简化傅里叶变换的计算。

## 5.3.1 线性特性

若 $F[f_1(t)]=F_1(j\omega)$，$F[f_2(t)]=F_2(j\omega)$，则

$$F[a_1 f_1(t) + a_2 f_2(t)] = a_1 F_1(j\omega) + a_2 F_2(j\omega) \tag{5-18}$$

**【例题 5-1】** 求图 5-14(a)所示单位阶跃信号的频谱函数。

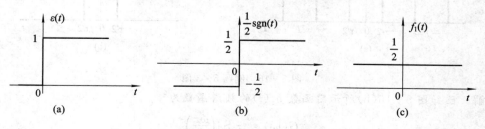

图 5-14 例题 5-1 图

**解**　因为

$$\varepsilon(t) = \frac{1}{2}\operatorname{sgn}(t) + f_1(t)$$

根据线性特性，有

$$F(j\omega) = F\left[\frac{1}{2}\operatorname{sgn}(t) + f_1(t)\right] = \frac{1}{2}\cdot\frac{2}{j\omega} + \frac{1}{2}\cdot 2\pi\delta(\omega) = \frac{1}{j\omega} + \pi\delta(\omega)$$

即

$$|F(j\omega)| = \frac{1}{|\omega|} + \pi\delta(\omega), \qquad \varphi(\omega) = \begin{cases} -\dfrac{\pi}{2} & (\omega > 0) \\[2mm] \dfrac{\pi}{2} & (\omega < 0) \end{cases}$$

振幅频谱图和相位频谱图如图 5-15(a)、(b)所示。

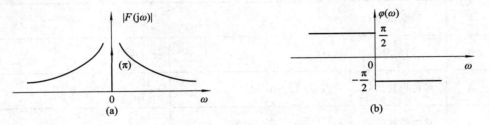

图 5-15　单位阶跃信号的振幅频谱和相位频谱

## 5.3.2　时移特性

若 $F[f(t)] = F(j\omega)$，则

$$F[f(t-t_0)] = e^{-j\omega t_0}F(j\omega) \tag{5-19}$$

$$F[f(t+t_0)] = e^{j\omega t_0}F(j\omega) \tag{5-20}$$

时移特性表明，若信号在时域中延迟了时间 $t_1$，则其振幅谱保持不变，相位谱移动 $-\omega t_1$。

【例题 5-2】　求 $\delta(t-t_0)$ 的傅里叶变换。

**解**　已知 $F[\delta(t)] = 1$，因此

$$F[\delta(t-t_0)] = e^{-j\omega t_0}\cdot 1 = e^{-j\omega t_0}$$

即 $\delta(t-t_0)$ 的傅里叶变换为 $F(j\omega) = e^{-j\omega t_0}$。

【例题 5-3】　求如图 5-16(a)所示的三矩形脉冲信号 $f(t)$ 的频谱。

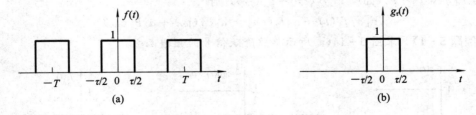

图 5-16　例题 5-3 图

**解**　已知图 5-16(b)所示门函数 $g_\tau(t)$ 的频谱函数为

$$G(j\omega) = \tau\operatorname{Sa}\left(\frac{\omega\tau}{2}\right)$$

而
$$f(t) = g_\tau(t) + g_\tau(t+T) + g_\tau(t-T)$$

根据时移特性，有

$$F(j\omega) = G(j\omega)(1 + e^{j\omega T} + e^{-j\omega T}) = (1 + 2\cos\omega T)\tau Sa\left(\frac{\omega\tau}{2}\right)$$

即三矩形脉冲信号的频谱为 $F(j\omega) = (1 + 2\cos\omega T)\tau Sa\left(\frac{\omega\tau}{2}\right)$。

### 5.3.3　频移特性

若 $F[f(t)] = F(j\omega)$，则

$$F[f(t)e^{j\omega_0 t}] = F[j(\omega - \omega_0)] \tag{5-21}$$

$$F[f(t)e^{-j\omega_0 t}] = F[j(\omega + \omega_0)] \tag{5-22}$$

**【例题 5-4】**　求如图 5-17(a)所示的高频脉冲信号 $f(t)$ 的频谱。

**解**　$f(t)$ 可看作是图 5-17(b)所示门信号和图 5-17(c)所示余弦信号的乘积，即

$$f(t) = g_\tau(t) \cdot \cos\omega_0 t = \frac{1}{2}[g_\tau(t)e^{j\omega_0 t} + g_\tau(t)e^{-j\omega_0 t}]$$

已知 $F[g_\tau(t)] = G(j\omega) = \tau Sa\left(\frac{\omega\tau}{2}\right)$，如图 5-17(d)所示。根据线性和频移特性，得高频脉冲信号 $f(t)$ 的频谱为

$$F(j\omega) = \frac{\tau}{2}\left\{ Sa\left[\frac{\tau(\omega - \omega_0)}{2}\right] + Sa\left[\frac{\tau(\omega + \omega_0)}{2}\right] \right\}$$

其波形如图 5-17(e)所示。

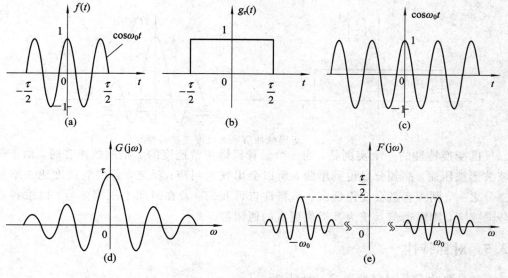

图 5-17　例题 5-4 图

### 5.2.4　尺度变换

若 $F[f(t)] = F(j\omega)$，则

$$F[f(at)] = \frac{1}{|a|}F\left(j\frac{\omega}{a}\right) \tag{5-23}$$

式(5-23)表明，信号宽度在时域中压缩到原来的 $\frac{1}{a}$ 倍($a>1$)等效于在频域中的频谱宽度扩展 $a$ 倍，同时频谱幅度减小到原来的 $\frac{1}{a}$。反之，信号宽度在时域中扩展 $\frac{1}{a}$ 倍($0<a<1$)等效于在频域中频谱宽度被压缩到原来的 $a$ 倍，同时其幅度增加到原来的 $\frac{1}{a}$ 倍。简言之，信号在时域中压缩等效于在频域中扩展；在时域中扩展等效于在频域中压缩。图5-18以矩形脉冲信号说明尺度变换特性。特别地，当 $a=-1$ 时，有"时间倒置定理"：

$$F[f(-t)] = F(-j\omega) \tag{5-24}$$

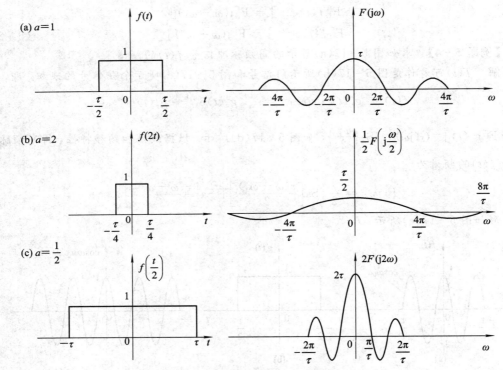

图5-18 矩形脉冲信号的尺度变换特性

尺度变换特性的一个实例是，当一个录音机以正常速度的2倍播放声音时，由于信号时域波形被压缩，高频分量得到增强，所以会出现尖叫声；反之，若播放速度比正常速度低二分之一，则声音就会变得低沉。该特性告诉我们，若在时间上压缩信号，以求提高信息传输速度，则需通信系统为其提供更宽的通频带。

### 5.3.5 对称特性

对称特性也称为对偶特性或互易特性。

若 $F[f(t)]=F(j\omega)$，则

$$F[F(jt)] = 2\pi f(-\omega) \tag{5-25}$$

由式(5-25)可以看出，当 $f(t)$ 为偶函数时，有 $F[F(jt)]=2\pi f(\omega)$。

【例题5-5】 求抽样信号 $Sa(t)=\dfrac{\sin t}{t}$ 的频谱。

**解**　已知

$$g_\tau(t) \xleftrightarrow{F} \tau \mathrm{Sa}\left(\frac{\omega\tau}{2}\right)$$

取 $\tau = 2$，有

$$g_2(t) \xleftrightarrow{F} 2\mathrm{Sa}(\omega)$$

即

$$\frac{1}{2}g_2(t) \xleftrightarrow{F} \mathrm{Sa}(\omega)$$

根据对称特性，并注意到 $g_2(t)$ 是偶函数这一点，有

$$\mathrm{Sa}(t) \xleftrightarrow{F} 2\pi \frac{1}{2}g_2(\omega) = \pi g_2(\omega)$$

因此，抽样信号的频谱为

$$F(\mathrm{j}\omega) = \pi g_2(\omega)$$

可见，门信号的频谱是抽样信号，而抽样信号的频谱是门信号（如图 5 - 19(a) 所示）。即一个时间有限信号（时域门信号），在频域上其频谱频率范围是无限的（频域抽样信号）；而一个频率有限信号（频域门信号），在时域上其原信号时间范围是无限的（时域抽样信号）。这个结论在"通信原理"课程中对理解"码间串扰"概念很有帮助。

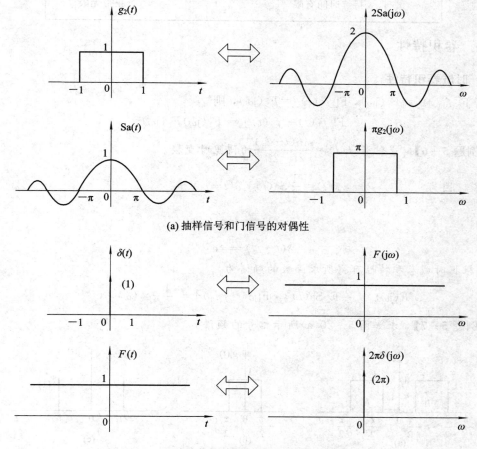

(a) 抽样信号和门信号的对偶性

(b) 直流信号和冲激信号的对偶性

图 5 - 19　傅里叶变换对称性示意图

类似的情况还有单位冲激信号的频谱是直流信号，而直流信号的频谱是冲激信号，如图 5 - 19(b)所示。即

$$\delta(t) \overset{F}{\rightleftharpoons} 1$$

$$1 \overset{F}{\rightleftharpoons} 2\pi\delta(\omega)$$

根据对称特性，可以得到信号在傅氏变换时域和频域的对偶关系，如表 5 - 2 所示。

**表 5 - 2  信号特性在傅氏变换时域和频域的对偶关系**

| 序号 | 时域 | | 频域 |
|---|---|---|---|
| 1 | 周期 | $\overset{F}{\rightleftharpoons}$ | 离散 |
| | 离散 | $\overset{F}{\rightleftharpoons}$ | 周期 |
| 2 | 连续 | $\overset{F}{\rightleftharpoons}$ | 非周期 |
| | 非周期 | $\overset{F}{\rightleftharpoons}$ | 连续 |
| 3 | 持续时间无限 | $\overset{F}{\rightleftharpoons}$ | 频带有限 |
| | 持续时间有限 | $\overset{F}{\rightleftharpoons}$ | 频带无限 |

## 5.3.6  卷积特性

### 1. 时域卷积特性

若 $F[f_1(t)] = F_1(j\omega)$，$F[f_2(t)] = F_2(j\omega)$，则

$$F[f_1(t) * f_2(t)] = F_1(j\omega)F_2(j\omega) \tag{5-26}$$

【例题 5 - 6】  求信号 $f(t) = \dfrac{\sin(t-t_0)}{2t-2t_0}$ 的傅里叶变换。

**解**　因为

$$f(t) = \frac{1}{2}Sa(t) * \delta(t-t_0)$$

而

$$Sa(t) \overset{F}{\rightleftharpoons} \pi g_2(\omega)$$

$$\delta(t-t_0) \overset{F}{\rightleftharpoons} e^{-j\omega t_0}$$

所以，根据时域卷积特性可得所求函数的频谱为

$$F(j\omega) = \frac{1}{2}F[Sa(t)] \cdot F[\delta(t-t_0)] = \frac{1}{2}\pi g_2(\omega) \cdot e^{-j\omega t_0}$$

【例题 5 - 7】  求如图 5 - 20(a)所示信号的频谱。

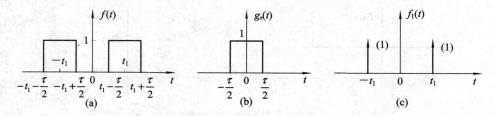

图 5 - 20  例题 5 - 7 图

**解**　图 5-20(a)所示信号可看作图 5-20(b)所示门函数与图 5-20(c)所示信号 $f_1(t)$ 的卷积,即

$$f(t) = g_\tau(t) * f_1(t) = g_\tau(t) * [\delta(t+t_1) + \delta(t-t_1)]$$

因此,根据时域卷积特性有

$$F(j\omega) = F[g_\tau(t)] \cdot F[f_1(t)] = \tau Sa\left(\frac{\omega\tau}{2}\right) \cdot (e^{j\omega t_1} + e^{-j\omega t_1}) = 2\tau Sa\left(\frac{\omega\tau}{2}\right)\cos\omega t_1$$

**2. 频域卷积特性**

若 $F[f_1(t)] = F_1(j\omega)$,$F[f_2(t)] = F_2(j\omega)$,则

$$F[f_1(t) \cdot f_2(t)] = \frac{1}{2\pi}F_1(j\omega) * F_2(j\omega) \tag{5-27}$$

**【例题 5-8】**　求如图 5-21 所示的余弦脉冲信号的频谱。

$$f(t) = \begin{cases} E\cos\left(\dfrac{\pi t}{\tau}\right) & \left(|t| \leqslant \dfrac{\tau}{2}\right) \\ 0 & \left(|t| > \dfrac{\tau}{2}\right) \end{cases}$$

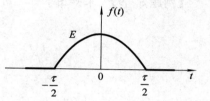

图 5-21　例题 5-8 图

**解**　信号 $f(t)$ 可看作矩形脉冲信号 $Eg_\tau(t)$ 和余弦函数 $\cos\left(\dfrac{\pi t}{\tau}\right)$ 的乘积,即

$$f(t) = Eg_\tau(t)\cos\left(\frac{\pi t}{\tau}\right)$$

而

$$F\left[\cos\left(\frac{\pi t}{\tau}\right)\right] = \frac{1}{2}F\left[e^{-j\frac{\pi}{\tau}t} + e^{j\frac{\pi}{\tau}t}\right] = \frac{1}{2}\left[2\pi\delta\left(\omega+\frac{\pi}{\tau}\right) + 2\pi\delta\left(\omega-\frac{\pi}{\tau}\right)\right]$$

$$= \pi\delta\left(\omega+\frac{\pi}{\tau}\right) + \pi\delta\left(\omega-\frac{\pi}{\tau}\right)$$

由频域卷积特性,可得

$$F[f(t)] = F\left[g_\tau(t) \cdot \cos\left(\frac{\pi t}{\tau}\right)\right]$$

$$= \frac{1}{2\pi}F[g_\tau(t)] * F\left[\cos\left(\frac{\pi t}{\tau}\right)\right]$$

$$= \frac{1}{2\pi}\left[E\tau Sa\left(\frac{\omega\tau}{2}\right)\right] * \left[\pi\delta\left(\omega+\frac{\pi}{\tau}\right) + \pi\delta\left(\omega-\frac{\pi}{\tau}\right)\right]$$

$$= \frac{1}{2}E\tau\left\{Sa\left[\frac{\tau}{2}\left(\omega+\frac{\pi}{\tau}\right)\right] + Sa\left[\frac{\tau}{2}\left(\omega-\frac{\pi}{\tau}\right)\right]\right\}$$

$$= \frac{2E\tau}{\pi}\frac{\cos\left(\dfrac{\omega\tau}{2}\right)}{1-\left(\dfrac{\omega\tau}{\pi}\right)^2}$$

即余弦脉冲信号的频谱为 $F(j\omega) = \dfrac{2E\tau}{\pi}\dfrac{\cos\left(\dfrac{\omega\tau}{2}\right)}{1-\left(\dfrac{\omega\tau}{\pi}\right)^2}$。

### 5.3.7 时域微分

若 $F[f(t)] = F(j\omega)$，则

$$F\left[\frac{\mathrm{d}f(t)}{\mathrm{d}t}\right] = j\omega F(j\omega) \qquad (5-28)$$

这一结果还可推广到 $n$ 阶导数情况。

$$F\left[\frac{\mathrm{d}^n f(t)}{\mathrm{d}t^n}\right] = (j\omega)^n F(j\omega) \qquad (5-29)$$

微分特性表明，在时域对信号进行微分处理，相当于在频域增强信号的高频成分，实际上起到对信号时域波形的"锐化"作用。

【**例题 5-9**】 求如图 5-22 所示的三角脉冲信号 $f(t)$ 的频谱。

$$f(t) = \begin{cases} E\left(1 - \dfrac{2|t|}{\tau}\right) & \left(|t| < \dfrac{\tau}{2}\right) \\ 0 & \left(|t| > \dfrac{\tau}{2}\right) \end{cases}$$

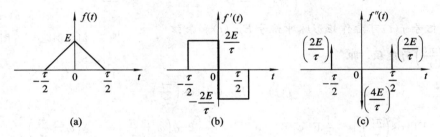

图 5-22 例题 5-9 图

**解** 三角脉冲信号 $f(t)$ 的一阶导函数为

$$f'(t) = \frac{2E}{\tau}\left[\varepsilon\left(t + \frac{\tau}{2}\right) - \varepsilon(t)\right] - \frac{2E}{\tau}\left[\varepsilon(t) - \varepsilon\left(t - \frac{\tau}{2}\right)\right]$$

三角脉冲信号 $f(t)$ 的二阶导函数为

$$f''(t) = \frac{2E}{\tau}\left[\delta\left(t + \frac{\tau}{2}\right) + \delta\left(t - \frac{\tau}{2}\right) - 2\delta(t)\right]$$

而

$$F[f''(t)] = \frac{2E}{\tau}(e^{j\omega\frac{\tau}{2}} + e^{-j\omega\frac{\tau}{2}} - 2) = \frac{4E}{\tau}\left[\cos\left(\frac{\omega\tau}{2}\right) - 1\right] = -\frac{8E}{\tau}\sin^2\frac{\omega\tau}{4}$$

又由微分特性可得

$$F[f''(t)] = (j\omega)^2 F(j\omega) \qquad \text{其中}, F(j\omega) = F[f(t)]$$

因此

$$F(j\omega) = \frac{1}{(j\omega)^2}F[f''(t)] = -\frac{1}{(j\omega)^2} \cdot \frac{8E}{\tau}\sin^2\frac{\omega\tau}{4} = \frac{E\tau}{2}\text{Sa}^2\left(\frac{\omega\tau}{4}\right)$$

即三角脉冲信号的频谱为 $F(j\omega) = \dfrac{E\tau}{2}\text{Sa}^2\left(\dfrac{\omega\tau}{4}\right)$。

## 5.3.8　时域积分

若 $F[f(t)] = F(j\omega)$，则

$$F\left[\int_{-\infty}^{t} f(\tau)d\tau\right] = \frac{1}{j\omega}F(j\omega) + F(0)\pi\delta(\omega) \tag{5-30}$$

其中，$F(0) = F(j\omega)\big|_{\omega=0} = \int_{-\infty}^{+\infty} f(t)dt$。

积分特性表明，在时域对信号进行积分处理，相当于在频域增强信号的低频成分，减小高频成分，起到对信号时域波形的"平滑"作用。通信原理中的"增量总和调制"技术正是基于这个理论基础。

**【例题 5-10】**　求如图 5-23(a)所示的信号 $f(t)$ 的频谱。

$$f(t) = \begin{cases} 0 & (t < 0) \\ t & (0 \leqslant t \leqslant 1) \\ 1 & (t > 1) \end{cases}$$

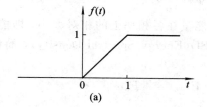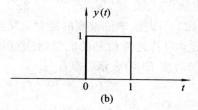

图 5-23　例题 5-10 图

**解**　$f(t)$ 可看作是图 5-23(b)所示矩形脉冲 $y(t)$ 的积分，即

$$f(t) = \int_{-\infty}^{t} y(\tau)d\tau$$

而

$$Y(j\omega) = F[y(t)] = Sa\left(\frac{\omega}{2}\right)e^{-j\frac{\omega}{2}}$$

由于 $Y(0) = 1$，所以，根据积分特性有

$$F(j\omega) = \frac{1}{j\omega}Y(j\omega) + \pi Y(0)\delta(\omega) = \frac{1}{j\omega}Sa\left(\frac{\omega}{2}\right)e^{-j\frac{\omega}{2}} + \pi\delta(\omega)$$

即信号 $f(t)$ 的频谱为 $F(j\omega) = \frac{1}{j\omega}Sa\left(\frac{\omega}{2}\right)e^{-j\frac{\omega}{2}} + \pi\delta(\omega)$。

微分、积分特性能够把时域微积分方程化为频域代数方程，这对系统分析非常有用。

## 5.3.9　调制特性

想一想如果把一个信号 $f(t)$ 与 $\cos\omega_0 t$ 相乘会有什么结果？

设 $s(t) = f(t)\cos\omega_0 t$，其频谱为 $S(j\omega)$，则根据欧拉公式和频移特性有

$$S(j\omega) = F[f(t)\cos\omega_0 t] = F\left[\frac{1}{2}f(t)e^{j\omega_0 t} + \frac{1}{2}f(t)e^{-j\omega_0 t}\right]$$

$$= \frac{1}{2}F[j(\omega - \omega_0)] + \frac{1}{2}F[j(\omega + \omega_0)] \tag{5-31}$$

可见，$f(t)$ 与 $\cos\omega_0 t$ 相乘，在频域上相当于把 $f(t)$ 的频谱 $F(j\omega)$ 平移到 $\pm\omega_0$ 处，形状保持不变，只是幅度减小一半；在时域上就形成了一个幅度随 $f(t)$ 的变化而变化的振荡信号，该特性被称为调制特性或调制定理，其模型见图 5-24。例题 5-4 就说明了这个问题。

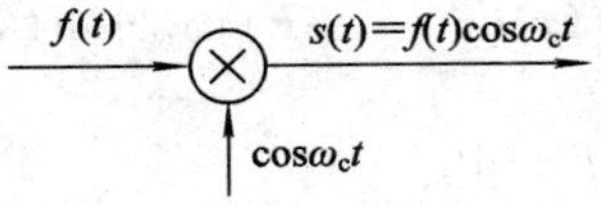

图 5-24 调制模型

调制的主要用途是将低频信号变成高频信号，以便于利用天线发射出去或进行频分复用。因此，调制定理是无线电通信技术和频分复用技术的理论基础。

### 5.3.10 能量守恒

一个非周期信号 $f(t)$ 在时域和频域的能量守恒特性也可以由帕塞瓦尔定理描述，即

$$E = \int_{-\infty}^{+\infty} |f(t)|^2 \, \mathrm{d}t = \frac{1}{2\pi} \int_{-\infty}^{+\infty} |F(\omega)|^2 \, \mathrm{d}\omega = \int_{-\infty}^{+\infty} |F(f)|^2 \, \mathrm{d}f \qquad (5-32)$$

式中，$|F(f)|^2$ 表示单位带宽的能量，反映信号能量在各频率上的相对大小，即能量分布情况，因此，可称之为信号的能量谱密度函数 ESD(Energy Spectral Density)，简称"能量谱"，用 $E(f)$ 或 $E(\omega)$ 表示，即有

$$E(f) = |F(f)|^2 \quad \text{或} \quad E(\omega) = |F(\omega)|^2 \qquad (5-33)$$

可以证明，对于一个时间宽度为 $\tau$ 的门信号，其频谱第一个零点 $\left(\omega = \dfrac{2\pi}{\tau}\right)$ 以内的能量占总能量的 $90.3\%$，也就是说，能量主要集中在零频率到第一个频谱零点频率范围内。这个结论也适合周期矩形脉冲、三角脉冲等信号，比如例题 4-8 中的周期信号。因此，在通信领域中，往往只传送 $\omega = 0 \sim \dfrac{2\pi}{\tau}$ 频率范围内的低频信号分量。通常把这段频率范围称为矩形脉冲信号的有效频带宽度，记为 $B_\omega = \dfrac{2\pi}{\tau}(\mathrm{rad/s})$，或 $B_f = \dfrac{1}{\tau}(\mathrm{Hz})$。显然门信号或矩形脉冲信号的有效频带宽度 $B_\omega$ 与脉冲持续时间 $\tau$ 成反比，即信号在时域持续时间越短，在频域的频带宽度越宽。这个概念在"通信原理"课程中有着重要意义。

最后，将傅里叶变换的特性归纳如表 5-3。

表 5-3 傅里叶变换的特性

| 序号 | 名　称 | 时域 $f(t)$ | 频域 $F(j\omega)$ |
|---|---|---|---|
| 1 | 定义 | $f(t) = \dfrac{1}{2\pi}\displaystyle\int_{-\infty}^{+\infty} F(j\omega)\mathrm{e}^{j\omega t}\,\mathrm{d}\omega$ | $F(j\omega) = \displaystyle\int_{-\infty}^{+\infty} f(t)\mathrm{e}^{-j\omega t}\,\mathrm{d}t$ |
| 2 | 线性 | $a_1 f_1(t) + a_2 f_2(t)$ | $a_1 F_1(j\omega) + a_2 F_2(j\omega)$ |
| 3 | 时移 | $f(t \pm t_0)$ | $\mathrm{e}^{\pm j\omega t_0} F(j\omega)$ |

续表

| 序号 | 名　称 | | 时域 $f(t)$ | 频域 $F(\text{j}\omega)$ |
|------|--------|---|-------------|------------------------|
| 4 | 频移 | | $f(t)\mathrm{e}^{\pm\text{j}\omega_0 t}$ | $F[\text{j}(\omega\mp\omega_0]$ |
| 5 | 尺度变换 | | $f(at)\ (a\neq 0)$ | $\dfrac{1}{\lvert a\rvert}F\left(\text{j}\dfrac{\omega}{a}\right)$ |
| 6 | 对称性 | | $F(\text{j}t)$ | $2\pi f(-\omega)$ |
| 7 | 卷积定理 | 时域 | $f_1(t)*f_2(t)$ | $F_1(\text{j}\omega)F_2(\text{j}\omega)$ |
| | | 频域 | $f_1(t)\cdot f_2(t)$ | $\dfrac{1}{2\pi}F_1(\text{j}\omega)*F_2(\text{j}\omega)$ |
| 8 | 时域微分 | | $f^{(n)}(t)$ | $(\text{j}\omega)^n F(\text{j}\omega)$ |
| 9 | 时域积分 | | $\displaystyle\int_{-\infty}^{t}f(\tau)\,\mathrm{d}\tau$ | $\dfrac{1}{\text{j}\omega}F(\text{j}\omega)+\pi F(0)\delta(\omega)$ |
| 10 | 频域微分 | | $(-\text{j}t)^n f(t)$ | $F^{(n)}(\text{j}\omega)$ |
| 11 | 频域积分 | | $\text{j}\dfrac{f(t)}{t}+\pi f(0)\delta(t)$ | $\displaystyle\int_{-\infty}^{+\infty}F(\text{j}\Omega)\,\mathrm{d}\Omega$ |
| 12 | 帕塞瓦尔定理 | | $E=\displaystyle\int_{-\infty}^{+\infty}\lvert f(t)\rvert^2\,\mathrm{d}t=\dfrac{1}{2\pi}\int_{-\infty}^{+\infty}\lvert F(\omega)\rvert^2\,\mathrm{d}\omega=\int_{-\infty}^{+\infty}\lvert F(f)\rvert^2\,\mathrm{d}f$ | |

## 5.4　周期信号的傅里叶变换

前面讲过，信号存在傅氏变换的充分条件是其绝对可积，而周期信号因为不满足该条件，所以不能从定义式中直接求出其傅氏变换，但可以借助奇异信号——冲激信号间接求得。

设一个周期信号为 $f(t)$，周期为 $T$，频谱为 $F_n=\dfrac{1}{T}\displaystyle\int_{-\frac{T}{2}}^{\frac{T}{2}}f(t)\mathrm{e}^{-\text{j}n\omega_0 t}\,\mathrm{d}t$，其傅氏级数为

$$f(t)=\sum_{n=-\infty}^{\infty}F_n\mathrm{e}^{\text{j}n\omega_0 t}$$

对上式两边求傅氏变换，即有

$$\mathrm{F}[f(t)]=\mathrm{F}\Big[\sum_{n=-\infty}^{\infty}F_n\mathrm{e}^{\text{j}n\omega_0 t}\Big]=\sum_{n=-\infty}^{\infty}F_n\mathrm{F}[\mathrm{e}^{\text{j}n\omega_0 t}]$$

根据频移特性可得

$$\mathrm{F}[\mathrm{e}^{\text{j}n\omega_0 t}]=2\pi\delta(\omega-n\omega_0)$$

则 $f(t)$ 的傅氏变换为

$$\mathrm{F}[f(t)]=2\pi\sum_{n=-\infty}^{\infty}F_n\delta(\omega-n\omega_0) \tag{5-34}$$

式(5-34)表明，周期信号的傅氏变换或频谱密度由无穷个冲激信号组成，各冲激信号位于各次谐波频率 $n\omega_0$ 处，冲激强度为 $2\pi F_n$。

**【例题 5-11】** 求周期冲激信号(也叫冲激串信号) $\delta_T(t) = \sum\limits_{n=-\infty}^{+\infty} \delta(t-nT)$ (见图 5-25 (a))的傅里叶变换。

**解** $\delta_T(t)$ 的 $F_n$ 为

$$F_n = \frac{1}{T}\int_{-\frac{T}{2}}^{\frac{T}{2}} \delta_T(t)e^{-jn\omega_0 t}\,dt = \frac{1}{T}\int_{-\frac{T}{2}}^{\frac{T}{2}} \delta(t)e^{-jn\omega_0 t}\,dt = \frac{1}{T}$$

由式(5-34)得

$$F[\delta_T(t)] = 2\pi\sum_{n=-\infty}^{\infty} F_n\delta(\omega-n\omega_0) = \frac{2\pi}{T}\sum_{n=-\infty}^{\infty} \delta(\omega-n\omega_0) = \omega_0\sum_{n=-\infty}^{\infty} \delta(\omega-n\omega_0)$$

设 $\delta_{\omega_0}(j\omega) = \sum\limits_{n=-\infty}^{\infty} \delta(\omega-n\omega_0)$，则有

$$\delta_T(t) \xrightleftharpoons{F} \omega_0\delta_{\omega_0}(j\omega) \tag{5-35}$$

可见，时域周期为 $T$ 强度为 1 的冲激串信号的傅氏变换是频域周期为 $\omega_0 = \frac{2\pi}{T}$、强度为 $\omega_0$ 的冲激串信号(见图 5-25(b))。该题结果可用于"抽样定理"的证明。

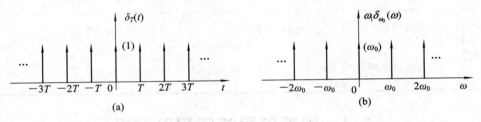

图 5-25 例题 5-11图

# 5.5 傅里叶逆变换的求法

实际应用中，常常需要通过 $F(j\omega)$ 求得其原函数 $f(t)$，即要进行傅氏逆变换运算。而利用式(5-2)即 $f(t) = \frac{1}{2\pi}\int_{-\infty}^{+\infty} F(j\omega)e^{j\omega t}\,d\omega$ 计算逆变换往往很复杂很麻烦。因此，更多的是利用傅氏变换的特性及典型信号的傅氏变换进行傅氏逆变换的求解。

**【例题 5-12】** 求下列频谱的原函数 $f(t)$。

(1) $F(j\omega) = \omega^2$     (2) $F(j\omega) = \delta(\omega-2)$     (3) $F(j\omega) = 2\cos\omega$

**解** (1) 根据微分特性和 $\delta(t)$ 的傅里叶变换有

$$\omega^2 = -(j\omega)^2 \times 1 \xrightleftharpoons{F} -\delta'(t)$$

故原函数为

$$f(t) = -\delta'(t)$$

(2) 根据频移特性和直流信号的傅氏变换有

$$1 \xrightleftharpoons{F} 2\pi\delta(\omega)$$

$$\frac{1}{2\pi}\mathrm{e}^{\mathrm{j}2t} \overset{\mathrm{F}}{\rightleftharpoons} \delta(\omega - 2)$$

故原函数为

$$f(t) = \frac{1}{2\pi}\mathrm{e}^{\mathrm{j}2t}$$

（3）因为 $\cos\omega_0 t = \frac{1}{2}(\mathrm{e}^{\mathrm{j}\omega_0 t} + \mathrm{e}^{-\mathrm{j}\omega_0 t})$，所以根据时移特性和直流信号的傅氏变换有

$$\cos 1t = \frac{1}{2}(\mathrm{e}^{\mathrm{j}t} + \mathrm{e}^{-\mathrm{j}t}) \overset{\mathrm{F}}{\rightleftharpoons} \pi[\delta(\omega - 1) + \delta(\omega + 1)]$$

再根据对称特性有

$$2\pi\left(\frac{1}{\pi}\cos\omega\right) \overset{\mathrm{F}}{\rightleftharpoons} \delta(t - 1) + \delta(t + 1)$$

故原函数为

$$f(t) = \delta(t - 1) + \delta(t + 1)$$

# 5.6　非周期信号作用下的系统分析法

　　前面的知识告诉我们，傅氏变换可以将非周期信号变换为虚指数信号或正弦型信号的连续和，并由此引入了信号频谱密度函数的概念。那么，这些知识对系统分析有何意义呢？或者说，傅氏变换对线性系统模型的求解有何帮助呢？

　　通常，非周期信号只是在一定的时间区间内存在。为了便于说明在非周期信号激励下求解系统响应的方法，我们假设所有系统的起始状态为零，即讨论零状态响应问题。

　　第 4 章中，我们利用系统对正弦型信号的响应仍为正弦型信号的特性，用激励和响应相量之比定义了系统函数，从而架起了激励与响应之间的"桥梁"。那么，在非周期信号作用下，系统的激励与响应是否也可以用系统函数联系起来呢？下面从三个方面给予讨论。

## 5.6.1　系统模型分析法

　　设一个 $n$ 阶 LTI 系统的激励为 $f(t)$，零状态响应为 $y_\mathrm{f}(t)$，则系统的数学模型为

$$a_n \frac{\mathrm{d}^n y_\mathrm{f}(t)}{\mathrm{d}t^n} + a_{n-1} \frac{\mathrm{d}^{n-1} y_\mathrm{f}(t)}{\mathrm{d}t^{n-1}} + \cdots + a_1 \frac{\mathrm{d}y_\mathrm{f}(t)}{\mathrm{d}t} + a_0 y_\mathrm{f}(t)$$

$$= b_m \frac{\mathrm{d}^m f(t)}{\mathrm{d}t^m} + \cdots + b_1 \frac{\mathrm{d}f(t)}{\mathrm{d}t} + b_0 f(t) \tag{5-36}$$

　　对式（5-36）两边进行傅里叶变换，并令 $Y_\mathrm{f}(\mathrm{j}\omega) = \mathrm{F}[y_\mathrm{f}(t)]$，$\mathrm{F}(\mathrm{j}\omega) = \mathrm{F}[f(t)]$，则根据傅里叶变换的线性和微分特性可得

$$[a_n (\mathrm{j}\omega)^n + a_{n-1} (\mathrm{j}\omega)^{n-1} + \cdots + a_1 (\mathrm{j}\omega) + a_0]Y_\mathrm{f}(\mathrm{j}\omega)$$

$$= [b_m (\mathrm{j}\omega)^m + b_{m-1} (\mathrm{j}\omega)^{m-1} + \cdots + b_1 (\mathrm{j}\omega) + b_0]F(\mathrm{j}\omega) \tag{5-37}$$

故零状态响应的傅里叶变换为

$$Y_\mathrm{f}(\mathrm{j}\omega) = \frac{b_m (\mathrm{j}\omega)^m + b_{m-1} (\mathrm{j}\omega)^{m-1} + \cdots + b_1 (\mathrm{j}\omega) + b_0}{a_n (\mathrm{j}\omega)^n + a_{n-1} (\mathrm{j}\omega)^{n-1} + \cdots + a_1 (\mathrm{j}\omega) + a_0} F(\mathrm{j}\omega) \tag{5-38}$$

　　同第 4 章一样，可以定义零状态响应的傅里叶变换与激励的傅里叶变换之比为系统的系统函数，仍用 $H(\mathrm{j}\omega)$ 表示，即

$$H(j\omega) \overset{\text{def}}{=\!=\!=} \frac{Y_f(j\omega)}{F(j\omega)} \qquad (5-39)$$

这样，系统零状态响应的傅里叶变换即可写为

$$Y_f(j\omega) = F(j\omega)H(j\omega) \qquad (5-40)$$

显然

$$H(j\omega) = \frac{b_m (j\omega)^m + b_{m-1} (j\omega)^{m-1} + \cdots + b_1 (j\omega) + b_0}{a_n (j\omega)^n + a_{n-1} (j\omega)^{n-1} + \cdots + a_1 (j\omega) + a_0} \qquad (5-41)$$

从式(5-41)可见，系统函数 $H(j\omega)$ 只取决于系统本身的结构和元器件参数，与激励信号和响应信号无关。显然这是与周期信号作用下类似的结果。而得到这个结果一点也不奇怪，因为非周期信号借助于傅氏变换可以表示为正弦型信号的连续和，所以系统的激励与响应在本质上仍然是正弦型信号。

表面上看，式(5-39)和式(4-30)不一样，非周期信号作用下的系统函数是用傅氏变换(频谱)定义的，而周期信号作用下的系统函数是用相量定义的。其实它们的本质是一样的，因为一个相量其实就是单频正弦型信号频谱的一种简化表现形式。

式(5-40)就是傅氏变换对系统分析的贡献，即<u>一个 LTI 系统对一个非周期激励信号的零状态响应的傅氏变换等于该输入信号的傅氏变换与系统函数的乘积。</u>

### 5.6.2 系统函数分析法

我们知道，若激励为 $\delta(t)$，所得到的零状态响应 $y_f(t)$ 即为系统的冲激响应 $h(t)$，即有

$$F(j\omega) = F[\delta(t)] = 1$$
$$Y_f(j\omega) = F[h(t)]$$

根据式(5-40)，有

$$Y_f(j\omega) = F(j\omega)H(j\omega) = H(j\omega)$$

因此，可得

$$F[h(t)] = H(j\omega) \qquad (5-42)$$

式(5-42)反映了系统冲激响应和系统函数之间的重要关系，即系统函数和冲激响应是傅里叶变换对。用公式表示为

$$h(t) \overset{F}{\rightleftharpoons} H(j\omega)$$

$$H(j\omega) = F[h(t)] = \int_{-\infty}^{+\infty} h(t)e^{-j\omega t} \, dt \qquad (5-43)$$

$$h(t) = F^{-1}[H(j\omega)] = \frac{1}{2\pi} \int_{-\infty}^{+\infty} H(j\omega)e^{j\omega t} \, d\omega \qquad (5-44)$$

"系统函数和冲激响应是傅里叶变换对"的重要意义在于：<u>如果一个系统的结构不直观或不可见，我们无法根据电路和元器件约束条件得到其系统函数，那么可以通过冲激响应间接求出系统函数。</u>

在时域分析中我们已经知道，对于任意的激励信号，LTI 系统的零状态响应 $y_f(t)$ 是激励 $f(t)$ 与系统冲激响应 $h(t)$ 的卷积积分，即

$$y_f(t) = f(t) * h(t) \qquad (5-45)$$

令 $Y_f(j\omega) = F[y_f(t)]$，$F(j\omega) = F[f(t)]$，对上式两边进行傅氏变换并根据卷积定理有

$$\mathrm{F}[y_{\mathrm{f}}(t)] = \mathrm{F}[f(t) * h(t)] = \mathrm{F}[f(t)] \cdot \mathrm{F}[h(t)]$$

即

$$Y_{\mathrm{f}}(\mathrm{j}\omega) = F(\mathrm{j}\omega) H(\mathrm{j}\omega) \qquad (5-46)$$

这从另一个角度证明了式（5-40）的正确性。

【例题 5-13】　某系统的微分方程为 $y'(t) + 2y(t) = f(t)$，求输入 $f(t) = \mathrm{e}^{-t}\varepsilon(t)$ 时系统的零状态响应。

　　**解**　对原微分方程两端分别做傅里叶变换，得

$$\mathrm{j}\omega Y(\mathrm{j}\omega) + 2Y(\mathrm{j}\omega) = F(\mathrm{j}\omega)$$

则系统函数为

$$H(\mathrm{j}\omega) = \frac{Y(\mathrm{j}\omega)}{F(\mathrm{j}\omega)} = \frac{1}{\mathrm{j}\omega + 2}$$

因为 $f(t) = \mathrm{e}^{-t}\varepsilon(t) \leftrightarrow F(\mathrm{j}\omega) = \dfrac{1}{\mathrm{j}\omega + 1}$，所以有

$$Y(\mathrm{j}\omega) = H(\mathrm{j}\omega)F(\mathrm{j}\omega) = \frac{1}{(\mathrm{j}\omega + 2)(\mathrm{j}\omega + 1)} = \frac{1}{\mathrm{j}\omega + 1} - \frac{1}{\mathrm{j}\omega + 2}$$

对上式取傅里叶逆变换得系统的零状态响应

$$y(t) = (\mathrm{e}^{-t} - \mathrm{e}^{-2t})\varepsilon(t)$$

【例题 5-14】　某 LTI 系统的频率响应为 $H(\mathrm{j}\omega) = \dfrac{2 - \mathrm{j}\omega}{2 + \mathrm{j}\omega}$，若系统的输入 $f(t) = \cos(2t)$，求该系统的输出 $y(t)$。

　　**解**　因　　　$f(t) = \cos(2t) \leftrightarrow F(\mathrm{j}\omega) = \pi[\delta(\omega + 2) + \delta(\omega - 2)]$

又因 $f(t) = \cos(2t) \rightarrow \omega = 2$，$H(\mathrm{j}\omega) = \dfrac{2 - \mathrm{j}\omega}{2 + \mathrm{j}\omega} = \dfrac{2 - \mathrm{j}2}{2 + \mathrm{j}2}$，则有

$$Y(\mathrm{j}\omega) = F(\mathrm{j}\omega)H(\mathrm{j}\omega) = \pi[\delta(\omega + 2) + \delta(\omega - 2)]\frac{2 - \mathrm{j}2}{2 + \mathrm{j}2} = \mathrm{j}\pi\delta(\omega + 2) + \mathrm{j}\pi\delta(\omega - 2)$$

该式的逆变换即系统的输出为

$$y(t) = \sin(2t)$$

## 5.6.3　信号分解分析法

　　下面按信号的分解与合成思路，推导出系统对非周期信号的零状态响应。

　　从式（5-2）可见，一个非周期信号可以表示为无穷个虚指数信号 $\mathrm{e}^{\mathrm{j}\omega t}$ 的线性组合。因此，$\mathrm{e}^{\mathrm{j}\omega t}$ 就是一个基本信号，必须首先求得系统对 $\mathrm{e}^{\mathrm{j}\omega t}$ 信号的零状态响应 $y_{\mathrm{f1}}(t)$。

　　设激励 $f_1(t) = \mathrm{e}^{\mathrm{j}\omega t}$，由式（5-45）得

$$y_{\mathrm{f1}}(t) = h(t) * \mathrm{e}^{\mathrm{j}\omega t} = \int_{-\infty}^{+\infty} h(\tau)\mathrm{e}^{\mathrm{j}\omega(t-\tau)}\,\mathrm{d}\tau = \mathrm{e}^{\mathrm{j}\omega t}\int_{-\infty}^{+\infty} h(\tau)\mathrm{e}^{-\mathrm{j}\omega\tau}\,\mathrm{d}\tau$$

而 $\displaystyle\int_{-\infty}^{+\infty} h(\tau)\mathrm{e}^{-\mathrm{j}\omega\tau}\,\mathrm{d}\tau = \int_{-\infty}^{+\infty} h(t)\mathrm{e}^{-\mathrm{j}\omega t}\,\mathrm{d}t$ 正好是 $h(t)$ 的傅氏变换 $H(\mathrm{j}\omega)$，因此，有

$$y_{\mathrm{f1}}(t) = H(\mathrm{j}\omega)\mathrm{e}^{\mathrm{j}\omega t} \qquad (5-47)$$

　　式（5-47）表明，系统对一个基本信号——虚指数信号 $\mathrm{e}^{\mathrm{j}\omega t}$ 的零状态响应是信号本身与一个和时间 $t$ 无关的常系数之积，而该系数正好是系统冲激响应 $h(t)$ 的傅氏变换——系统函数 $H(\mathrm{j}\omega)$。据此，可以得到系统对一个非周期信号的零状态响应的傅氏变换等于该信号

傅氏变换与系统函数之积的结论，即 $Y_f(j\omega) = F(j\omega)H(j\omega)$。证明过程如图 5-26。其实该过程稍加变化，也可用于 $s$ 域和 $z$ 域分析方法的过程推导。

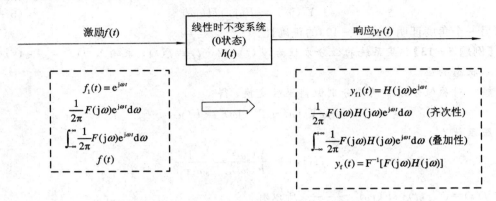

图 5-26 非周期信号作用下系统零状态响应推导过程示意图

综上所述，三种方法得到同样的结论：

一个 LTI 系统对任意非周期信号的零状态响应可以通过求激励信号傅氏变换与系统函数之积的傅氏逆变换得到，而系统函数是冲激响应的傅氏变换。

用傅氏变换求解非周期信号作用下的系统零状态响应的具体步骤如下：

第一步，求出激励 $f(t)$ 的傅氏变换 $F(j\omega)$。

第二步，根据定义（微分方程）、电路知识、传输算子或冲激响应，求出系统函数 $H(j\omega)$。

第三步，求出 $F(j\omega)$ 与 $H(j\omega)$ 的乘积，得到系统零状态响应的傅氏变换 $Y_f(j\omega)$。

第四步，求出 $Y_f(j\omega)$ 的逆变换，得到系统零状态响应 $y_f(t)$。

下面通过几道例题详细说明非周期信号的系统分析方法。

【例题 5-15】 电路如图 5-27(a)所示，电压源 $u_S(t)$ 为如图 5-27(b)所示的矩形脉冲。试求零状态响应 $u_C(t)$。

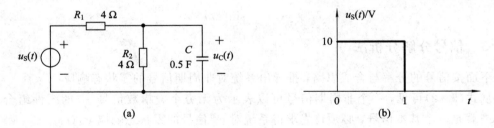

图 5-27 例题 5-15 图

**解** 激励源 $u_S(t)$ 可看作两个阶跃信号之和，即
$$u_S(t) = 10\varepsilon(t) - 10\varepsilon(t-1)$$
设
$$u_{S1}(t) = 10\varepsilon(t)$$
$$u_{S2}(t) = -10\varepsilon(t-1)$$
则
$$u_S(t) = u_{S1}(t) + u_{S2}(t)$$

根据叠加原理，可先分别计算 $u_{S1}(t)$ 和 $u_{S2}(t)$ 单独作用于电路时产生的响应 $u_{C1}(t)$ 和 $u_{C2}(t)$，系统总响应则应为 $u_C(t) = u_{C1}(t) + u_{C2}(t)$。

设 $u_{S1}(t)$ 的傅里叶变换为 $U_{S1}(j\omega)$，则

$$U_{S1}(j\omega) = F[u_{S1}(t)] = 10\left[\pi\delta(\omega) + \frac{1}{j\omega}\right]$$

根据电路图，运用电路和元器件约束条件可得系统函数

$$H(j\omega) = \frac{F[u_C(t)]}{F[u_S(t)]} = \frac{U_C(j\omega)}{U_S(j\omega)} = \frac{\dfrac{R_2}{1 + j\omega R_2 C}}{R_1 + \dfrac{R_2}{1 + j\omega R_2 C}} = \frac{R_2}{R_1 + R_2} \cdot \frac{1}{1 + j\omega\,\dfrac{R_1 R_2}{R_1 + R_2}C}$$

代入元件参数，有

$$H(j\omega) = \frac{1}{2} \cdot \frac{1}{1 + j\omega}$$

根据式(5-40)，得

$$\begin{aligned} U_{C1}(j\omega) &= U_{S1}(j\omega) \cdot H(j\omega) \\ &= \frac{1}{2} \cdot \frac{1}{1 + j\omega} \times 10\left[\pi\delta(\omega) + \frac{1}{j\omega}\right] \\ &= \frac{5\pi}{1 + j\omega}\delta(\omega) + \frac{5}{j\omega(1 + j\omega)} \\ &= 5\pi\delta(\omega) + \frac{5}{j\omega} - \frac{5}{1 + j\omega} \end{aligned}$$

由于

$$F^{-1}[5\pi\delta(\omega)] = \frac{5}{2}$$

$$F^{-1}\left[\frac{5}{j\omega}\right] = \frac{5}{2}\,\mathrm{sgn}(t)$$

$$F^{-1}\left[\frac{5}{1 + j\omega}\right] = 5e^{-t}\varepsilon(t)$$

所以

$$u_{C1}(t) = \frac{5}{2} + \frac{5}{2}\,\mathrm{sgn}(t) - 5e^{-t}\varepsilon(t) = 5\varepsilon(t) - 5e^{-t}\varepsilon(t) = 5(1 - e^{-t})\varepsilon(t)$$

又因为

$$u_{S2}(t) = -u_{S1}(t - 1)$$

根据时移特性，知

$$u_{C2}(t) = -u_{C1}(t - 1) = -5[1 - e^{-(t-1)}]\varepsilon(t - 1)$$

所以全部零状态响应为

$$u_C(t) = u_{C1}(t) + u_{C2}(t) = 5(1 - e^{-t})\varepsilon(t) - 5[1 - e^{-(t-1)}]\varepsilon(t - 1)$$

即系统的零状态响应为 $u_C(t) = 5(1 - e^{-t})\varepsilon(t) - 5[1 - e^{-(t-1)}]\varepsilon(t - 1)$。

**【例题 5-16】** 如图 5-28 所示系统中，$f(t)$ 为已知的激励信号，系统冲激响应 $h(t) = \dfrac{1}{\pi t}$。求零状态响应 $y_f(t)$。

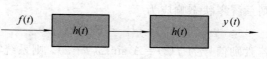

图 5-28　例题 5-16 图

**解**　因系统结构不可见，故必须通过冲激响应求得系统函数。

设 $f(t)$ 的频谱函数为 $F(j\omega)$，系统函数为

$$H(j\omega) = F[h(t)] = F\left[\frac{1}{\pi} \cdot \frac{1}{t}\right] = \frac{1}{\pi}[-j\pi \operatorname{sgn}(\omega)] = -j \operatorname{sgn}(\omega)$$

则有

$$\begin{aligned}
Y_f(j\omega) &= F(j\omega)H(j\omega)H(j\omega) \\
&= F(j\omega) \cdot [-j \operatorname{sgn}(\omega)] \cdot [-j \operatorname{sgn}(\omega)] \\
&= F(j\omega)[-\operatorname{sgn}(\omega)\operatorname{sgn}(\omega)] \\
&= -F(j\omega)
\end{aligned}$$

因此零状态响应为

$$y_f(t) = -f(t)$$

可见该系统为一反相器。

通过以上实例可以看到，在系统的实频域分析（即求解零状态响应）中，把时域的卷积运算变成了频域的代数（乘法）运算，不但大大简化了计算过程，同时还给出了形象的物理概念——频谱，尤其是系统的频响特性——系统函数的波形，在通信领域的研究中有着重要作用。相对于时域法，频域法的主要缺点是需要进行傅氏正、反两次变换。

## 5.7 周期信号作用下的系统分析法

5.4 节内容告诉我们，引入冲激函数后，周期信号的傅里叶变换可以存在。那么用傅氏变换法能否求解周期信号作用下的系统零状态响应呢？回答是肯定的。

设激励信号为

$$f(t) = \sin\omega_0 t$$

则

$$F[f(t)] = F(j\omega) = j\pi[\delta(\omega+\omega_0) - \delta(\omega-\omega_0)]$$

若系统函数等于

$$H(j\omega) = |H(j\omega)| e^{j\varphi(\omega)}$$

则在 $\pm\omega_0$ 点有

$$H(j\omega_0) = |H(j\omega_0)| e^{j\varphi(\omega_0)}$$
$$H(-j\omega_0) = |H(j\omega_0)| e^{-j\varphi(\omega_0)}$$

因此系统零状态响应的频谱为

$$\begin{aligned}
Y_f(j\omega) &= F(j\omega)H(j\omega) \\
&= j\pi H(j\omega) \cdot [\delta(\omega+\omega_0) - \delta(\omega-\omega_0)] \\
&= j\pi[H(-j\omega_0)\delta(\omega+\omega_0) - H(j\omega_0)\delta(\omega-\omega_0)] \\
&= j\pi |H(j\omega_0)| [e^{-j\varphi(\omega_0)}\delta(\omega+\omega_0) - e^{j\varphi(\omega_0)}\delta(\omega-\omega_0)]
\end{aligned}$$

则系统零状态响应为

$$y_f(t) = F^{-1}[Y_f(j\omega)] = |H(j\omega_0)| \sin[\omega_0 t + \varphi(\omega_0)] \tag{5-48}$$

若激励信号为 $f(t) = A\sin(\omega_0 t + \varphi)$，则系统零状态响应 $y_f(t)$ 可直接写为

$$y_f(t) = A|H(j\omega_0)| \sin[\omega_0 t + \varphi(\omega_0) + \varphi] \tag{5-49}$$

式(5-49)说明，系统对正弦型信号的零状态响应是与激励同频率的正弦波，其幅度和相移由激励与系统函数共同决定。

同理，可得 $f(t) = A\cos(\omega_0 t + \varphi)$ 时的系统零状态响应为

$$y_f(t) = A|H(j\omega_0)|\cos[\omega_0 t + \varphi(\omega_0) + \varphi] \qquad (5-50)$$

式(5-50)与式(5-49)形式相同的结果并不奇怪，这也恰恰是系统时不变特性和线性特性的具体体现，因为 $f(t) = A\sin(\omega_0 t + \varphi)$ 就是 $f(t) = A\cos(\omega_0 t + \varphi)$ 延迟 1/4 个周期所得。

**结论：**对于一般的周期信号，必须先用傅氏级数展开成三角形式，然后再利用式 (5-49)或(5-50)分别计算出其各谐波对应的子零状态响应，然后再叠加成总的零状态响应。

**注：**以后若不加说明，求周期信号作用下的响应均指零状态响应。

【**例题 5-17**】　求在激励信号 $f(t) = 2 + \cos t + 5\cos(3t + 20.6°)$ 作用下的系统响应 $y(t)$，已知系统函数 $H(j\omega) = \dfrac{1}{1+j\omega}$。

**解**　已知 $H(j0) = 1$，$H(j1) = \dfrac{1}{1+j} = \dfrac{1}{\sqrt{2}}e^{-j45°}$，$H(j3) = \dfrac{1}{1+j3} = \dfrac{1}{\sqrt{10}}e^{-j71.6°}$

则利用 3 次公式(5-50)，然后叠加得系统的响应为

$$y(t) = 2 + \frac{1}{\sqrt{2}}\cos(t - 45°) + \frac{5}{\sqrt{10}}\cos(3t - 51°)$$

将式(5-50)与式(4-34) $y_n(t) = c_n|H(jn\omega_0)|\cos(n\omega_0 t + \varphi_{Hn})$ 比较可以发现，对周期信号作用下的系统分析，不管是用傅氏级数还是傅氏变换，其求解步骤基本相同，都需要进行激励的分解运算和子响应的求和运算。

## 5.8　傅里叶变换分析法的优势与不足

通常，把利用"傅里叶级数"和"傅里叶变换"分析系统的方法统称为"傅里叶分析法"。

"傅里叶分析法"具有如下明显的优点：

(1) 物理意义明确。因基于实频域分析，故可直接给出信号或系统的"频率特性"。

(2) 实际应用广泛。电子与通信领域中的"调谐电路""滤波器""调制和解调""抽样定理""变频电路""频分复用""均衡电路""谱分析"和"频谱有效利用"等实用技术或方法都是"傅里叶分析法"结出的绚丽果实。

但是，"甘蔗没有两头甜"。通过前面的介绍可以看到，不管是对非周期信号还是周期信号作用下的系统进行分析，采用傅里叶变换分析法有两个明显的不足：

(1) 不适用所有信号。因为一些信号不满足狄氏条件中的绝对可积，即不满足 $\displaystyle\int_{-\infty}^{+\infty}|f(t)|\,dt < +\infty$，如指数函数 $e^{\alpha t}\varepsilon(t)(\alpha > 0)$ 等，其傅氏变换不存在，自然不能用傅氏变换法求解。还有些信号，如阶跃信号、直流信号、符号信号等也因不满足该条件，而不能直接求得其傅里叶变换。

(2) 只适用求解零状态响应。因为傅氏变换没有涉及到信号或系统的边界条件，所以，无法给出系统的零输入响应。

那么，人们自然会问：能否克服傅氏变换法的缺点，找到一种更好的系统分析方法呢？这就引出了下一章的内容。

# 学 习 提 示

非周期信号是与周期信号并重的一种重点信号，提示大家关注以下知识点：

（1）周期信号的周期趋于无穷大时，就变成了非周期信号。这是引出傅氏变换的基础。

（2）门信号与抽样信号是一对重要的傅氏变换对。其反映的重要概念是：时间受限的信号（时域门信号）在频域其频率不受限（频域抽样信号）；频率受限的信号（频域门信号）在时域其时间不受限（时域抽样信号）。

（3）冲激响应与系统函数构成傅氏变换对。

（4）非周期信号零状态响应的傅氏变换等于激励的傅氏变换与系统函数的乘积。

# 问 与 答

**问题 1**：在数学中，"离散和"用什么符号表示？"连续和"又用什么符号表示？

**答**：离散和用求和号表示，连续和用积分号表示。

**问题 2**：为什么要引入傅氏变换？

**答**：为了给千千万万种非周期信号"锁"配一把分析的"万能钥匙"。同时，给零状态响应找到一种不用求解微分方程的简单解法。

**问题 3**：周期信号频谱和非周期信号频谱主要有哪些异同点？

**答**：（1）虽然都叫频谱，但概念不完全一样。严格地讲，非周期信号的频谱应该是频谱密度。（2）周期信号的频谱是离散的，非周期信号的频谱是连续的。

# 习 题 5

5－1 求图 5－29 中各信号的频谱。

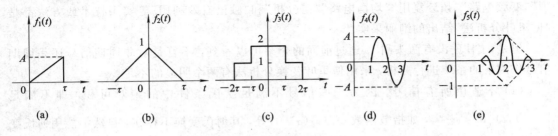

图 5－29 习题 5－1 图

5－2 利用傅里叶变换的对称特性，求下列信号的频谱函数并画出频谱图。

（1）$f_1(t) = \left[ \dfrac{\sin(2\pi t)}{2\pi t} \right]^2$      （2）$f_2(t) = \dfrac{\sin 50(t-3)}{100(t-3)}$

（3）$f_3(t) = \dfrac{2}{4+t^2}$

5 - 3　利用傅里叶变换的微积分特性，求图 5 - 30 中信号的频谱函数。

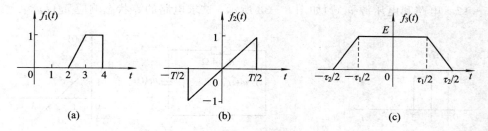

图 5 - 30　习题 5 - 3 图

5 - 4　已知信号 $f(t)$ 的傅里叶变换为 $F(j\omega)$，求下列信号的频谱。

(1) $f(2t-5)$　　　　(2) $f(3-5t)$

(3) $tf(2t)$　　　　(4) $(t-4)f(-2t)$

(5) $t\dfrac{\mathrm{d}f(t)}{\mathrm{d}t}$　　　(6) $f\left(\dfrac{t}{2}+3\right)\cos(4t)$

5 - 5　求下列信号的傅里叶变换。

(1) $f(t)=\mathrm{e}^{-jt}\delta(t-2)$　　(2) $f(t)=\mathrm{e}^{-3(t-1)}\delta'(t-1)$

(3) $f(t)=\mathrm{sgn}(t^2-9)$

5 - 6　求下列频谱函数所对应的原函数 $f(t)$。

(1) $\dfrac{1}{\omega^2}$　　(2) $\delta(\omega+100)-\delta(\omega-100)$

(3) $\mathrm{e}^{a\omega}\varepsilon(-\omega)$　　(4) $\dfrac{5\mathrm{e}^{-j\omega}}{(j\omega-2)(j\omega+3)}$

5 - 7　已知信号 $f(t)$ 的振幅谱 $|F(j\omega)|$ 和相位谱 $\varphi(\omega)$ 如图 5 - 31 所示，求信号 $f(t)$。

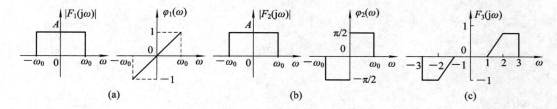

图 5 - 31　习题 5 - 7 图

5 - 8　求下列微分方程所描述系统的系统函数 $H(j\omega)$。

(1) $y'(t)+2y(t)=f(t)$

(2) $y''(t)+3y'(t)+2y(t)=f'(t)$

(3) $y''(t)+5y'(t)+6y(t)=f'(t)+4f(t)$

5 - 9　系统函数 $H(j\omega)=\dfrac{-\omega^2+j4\omega+5}{-\omega^2+j3\omega+2}$，激励 $f(t)=\mathrm{e}^{-3t}\varepsilon(t)$，求零状态响应 $y_f(t)$。

5 - 10　已知系统函数 $H(j\omega)=\dfrac{j\omega}{-\omega^2+j5\omega+6}$，起始状态 $y(0_-)=2$，$y'(0_-)=1$，激励 $f(t)=\mathrm{e}^{-t}\varepsilon(t)$，求全响应 $y(t)$。

5 - 11　已知某线性时不变电路的激励 $f(t)$ 如图 5 - 32 所示，电路的冲击响应 $h(t)=$

$e^{-2t}\varepsilon(t)$。试用频域法求电路的零状态响应 $y_f(t)$。

5-12　电路和电压源 $u_S(t)$ 如图 5-33 所示，试求电路的零状态响应 $u_C(t)$。

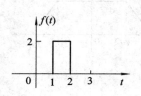

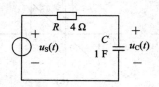

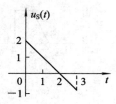

图 5-32　习题 5-11 图　　　　　　　　　图 5-33　习题 5-12 图

5-13　如图 5-34 所示电路，$f(t)=10e^{-t}\varepsilon(t)+2\varepsilon(t)$。求关于 $i(t)$ 的 $h(t)$ 和零状态响应 $i_f(t)$。

5-14　如图 5-35 所示系统，求系统函数和 $h(t)$；若 $f(t)=te^{-2t}\varepsilon(t)$，求该系统的零状态响应。

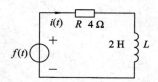

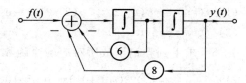

图 5-34　习题 5-13 图　　　　　　　　图 5-35　习题 5-14 图

# 第 6 章　连续系统的复频域分析

- 问题引入：针对傅氏变换分析法的不足，能否找到新的方法？
- 解决思路：寻找让一个无界信号间接满足绝对可积条件的方法→根据傅氏变换分析法的思路对系统进行分析。
- 研究结果：拉氏变换；系统函数；$s$ 域模型。
- 核心内容：拉氏变换是傅氏变换的推广。拉氏变换分析法可以一举给出系统全响应。

## 6.1　拉普拉斯变换的概念

傅氏变换作为一种行之有效的数学工具可以帮助我们通过频域完成系统对一些非周期信号以及一些周期信号响应的分析。但是，这种方法也有其局限性，主要表现在：

（1）对不存在傅氏变换的信号无法实施。

（2）不能给出系统的全响应。

为克服傅氏变换分析法的不足，我们引入另一个数学工具——拉普拉斯变换。拉氏变换也是一种积分变换方法，1780 年由法国数学家拉普拉斯（P. S. Laplace，1749—1825）提出。拉氏变换不仅是分析 LTI 系统的有效工具，而且在其他技术领域中也得到了广泛应用。

设有信号 $f(t)$，则定义

$$F(s) \xlongequal{\text{def}} L[f(t)] = \int_{-\infty}^{+\infty} f(t) e^{-st} \, dt \qquad (6-1)$$

为 $f(t)$ 的双边拉普拉斯（正）变换（Laplace transform）。式中，$s = \sigma + j\omega$ 称为复频率。

通过数学推导可得

$$f(t) = L^{-1}[F(s)] = \frac{1}{2\pi j} \int_{\sigma - j\infty}^{\sigma + j\infty} F(s) e^{st} \, ds \qquad (6-2)$$

式（6-2）被称为 $F(s)$ 的拉普拉斯逆变换（Inverse Laplace transform）。

实际问题中，由于遇到的都是因果信号（单边信号），所以信号总有出现的起始时刻。如果将起始时刻定为时间原点（$t=0$），则有

$$f(t) = 0 \quad (t < 0)$$

因此，式（6-1）就变为 $f(t)$ 的单边拉普拉斯变换

$$F(s) = L[f(t)] = \int_{0_-}^{+\infty} f(t) e^{-st} \, dt \qquad (6-3)$$

考虑到信号在 $t=0$ 时刻可能会出现跳变的情况，规定单边拉氏变换定义式的积分下限从 $0_-$ 开始，以包含跳变信息。这样，式（6-2）就变为

$$f(t) = L^{-1}[F(s)] = \begin{cases} 0 & (t < 0) \\ \dfrac{1}{2\pi j} \displaystyle\int_{\sigma - j\infty}^{\sigma + j\infty} F(s) e^{st} \, ds & (t > 0) \end{cases} \qquad (6-4)$$

在上述四式中，$f(t)$被称为$F(s)$的原函数，$F(s)$被称为$f(t)$的像函数。符号"L"表示拉氏正变换，"$L^{-1}$"表示拉氏逆变换。

式(6-1)和式(6-2)、式(6-3)和式(6-4)也分别被称为"双边拉普拉斯变换对"、"单边拉普拉斯变换对"。它们的关系可简记为

$$f(t) \overset{L}{\rightleftharpoons} F(s)$$

因为单边拉氏变换更符合实际情况，故若不加以说明，拉氏变换均指单边拉氏变换。

显然，拉氏变换可以将时间函数$f(t)$变换为复频率函数$F(s)$。对照傅氏变换的概念，可以说拉氏变换提供了一条在复频率域中分析系统对非周期信号响应的新途径。

将式(6-1)与傅氏变换定义式(5-1)对比可以发现，$F(s)$在形式上与$F(j\omega)$相似，只要将式(5-1)中$j\omega$换成$s$就是式(6-1)。但要注意，这个结果并不意味着$s=j\omega$。实际上，因为$s=\sigma+j\omega$，所以，上述结果表明：当变量$s$中的实部$\sigma=0$时，拉氏变换就变成了傅氏变换，也就是说，傅氏变换是拉氏变换的一个特例，而拉氏变换是傅氏变换的推广。

比较两种变换的作用，可以认为：

(1) 傅氏变换建立了信号在时域和频域间的关系，而拉氏变换建立了信号在时域和复频域间的关系。

(2) 傅氏变换把一个信号$f(t)$分解为虚指数信号$e^{j\omega t}$的连续和，而拉氏变换把信号$f(t)$表示为复指数信号$e^{st}$的连续和，两者可谓"异曲同工"！

与傅氏变换相比，虽然拉氏变换没有明确的物理意义且只是在理论上构造出的一种数学工具，但却有着傅氏变换达不到的运算能力，能够完成傅氏变换完不成的任务。

在单、双边拉氏变换定义中，**变量$s$实部$\sigma$的取值范围被定义为拉氏变换的收敛域**ROC(Region of convergence)。若$\sigma$的取值不在收敛域内，则拉氏变换不存在。$\sigma$也可表示为$\text{Re}(s)$，即对$s$取实部。

下面通过一个例题对收敛域的概念给予说明。

**【例题 6-1】** 求指数函数$f(t)=e^{at}\varepsilon(t)$的像函数$F(s)$。$(a>0)$

**解** 根据定义有

$$F(s) = \int_{0_-}^{\infty} e^{at} e^{-st} \, dt = \int_{0_-}^{\infty} e^{-(s-a)t} \, dt = \frac{e^{-(s-a)t}}{-(s-a)} \bigg|_{0_-}^{\infty} = \frac{1}{(s-a)} \big[ 1 - \lim_{t\to\infty} e^{-(s-a)t} \big]$$

$$(6-5)$$

由于$s=\sigma+j\omega$，所以式(6-5)括号内第二项可写为

$$\lim_{t\to\infty} e^{-(s-a)t} = \lim_{t\to\infty} e^{-(\sigma-a)t} e^{-j\omega t} \qquad (6-6)$$

显然，当$\sigma>a$，随着$t$的增大，$e^{-(\sigma-a)t}$将会衰减为零，即$\lim_{t\to\infty} e^{-(s-a)t}=0$，故式(6-5)收敛(存在)，$f(t)$的像函数为$F(s)=\dfrac{1}{s-a}$。若$\sigma<a$，则$e^{-(\sigma-a)t}$将随着$t$的增大而增大，当$t\to\infty$时，式(6-6)将趋于无穷大，故式(6-5)不收敛(发散)，像函数$F(s)$不存在。

在以$\sigma$为横轴$j\omega$为纵轴的复平面($s$平面)上，$\sigma_0$称为收敛坐标，通过$\sigma_0$的垂直线是收敛区的边界，被称为收敛轴。收敛轴将复平面划分为两个区域：$\sigma>\sigma_0$是一个区域，称为像函数$F(s)$的收敛域；$\sigma<\sigma_0$是另一个区域，称为发散域，如图6-1(a)所示。函数$f(t)$的拉氏变换仅在其收敛域内存在，因而式(6-3)应该写为

$$F(s) = \int_{0_-}^{+\infty} f(t) \mathrm{e}^{-st} \, \mathrm{d}t \quad (\sigma > \sigma_0) \tag{6-7}$$

则在例题 6-1 中，因为 $\sigma_0 = a$，所以其完整答案应该写为

$$F(s) = \frac{1}{s-a} \qquad \mathrm{ROC}: \sigma > a \text{ 或 } \mathrm{Re}(s) > a$$

即函数 $f(t)\mathrm{e}^{-\sigma}$ 在 $\sigma > a$ 的范围内是收敛的，$f(t)$ 的拉氏变换存在。

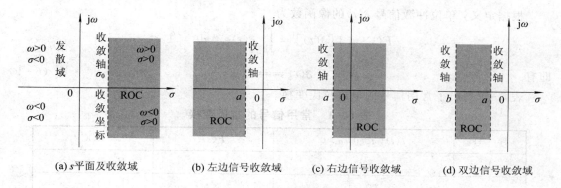

(a) $s$ 平面及收敛域　　(b) 左边信号收敛域　　(c) 右边信号收敛域　　(d) 双边信号收敛域

图 6-1　$s$ 平面及收敛域示意图

通过进一步分析，对于拉氏变换的收敛域有如下结论：

(1) 若 $f(t)$ 是左边信号，则收敛域为收敛轴 $\sigma = a$ 的左边平面，如图 6-1(b)。

(2) 若 $f(t)$ 是右边信号，则收敛域为收敛轴 $\sigma = a$ 的右边平面，如图 6-1(c)。

(3) 若 $f(t)$ 是双边信号，则收敛域为两条收敛轴 $\sigma = a$ 和 $\sigma = b$ 之间的带状面，如图 6-1(d)。

(4) 右边信号的收敛域位于最右边极点的右边，左边信号的收敛域位于最左边极点的左边。

(5) 若 $f(t)$ 是时间有限信号且绝对可积，则收敛域是整个 $s$ 平面。

(6) 收敛域不包含收敛轴或边界，即收敛域是开集。

(7) 收敛域不包含 $F(s)$ 的任何极点。

(8) 因为单边拉氏变换的原函数和像函数唯一对应，所以为方便计，通常信号的单边拉氏变换可不标注其收敛域或不强调收敛域问题。

(9) 双边拉氏变换原函数与像函数不是一一对应关系（即不同的原函数可以有相同的像函数），而是原函数与"像函数＋收敛域"唯一对应，因此，必须标注收敛域。比如，因果信号 $f_1(t) = \mathrm{e}^{-at}\varepsilon(t)$ 和反因果信号 $f_2(t) = -\mathrm{e}^{-at}\varepsilon(-t)$ 的双边拉氏变换都是 $\frac{1}{s+a}$，但 $F_1(s)$ 的收敛域为 $\mathrm{Re}(s) > -a$，而 $F_2(s)$ 的收敛域为 $\mathrm{Re}(s) < -a$。

# 6.2　常用信号的拉普拉斯变换

## 6.2.1　单位阶跃信号 $\varepsilon(t)$

因单位阶跃信号在 $t = 0$ 时有跳变，即 $f(0_-) = 0$，$f(0_+) = 1$，故其像函数为

$$F(s) = L[\varepsilon(t)] = \int_{0_-}^{\infty} e^{-st} \, dt = -\frac{e^{-st}}{s} \Big|_{0_-}^{\infty} = \frac{1}{s}$$

即有 $\qquad\qquad\qquad\qquad \varepsilon(t) \overset{L}{\rightleftharpoons} \frac{1}{s}$ \hfill (6-8)

### 6.2.2 单位冲激信号 $\delta(t)$

根据定义，单位冲激信号 $\delta(t)$ 的像函数为

$$F(s) = L[\delta(t)] = \int_{0_-}^{\infty} \delta(t) e^{-st} \, dt = 1$$

即有 $\qquad\qquad\qquad\qquad \delta(t) \overset{L}{\rightleftharpoons} 1$ \hfill (6-9)

表 6-1 列出了常用信号的单边拉氏变换。

**表 6-1 常用信号的拉氏变换**

| 序　号 | $f(t)$, $t>0$, $\alpha>0$ | $F(s)$ | ROC |
|:---:|:---:|:---:|:---:|
| 1 | $\delta(t)$ | $1$ | $\text{Re}(s) > -\infty$ |
| 2 | $\delta^{(n)}(t)$ | $s^n$ | $\text{Re}(s) > -\infty$ |
| 3 | $\varepsilon(t)$ | $\dfrac{1}{s}$ | $\text{Re}(s) > 0$ |
| 4 | $e^{-\alpha t}$ | $\dfrac{1}{s+\alpha}$ | $\text{Re}(s) > -\alpha$ |
| 5 | $t^n$（$n$ 为正整数） | $\dfrac{n!}{s^{n+1}}$ | $\text{Re}(s) > 0$ |
| 6 | $t e^{-\alpha t}$ | $\dfrac{1}{(s+\alpha)^2}$ | $\text{Re}(s) > -\alpha$ |
| 7 | $t^n e^{-\alpha t}$ | $\dfrac{n!}{(s+\alpha)^{n+1}}$ | $\text{Re}(s) > -\alpha$ |
| 8 | $\sin\omega_0 t$ | $\dfrac{\omega_0}{s^2+\omega_0^2}$ | $\text{Re}(s) > 0$ |
| 9 | $\cos\omega_0 t$ | $\dfrac{s}{s^2+\omega_0^2}$ | $\text{Re}(s) > 0$ |
| 10 | $e^{-\alpha t}\sin\omega_0 t$ | $\dfrac{\omega_0}{(s+\alpha)^2+\omega_0^2}$ | $\text{Re}(s) > -\alpha$ |
| 11 | $e^{-\alpha t}\cos\omega_0 t$ | $\dfrac{s+\alpha}{(s+\alpha)^2+\omega_0^2}$ | $\text{Re}(s) > -\alpha$ |
| 12 | $t \sin\omega_0 t$ | $\dfrac{2\omega_0 s}{(s^2+\omega_0^2)^2}$ | $\text{Re}(s) > 0$ |
| 13 | $t \cos\omega_0 t$ | $\dfrac{s^2-\omega_0^2}{(s^2+\omega_0^2)^2}$ | $\text{Re}(s) > 0$ |

## 6.3　周期信号的拉普拉斯变换

设有一个周期为 $T$ 的周期信号 $f_T(t)$，其单边拉氏变换 $F_T(s)$ 等于其第一个周期波形

$f_1(t)$（即 $t \geqslant 0$ 开始的一个周期波形）的拉氏变换 $F_1(s)$ 乘以 $\dfrac{1}{1-\mathrm{e}^{-Ts}}$，即有

$$\mathrm{L}[f_T(t)] = F_T(s) = \frac{1}{1-\mathrm{e}^{-Ts}}F_1(s) \tag{6-10}$$

# 6.4　拉普拉斯变换的特性

## 6.4.1　线性特性

若 $\mathrm{L}[f_1(t)] = F_1(s)$，$\mathrm{L}[f_2(t)] = F_2(s)$，则

$$\mathrm{L}[af_1(t)+bf_2(t)] = aF_1(s)+bF_2(s) \tag{6-11}$$

【**例题 6-2**】　求 $f(t) = \cos\omega_0 t$ 的拉普拉斯变换 $F(s)$。

**解**　根据线性特性可得

$$F(s) = \mathrm{L}[\cos\omega_0 t] = \mathrm{L}\left[\frac{\mathrm{e}^{-\mathrm{j}\omega_0 t}}{2} + \frac{\mathrm{e}^{\mathrm{j}\omega_0 t}}{2}\right] = \mathrm{L}\left[\frac{\mathrm{e}^{-\mathrm{j}\omega_0 t}}{2}\right] + \mathrm{L}\left[\frac{\mathrm{e}^{\mathrm{j}\omega_0 t}}{2}\right]$$

$$= \frac{1}{2}\left(\frac{1}{s+\mathrm{j}\omega_0} + \frac{1}{s-\mathrm{j}\omega_0}\right) = \frac{s}{s^2+\omega_0^2}$$

同样的方法可得 $\sin\omega_0 t$ 的像函数为

$$F(s) = \mathrm{L}[\sin\omega_0 t] = \frac{\omega_0}{s^2+\omega_0^2}$$

故 $\cos\omega_0 t$ 的拉普拉斯变换 $F(s) = \dfrac{s}{s^2+\omega_0^2}$。

## 6.4.2　时移特性

若 $\mathrm{L}[f(t)] = F(s)$，则

$$\mathrm{L}[f(t-t_0)\varepsilon(t-t_0)] = \mathrm{e}^{-st_0}F(s) \tag{6-12}$$

**注意**：式（6-12）中的原函数是 $f(t-t_0)\varepsilon(t-t_0)$ 而不是 $f(t-t_0)$。$f(t)$ 和 $f(t-t_0)$ 的波形分别如图 6-2(a) 和图 6-2(b) 所示，显然，$f(t-t_0)$ 和 $f(t-t_0)\varepsilon(t-t_0)$（阴影部分）的单边拉普拉斯变换的有效部分不同，前者不能采用时移特性。

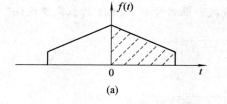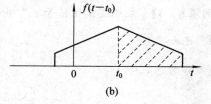

图 6-2　时移特性示意图

【**例题 6-3**】　信号 $f_1(t)$、$f_2(t)$ 的波形如图 6-3 所示，已知 $f_1(t)$ 的像函数为 $F_1(s)$。求 $f_2(t)$ 的像函数 $F_2(s)$。

**解**　由图可看出 $f_1(t)$、$f_2(t)$ 的关系为

$$f_2(t) = f_1(t) - f_1(t-1)$$

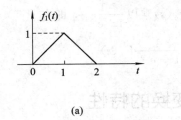 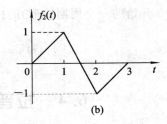

图 6-3　例题 6-3 图

根据拉普拉斯变换的线性和时移特性，得

$$F_2(s) = F_1(s) - e^{-s}F_1(s) = (1 - e^{-s})F_1(s)$$

故 $f_2(t)$ 的像函数 $F_2(s) = (1-e^{-s})F_1(s)$。

**【例题 6-4】**　求信号 $f(t) = t^2 \varepsilon(t-1)$ 的拉普拉斯变换。

**解**　将信号的表示形式变形为

$$f(t) = (t-1)^2 \varepsilon(t-1) + 2(t-1)\varepsilon(t-1) + \varepsilon(t-1)$$

根据时移特性，有

$$L[\varepsilon(t-1)] = \frac{1}{s}e^{-s}$$

$$L[2(t-1)\varepsilon(t-1)] = \frac{2}{s^2}e^{-s}$$

$$L[(t-1)^2\varepsilon(t-1)] = \frac{2}{s^3}e^{-s}$$

再根据线性特性，得

$$L[f(t)] = \left(\frac{2}{s^3} + \frac{2}{s^2} + \frac{1}{s}\right)e^{-s}$$

所以 $f(t) = t^2\varepsilon(t-1)$ 的拉普拉斯变换为 $F(s) = \left(\dfrac{2}{s^3} + \dfrac{2}{s^2} + \dfrac{1}{s}\right)e^{-s}$。

## 6.4.3　复频移特性

若 $L[f(t)] = F(s)$，则

$$L[f(t)e^{s_0 t}] = F(s - s_0) \tag{6-13}$$

**【例题 6-5】**　求衰减正弦信号 $e^{-at}\sin\beta t$ 和衰减余弦信号 $e^{-at}\cos\beta t$ 的拉氏变换（$a > 0$）。

**解**　已知 $\qquad\qquad L[\sin\beta t] = \dfrac{\beta}{s^2 + \beta^2}$

根据复频移特性，得

$$L[e^{-at}\sin\beta t] = \frac{\beta}{(s+a)^2 + \beta^2}$$

同理，已知 $\qquad\qquad L[\cos\beta t] = \dfrac{s}{s^2 + \beta^2}$

因此 $\qquad\qquad L[e^{-at}\cos\beta t] = \dfrac{s+a}{(s+a)^2 + \beta^2}$

即信号 $e^{-at}\sin\beta t$ 的 $F(s) = \dfrac{\beta}{(s+a)^2 + \beta^2}$；信号 $e^{-at}\cos\beta t$ 的 $F(s) = \dfrac{s+a}{(s+a)^2 + \beta^2}$。

## 6.4.4　尺度变换

若 $L[f(t)]=F(s)$，则

$$L[f(at)] = \frac{1}{a}F\left(\frac{s}{a}\right), \quad a > 0 \tag{6-14}$$

**【例题 6-6】** 已知 $L[f(t)]=F(s)$，求 $L[f(at-b)\varepsilon(at-b)]$，$(a、b>0)$。

**解**　由时移特性可得

$$L[f(t-b)\varepsilon(t-b)] = e^{-bs}F(s)$$

根据尺度变换特性，得

$$L[f(at-b)\varepsilon(at-b)] = \frac{1}{a}e^{-\frac{b}{a}s}F\left(\frac{s}{a}\right)$$

## 6.4.5　时域微分

对于因果信号 $f(t)$，若 $L[f(t)]=F(s)$，则

$$L\left[\frac{\mathrm{d}f(t)}{\mathrm{d}t}\right] = sF(s) \tag{6-15}$$

$$L\left[\frac{\mathrm{d}^2 f(t)}{\mathrm{d}t^2}\right] = s^2 F(s) \tag{6-16}$$

$$L\left[\frac{\mathrm{d}^n f(t)}{\mathrm{d}t^n}\right] = s^n F(s) \tag{6-17}$$

**注意**：该特性不能用于单位阶跃信号的各阶导数上。

**【例题 6-7】** 求如图 6-4(a) 所示信号 $f(t)$ 的拉普拉斯变换。

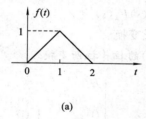 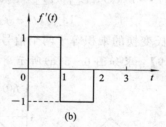

(a)　　　　　　　　　　　　(b)

图 6-4　例题 6-7 图

**解**　$f(t)$ 的一阶导函数为

$$f'(t) = \varepsilon(t) - 2\varepsilon(t-1) + \varepsilon(t-2)$$

其波形见图 6-4(b)。而

$$L[f'(t)] = \frac{1}{s} - \frac{2}{s}e^{-s} + \frac{1}{s}e^{-2s} = \frac{1}{s}(1-e^{-s})^2$$

则根据时域微分特性有

$$L[f'(t)] = sL[f(t)]$$

因此

$$L[f(t)] = \frac{1}{s^2}(1-e^{-s})^2$$

## 6.4.6　时域积分

若 $L[f(t)]=F(s)$，则

$$L\left[\int_{-\infty}^{t} f(\tau)\mathrm{d}\tau\right] = \frac{1}{s}F(s) + \frac{1}{s}\int_{-\infty}^{0_-} f(\tau)\mathrm{d}\tau \qquad (6-18)$$

**【例题 6-8】** 求 $t^n \varepsilon(t)$ 的像函数。

**解**　由于

$$\int_0^t \varepsilon(\tau)\mathrm{d}\tau = t\varepsilon(t)$$

则根据时域积分特性有

$$L[t\varepsilon(t)] = L\left[\int_0^t \varepsilon(\tau)\mathrm{d}\tau\right] = \frac{1}{s}L[\varepsilon(t)] = \frac{1}{s^2}$$

又因为

$$\int_0^t \tau\varepsilon(\tau)\mathrm{d}\tau = \frac{1}{2}t^2\varepsilon(t)$$

故

$$L[t^2\varepsilon(t)] = 2L\left[\int_0^t \tau\varepsilon(\tau)\mathrm{d}\tau\right] = \frac{2}{s}L[t\varepsilon(t)] = \frac{2}{s^3}$$

依此类推，可以求得

$$L[t^n\varepsilon(t)] = \frac{n!}{s^{n+1}}$$

所以信号 $t^n\varepsilon(t)$ 的像函数为 $F(s) = \dfrac{n!}{s^{n+1}}$。

### 6.4.7　卷积定理

若 $L[f_1(t)] = F_1(s)$，$L[f_2(t)] = F_2(s)$，则

$$L[f_1(t) * f_2(t)] = F_1(s)F_2(s) \qquad (6-19)$$

即两个信号拉氏变换的乘积等于两个信号卷积的拉氏变换。

**【例题 6-9】** 求如图 6-5(a)所示周期信号 $f(t)$ 的拉普拉斯变换。

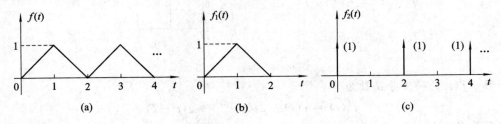

图 6-5　例题 6-9 图

**解**　显然，原信号可表示为第一个周期波形与一个单边冲激串信号的卷积，即

$$f(t) = f_1(t) * f_2(t)$$

利用例题 6-7 的结果，有

$$L[f_1(t)] = \frac{1}{s^2}(1 - e^{-s})^2$$

又因为

$$f_2(t) = \delta(t) + \delta(t-2) + \delta(t-4) + \cdots = \sum_{n=0}^{\infty} \delta(t - 2n)$$

而
$$L[f_2(t)] = 1 + e^{-2s} + e^{-4s} + \cdots = \sum_{n=0}^{\infty} e^{-2ns} = \frac{1}{1 - e^{-2s}}$$

根据卷积定理，得

$$L[f(t)] = L[f_1(t) * f_2(t)] = \frac{1}{s^2}(1 - e^{-s})^2 \frac{1}{1 - e^{-2s}} = \frac{1 - e^{-s}}{s^2(1 + e^{-s})}$$

本题也可根据式(6-10)和例题 6-7 的结果直接写出答案。

## 6.4.8　初值定理

若函数 $f(t)$ 及其导数 $\dfrac{\mathrm{d}f(t)}{\mathrm{d}t}$ 的拉氏变换存在，设 $f(t)$ 的像函数为 $F(s)$，则

$$f(0_+) = \lim_{t \to 0_+} f(t) = \lim_{s \to \infty} sF(s) \tag{6-20}$$

## 6.4.9　终值定理

若 $f(t)$ 及其导数 $\dfrac{\mathrm{d}f(t)}{\mathrm{d}t}$ 的拉氏变换存在，设 $f(t)$ 的像函数为 $F(s)$，则

$$f(\infty) = \lim_{t \to \infty} f(t) = \lim_{s \to 0} sF(s) \tag{6-21}$$

初值和终值定理常用于由 $F(s)$ 直接求得 $f(0_+)$ 和 $f(\infty)$ 而不必求出原函数 $f(t)$ 的场合。

## 6.4.10　频域微分

若 $L[f(t)] = F(s)$，则

$$L[(-t)^n f(t)] = \frac{\mathrm{d}^n F(s)}{\mathrm{d}s^n} \tag{6-22}$$

## 6.4.11　频域积分

若 $L[f(t)] = F(s)$，则

$$L\left[\frac{f(t)}{t}\right] = \int_s^{\infty} F(\eta)\,\mathrm{d}\eta \tag{6-23}$$

**【例题 6-10】**　求 $t^2 e^{-at}\varepsilon(t)$ 的像函数。

**解**　因为

$$L[e^{-at}\varepsilon(t)] = \frac{1}{s+a}$$

则根据 $s$ 域微分特性，得

$$L[(-t)^2 e^{-at}\varepsilon(t)] = \frac{\mathrm{d}^2}{\mathrm{d}s^2}\left(\frac{1}{s+a}\right) = \frac{2}{(s+a)^3}$$

即

$$L[t^2 e^{-at}\varepsilon(t)] = \frac{2}{(s+a)^3}$$

所以信号 $t^2 e^{-at}\varepsilon(t)$ 的像函数为 $F(s) = \dfrac{2}{(s+a)^3}$。

**【例题 6-11】**　求 $\dfrac{\sin t}{t}\varepsilon(t)$ 的像函数。

**解**　已知

$$L[\sin t \cdot \varepsilon(t)] = \frac{1}{s^2 + 1}$$

根据 $s$ 域积分特性，得

$$L\left[\frac{\sin t}{t}\varepsilon(t)\right] = \int_s^\infty \frac{1}{\eta^2 + 1} \, d\eta = \frac{\pi}{2} - \arctan(s) = \arctan\frac{1}{s}$$

所以信号 $\frac{\sin t}{t}\varepsilon(t)$ 的像函数为 $F(s) = \arctan\frac{1}{s}$。

下面将拉氏变换的主要特性列于表 6-2，以便查阅。

**表 6-2　拉普拉斯变换的主要特性**

| 序号 | 名　称 | 时域 $f(t)$ | 复频域 $F(s)$ |
|------|--------|-------------|----------------|
| 1 | 线性特性 | $af_1(t) + bf_2(t)$ | $aF_1(s) + bF_2(s)$ |
| 2 | 延时特性 | $f(t-t_0)\varepsilon(t-t_0)$ | $e^{-st_0}F(s)$ |
| 3 | 复频移特性 | $f(t)e^{s_0 t}$ | $F(s-s_0)$ |
| 4 | 尺度变换 | $f(at)\ (a>0)$ | $\frac{1}{a}F\left(\frac{s}{a}\right)$ |
| 5 | 时域微分 | $\dfrac{df(t)}{dt}$ | $sF(s) - f(0_-)$ |
| | | $\dfrac{d^n f(t)}{dt^n}$ | $s^n F(s) - s^{n-1}f(0_-) - s^{n-2}f'(0_-) - \cdots - f^{(n-1)}(0_-)$ |
| 6 | 时域积分 | $\displaystyle\int_{-\infty}^t f(\tau)d\tau$ | $\dfrac{1}{s}F(s) + \dfrac{1}{s}\displaystyle\int_{-\infty}^{0_-} f(\tau)d\tau$ |
| 7 | 时域卷积 | $f_1(t) * f_2(t)$ | $F_1(s)F_2(s)$ |
| 8 | 复频域卷积 | $f_1(t) \cdot f_2(t)$ | $\dfrac{1}{2\pi j}\displaystyle\int_{\sigma-j\infty}^{\sigma+j\infty} F_1(z)F_2(s-z)dz$ |
| 9 | 初值定理 | $f(0_+) = \lim\limits_{t\to 0_+} f(t) = \lim\limits_{s\to\infty} sF(s)$ | |
| 10 | 终值定理 | $f(\infty) = \lim\limits_{t\to\infty} f(t) = \lim\limits_{s\to 0} sF(s)$ | |
| 11 | 频域微分 | $(-t)^n f(t)$ | $\dfrac{d^n F(s)}{ds^n}$ |
| 12 | 频域积分 | $\dfrac{f(t)}{t}$ | $\displaystyle\int_s^\infty F(\eta)d\eta$ |
| 13 | 时域变换 | $f(at-b)\varepsilon(at-b)$ $a>0,\ b\geqslant 0$ | $\dfrac{e^{-\frac{bs}{a}}}{a}F\left(\dfrac{s}{a}\right)$ |

# 6.5　拉普拉斯逆变换的求法

像函数 $F(s)$ 通常是 $s$ 的有理分式，因此可借助"部分分式分解法"求得其原函数，即完成单边拉氏逆变换。

设信号 $f(t)$ 的像函数为

$$F(s) = \frac{B(s)}{A(s)} = \frac{b_m s^m + b_{m-1} s^{m-1} + b_1 s + b_0}{s^n + a_{n-1} s^{n-1} + a_1 s + a_0} \tag{6-24}$$

其中，$a_i$、$b_j$ 均为实数。若 $m \geqslant n$，则 $F(s)$ 可用长除法分解为有理多项式和有理真分式之和。如

$$F(s) = \frac{2s^3 + s^2 - 1}{s^2 + 3s + 2} = 2s - 5 + \frac{11s + 9}{s^2 + 3s + 2} = 多项式 + 真分式$$

式中，有理多项式对应的逆变换易于根据典型信号 $\delta(t)$ 的拉氏变换及拉氏变换特性求得。比如 $L^{-1}[2s] = 2\delta'(t)$，$L^{-1}[5] = 5\delta(t)$。因此，我们只需讨论有理真分式，即式（6-24）在 $m < n$ 时的逆变换。

在式（6-24）中，满足 $A(s) = 0$ 的根 $p_1$，$p_2$，$\cdots$，$p_n$ 被称为极点；满足 $B(s) = 0$ 的根 $z_1$，$z_2$，$\cdots$，$z_m$ 被称为零点。则式（6-24）可写为

$$F(s) = \frac{B(s)}{A(s)} = \frac{b_m (s - z_1)(s - z_2) \cdots (s - z_m)}{(s - p_1)(s - p_2) \cdots (s - p_n)} \tag{6-25}$$

按照极点种类的不同，部分分式分解法可分以下几种情况进行讨论。

**1. $F(s)$ 只有单实极点**

单实极点意味着 $p_1$，$p_2$，$\cdots$，$p_n$ 均为实数且互不相等。在这种情况下，总能找到 $n$ 个系数 $k_1$，$k_2$，$\cdots$，$k_n$ 使得 $F(s)$ 可改写为如下形式

$$F(s) = \frac{B(s)}{A(s)} = \frac{k_1}{s - p_1} + \frac{k_2}{s - p_2} + \cdots + \frac{k_n}{s - p_n} = \sum_{i=1}^{n} \frac{k_i}{s - p_i} \tag{6-26}$$

因此，根据指数信号的拉氏变换，像函数 $F(s)$ 对应的原函数 $f(t)$ 为

$$f(t) = (k_1 e^{p_1 t} + k_2 e^{p_2 t} + \cdots + k_n e^{p_n t})\varepsilon(t) = \sum_{i=1}^{n} k_i e^{p_i t} \varepsilon(t) \tag{6-27}$$

如何确定式（6-27）中的 $k_1$，$k_2$，$\cdots$，$k_n$ 呢？对式（6-26）两边同时乘以 $(s - p_1)$，有

$$\frac{B(s)}{(s - p_2)(s - p_3) \cdots (s - p_n)} = k_1 + \frac{(s - p_1) k_2}{s - p_2} + \cdots + \frac{(s - p_1) k_n}{s - p_n}$$

令 $s = p_1$，则

$$k_1 = \frac{B(s)}{(s - p_2)(s - p_3) \cdots (s - p_n)} \bigg|_{s = p_1}$$

同理，可求得其他任意一系数 $k_i$

$$k_i = (s - p_i) \frac{B(s)}{A(s)} \bigg|_{s = p_i} \tag{6-28}$$

**结论**：真分式在单实极点情况下的拉氏逆变换是形如式（6-27）的指数信号代数和。

【**例题 6-12**】　求 $F(s) = \dfrac{2s + 1}{s^2 + 8s + 15}$ 的原函数 $f(t)$。

**解**　$F(s) = \dfrac{2s+1}{s^2+8s+15} = \dfrac{2s+1}{(s+3)(s+5)} = \dfrac{k_1}{s+3} + \dfrac{k_2}{s+5}$

根据式(6-28)，各系数为

$$k_1 = \dfrac{2s+1}{s+5}\bigg|_{s=-3} = -\dfrac{5}{2}, \quad k_2 = \dfrac{2s+1}{s+3}\bigg|_{s=-5} = \dfrac{9}{2}$$

因此，原函数 $f(t)$ 为

$$f(t) = \left( \dfrac{9}{2}\mathrm{e}^{-5t} - \dfrac{5}{2}\mathrm{e}^{-3t} \right)\varepsilon(t)$$

### 2. $F(s)$ 含有共轭复数极点

如果 $A(s)=0$ 有一对共轭单根 $s=\alpha\pm\mathrm{j}\beta$，则 $F(s)$ 可写为

$$F(s) = \dfrac{B(s)}{(s-\alpha^2)+\beta^2} = \dfrac{B(s)}{(s-\alpha-\mathrm{j}\beta)(s-\alpha+\mathrm{j}\beta)} = \dfrac{k_1}{s-\alpha-\mathrm{j}\beta} + \dfrac{k_2}{s-\alpha+\mathrm{j}\beta}$$

根据式(6-28)，可求得 $k_1$、$k_2$：

$$k_1 = (s-\alpha-\mathrm{j}\beta)\dfrac{B(s)}{A(s)}\bigg|_{s=\alpha+\mathrm{j}\beta} = \dfrac{B(\alpha+\mathrm{j}\beta)}{2\mathrm{j}\beta} \tag{6-29}$$

$$k_2 = (s-\alpha+\mathrm{j}\beta)\dfrac{B(s)}{A(s)}\bigg|_{s=\alpha-\mathrm{j}\beta} = \dfrac{B(\alpha-\mathrm{j}\beta)}{-2\mathrm{j}\beta} \tag{6-30}$$

因为 $B(\alpha+\mathrm{j}\beta)$ 与 $B(\alpha-\mathrm{j}\beta)$ 互为共轭复数，所以 $k_1$、$k_2$ 呈共轭关系。设 $k_1 = A+\mathrm{j}B$，$k_2 = A-\mathrm{j}B$，即 $k_2 = k_1^*$，则原函数 $f(t)$ 为

$$\begin{aligned}
f(t) &= \mathrm{L}^{-1}\left[ \dfrac{k_1}{s-\alpha-\mathrm{j}\beta} + \dfrac{k_2}{s-\alpha+\mathrm{j}\beta} \right]\\
&= \left[ k_1\mathrm{e}^{(\alpha+\mathrm{j}\beta)t} + k_2\mathrm{e}^{(\alpha-\mathrm{j}\beta)t} \right]\varepsilon(t)\\
&= \mathrm{e}^{\alpha t}(k_1\mathrm{e}^{\mathrm{j}\beta t} + k_1^*\mathrm{e}^{-\mathrm{j}\beta t})\varepsilon(t)\\
&= 2\mathrm{e}^{\alpha t}(A\cos\beta t - B\sin\beta t)\varepsilon(t) \tag{6-31}
\end{aligned}$$

**结论**：真分式在共轭单根情况下的拉氏逆变换是形如式(6-31)的指数振荡信号。

【例题 6-13】　求 $F(s) = \dfrac{s+3}{s^2+2s+5}$ 的原函数 $f(t)$。

**解**　$F(s) = \dfrac{s+3}{(s+1-2\mathrm{j})(s+1+2\mathrm{j})} = \dfrac{k_1}{s+1-2\mathrm{j}} + \dfrac{k_2}{s+1+2\mathrm{j}}$

根据式(6-29)和式(6-30)，求得 $k_1$、$k_2$：

$$k_1 = \dfrac{s+3}{s+1+2\mathrm{j}}\bigg|_{s=-1+2\mathrm{j}} = \dfrac{1-\mathrm{j}}{2}, \quad k_2 = \dfrac{s+3}{s+1-2\mathrm{j}}\bigg|_{s=-1-2\mathrm{j}} = \dfrac{1+\mathrm{j}}{2}$$

根据式(6-31)，得原函数为

$$f(t) = 2\mathrm{e}^{-t}\left( \dfrac{1}{2}\cos2t + \dfrac{1}{2}\sin2t \right)\varepsilon(t) = \mathrm{e}^{-t}(\cos2t + \sin2t)\varepsilon(t)$$

受大纲所限，$F(s)$ 含有多重极点的内容这里不再介绍。

【例题 6-14】　利用拉氏变换特性求像函数 $F(s) = \dfrac{1-\mathrm{e}^{-Ts}}{s+1}$ 的原函数 $f(t)$。

**解**
$$F(s) = \dfrac{1}{s+1} - \dfrac{1}{s+1}\mathrm{e}^{-Ts}$$

$$\mathrm{e}^{-t}\varepsilon(t) \leftrightarrow \dfrac{1}{s+1}$$

由时移特性有

$$e^{-(t-T)}\varepsilon(t-T) \leftrightarrow \frac{1}{s+1}e^{-Ts}$$

则原函数为

$$f(t) = e^{-t}\varepsilon(t) - e^{-(t-T)}\varepsilon(t-T)$$

通过上述例题可以看到，求拉氏逆变换的前提是"像函数的部分分式展开"，而关键点是要熟悉一些基本信号的拉氏变换和拉氏变换的特性。

## 6.6 复频域系统函数分析法

### 6.6.1 系统函数

设系统零状态响应的拉氏变换为 $Y_f(s) = L[y_f(t)]$，激励的拉氏变换为 $F(s) = L[f(t)]$，则定义二者之比为系统函数，用 $H(s)$ 表示，即

$$H(s) \stackrel{\text{def}}{=\!=} \frac{Y_f(s)}{F(s)} \tag{6-32}$$

在系统分析中，由于激励与响应可能是电压也可能是电流，所以，系统函数可以是阻抗(电压与电流之比)或导纳(电流与电压之比)，还可以是数值比(电流与电流之比或电压与电压之比)。另外，若激励与响应在同一端口，则系统函数叫做"策动点函数"；若激励与响应不在同一端口，就叫做"传输(转移)函数"。例如，图 6-6 中的 $U_1(s)$ 与 $I_1(s)$ 之比，$I_2(s)$ 与 $U_2(s)$ 之比均被称为策动点函数；而 $U_1(s)$ 与 $U_2(s)$ 之比，$U_1(s)$ 与 $I_2(s)$ 之比均为传输函数(详见张卫钢编著的《电路分析教程》，清华大学出版社出版，2015.1)。显然，策动点函数只可能是阻抗或导纳；而转移函数可以是阻抗、导纳或数值比。在一般的系统分析中，对于这些名称往往不加区分，统称为系统函数、网络函数或传输函数，并用符号 $H(s)$ 统一标识。

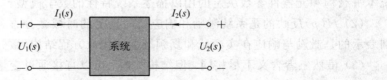

图 6-6 策动点函数与传输函数定义示意图

有了系统函数的概念，就可以分别研究系统函数与冲激响应和微分方程的关系。

由式(6-32)得

$$Y_f(s) = F(s)H(s) \tag{6-33}$$

同时，

$$y_f(t) = f(t) * h(t)$$

对上式两端进行拉氏变换并根据卷积定理，有

$$L[y_f(t)] = L[f(t)] \cdot L[h(t)]$$

即

$$Y_f(s) = F(s) \cdot L[h(t)]$$

将上式与式(6-33)对比可得系统函数与冲激响应的关系：冲激响应的拉氏变换是系

统函数，系统函数的拉氏逆变换是冲激响应。即

$$H(s) = \mathrm{L}[h(t)] \tag{6-34}$$

$$h(t) = \mathrm{L}^{-1}[H(s)] \tag{6-35}$$

我们知道，一个 $n$ 阶 LTI 系统的输入—输出关系由微分方程

$$\sum_{i=0}^{n} a_i y^{(i)}(t) = \sum_{j=0}^{m} b_j f^{(j)}(t) \tag{6-36}$$

描述。对式(6-36)两端进行拉氏变换，得零状态响应 $y_\mathrm{f}(t)$ 的像函数为

$$Y_\mathrm{f}(s) = \frac{\sum_{j=0}^{m} b_j s^j}{\sum_{i=0}^{n} a_i s^i} F(s) = \frac{B(s)}{A(s)} F(s) = H(s)F(s) \tag{6-37}$$

显然

$$H(s) = \frac{\sum_{j=0}^{m} b_j s^j}{\sum_{i=0}^{n} a_i s^i} = \frac{b_m s^m + b_{m-1} s^{m-1} + \cdots + b_1 s + b_0}{a_n s^n + a_{n-1} s^{n-1} + \cdots + a_1 s + a_0} \tag{6-38}$$

由式(6-38)可以看出系统函数与微分方程系数之间的关系：系统函数分子多项式 $s^j$ 的系数对应于激励 $f(t)$ 的第 $j$ 阶导数的系数 $b_j$；分母多项式 $s^i$ 的系数对应于响应 $y(t)$ 的第 $i$ 阶导数的系数 $a_i$。因此，能够从系统的微分方程模型中获得它的系统函数。相反，也能够通过系统函数确定系统的微分方程模型。

把式(6-33)和式(6-38)与前面 $H(p)$、$H(\mathrm{j}\omega)$ 的相关公式比较可见，$H(\mathrm{j}\omega)$ 与 $H(s)$ 在定义和形式上都很相似，因此，可以认为是系统函数的两种表示形式，一个在实频域使用，另一个在复频域使用。另外，算子 $p$ 虽然不是变量而表示一种运算，但 $H(p)$ 在形式上与系统函数也很相似，故式 $H(s) = H(p)\big|_{p=s}$ 也可以作为求解系统函数的另一条途径。

可以得到如下结论：

(1) $H(p)$、$H(\mathrm{j}\omega)$ 和 $H(s)$ 都可以表达系统激励和响应之间的关系，或者说，都是由系统本身结构和元器件参数决定的用以描述系统特性的数学模型。

(2) $H(p)$ 反映的是系统激励和响应之间满足的时域微分方程结构；$H(\mathrm{j}\omega)$ 与 $H(s)$ 分别表示的是激励与响应在实频域和复频域上的代数方程结构(微分方程的变换域形式)。

(3) 虽然三者含义不尽相同，但结构相同，可以直接通过变量代换互相转换。

【例题 6-15】 已知系统阶跃响应为 $g(t) = (1 - \mathrm{e}^{-2t})\varepsilon(t)$，为使其零状态响应为 $y_\mathrm{f}(t) = (1 - \mathrm{e}^{-2t} - t\mathrm{e}^{-2t})\varepsilon(t)$，求对应的激励 $f(t)$。

**解** 已知阶跃响应 $g(t)$ 是在 $\varepsilon(t)$ 激励下产生的零状态响应。由系统函数定义有

$$H(s) = \frac{Y_\mathrm{f}(s)}{F(s)} = \frac{\dfrac{1}{s} - \dfrac{1}{s+2}}{\dfrac{1}{s}} = \frac{2}{s+2}$$

又因为

$$F(s) = \frac{Y_\mathrm{f}(s)}{H(s)} = \frac{\dfrac{1}{s} - \dfrac{1}{s+2} - \dfrac{1}{(s+2)^2}}{\dfrac{2}{s+2}} = \frac{1}{s} - \frac{1}{2(s+2)}$$

所以，对应的激励 $f(t)$ 为

$$f(t) = L^{-1}[F(s)] = L^{-1}\left[\frac{1}{s} - \frac{1}{2(s+2)}\right] = \left(1 - \frac{1}{2}e^{-2t}\right)\varepsilon(t)$$

## 6.6.2　系统函数分析法

由系统函数定义可得

$$Y_f(s) = F(s)H(s) \tag{6-39}$$

则系统零状态响应为

$$y_f(t) = L^{-1}[Y_f(s)] = L^{-1}[F(s)H(s)] \tag{6-40}$$

式(6-40)为求解系统零状态响应又提供了一种方法，称之为"复频域系统函数分析法"。上述用拉氏变换分析 LTI 连续时间系统的过程如图 6-7 所示。

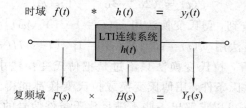

图 6-7　复频域分析法示意图

**【例题 6-16】**　已知某线性时不变电路的激励为幅度等于 1，宽度等于 1 的矩形脉冲，该电路的冲激响应为 $h(t) = e^{-at}\varepsilon(t)$。求该电路的零状态响应 $y_f(t)$。

**解**　由题意知

$$L[f(t)] = \frac{1 - e^{-s}}{s}$$

电路的系统函数

$$H(s) = L[h(t)] = \frac{1}{s+a}$$

根据式(6-39)可知，所求零状态响应的像函数为

$$Y_f(s) = H(s) \cdot F(s) = \frac{1 - e^{-s}}{s(s+a)} = \frac{1}{s(s+a)} - \frac{e^{-s}}{s(s+a)} \tag{6-41}$$

上式等号右端第一项可分解为

$$\frac{1}{s(s+a)} = \frac{1}{a}\left(\frac{1}{s} - \frac{1}{s+a}\right)$$

因此　　　　　$L^{-1}\left[\frac{1}{a}\left(\frac{1}{s} - \frac{1}{s+a}\right)\right] = \frac{1}{a}\varepsilon(t) - \frac{1}{a}e^{-at}\varepsilon(t) = \frac{1}{a}(1 - e^{-at})\varepsilon(t)$

根据拉氏变换时移特性可知，式(6-41)等号右端第二项所对应的原函数为

$$L^{-1}\left[\frac{e^{-s}}{s(s+a)}\right] = \frac{1}{\alpha}[1 - e^{-a(t-1)}]\varepsilon(t-1)$$

因此，该电路的零状态响应为

$$y_f(t) = \frac{1}{a}(1 - e^{-at})\varepsilon(t) - \frac{1}{a}[1 - e^{-a(t-1)}]\varepsilon(t-1)$$

**【例题 6 - 17】** 已知系统的微分方程为 $y''(t)+4y'(t)+3y(t)=f'(t)-3f(t)$，求系统的冲激响应和阶跃响应。

**解** 令零状态响应的像函数为 $Y_f(s)$，对原微分方程两端分别取拉普拉斯变换，有

$$s^2 Y_f(s)+4sY_f(s)+3Y_f(s)=sF(s)-3F(s)$$

则系统函数

$$H(s)=\frac{Y_f(s)}{F(s)}=\frac{s-3}{s^2+4s+3}=\frac{-2}{s+1}+\frac{3}{s+3}$$

故冲激响应为

$$h(t)=(3e^{-3t}-2e^{-t})\varepsilon(t)$$

因 $g(t)\leftrightarrow\frac{1}{s}H(s)$ 且 $\frac{1}{s}H(s)=\frac{s-3}{s(s^2+4s+3)}=\frac{-1}{s}+\frac{2}{s+1}-\frac{1}{s+3}$，所以，阶跃响应为

$$g(t)=(2e^{-t}-e^{-3t}-1)\varepsilon(t)$$

通过上述内容可以看到，傅氏变换法用 $y_f(t)=F^{-1}[Y_f(j\omega)]=F^{-1}[F(j\omega)H(j\omega)]$ 求解零状态响应，而拉氏变换法用 $y_f(t)=L^{-1}[Y_f(s)]=L^{-1}[F(s)H(s)]$ 求解，二者似乎没有什么本质区别。从形式上看，拉氏变换法只不过是把傅氏变换法中的 $j\omega$ 用 $s$ 代替而已。因此，只要激励信号满足狄氏条件，用傅氏变换或拉氏变换都能得到系统的零状态响应。拉氏变换的长处仅仅体现在可以求解出一些不满足狄氏条件信号的零状态响应，而这显然只是傅氏变换法的补充，并未展现出拉氏变换的真正特点。那么拉氏变换的最大特点是什么呢？

# 6.7　复频域系统模型分析法

## 6.7.1　系统数学模型分析法

我们知道，LTI 系统的基本数学模型是微分方程，而拉氏变换的微分特性可以将微分运算转换为乘法运算，即可将求解麻烦的微分方程转换为相对简单的代数方程（且包含系统的边界条件），从而可以一举求出方程全解（系统全响应）。这才是拉氏变换分析法的"杀手锏"。

利用拉氏变换求解系统全响应的具体步骤是：

第一步，根据电路定律（KCL、KVL 等）列出系统模型，即得到一个常系数线性微分方程（方程中如果有积分项，可以对方程微分去掉积分运算，将方程化为高一阶的微分方程）；

第二步，利用拉氏变换的微分特性将系统的时域微分方程化为复频域的代数方程，并将边界条件直接代入；

第三步，求出代数方程的复频域解；

第四步，利用拉氏逆变换将复频域解还原为时域解。

这种系统分析方法也可以称为"变换法"，即把拉氏变换看作是一种机器，只要把时域微分方程送入该机器，它就给出容易处理的产物——复频域代数方程，类似榨油机把花生变成花生油，如图 6 - 8 所示。

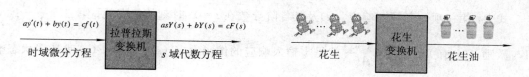

图 6-8 拉氏变换机和花生变换机示意图

**【例题 6-18】** 电路如图 6-9 所示，已知 $u_S(t)=\dfrac{3}{5}e^{-2t}\varepsilon(t)$，起始条件 $u_C(0_-)=$ $-2$ V，$RC=0.2$。求电容电压。

**解** 根据基尔霍夫电压定律，得到系统微分方程

$$\frac{du_C(t)}{dt}+\frac{1}{RC}u_C(t)=\frac{1}{RC}u_S(t)$$

对上式两边同时进行拉氏变换，并应用微分特性，得

$$sU_C(s)-u_C(0_-)+5U_C(s)=5U_S(s)$$

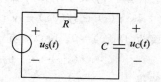

图 6-9 例题 6-18 图

解得

$$U_C(s)=\frac{1}{s+5}\big[5U_S(s)+u_C(0_-)\big]$$

因为

$$U_S(s)=L^{-1}[u_S(t)]=\frac{3}{5}\cdot\frac{1}{s+2},\quad u_C(0_-)=-2$$

所以

$$U_C(s)=\frac{3}{(s+2)(s+5)}-\frac{2}{s+5}=\frac{1}{s+2}-\frac{1}{s+5}-\frac{2}{s+5}=\frac{1}{s+2}-\frac{3}{s+5}$$

因此，电容电压 $u_C(t)$ 为

$$u_C(t)=e^{-2t}\varepsilon(t)-3e^{-5t}\varepsilon(t)$$

可见，用拉氏变换解方程可以一举求出系统的零状态和零输入响应，而这正是傅氏变换所欠缺的。换句话说，拉氏变换的最大特点就是，可以通过直接求解系统的方程模型，一次性得到系统全响应。而拉氏变换具备该特长的实质就是其微分特性中包含信号的起始值。

下面给出全响应计算方法。

因为 LTI 系统的微分方程模型为

$$y^{(n)}(t)+a_{n-1}y^{(n-1)}(t)+\cdots+a_1y'(t)+a_0y(t)$$

$$=b_mf^{(m)}(t)+b_{m-1}f^{(m-1)}(t)+\cdots+b_1f'(t)+b_0f(t) \tag{6-42}$$

若令 $L[y(t)]=Y(s)$，$L[f(t)]=F(s)$，则根据拉氏变换时域微分特性有

$$A(s)Y(s)-C(s)=B(s)F(s) \tag{6-43}$$

式中

$$A(s)=s^n+a_{n-1}s^{n-1}+\cdots+a_1s+a_0$$

$$C(s)=P_n(s)+a_{n-1}P_{n-1}(s)+\cdots+a_1P_1(s)$$

$$P_i(s)=s^{i-1}y(0_-)+s^{i-2}y'(0_-)+\cdots+sy^{(i-2)}(0_-)+y^{(i-1)}(0_-)$$

$$B(s)=b_ms^m+b_{m-1}s^{m-1}+\cdots+b_1s+b_0$$

由式（6-43）可得

$$Y(s)=\frac{C(s)}{A(s)}+\frac{B(s)}{A(s)}F(s) \tag{6-44}$$

式中，第一项 $\dfrac{C(s)}{A(s)}$ 只与响应 $y(t)$ 及其各阶导数在 $t=0_-$ 时刻的值有关；第二项 $\dfrac{B(s)}{A(s)}F(s)$ 只与激励 $f(t)$ 有关。因此，$\dfrac{C(s)}{A(s)}$ 就是零输入响应的像函数 $Y_x(s)$，$\dfrac{B(s)}{A(s)}F(s)$ 就是零状态响应的像函数 $Y_f(s)$，即

$$Y(s) = L[y_x(t)] + L[y_f(t)] = Y_x(s) + Y_f(s) \qquad (6-45)$$

**【例题 6-19】** 已知系统微分方程为 $y''(t)+5y'(t)+6y(t)=f'(t)+6f(t)$，起始条件为 $y(0_-)=1$，$y'(0_-)=2$，激励为 $\varepsilon(t)$。试求全响应。

**解** 对微分方程两边同时进行拉氏变换，得

$$s^2Y(s) - sy(0_-) - y'(0_-) + 5sY(s) - 5y(0_-) + 6Y(s) = sF(s) - f(0_-) + 6F(s)$$

因为 $f(0_-)=0$，所以，有

$$(s^2+5s+6)Y(s) - sy(0_-) - y'(0_-) - 5y(0_-) = (s+6)F(s)$$

解得

$$Y(s) = \frac{s+6}{s^2+5s+6}F(s) + \frac{sy(0_-) + y'(0_-) + 5y(0_-)}{s^2+5s+6}$$

第一项只与激励有关，为零状态响应的像函数 $Y_f(s)$。第二项只与起始条件有关，对应零输入响应的像函数 $Y_x(s)$。将 $F(s)=\dfrac{1}{s}$ 代入上式第一项，得

$$Y_f(s) = \frac{s+6}{s(s+2)(s+3)} = \frac{1}{s} - \frac{2}{s+2} + \frac{1}{s+3}$$

因此，零状态响应为

$$y_f(t) = \varepsilon(t) - 2e^{-2t}\varepsilon(t) + e^{-3t}\varepsilon(t)$$

由起始条件 $y(0_-)=1$，$y'(0_-)=2$，得

$$Y_x(s) = \frac{s+7}{(s+2)(s+3)} = \frac{5}{s+2} - \frac{4}{s+3}$$

则零输入响应为

$$y_x(t) = 5e^{-2t}\varepsilon(t) - 4e^{-3t}\varepsilon(t)$$

全响应为

$$y(t) = y_f(t) + y_x(t) = \varepsilon(t) + 3e^{-2t}\varepsilon(t) - 3e^{-3t}\varepsilon(t)$$

至此，引入拉氏变换的两个目的全部达到。一是解决了一些信号傅氏变换不存在的问题，二是可以一次性求出系统的零状态和零输入响应，即全响应。

全响应中所有与 $H(s)$ 极点有关的分量叠加后就构成自由响应，剩下的就是强迫响应。

## 6.7.2 系统电路模型分析法

在上一节中，利用拉氏变换求解系统方程，首先要求将系统模型建立起来，即要先写出时域的微分方程。对于一般电路，这并不困难，但如果电路比较复杂，列写微分方程可能就会变得十分繁复。因此，我们试图寻找一种新的方法来解决这一问题。

我们知道，零输入响应的成因在于系统内部存在储能元件（动态元件），也就是电感和电容。动态元件的记忆特性造就了零输入响应。因此，了解动态元件在复频域的电路模型是拉氏变换电路模型分析法给出全响应的基础或前提。

　　电路系统一般由电阻 $R$、电感 $L$ 和电容 $C$ 构成。如果能画出这三个元件的复频域电路模型，然后根据 KCL、KVL 等电路定律即可直接列写出系统的复频域数学方程，从而省略了 6.7.1 小节介绍的"先建立时域微分方程然后再将其转化为复频域代数方程"的繁琐求解过程，达到了简化求解步骤的目的。为此，首先介绍基尔霍夫定律的 $s$ 域数学模型。

　　在时域中，KCL 的数学表达式为

$$\sum i(t) = 0$$

对上式两边同时进行拉氏变换，得

$$\sum I(s) = 0 \tag{6-46}$$

　　式 $(6-46)$ 称为 KCL 的 $s$ 域形式。其中，$I(s)$ 是相应支路电流 $i(t)$ 的像函数。该式表明，对任何一个节点，流出或流入该节点像电流的代数和恒等于零。

　　同理，可得 KVL 时域表达式 $\sum u(t) = 0$ 的 $s$ 域形式为

$$\sum U(s) = 0 \tag{6-47}$$

即沿任何一个闭合电路，各段像电压的代数和恒等于零。

　　下面讨论三个元件的 $s$ 域电路模型。

**1. 电阻模型**

　　在任意时刻，线性非时变电阻 $R$ 的端电压 $u_R(t)$ 和流过的电流 $i_R(t)$ 的约束关系是

$$u_R(t) = Ri_R(t)$$

对上式两边同时进行拉普拉斯变换，并设 $L[u_R(t)] = U_R(s)$，$L[i_R(t)] = I_R(s)$，得

$$U_R(s) = RI_R(s) \tag{6-48}$$

　　式 $(6-48)$ 就是电阻 $R$ 的电流与电压 $s$ 域关系式，称为 $s$ 域数学模型。电阻时域和 $s$ 域的电路模型如图 $6-10$ 所示。

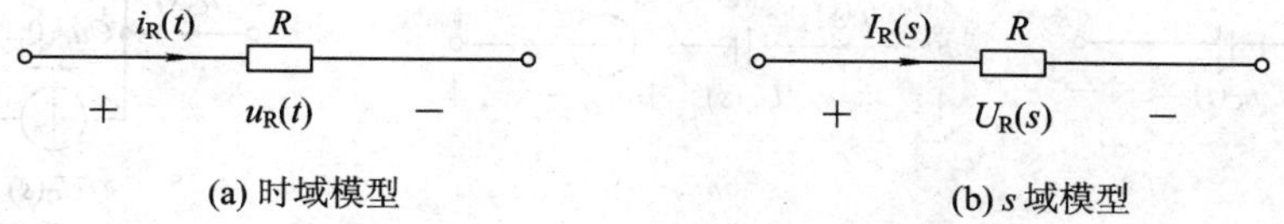

(a) 时域模型　　　　　　　　　　(b) $s$ 域模型

图 $6-10$　电阻时域及 $s$ 域电路模型

**2. 电感模型**

　　在任意时刻，线性非时变电感 $L$ 的端电压 $u_L(t)$ 和流过的电流 $i_L(t)$ 的关系是

$$u_L(t) = L\frac{di_L(t)}{dt}$$

对上式两边同时进行拉普拉斯变换，并设 $L[u_L(t)] = U_L(s)$，$L[i_L(t)] = I_L(s)$。可得电感的 $s$ 域数学模型为

$$U_L(s) = sLI_L(s) - Li_L(0_-) \tag{6-49}$$

　　式中，$sL$ 称为 $s$ 域感抗。可见，电感端电压的像函数 $U_L(s)$ 由两部分组成，一部分是感抗 $sL$ 与像电流 $I_L(s)$ 的乘积，一部分是 $s$ 域中的电压源 $Li_L(0_-)$。这样，电感 $L$ 在 $s$ 域中就可看作感抗 $sL$ 和电压源 $Li_L(0_-)$ 的串联。电感的时域和 $s$ 域电路模型如图 $6-11$ 所示。

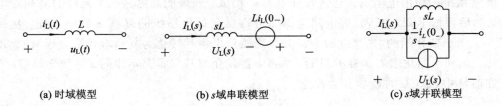

**(a) 时域模型**　　　　　**(b) s 域串联模型**　　　　　**(c) s 域并联模型**

图 6-11　电感时域及 s 域电路模型

### 3. 电容模型

在任意时刻,线性非时变电容 $C$ 的端电压 $u_C(t)$ 和流过的电流 $i_C(t)$ 的约束关系是

$$u_C(t) = \frac{1}{C} \int_{-\infty}^{t} i_C(\tau) \mathrm{d}\tau$$

对上式两边同时进行拉普拉斯变换,并设 $L[u_C(t)] = U_C(s)$,$L[i_C(t)] = I_C(s)$,可得电容 $C$ 的 s 域数学模型为

$$U_C(s) = \frac{1}{sC} I_C(s) + \frac{1}{sC} \int_{-\infty}^{0_-} i_C(\tau) \mathrm{d}\tau = \frac{1}{sC} I_C(s) + \frac{1}{s} u_C(0_-) \tag{6-50}$$

式中,$U_C(s)$、$I_C(s)$ 分别称为像电压和像电流,$\frac{1}{sC}$ 称为 s 域容抗。可见,电容两端的像电压由两部分组成,第一项是容抗与像电流之积;第二项相当于 s 域的电压源,可称为内部像电压源。根据 KVL 的 s 域模型,电容 $C$ 在 s 域可表示为容抗 $\frac{1}{sC}$ 和内部像电压源 $\frac{1}{s} u_C(0_-)$ 的串联形式。电容的时域和 s 域电路模型如图 6-12 所示。

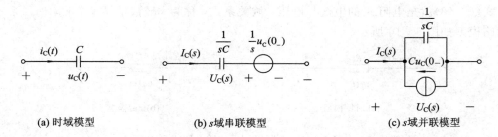

**(a) 时域模型**　　　　　**(b) s 域串联模型**　　　　　**(c) s 域并联模型**

图 6-12　电容时域及 s 域电路模型

根据式(6-49)和式(6-50)得到的元件电路模型称为串联电路模型;如果将这两个式子改写为

$$I_L(s) = \frac{1}{sL} U_L(s) + \frac{1}{s} i_C(0_-) \tag{6-51}$$

和

$$I_C(s) = sCU_C(s) - Cu_C(0_-) \tag{6-52}$$

则可得到两个元件 s 域的并联电路模型,分别见图 6-11(c)和图 6-12(c)。

实际应用时,究竟采用哪个模型要根据具体情况而定。如果列写电压方程,宜采用串联模型;若写电流方程,则常采用并联模型。

观察式(6-49)和式(6-50)可以发现,方程右边除了有体现激励信号作用的响应 $sLI_L(s)$ 项和 $\frac{1}{sC} I_C(s)$ 项外,还多了一个由"状态"产生的响应项 $Li_L(0_-)$ 和 $\frac{1}{s} u_C(0_-)$,而这一响应项的存在就是拉氏变换分析法可以一举给出全响应的根本原因。因此，傅氏变换和拉氏变换分析法的本质区别就是微分特性不同。

**【例题 6 - 20】** 如图 6 - 13(a)所示电路，已知 $f(t)=3e^{-10t}\varepsilon(t)$，$u_C(0_-)=5\text{ V}$。求电压 $y(t)$。

**解**　电路的 $s$ 域模型如图 6 - 13(b)所示。根据基尔霍夫定律，有

$$Y(s) = 1000[I_1(s) + I_2(s)]$$

$$F(s) = Y(s) + \frac{10^4}{s}I_1(s) + \frac{5}{s}$$

$$F(s) = Y(s) + 1000I_2(s)$$

联立以上三式，得

$$Y(s) = \frac{s+10}{s+20}F(s) - \frac{5}{s+20}$$

将 $F(s)=\dfrac{3}{s+10}$ 代入上式，得 $Y(s)=-\dfrac{2}{s+20}$，因此，电压为

$$y(t) = -2e^{-20t}\varepsilon(t)\text{ (V)}$$

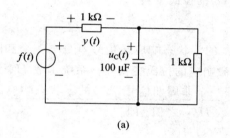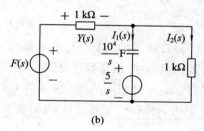

图 6 - 13　例题 6 - 20 图

**【例题 6 - 21】** 如图 6 - 14(a)所示电路，激励为 $u(t)$，响应为 $i(t)$，求冲激和阶跃响应。

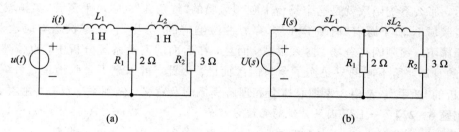

图 6 - 14　例题 6 - 21 图

**解**　由电路的零状态 $s$ 域模型（图 6 - 14(b)）可得系统函数 $H(s)$ 为

$$H(s) = \frac{I(s)}{U(s)} = \frac{1}{sL_1 + \dfrac{R_1(sL_2 + R_2)}{sL_2 + R_1 + R_2}} = \frac{1}{s + \dfrac{2(s+3)}{s+5}} = \frac{s+5}{s^2 + 7s + 6}$$

则冲激响应为

$$h(t) = L^{-1}[H(s)] = L^{-1}\left[\frac{s+5}{s^2 + 7s + 6}\right] = L^{-1}\left[\frac{4}{5} \times \frac{1}{s+1} + \frac{1}{5} \times \frac{1}{s+6}\right]$$

$$= \left(\frac{4}{5}e^{-t} + \frac{1}{5}e^{-6t}\right)\varepsilon(t)$$

阶跃响应的像函数 $G(s)$ 为

$$G(s) = H(s) \cdot \mathrm{L}[\varepsilon(t)] = \frac{s+5}{s(s^2 + 7s + 6)} = \frac{5}{6} \times \frac{1}{s} - \frac{4}{5} \times \frac{1}{s+1} - \frac{1}{30} \times \frac{1}{s+6}$$

因而，阶跃响应为

$$g(t) = \mathrm{L}^{-1}[G(s)] = \left( \frac{5}{6} - \frac{4}{5}\mathrm{e}^{-t} - \frac{1}{30}\mathrm{e}^{-6t} \right)\varepsilon(t)$$

## 6.8  复频域信号分解分析法

对复频域信号的分解方法有类似于 5.6.3 节内容的推导过程。

从式(6-2)可见，一个非周期信号 $f(t)$ 可以表示为无穷个复指数信号 $\mathrm{e}^{st}$ 的线性组合。因此，首先要求得系统对基本信号 $\mathrm{e}^{st}$ 的零状态响应 $y_{\mathrm{f1}}(t)$。有

$$y_{\mathrm{f1}}(t) = \mathrm{e}^{st} * h(t) = \int_{-\infty}^{+\infty} h(\tau)\mathrm{e}^{s(t-\tau)}\,\mathrm{d}\tau = \mathrm{e}^{st}\int_{-\infty}^{+\infty} h(\tau)\mathrm{e}^{-s\tau}\,\mathrm{d}\tau$$

而 $\int_{-\infty}^{+\infty} h(\tau)\mathrm{e}^{-s\tau}\,\mathrm{d}\tau = \int_{-\infty}^{+\infty} h(t)\mathrm{e}^{-st}\,\mathrm{d}t$ 正好是 $h(t)$ 的拉氏变换 $H(s)$，因此有

$$y_{\mathrm{f1}}(t) = H(s)\mathrm{e}^{st} \tag{6-53}$$

式(6-53)告诉我们，系统对基本信号 $\mathrm{e}^{st}$ 的零状态响应是信号本身与一个和时间 $t$ 无关的"常系数"之积。而该系数正好是系统冲激响应的拉氏变换——系统函数 $H(s)$。据此，可以得到与式(6-39)相同的结论：系统对任一个非周期信号 $f(t)$ 的零状态响应的拉氏变换 $Y_{\mathrm{f}}(s)$ 等于该信号拉氏变换 $F(s)$ 与系统函数 $H(s)$ 之积。即

$$Y_{\mathrm{f}}(s) = F(s)H(s)$$

推导过程类似于图 5-26。

通过上述知识及第 3、4、5 章的内容我们发现，如果把连续系统分析看作是一个"舞台"的话，那么系统函数就是这个舞台上独领风骚的"红角儿"，它左手牵着"实频域"，右手拉着"复频域"，脚下踩着"时域算子"，穿着冲激响应的"马甲"，在零状态响应这盏"追光灯"的照耀下，频频闪亮登场，博人眼球。而且，在后面的离散系统分析中，也依然闪动着它妩媚的身影，所不同的只是换了个"舞台"而已。因此，可以毫不夸张地说，系统函数是系统分析的"抓手"。希望大家细心体会和理解其概念及意义，做到举一反三，触类旁通。

【例题 6-22】　一 LTI 因果系统的系统方程为 $y''(t) + 3y'(t) + 2y(t) = 5f'(t) + 4f(t)$。

若输入 $f(t) = \mathrm{e}^{-3t}\varepsilon(t)$，起始状态 $y(0_-) = 2$，$y'(0_-) = 1$，试由 $s$ 域求：

(1) 系统的零输入响应 $y_{\mathrm{x}}(t)$ 和零状态响应 $y_{\mathrm{f}}(t)$。

(2) 系统函数 $H(s)$，单位冲激响应 $h(t)$。

**解**　(1) 对系统方程两边取拉氏变换，得

$$s^2 Y(s) - sy(0_-) - y'(0_-) + 3[sY(s) - y(0_-)] + 2Y(s) = (5s+4)F(s)$$

整理得

$$Y(s) = \frac{sy(0_-) + y'(0_-) + 3y(0_-)}{s^2 + 3s + 2} + \frac{5s+4}{s^2 + 3s + 2}F(s)$$

代入起始条件为 $y(0_-) = 2$，$y'(0_-) = 1$，则有

$$Y(s) = \frac{2s+7}{s^2 + 3s + 2} + \frac{5s+4}{s^2 + 3s + 2}F(s) = Y_{\mathrm{x}}(s) + Y_{\mathrm{f}}(s)$$

对 $Y_x(s)$ 求拉氏逆变换得到零输入响应为

$$y_x(t) = 5e^{-t} - 3e^{-2t} \quad (t \geqslant 0)$$

因为 $f(t) = e^{-3t}\varepsilon(t)$，其拉氏变换为 $F(s) = \dfrac{1}{s+3}$，则有

$$Y_f(s) = \frac{5s+4}{s^2+3s+2}F(s) = \frac{5s+4}{s^2+3s+2}\frac{1}{s+3} = 6\frac{1}{s+2} - \frac{1}{2}\frac{1}{s+1} - \frac{11}{2}\frac{1}{s+3}$$

逐项进行拉氏逆变换，得到零状态响应 $y_f(t)$ 为

$$y_f(t) = (6e^{-2t} - 0.5e^{-t} - 5.5e^{-3t})\varepsilon(t)$$

（2）因为 $Y_f(s) = F(s)H(s)$，则有

$$H(s) = \frac{Y_f(s)}{F(s)} = \frac{5s+4}{s^2+3s+2} = -\frac{1}{s+1} + \frac{6}{s+2}$$

对上式求拉氏逆变换，可得单位冲激响应为

$$h(t) = (6e^{-2t} - e^{-t})\varepsilon(t)$$

# 6.9　时域法、频域法和复频域法的关系

通过前面章节与本章的学习，我们对系统数学模型的概念有了进一步的认识和拓展，即除了基本模型微分方程外，还有传输算子 $H(p)$、频域系统函数 $H(j\omega)$、复频域系统函数 $H(s)$、冲激响应 $h(t)$ 也都是可以反映系统特性的数学模型。$H(p)$、$H(j\omega)$ 和 $H(s)$ 都来源于微分方程，具有相同的形式，反映着微分方程的结构；而 $h(t)$ 与 $H(j\omega)$ 和 $H(s)$ 是傅氏和拉氏变换对。利用这些系统模型，可得到以下三个求解系统零状态响应的数学模型。

时域求解模型：　　　　　$y_f(t) = f(t) * h(t)$　　　　　　　　　　　　　　　　（6－54）

频域求解模型：　　　　　$Y_f(j\omega) = F(j\omega)H(j\omega)$　　　　　　　　　　　　（6－55）

复频域求解模型：　　　　$Y_f(s) = F(s)H(s)$　　　　　　　　　　　　　　　　（6－56）

式（6－55）和式（6－56）分别是式（6－54）在频域和复频域的变换式，它们的主要作用是把时域的积分运算转化为变换域的代数运算，从而大大简化了系统分析的运算过程。

虽然拉氏变换拓展了傅氏变换的应用范围，在系统分析中得到广泛应用，但因为

（1）拉氏变换没有明显的物理意义。

（2）对实际系统进行分析的最终结果一定要落实在系统的时间特性和频率特性上来。所以，我们认为系统分析在本质上只有时域法和频域法。复频域法是频域法的扩展（拉氏变换可以认为是广义傅氏变换）以及时域法和频域法之间的桥梁。三者的关系见图 6－15。

**注意**：图 6－15 强调的是三者在概念上的联系，而在实际分析中，一个信号的傅氏变换只有在其拉氏变换收敛域包含 $j\omega$ 轴时，才可以通过直接用 $j\omega$ 替代拉氏变换中的 $s$ 方法得到。若收敛域不包含 $j\omega$ 轴，则该信号没有相应的傅氏变换。另外需要说明的是，因 $h(t)$、$H(j\omega)$ 和 $H(s)$ 均界定在零状态条件下，所以，通常在使用上述模型求解响应时，所得到的结果可以直接写为"系统响应 $y(t)$"，而不必强调响应是零状态、零输入或全响应。

至此，对线性时不变系统的端口分析方法就介绍完了。我们有必要对学过的各种分析方法做一个简单的总结，见表 6－3，以便于读者理解、掌握、使用和记忆。

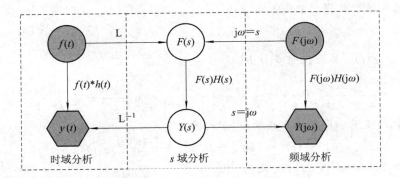

图 6-15　拉氏变换在系统分析中的桥梁作用示意图

**表 6-3　各种系统分析方法的优缺点**

| 方法＼优缺点 | 微分方程法（时域） | 傅氏级数法（频域） | 傅氏变换法（频域） | 拉氏变换系统函数法（复频域） | 拉氏变换数学模型法（复频域） |
|---|---|---|---|---|---|
| 优点 | 内容全面；概念清楚；结果直观；适合所有激励信号 | 计算简单；可给出系统频域特性 | 计算简单；可给出系统频域特性 | 适合所有激励信号；计算简单 | 适合所有激励信号；可以给出全响应 |
| 缺点 | 概念较多；计算复杂 | 只适合周期激励信号 | 主要适合非周期激励信号；不能给出全响应 | 没有物理意义；不能给出全响应 | 计算较复杂，容易出错 |
| 备注 | 是基本方法 | 是正弦交流电分析法的推广；没有响应分解的概念 | 是傅氏级数法的推广；是常用的分析法 | 是傅氏变换法的推广；是常用的分析法 | 是最理想的分析法；是常用的分析法 |

## 学 习 提 示

复频域分析是对频域分析的补充和深化，提示大家关注以下知识点：

(1) 傅氏变换是拉氏变换的一个特例。

(2) 系统函数与冲激响应是一对拉氏变换对。

(3) 系统零状态响应的拉氏变换等于激励的拉氏变换与系统函数的乘积。

(4) 电路的 $s$ 域模型实际上是对系统微分方程取拉氏变换操作的图解。

## 问 与 答

**问题 1**：引入拉氏变换的主要目的是什么？

**答**：拉氏变换是傅氏变换的推广。引入拉氏变换除了可以像傅氏变换一样得系统的零状态响应外，还可以弥补傅氏变换法的短板，既可以一举求得系统的全响应。

**问题 2**：拉氏变换法可以一次求得全响应的根本原因是什么？

**答**：是拉氏变换微分特性中包含函数（信号）的起始值。

**问题 3**：用两种变换求解微分方程时的主要异同点是什么？

**答**：虽然两种变换都可以把时域微分方程转换为变换域中的代数方程，但傅氏变换法得到的频域代数方程不包含函数（信号）的起始值，而拉氏变换法中的复频域代数方程却包含起始值。这就是它们的主要异同点。

**问题 4**：用式（6-55）和（6-56）都可求出系统的零状态响应，且难易程度都差不多，那么在遇到题目时，到底选用哪一个公式来求解呢？

**答**：单纯地从求响应的角度上看，应该首选拉氏变换，即式（6-56），因为不用考虑信号是否收敛，直接做就是了。但是如果题目除了响应外，还要求研究系统的频率特性，那就只能选傅氏变换，即式（6-55）。

# 习　题　6

6-1　求下列信号的单边拉氏变换。

(1) $(3\sin2t+2\cos3t)\varepsilon(t)$　　　(2) $2\delta(t)-e^{-t}\varepsilon(t)$　　　(3) $\cos^2 2t\varepsilon(t)$

(4) $e^{-(t+a)}\cos\omega t\varepsilon(t)$　　　(5) $e^{-(t-1)}\varepsilon(t-1)$　　　(6) $e^{-(t-1)}\varepsilon(t)$

(7) $t[\varepsilon(t)-\varepsilon(t-1)]$　　　(8) $(t+1)\varepsilon(t+1)$　　　(9) $\sin\pi t[\varepsilon(t)-\varepsilon(t-2)]$

6-2　求图 6-16 所示各信号的单边拉氏变换。

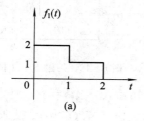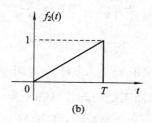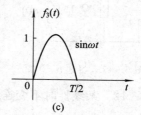

(a)　　　　　　　　　　　(b)　　　　　　　　　　　(c)

图 6-16　习题 6-2 图

6-3　求下列像函数 $F(s)$ 的原函数的初值和终值。

(1) $F(s)=\dfrac{2s+3}{(s+1)^2}$　　　(2) $F(s)=\dfrac{3s+1}{s(s+1)}$　　　(3) $F(s)=\dfrac{s+3}{(s+1)(s+2)^2}$

6-4　求下列像函数的原函数。

(1) $\dfrac{1}{(s+2)(s+4)}$　　　(2) $\dfrac{s^2+4s+5}{s^2+3s+2}$　　　(3) $\dfrac{(s+1)(s+4)}{s(s+2)(s+3)}$

(4) $\dfrac{4s+2}{s^2+8s+15}$　　　(5) $\dfrac{s^3+s-3}{s^2+3s+2}$　　　(6) $\dfrac{3s+4}{s^3+5s^2+8s+4}$

(7) $\dfrac{s+5}{s(s^2+2s+5)}$　　　(8) $\dfrac{4s^2+6}{s^3+s^2-2}$　　　(9) $\dfrac{s+3}{(s+1)^3(s+2)}$

6-5 求下列函数的拉普拉斯逆变换

(1) $\dfrac{2-\mathrm{e}^{-3s}}{s+2}$    (2) $\dfrac{s(1+\mathrm{e}^{-sT})}{s^2+\pi^2}$    (3) $\left(\dfrac{1+\mathrm{e}^{-2s}}{s}\right)^2$    (4) $\dfrac{s+6\mathrm{e}^{-s}}{s^2+9}$

6-6  已知激励为 $f(t)=\mathrm{e}^{-t}\varepsilon(t)$，其对应的零状态响应 $y_{\mathrm f}(t)=\left(\dfrac{1}{2}\mathrm{e}^{-t}-\right)\left(\mathrm{e}^{-2t}+\dfrac{1}{2}\mathrm{e}^{-3t}\right)\varepsilon(t)$

试求：(1) 系统的冲激响应 $h(t)$。(2) 系统的输入—输出方程。

6-7  已知某电路的冲激响应 $h(t)$ 和零状态响应 $y_{\mathrm f}(t)$ 分别为 $h(t)=\delta(t)-11\mathrm{e}^{-10t}\varepsilon(t)$ 和 $y_{\mathrm f}(t)=(1-11t)\mathrm{e}^{-10t}\varepsilon(t)$，试求其激励 $f(t)$。

6-8  已知系统函数 $H(s)=\dfrac{s}{s^2+3s+2}$，求激励信号 $f(t)$ 分为下述情况时的系统响应，并指出其中的自由响应分量和强迫响应分量。

(1) $f(t)=10\varepsilon(t)$    (2) $f(t)=10\sin(t)\varepsilon(t)$

6-9  在如图 6-17 所示电路中，已知 $i_{\mathrm L}(0_-)=2\ \mathrm A$，$i_{\mathrm S}(t)=5t\varepsilon(t)\ \mathrm A$，试求电感两端电压 $u_{\mathrm L}(t)$。

6-10  如图 6-18 所示电路，$t<0$ 时已处于稳态。$t=0$ 时开关 S 打开。求 $t\geqslant0$ 时的电容电压 $u_{\mathrm C}(t)$。

6-11  如图 6-19 所示电路，已知 $C=1\ \mathrm F$，$L=\dfrac{1}{2}\ \mathrm H$，$R_1=\dfrac{1}{5}\ \Omega$，$R_2=1\ \Omega$，$u_{\mathrm C}(0_-)=5\ \mathrm V$，$i_{\mathrm L}(0_-)=4\ \mathrm A$，$u_{\mathrm S}(t)=10\varepsilon(t)$，求 $t\geqslant0$ 时的全响应 $i_1(t)$。

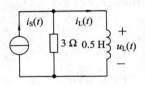 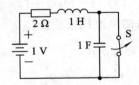 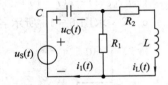

图 6-17 习题 6-9 图    图 6-18 习题 6-10 图    图 6-19 习题 6-11 图

6-12  某线性时不变连续时间系统的起始状态一定，已知输入 $f_1(t)=\delta(t)$ 时，全响应 $y_1(t)=-3\mathrm{e}^{-t}(t\geqslant0)$。输入 $f_2(t)=\varepsilon(t)$ 时，全响应 $y_2(t)=1-5\mathrm{e}^{-t}(t\geqslant0)$。试求输入 $f(t)=t\varepsilon(t)$ 时的全响应。

6-13  某线性时不变二阶系统，系统函数 $H(s)=\dfrac{s+3}{s^2+3s+2}$。已知输入信号 $f(t)=\mathrm{e}^{-3t}\varepsilon(t)$ 及起始条件 $y(0_-)=1$，$y'(0_-)=2$。求系统的全响应 $y(t)$ 及 $y_{\mathrm x}(t)$ 和 $y_{\mathrm f}(t)$，并确定自由响应和强迫响应。

6-14  已知系统的微分方程为 $y'(t)+2y(t)=f(t)$，起始条件为 $y(0_-)=1$，$f(t)=\sin(2t)\cdot\varepsilon(t)$，求系统全响应。

6-15  系统微分方程 $y''(t)+4y'(t)+3y(t)=3f(t)$，$f(t)=\varepsilon(t)$，$y(0_-)=2$，$y'(0_-)=-1$。利用拉氏变换求系统的全响应。

6-16  某 LTI 系统的输入—输出方程为 $y''(t)+5y'(t)+6y(t)=6f(t)$。求该系统在 $f(t)=2\mathrm{e}^{-t}\varepsilon(t)$、$y(0_-)=0$、$y'(0_-)=1$ 时的零输入响应 $y_{\mathrm x}(t)$ 和零状态响应 $y_{\mathrm f}(t)$。

# 第 7 章　连续系统的模拟与稳定性分析

- 问题引入：对很多问题的分析与研究借助图形是一种好方法。那么，用数学模型表示的系统，能否转化为用图形表示呢？另外，如何判断反馈系统的稳定性呢？
- 解决思路：将数学基本运算用图形表示→利用这些基本图形元素模拟系统结构；寻找系统函数与稳定性的关系。
- 研究结果：系统的框图与流图表示；系统函数的零极点分析。
- 核心内容：微分方程可用框图表示；系统稳定性可通过微分方程的极点位置判断。

## 7.1　系　统　的　模　拟

一个简单 LTI 系统虽然可以由其常系数线性微分方程数学模型加以描述，但在实际研究中，人们更喜欢利用图形对抽象的数学表达式进行辅助表示甚至直接取代，从而使问题更清晰、更直观。

### 7.1.1　基本运算器

图 7-1 画出了加法器（求和器）、数乘器和积分器的时域、$s$ 域模型及运算关系。

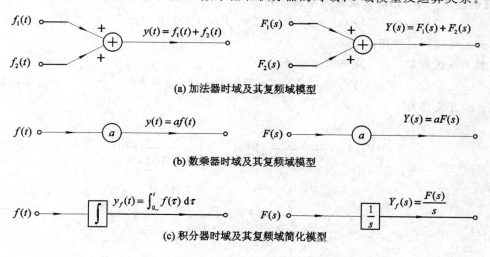

**(a) 加法器时域及其复频域模型**

**(b) 数乘器时域及其复频域模型**

**(c) 积分器时域及其复频域简化模型**

图 7-1　加法器、数乘器和积分器时域及复频域模型

### 7.1.2　系统框图模拟

总结相关知识可以得出如下论述：

（1）用基本运算器（积分器、数乘器和加法器）描述实际系统函数或方程模型的过程叫做系统模拟。

（2）用框图形式的运算器进行的模拟叫框图模拟，用流图形式的运算器进行的模拟叫流图模拟。

下面通过 2 个例题说明框图模拟的过程和方法。

**【例题 7－1】** 画出图 7－2 所示 $RC$ 电路的框图，其中 $u_i(t)$ 和 $u_o(t)$ 分别为激励和响应。

**解** 系统复频域方程为

$$I(s) = \frac{1}{R}[U_i(s) - U_o(s)] \tag{7-1}$$

$$U_o(s) = \frac{1}{Cs}I(s) \tag{7-2}$$

式(7-1)表明，框图应有一个对 $U_o(s)$ 和 $U_i(s)$ 进行减法运算的"加法器"，输出变量 $U_o(s)$ 与输入变量 $U_i(s)$ 一起汇成中间变量 $I(s)$；然后 $I(s)$ 按式(7-2)变换为输出变量 $U_o(s)$。最后的结果如图 7-3 所示。

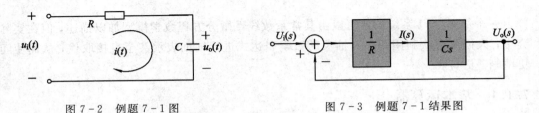

图 7－2　例题 7－1图　　　　　　　　　　图 7－3　例题 7－1结果图

**【例题 7－2】** 已知系统输入输出方程为

$$y''(t) + 3y'(t) + 2y(t) = f'(t) + f(t)$$

试画出系统模拟方框图。

**解** 系统的零状态 $s$ 域代数方程为

$$s^2 Y(s) + 3sY(s) + 2Y(s) = sF(s) + F(s) \tag{7-3}$$

式(7-3)可变形为

$$Y(s) = \frac{s+1}{s^2+3s+2}F(s) = \frac{\dfrac{1}{s} + \dfrac{1}{s^2}}{1 + \dfrac{3}{s} + \dfrac{2}{s^2}}F(s)$$

$$= \frac{\dfrac{1}{s}}{1 + \dfrac{3}{s} + \dfrac{2}{s^2}}F(s) + \frac{\dfrac{1}{s^2}}{1 + \dfrac{3}{s} + \dfrac{2}{s^2}}F(s) \tag{7-4}$$

设

$$X(s) = \frac{1}{1 + \dfrac{3}{s} + \dfrac{2}{s^2}}F(s) \tag{7-5}$$

则式(7-4)为

$$Y(s) = \frac{1}{s}X(s) + \frac{1}{s^2}X(s)$$

即输出 $Y(s)$ 可看作是两个输入分别为 $\dfrac{1}{s}X(s)$ 和 $\dfrac{1}{s^2}X(s)$ 的"和点"输出或"加法器"输出。

式(7-5)可写作

$$X(s) = F(s) - \frac{3}{s}X(s) - \frac{2}{s^2}X(s)$$

即 $X(s)$ 可看作是三个输入分别为 $F(s)$、$-\dfrac{3}{s}X(s)$、$-\dfrac{2}{s^2}X(s)$ 的"和点"输出。因此,系统模拟框图如图 7-4 所示。

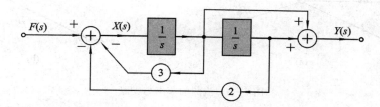

图 7-4　例题 7-2 图

**注意**:由于系统数学模型的表现形式不唯一,即一个数学表达式可以有不同的变换形式,所以系统的模拟框图也就不唯一。

### 7.1.3　系统流图模拟

虽然框图模拟已经为系统的分析带来了很大的方便,但人们还会发问:"有没有更简单的方法?"回答是肯定的,这就是下面要介绍的系统流图模拟。

**1. 流图的概念**

"流图"是"信号流图"的简称,是框图的简化形式,其特点是将框图中的每个方框用有向线段表示,并省略了框图中的加法器。

图 7-5 是传输函数为 $H(s)$ 的系统方框图和流图。流图表示的基本方法就是按信号的流向从一个节点到另一个节点画一条有向线段,并将传输函数(增益)标注在线段的旁边。

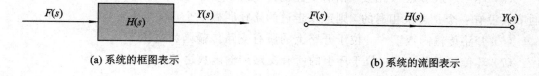

**(a) 系统的框图表示**　　　　　　　　　**(b) 系统的流图表示**

图 7-5　系统的框图和流图表示

这种由旁注传输函数或增益的有向线段(表示信号传输方向和对信号进行的相应处理)和节点(系统中的变量,表示信号的起止点)构成的图形就是流图。

在图 7-5 中,表示 $H(s)$ 的支路起始于信号(激励)$F(s)$ 节点而终止在信号(响应)$Y(s)$ 节点,表明这条支路输出的信号等于输入信号乘以该支路的传输函数,即 $Y(s)=F(s)H(s)$。

由于一个节点可以有许多来向支路和去向支路,所以流图规定:任一节点上的信号(变量),仅等于该节点上所有来向支路输出的信号之和。例如在图 7-6(a)中,节点信号变量 $x_4$、$x_5$ 和 $x_6$ 可由下式给出:

$$\begin{cases} x_4 = H_{14}x_1 + H_{24}x_2 + H_{34}x_3 \\ x_5 = H_{45}x_4 \\ x_6 = H_{46}x_4 \end{cases}$$

**注意**：节点起求和作用，能把所有来向支路的信号加起来。如果信号相减，只需在被减信号的支路传输函数前面配置一个负号即可，如图 7 - 6(b)所示，即 $x_3 = H_{13} x_1 - H_{23} x_2$。

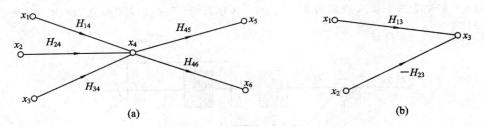

图 7 - 6　流图的节点与支路

使用流图能简化系统表示形式的作用是很明显的。在一个方框图中，重要的是传输函数和各子系统的相互连接形式，流图只保留了这些信息而抛弃所有其他不必要的东西，如方框和求和符号等。因此，它能使我们的注意力更加集中在系统的本质上。

**2. 梅森公式**

梅森公式是利用流图对系统进行分析的一个重要工具，通过它可以很方便地从流图中得到系统的传输函数，即为系统模拟服务的一个数学模型。

下面先介绍几个重要的概念与术语：

(1) 源点(激励点)——只有输出支路的节点。

(2) 从点(响应点)——至少有一条输入支路的节点。

(3) 支路——从一个节点直接指向另一个节点的有向线段。

(4) 开路——从节点 $A$ 出发，沿着支路的方向经过若干节点到达另一个节点 $B$，且经过的节点没有一个是再次相遇的，则这条走过的路径叫做从 $A$ 点到 $B$ 点的一条开路。

(5) 环——从节点 $A$ 出发，沿着支路的方向经过若干节点又回到节点 $A$，且中间经过的节点没有一个是再次相遇的，则这条走过的路径叫做一个环。

(6) 开路传输函数 $T$——位于开路上的所有支路传输函数之积。

(7) 环传输函数 $L$——位于环上的所有支路传输函数之积。

(8) 流图行列式 $\Delta$

$$\Delta = 1 - \sum_i L_i + \sum_{i,j} L_i L_j - \sum_{i,j,k} L_i L_j L_k + \cdots \tag{7-6}$$

其中：

$$\sum_i L_i \quad \text{——所有环的环传输函数之和。} \tag{7-7}$$

$$\sum_{i,j} L_i L_j \quad \text{——所有不相碰的两个环的环传输函数之积的和。} \tag{7-8}$$

$$\sum_{i,j,k} L_i L_j L_k \quad \text{——所有不相碰的三个环的环传输函数之积的和。} \tag{7-9}$$

所谓"不相碰"，就是环与环之间没有共同的支路和节点。

有了上述概念，就可以给出梅森公式：**从激励点 $F$ 到响应点 $Y$ 的系统传输函数 $T_{FY}$ 可以表示为**

$$T_{FY} = \frac{\sum\limits_{N=1}^{M} T_N \Delta_N}{\Delta}$$

或者表示为

$$H(s) = \frac{\sum\limits_{N=1}^{M} T_N \Delta_N}{\Delta} \qquad (7-10)$$

其中：$M$ 表示从激励点 $F$ 到响应点 $Y$ 的开路数目。$T_N$ 表示从激励点 $F$ 到响应点 $Y$ 第 $N$ 条开路的开路传输函数。$\Delta_N$ 表示将第 $N$ 条开路去掉后所剩流图的流图行列式。

　　梅森公式是系统数学模型的另一种表现形式，是通往流图（框图）模型的一条便捷之路。下面举几个例子说明梅森公式的使用方法。

**【例题 7-3】**　求图 7-7 所示流图的传输函数。

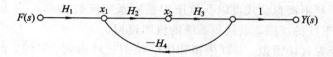

图 7-7　例题 7-3 图

　　**解**　该图只有一个环，其传输函数为 $-H_2 H_3 H_4$。因此，流图行列式 $\Delta$ 为

$$\Delta = 1 - \sum_i L_i = 1 + H_2 H_3 H_4$$

　　在输入和输出之间只有一条开路，其传输函数为 $H_1 H_2 H_3$。当这条开路去掉之后，环亦中断。因此 $\Delta_1 = 1$，则该流图的传输函数为

$$H(s) = \frac{T_1 \Delta_1}{\Delta} = \frac{H_1 H_2 H_3}{1 + H_2 H_3 H_4}$$

**【例题 7-4】**　求图 7-8 所示流图的传输函数。

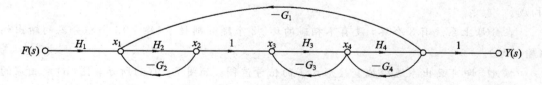

图 7-8　例题 7-4 图

　　**解**　该图共有四个环

① $x_1 - x_2 - x_1$，② $x_3 - x_4 - x_3$，③ $x_4 - Y - x_4$，④ $x_1 - x_2 - x_3 - x_4 - Y - x_1$。

各环的传输函数依次为

① $-H_2 G_2$，② $-H_3 G_3$，③ $-H_4 G_4$，④ $-H_2 H_3 H_4 G_1$

因此

$$\sum_i L_i = -(H_2 G_2 + H_3 G_3 + H_4 G_4 + H_2 H_3 H_4 G_1)$$

因为有两对不相碰的环 $x_1 - x_2 - x_1$ 和 $x_3 - x_4 - x_3$、$x_1 - x_2 - x_1$ 和 $x_4 - Y - x_4$，所以

$$\sum_{ij} L_i L_j = H_2 G_2 H_3 G_3 + H_2 G_2 H_4 G_4$$

因为没有三个或三个以上的不相碰环，所以

$$\Delta = 1 - \sum_i L_i + \sum_{ij} L_i L_j$$

$$= 1 + (H_2 G_2 + H_3 G_3 + H_4 G_4 + H_2 H_3 H_4 G_1 + H_2 G_2 H_3 G_3 + H_2 G_2 H_4 G_4)$$

对该图而言，在输出和输入之间只有一条开路，其传输函数为 $H_1 H_2 H_3 H_4$，则

$$T_1 = H_1 H_2 H_3 H_4$$

因为所有的环都与这条开路相碰，去掉该开路，所有环就中断，故有

$$\Delta_1 = 1 - 0 + 0 - \cdots = 1$$

根据梅森公式，系统传输函数为

$$H(s) = \frac{T_1 \Delta_1}{\Delta} = \frac{H_1 H_2 H_3 H_4}{1 + H_2 G_2 + H_3 G_3 + H_4 G_4 + H_2 H_3 H_4 G_1 + H_2 G_2 H_3 G_3 + H_2 G_2 H_4 G_4}$$

### 3. 流图模拟

上面已经讲了利用梅森公式可以从流图中获取系统函数 $H(s)$，下面介绍如何根据系统函数 $H(s)$ 画出系统的流图，也就是系统的流图模拟。

流图模拟可分为直接模拟、并联模拟和串联模拟三种形式。显然，因为流图和框图的"血缘"关系，框图模拟也具有上述三种形式。

(1) 直接模拟：就是根据系统函数 $H(s)$ 的一般形式，直接画出其流图的模拟方法。

**【例题 7-5】** 设一系统的系统函数为 $H(s) = \dfrac{1}{s^3 + a_2 s^2 + a_1 s + a_0}$，试用流图模拟该系统。

**解** 将系统函数改写为 $H(s) = \dfrac{\dfrac{1}{s^3}}{1 - \dfrac{-a_2}{s} - \dfrac{-a_1}{s^2} - \dfrac{-a_0}{s^3}}$，将该式与梅森公式相比较可得

如下结论：

在分子上只有 1 条开路，且去掉该开路后的流图行列式为 1。该开路由 3 个积分器构成。

在分母上系统有 3 个环，没有不相碰的环。3 个环分别始于(终于)3 个积分器的输出端(输入端)。

据此，即可画出系统模拟直接形式 1 的信号流图，如图 7-9(a)所示，图(b)是相应的框图。若将图 7-9(a)进行转置变换，即把图中所有支路的信号传输方向都反转，并把源点和从点对调，就得到直接形式 2 模拟图，如图 7-10(a)和(b)所示。

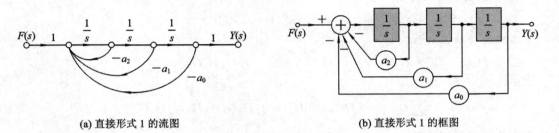

(a) 直接形式 1 的流图          (b) 直接形式 1 的框图

图 7-9  例题 7-5 的直接形式 1 模拟图

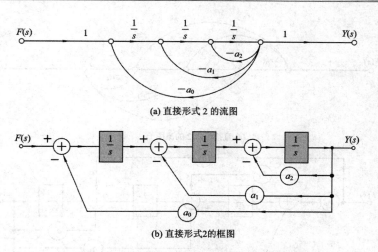

(a) 直接形式 2 的流图

(b) 直接形式2的框图

图 7-10　例题 7-5 的直接形式 2 模拟图

可见，流图转置后其系统函数保持不变，故直接模拟可有两种不同形式。再看一例。

【例题 7-6】　设一系统的系统函数为 $H(s) = \dfrac{b_2 s^2 + b_1 s + b_0}{s^3 + a_2 s^2 + a_1 s + a_0}$，试用流图模拟该系统。

**解**　该例与上一例的主要区别在于分子不同。将系统函数改写为

$$H(s) = \frac{\dfrac{b_2}{s} + \dfrac{b_1}{s^2} + \dfrac{b_0}{s^3}}{1 - \dfrac{-a_2}{s} - \dfrac{-a_1}{s^2} - \dfrac{-a_0}{s^3}}$$

将该式与梅森公式相比较可得如下结论：

从分子上看，该系统有 3 条开路，且去掉每条开路后的流图行列式为 1。3 条开路分别从 3 个积分器的输出端直接指向从点，或从激励点直接指向 3 个积分器的输入端。

从分母上看，该系统有 3 个环，没有不相碰的环。3 个环分别始于/终于 3 个积分器的输出端/输入端。据此，即可画出系统直接形式的流图和框图，如图 7-11 和图 7-12 所示。

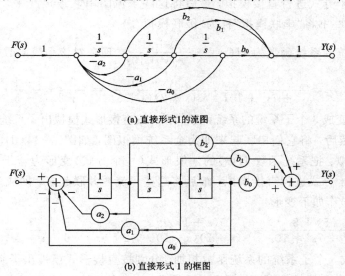

(a) 直接形式1的流图

(b) 直接形式 1 的框图

图 7-11　例题 7-6 的直接形式 1 模拟图

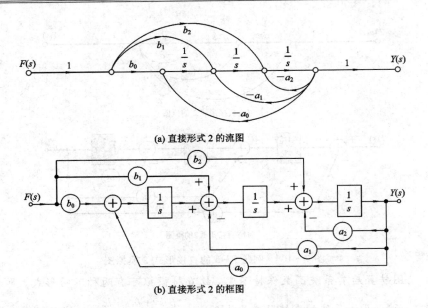

**(a) 直接形式 2 的流图**

**(b) 直接形式 2 的框图**

图 7-12　例题 7-6 的直接形式 2 模拟图

通过上述例题可以发现一些系统模拟的规律，将这些规律整理并归纳，即可给出直接模拟的一般形式。对于系统函数形如

$$H(s) = \frac{b_m s^m + b_{m-1} s^{m-1} + \cdots + b_1 s + b_0}{s^n + a_{n-1} s^{n-1} + \cdots + a_1 s + a_0} = \frac{b_m s^{-(n-m)} + b_{m-1} s^{-(n-m+1)} + \cdots + b_1 s^{-(n-1)} + b_0 s^{-n}}{1 + a_{n-1} s^{-1} + \cdots + a_1 s^{-(n-1)} + a_0 s^{-n}}$$

$$(7-11)$$

的系统，其分母可看作 $n$ 个回路(环)组成的流图行列式，且各回路都相碰；分子可看作是 $(m+1)$ 条开路的传输函数之和，且各开路都相碰。因此，可以得到图 7-13 所示的两种直接模拟流图形式。

（2）串联模拟：把系统函数 $H(s)$ 的一般形式（一个分式）变形为若干个分式之积的形式，然后对每个子分式进行直接模拟，最后将这些子流图串联连接起来，即成为串联模拟形式。（注意：有些书将"串联模拟"称为"级联模拟"。）

例如，一系统的系统函数为 $H(s) = \dfrac{5s+5}{s^3 + 7s^2 + 10s}$，现在对该系统函数作如下变形：

$$H(s) = \frac{5s+5}{s^3 + 7s^2 + 10s} = \frac{5(s+1)}{s(s+2)(s+5)} = \frac{5}{s+2} \cdot \frac{s+1}{s+5} \cdot \frac{1}{s}$$

可见，$H(s)$ 变成 3 个子系统的系统函数相乘。按直接形式模拟出子系统，如图 7-14(a)、(b)、(c)所示。然后，将它们串联起来即为全系统模拟图，如图 7-14(d)、(e)所示。

（3）并联模拟：把系统函数 $H(s)$ 的一般形式（一个分式）变形为若干个分式之和的形式，然后对每个子分式进行直接模拟，最后将这些子流图并联起来，即成为并联模拟形式。

如果把 $H(s)$ 作如下变形：

$$H(s) = \frac{5s+5}{s^3 + 7s^2 + 10s} = \frac{5(s+1)}{s(s+2)(s+5)} = \frac{1}{2} \cdot \frac{1}{s} + \frac{5}{6} \cdot \frac{1}{s+2} - \frac{4}{3} \cdot \frac{1}{s+5}$$

则可将 $H(s)$ 变成 3 个子系统的系统函数相加。分别按直接形式模拟出子系统，然后将它们并联起来即成为全系统模拟图，如图 7-15 所示。

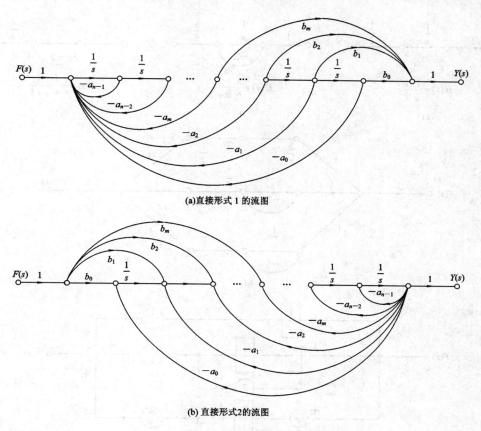

(a)直接形式 1 的流图

(b) 直接形式2的流图

图 7 - 13 直接模拟流图的一般形式

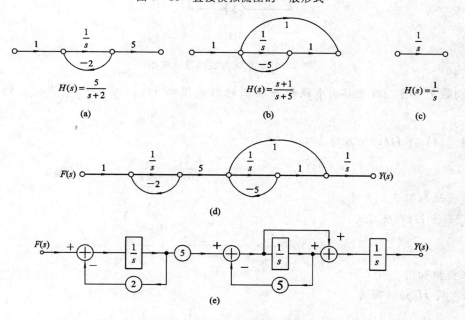

$H(s) = \dfrac{5}{s+2}$

(a)

$H(s) = \dfrac{s+1}{s+5}$

(b)

$H(s) = \dfrac{1}{s}$

(c)

(d)

(e)

图 7 - 14 系统串联模拟示意图

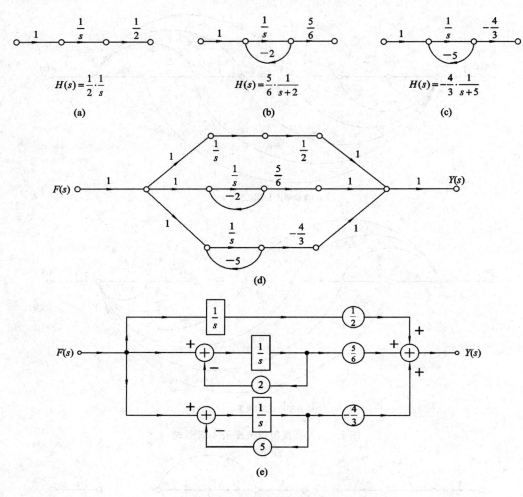

图 7-15  系统并联模拟示意图

【例题 7-7】  用直接、串联和并联三种形式模拟 $H(s) = \dfrac{2s+3}{s(s+3)(s+2)^2}$ 的框图和流图。

**解**  (1) 将 $H(s)$ 改写为

$$H(s) = \frac{2s+3}{s^4 + 7s^3 + 16s^2 + 12s}$$

其直接模拟如图 7-16 所示。

(2) 将 $H(s)$ 改写为

$$H(s) = \frac{1}{s} \cdot \frac{1}{s+2} \cdot \frac{2s+3}{s+2} \cdot \frac{1}{s+3}$$

其串联模拟如图 7-17 所示。

(3) 将 $H(s)$ 改写为

$$H(s) = \frac{1}{4} \cdot \frac{1}{s} - \frac{5}{4} \cdot \frac{1}{s+2} + \frac{1}{2} \cdot \frac{1}{(s+2)^2} + \frac{1}{s+3}$$

其并联模拟如图 7-18 所示。

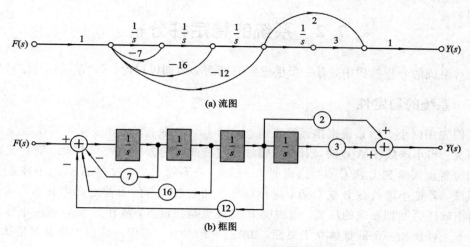

(a) 流图

(b) 框图

图 7 - 16　例题 7 - 7 的直接模拟图

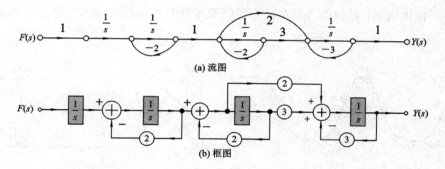

(a) 流图

(b) 框图

图 7 - 17　例题 7 - 7 的串联模拟图

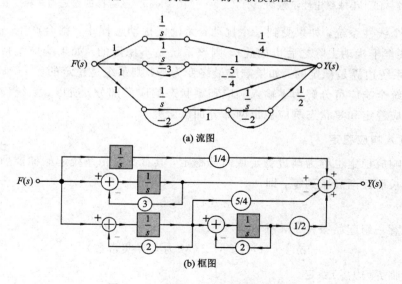

(a) 流图

(b) 框图

图 7 - 18　例题 7 - 7 的并联模拟图

从上述例题可见，虽然梅森公式从流图中引出，但它也适合于系统的框图模拟。显然，从功能上看，流图完全可以取代框图。

## 7.2 系统的稳定性分析

在对系统的分析过程中,有一个很重要的概念必须加以讨论,即"系统的稳定性"。

### 7.2.1 系统的稳定性

我们先用两个力学系统来描述稳定概念。图 7-19 是一个小球放在不同位置受力后的运动情况。当小球放在 A 点时,对小球施加向左或向右的力使之产生移动,则它就会离开原来的位置而滚落到 B 或 C 点,这说明 A 点是一个不稳定点,放在 A 点的小球是一个不稳定系统。若把小球放在 B 或 C 点,对小球施加向左或向右的力使之产生移动后,再撤回力,则小球还会回到原来的位置,这说明 B 或 C 点是稳定点,放在 B 或 C 点的小球是一个稳定系统。再比如一个圆锥体立于桌面,如图 7-20 所示,当用一定的力推动圆锥体,圆锥体会改变状态,但在该力去除之后它仍能回到原来的状态,则圆锥体就处于稳定状态。反之,若将圆锥体倒立,轻微的力就会使它翻倒而改变状态,则此时的圆锥体就处于不稳定状态。

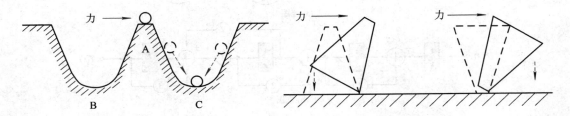

图 7-19　小球稳定性示意图　　　　图 7-20　圆锥体的稳定与非稳定状态示意图

对于一个线性系统,如果受到一个扰动,无论该扰动怎样小,都会产生一个随时间增长的响应(甚至于扰动去除之后也如此),则该系统是不稳定的。如果响应维持在一定的界限之内,则系统边界是稳定的。如果响应最终变为零,则系统是稳定的。

因为系统全响应可分解为零输入响应和零状态响应两部分,所以,系统稳定性也可分为零输入响应稳定和零状态响应稳定两部分加以研究。

**1. 零输入响应稳定**

零输入响应稳定也称为渐进稳定或内部稳定,其含义是由系统起始储能所产生的响应随时间的增长而逐渐衰减到零,即

$$\lim_{t\to\infty} y_x(t) = 0 \tag{7-12}$$

若在任意一组起始条件下,有

$$\lim_{t\to\infty} |y_x(t)| \leqslant M \quad (M\text{ 为有界实常数}) \tag{7-13}$$

则称系统为临界(边界)稳定。

若在某些起始条件下,有

$$\lim_{t\to\infty} |y_x(t)| \to \infty \tag{7-14}$$

则称系统为不稳定系统。

零输入响应的稳定性状况可用表 7 – 1 描述。

**表 7 – 1　零输入响应稳定性状况**

| 零输入响应 | 稳定性 |
|---|---|
| 随时间增长 | 不稳定 |
| 维持在一定界限内 | 边界稳定（临界稳定） |
| 最终变为零 | 渐近稳定 |

**2. 零状态响应稳定**

零状态响应稳定也称为外部稳定或 BIBO 稳定（Bounded-Input Bounded-Output），是指起始无储能系统在有界信号激励下，其输出（零状态响应）也有界。其定义为

**若系统对有界激励产生的响应也是有界的，则称系统为 BIBO 稳定系统；否则系统就是不稳定系统。**即

$$|f(t)| < M \rightarrow |y_f(t)| < \infty \tag{7-15}$$

可以证明：连续时间系统稳定的充要条件是冲激响应 $h(t)$ 绝对可积，即

$$\int_{-\infty}^{\infty} |h(t)| \, \mathrm{d}t < \infty \tag{7-16}$$

连续时间系统稳定的必要条件是

$$\lim_{t \to \infty} h(t) = 0 \tag{7-17}$$

可以证明，

（1）渐近稳定系统一定是 BIBO 稳定系统。

（2）渐近不稳定系统一定是 BIBO 不稳定系统。

（3）BIBO 稳定系统不一定是渐近稳定系统。

（4）在 $H(s)$ 分母阶次不小于分子阶次和不存在零极点相消的条件下，系统的渐近稳定与 BIBO 稳定是等效的。（注：零极点相消意味着改变了系统结构，比如，一个二阶系统变成一阶系统，具体地讲，就是由具有两个动态元件的电路变成只有一个动态元件的电路。）

（5）实际系统（除信号发生器外）必须是渐近稳定的，同时也一定是 BIBO 稳定的。

基于上述几点，以下对稳定性的研究与讨论均指 BIBO 稳定，即零状态响应稳定。

## 7.2.2　系统函数 $H(s)$ 的零、极点分析

系统的稳定性可由冲激响应 $h(t)$ 的特性决定，但因为 $h(t)$ 是时域函数，直接寻求和分析 $h(t)$ 颇有不便，所以，人们自然想到能否在 $s$ 域进行研究呢？答案是肯定的！由于 $h(t)$ 与系统函数 $H(s)$ 是拉氏变换对，故 $h(t)$ 的一些特性可以通过研究其像函数 $H(s)$ 得到。

如果用 $A(s)$ 和 $B(s)$ 分别表示系统函数 $H(s)$ 的分母和分子，方程 $B(s) = 0$ 有 $m$ 个根 $\xi_1, \xi_2, \cdots, \xi_m$，方程 $A(s) = 0$ 有 $n$ 个根 $\lambda_1, \lambda_2, \cdots, \lambda_n$，则系统函数的一般形式为

$$H(s) = \frac{b_m s^m + b_{m-1} s^{m-1} + \cdots + b_1 s + b_0}{s^n + a_{n-1} s^{n-1} + \cdots + a_1 s + a_0} = \frac{B(s)}{A(s)} = \frac{b_m \prod_{j=1}^{m} (s - \xi_j)}{\prod_{i=1}^{n} (s - \lambda_i)} \tag{7-18}$$

把 $\xi_1$, $\xi_2$, …, $\xi_m$ 称为系统函数 $H(s)$ 的零点，把 $\lambda_1$, $\lambda_2$, …, $\lambda_n$ 称为 $H(s)$ 的极点。根据数学知识，零点和极点（都是方程的根）具有三种形式：实数、虚数和复数。通常 $H(s)$ 中的系数 $a_i$ 和 $b_j$ 都是实数，因此，零点和极点若是虚数或复数时必定以共轭形式成对出现。

从拉氏逆变换的求解方法中可知，当把 $H(s)$ 展开成部分分式后，其每个极点将决定一项对应的时间函数。因此，$h(t)$ 的函数形式仅取决于 $H(s)$ 的极点，而其幅度和相角将由极点和零点共同决定，即 $h(t)$ 完全取决于 $H(s)$ 的零、极点在 $s$ 平面的分布状况。

$H(s)$ 的极点在 $s$ 平面的位置可分为在左半开平面、虚轴和右半开平面三种情况。下面主要介绍一、二阶极点的分布特性。

**1. 一阶极点**

如果 $H(s)$ 的极点 $\lambda_1$, $\lambda_2$, …, $\lambda_n$ 都是一阶极点，则 $H(s)$ 可展开成部分分式，即

$$H(s) = \sum_{i=1}^{n} \frac{K_i}{s - \lambda_i} \tag{7-19}$$

若极点 $\lambda_i$ 为实数，则 $H(s)$ 的展开式中将含有 $H_i(s) = \dfrac{b}{s-\alpha}$ 项。其极点 $\lambda_i = \alpha$ 在实轴上，根据 $\alpha < 0$、$\alpha = 0$ 和 $\alpha > 0$ 三种不同情况，其极点分别在负实轴、原点和正实轴上，如图 $7-21$（a）所示（图中极点用"×"表示）。其相应的冲激响应为

$$h_i(t) = b e^{\alpha t} \varepsilon(t) \tag{7-20}$$

波形如图 $7-21$（b）所示。

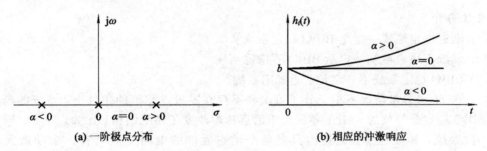

图 $7-21$　一阶实极点分布及其相应的冲激响应

由式（$7-20$）可知，当 $t \to \infty$ 时，若 $\alpha < 0$，则 $h_i(t) \to 0$；若 $\alpha = 0$，则 $h_i(t)$ 为有限值；若 $\alpha > 0$，则 $h_i(t) \to \infty$。

若极点为复数，则必然以一对共轭极点 $\lambda_{1,2} = \alpha \pm j\beta$ 的形式出现。此时 $H(s)$ 的展开式中将含有 $H_i(s) = \dfrac{s+b}{(s-\alpha)^2 + \beta^2}$ 项（设 $b > 0$），它在 $\xi = -b$ 处有一阶零点，其极点根据 $\alpha < 0$、$\alpha = 0$ 和 $\alpha > 0$ 三种情况，分别位于 $s$ 平面的左半开平面、虚轴和右半开平面，如图 $7-22$ 所示（图中零点用"○"表示）。其相应的冲激响应为

$$h_i(t) = \frac{\sqrt{(b+\alpha)^2 + \beta^2}}{\beta} e^{\alpha t} \sin(\beta t + \varphi) \varepsilon(t) \tag{7-21}$$

式中

$$\varphi = \arctan \frac{\beta}{b+\alpha} \tag{7-22}$$

若 $\alpha < 0$，极点处在左半开平面，$h_i(t)$ 呈衰减振荡形式，当 $t \to \infty$ 时，$h_i(t) = 0$；若 $\alpha =$

0，极点处在虚轴上，$h_i(t)$是等幅振荡波；若 $\alpha>0$，极点处在右半开平面，$h_i(t)$呈增幅振荡形式，当 $t\to\infty$ 时，$h_i(t)$的幅度 $\to\infty$。由式(7-21)和式(7-22)可知，$h_i(t)$的幅度和相位与零点位置有关。

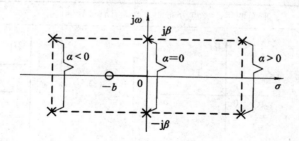

图 7-22　一阶共轭极点分布图

**2. 二阶极点**

如果 $H(s)$ 在实轴上有二阶极点 $\lambda_i=\alpha$，则 $H_i(s)$ 可写为

$$H_i(s)=\frac{s+b}{(s-\alpha)^2} \tag{7-23}$$

它在 $\xi=-b$ 处有一阶零点。相应的冲激响应为

$$h_i(t)=\big[(b+\alpha)t+1\big]e^{\alpha t}\varepsilon(t) \tag{7-24}$$

若 $\alpha<0$，极点在负实轴上，当 $t\to\infty$ 时，$h_i(t)\to0$；若 $\alpha=0$ 或 $\alpha>0$，极点在原点或正实轴上，$h_i(t)$的幅度都将随 $t$ 的增加而增长，即当 $t\to\infty$ 时，$h_i(t)$ 的幅值 $\to\infty$。

若 $H(s)$ 有二阶共轭极点 $\lambda_{1,2}=\alpha\pm j\beta$，则 $H_i(s)$ 的分母为 $[(s-\alpha)^2+\beta^2]^2$，其逆变换为

$$\big[c_1te^{\alpha t}\cos(\beta t+\theta)+c_2e^{\alpha t}\cos(\beta t+\varphi)\big]\varepsilon(t) \tag{7-25}$$

式中，$c_1$、$c_2$、$\theta$ 和 $\varphi$ 是与零、极点位置有关的常数。若 $\alpha<0$，极点在左半开平面。当 $t\to\infty$ 时，$h_i(t)\to0$。若 $\alpha=0$ 或 $\alpha>0$，极点在虚轴上或右半开平面上，$h_i(t)$的幅度都将随 $t$ 的增加而增长，即当 $t\to\infty$ 时，$h_i(t)$ 的幅值 $\to\infty$。

如果 $H_i(s)$ 含有高阶极点，其相应的冲激响应 $h_i(t)$ 随时间 $t$ 的变化规律与二阶极点相似，这里就不再讨论了。

综上所述，可以归纳出以下结论：

(1) $h(t)$ 中各分量 $h_i(t)$ 的函数形式仅取决于 $H(s)$ 相对应极点的位置，而其幅度和相角则由 $H(s)$ 极点和零点的位置共同决定。

(2) $H(s)$ 在左半开平面的极点对应 $h(t)$ 中的暂态分量。当 $t\to\infty$ 时，暂态分量 $h_i(t)\to0$。负实轴上的一阶极点对应指数衰减函数 $h_i(t)=e^{-\alpha t}\varepsilon(t)(\alpha>0)$。一对共轭极点 $\lambda_{1,2}=\alpha\pm j\beta(\alpha>0)$对应于衰减振荡信号 $h_i(t)=e^{-\alpha t}\sin(\beta t+\phi)\varepsilon(t)$。

(3) $H(s)$ 在原点处的一阶极点对应阶跃函数，即 $h_i(t)=\varepsilon(t)$。在虚轴上的一对共轭极点($\pm j\beta$)对应于等幅振荡信号 $h_i(t)=\sin(\beta t+\phi)\varepsilon(t)$。

(4) $H(s)$ 在原点和虚轴上的二阶极点以及右半开平面上的一阶和二阶极点所对应的 $h_i(t)$ 都随时间的增长而增大。

为了便于理解和记忆，表 7-2 给出了 $H(s)$ 典型零极点分布与对应的 $h(t)$ 波形。可见，若 $H(s)$ 的极点全部位于复平面的左半开平面，那么该系统必是稳定系统。只要有一个极

点位于右半平面或虚轴上，系统就不稳定。另外，若 $H(s)$ 的极点落于复平面虚轴上且只有一阶，系统即为边界稳定系统或振荡系统。

**表 7-2　$H(s)$ 的零极点分布与对应的 $h(t)$ 波形**

| 序号 | $H(s)$ | $s$ 平面的零、极点分布 | $h(t)$ | $h(t)$ 波形 |
|---|---|---|---|---|
| 1 | $\dfrac{1}{s}$ | | $\varepsilon(t)$ | |
| 2 | $\dfrac{1}{s-\alpha}$ $(\alpha>0)$ | | $e^{\alpha t}\varepsilon(t)$ | |
| 3 | $\dfrac{1}{s+\alpha}$ $(\alpha>0)$ | | $e^{-\alpha t}\varepsilon(t)$ | |
| 4 | $\dfrac{\omega_0}{s^2+\omega_0^{\ 2}}$ | | $\sin\omega_0 t\,\varepsilon(t)$ | |
| 5 | $\dfrac{s}{s^2+\omega_0^2}$ | | $\cos\omega_0 t\,\varepsilon(t)$ | |
| 6 | $\dfrac{\omega_0}{(s-\alpha)^2+\omega_0^{\ 2}}$ $\alpha>0$ | | $e^{\alpha t}\sin\omega_0 t\,\varepsilon(t)$ | |

| 序号 | $H(s)$ | $s$ 平面的零、极点分布 | $h(t)$ | $h(t)$波形 |
|---|---|---|---|---|
| 7 | $\dfrac{\omega_0}{(s+\alpha)^2+\omega_0^2}$ $\alpha>0$ | | $\mathrm{e}^{-\alpha t}\sin\omega_0 t\varepsilon(t)$ | |
| 8 | $\dfrac{1}{(s+\alpha)^2}$ $(\alpha>0)$ | | $t\mathrm{e}^{-\alpha t}\varepsilon(t)$ | |
| 9 | $\dfrac{1}{s^2}$ | | $t\varepsilon(t)$ | |
| 10 | $\dfrac{2\omega_0 s}{(s^2+\omega_0^2)^2}$ | | $t\sin\omega_0 t\varepsilon(t)$ | |

**【例题 7-8】** 已知各系统函数如下，画出零、极点分布图和冲激响应波形。

(1) $H(s)=\dfrac{s+1}{(s+1)^2+4}$　(2) $H(s)=\dfrac{s}{(s+1)^2+4}$　(3) $H(s)=\dfrac{(s+1)^2}{(s+1)^2+4}$

**解**　因三个系统函数的极点分布相同，但零点不同，故冲激响应波形也会有所不同。

(1) $$h(t)=\mathrm{L}^{-1}\left[\frac{s+1}{(s+1)^2+4}\right]=\mathrm{e}^{-t}\cos(2t)\varepsilon(t)$$

$H(s)$的零、极点分布及冲激响应波形分别如图 7-23(a)所示。

(2) $$h(t)=\mathrm{L}^{-1}\left[\frac{s}{(s+1)^2+4}\right]=\mathrm{L}^{-1}\left[\frac{s+1}{(s+1)^2+4}-\frac{1}{(s+1)^2+4}\right]$$

$$=\mathrm{e}^{-t}\left[\cos(2t)-\frac{1}{2}\sin(2t)\right]\varepsilon(t)=\frac{\sqrt{5}}{2}\mathrm{e}^{-t}\cos(2t+26.57°)\varepsilon(t)$$

$H(s)$的零、极点分布及冲激响应波形分别如图 7-23(b)所示。

(3) $$h(t)=\mathrm{L}^{-1}\left[\frac{(s+1)^2}{(s+1)^2+4}\right]=\mathrm{L}^{-1}\left[1-\frac{4}{(s+1)^2+4}\right]=\delta(t)-2\mathrm{e}^{-t}\sin(2t)\varepsilon(t)$$

$H(s)$ 的零、极点分布及冲激响应波形分别如图 7-23(c)所示。

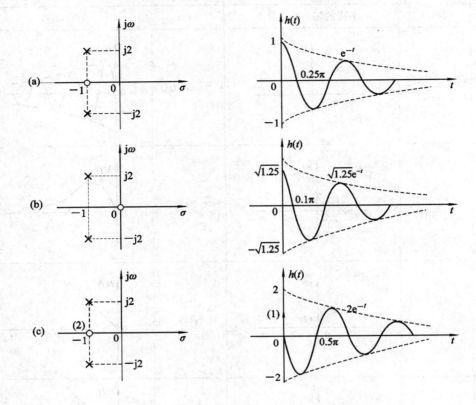

图 7-23　例题 7-8 图

通过例题 7-8 可以看出，当零点位置从 -1 移到原点 0 时，冲激响应波形的幅度和相位发生了变化；而当 -1 处的零点由一阶零点变为二阶零点时，则不仅冲激响应波形的幅度和相位发生了变化，而且冲激响应中还出现了冲激函数。一般而言，系统函数的零点位置发生变化会引起冲激响应波形的幅度和相位发生变化，还可能使其波形中出现冲激信号。

【例题 7-9】　图 7-24(a)所示电路的系统函数 $H(s) = \dfrac{U(s)}{I(s)}$，其零、极点分布如图 7-24(b)所示，且 $H(0)=1$。试求 $R$、$L$、$C$ 的数值。

**解**　由图 7-24(a)可写出系统函数

$$H(s) = \frac{U(s)}{I(s)} = \frac{1}{sC + \dfrac{1}{Ls + R}} = \frac{Ls + R}{LCs^2 + sCR + 1} \tag{7-26}$$

由图 7-24(b)可写出系统函数如下：

$$H(s) = \frac{k(s+2)}{\left(s+1-\text{j}\dfrac{1}{2}\right)\left(s+1+\text{j}\dfrac{1}{2}\right)}$$

已知 $H(0)=1$，故令上式 $s=0$，则

$$H(s)\big|_{s=0} = \frac{2k}{\left(1-\mathrm{j}\,\frac{1}{2}\right)\left(1+\mathrm{j}\,\frac{1}{2}\right)} = \frac{8}{5}k = 1$$

得 $k = \dfrac{5}{8}$，因此，系统函数为

$$H(s) = \frac{5}{8} \cdot \frac{s+2}{\left(s^2 + 2s + \frac{5}{4}\right)} = \frac{\frac{1}{2}s+1}{\frac{4}{5}s^2 + \frac{8}{5}s + 1} \qquad (7-27)$$

比较式(7-26)和式(7-27)即可得

$$L = \frac{1}{2}\text{ H}, \ R = 1\ \Omega, \ C = \frac{8}{5}\text{ F}$$

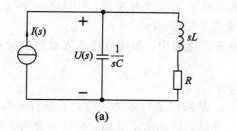
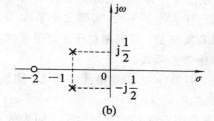

图 7-24　例题 7-9 图

**【例题 7-10】**　已知某系统的系统函数的极点为 $s_1 = 0$、$s_2 = -1$，零点为 $s_0 = 1$，如该系统冲激响应的终值 $h(\infty) = -10$，求其系统函数。

**解**　按题意可写出系统函数为

$$H(s) = K\,\frac{s-1}{s(s+1)}$$

由拉氏变换的终值定理可得

$$h(\infty) = \lim_{s \to 0} sH(s) = \lim_{s \to 0} K\,\frac{s(s-1)}{s(s+1)} = -K = -10$$

即 $K = 10$，则系统函数为

$$H(s) = 10\,\frac{s-1}{s(s+1)}$$

## 7.2.3　稳定性与收敛域和极点的关系

### 1. 稳定性与收敛域的关系

由 7.2.1 小节可知，LTI 系统的稳定等效于冲激响应 $h(t)$ 绝对可积，而此时 $h(t)$ 的傅氏变换存在，即一个信号的傅氏变换等于拉氏变换沿 $\mathrm{j}\omega$ 轴取值。因此可以得出如下结论：**当且仅当系统函数 $H(s)$ 的收敛域包含 $\mathrm{j}\omega$ 轴时，该 LTI 系统就是稳定的。**

**注意**：此时的系统不要求是因果系统，即 $h(t)$ 可以是左边信号、右边信号或双边信号。

### 2. 稳定性与极点位置的关系

通过对 7.2.2 小节内容的分析，也可得到系统稳定性与系统函数极点位置之间的关系：

当且仅当系统函数 $H(s)$ 的全部极点都位于 $s$ 平面的左半平面时，一个 LTI 因果系统就是稳定的。

## 7.2.4 基于 R-H 准则的稳定性判定法

我们知道，要根据 $H(s)$ 判定一个系统稳定与否时，首先要对方程 $A(s)=0$ 求解，然后才能根据其根的位置判定系统的稳定性。显然，方程 $A(s)=0$ 的次数较低时，求解还比较容易，如果方程次数较高，则求解会变得非常困难，以至于很难对系统进行稳定性判别，而 R-H(罗斯-霍尔维茨，Routh-Hurwitz)准则给出了一个较为简单的判定方法。

通过前面的分析可知，判定系统稳定性并不需要知道系统函数极点的精确位置。换句话说，就是不需要计算出 $A(s)=0$ 的根的具体值，而只要知道这些极点(根)的实部是否大于、小于或等于零即可。若系统稳定，则所有极点位于左半开平面(实部小于零)；只要有一个极点位于右半开平面(实部大于零)，系统就不稳定。

**把具有实系数、所有根位于 $s$ 复平面的左半开平面内，即具有负实部根的多项式 $A(s)$ 称为霍尔维茨多项式。**

显然，若 $A(s)$ 为霍尔维茨多项式，则系统稳定。

多项式 $A(s)=a_n s^n+a_{n-1}s^{n-1}+\cdots+a_1 s+a_0$ 是霍尔维茨多项式的必要条件是所有系数非零(即不缺项)且同符号(同为正或同为负)。显然，这也是系统稳定的必要条件。

**注意**：满足该条件的系统不一定稳定，比如 $A(s)=3s^3+s^2+s+8$ 就是不稳定系统。

E. J. 罗斯和 A. 霍尔维茨分别于 1877 年、1895 年提出了各自的附加条件，后人将他们的成果结合起来，称为"罗斯-霍尔维茨准则"(R-H 准则)。其内容是：

**罗斯阵列中第一列数的符号相同。若第一列符号不全相同，则符号改变的次数就是 $A(s)=0$ 所具有的正实部根的个数。**

这样，判定系统稳定与否($A(s)$ 为霍尔维茨多项式)的充要条件就是：

(1) $A(s)$ 多项式不缺项，即全部系数皆非零；

(2) $A(s)$ 多项式的全部系数 $a_n$、$a_{n-1}$、$\cdots$、$a_1$、$a_0$ 符号相同；

(3) 罗斯-霍尔维茨阵列中第一列元素的符号相同。

需要说明的是，当 $A(s)$ 多项式为二阶或一阶时，系统稳定的充要条件是全部系数 $a_2$、$a_1$、$a_0$(或 $a_1$、$a_0$)不缺项且符号相同。

受大纲所限，罗斯-霍尔维茨阵列的排列方法这里不做介绍。

**【例题 7-11】** 求增益 $K$ 位于什么范围内图 7-25 所示系统是稳定的。

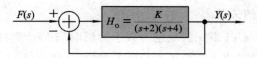

图 7-25 例题 7-11 图

**解** 由图 7-25 可得 $(F-Y)H_0=Y$，即有系统传输函数

$$H(s)=\frac{Y}{F}=\frac{K}{s^2+6s+8+K}$$

根据稳定条件，需要 $0<8+K$，即 $K>-8$，亦即 $K$ 在大于 $-8$ 的范围内系统稳定。

**【例题 7 - 12】** 已知一系统流图如图 7 - 26 所示。求系统函数 $H(s)$ 并判断其稳定性。

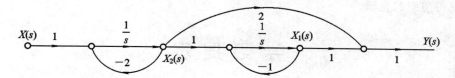

图 7 - 26　例题 7 - 12 图

**解**　根据流图可得

$$X_2(s) = \frac{X(s)}{s+2} \quad \text{和} \quad X_1(s) = \frac{X_2(s)}{s+1}$$

合并上两式可得

$$X_1(s) = \frac{X_2(s)}{s+1} = \frac{X(s)}{(s+1)(s+2)}$$

再根据流图可写出

$$Y(s) = 2X_2(s) + X_1(s) = \frac{2s+3}{(s+1)(s+2)}X(s)$$

则可得到系统函数为

$$H(s) = \frac{Y(s)}{X(s)} = \frac{2s+3}{s^2+3s+2}$$

因为系统函数分母为二次三项式且系数同号，故系统为稳定系统。

一个不稳定的电系统只要受到一个扰动（不管该扰动如何小）就会产生一个自然响应，且该响应会随时间的推移而增长，理论上会到无限大。若响应值变得很大，就会毁坏系统。但通常这种响应幅度的增长会引起系统其他参数的改变，从而限制其增长幅度，减小系统不稳定性的影响。具体来说，就是参数的改变使得自然响应按指数增长到某一个值并保持在该值上，从而产生振幅稳定的振荡波形，如图 7 - 27 所示。

显然，一个不稳定系统不能用作放大或处理信号，因为这种系统对信号的响应将被逐渐增大的自然响应分量所淹没。比如有一个如图 7 - 28 所示的扩音系统，当我们对着话筒唱歌时，如果此时扬声器的声波也进入话筒并且足够大（当然还需要满足相位条件），扬声器将会出现啸叫，这种现象称为"自激"，此时，扩音系统就变成了不稳定系统。但不稳定系统也有用处，比如，可用作正弦信号发生器。

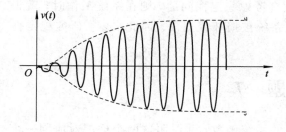

图 7 - 27　不稳定系统输出波形

图 7 - 28　扩音系统示意图

不稳定系统在结构上必须是一个正反馈系统。在上述扩音系统中，扬声器的声波就是扩音系统输出信号，话筒是扩音系统的输入端。当扬声器的声波反馈到话筒形成正反馈时，就有可能引起自激。

# 学 习 提 示

图示的系统模型具有解析式不可比拟的优点。另外，除了响应与激励的关系外，稳定性也是系统分析的一个重要内容。提示大家关注以下知识点：

**(1)** 一个系统除了数学模型外，还可用更直观、更简练的框图或流图进行模拟。

**(2)** 系统的稳定性可以从其系统函数（数学模型之一）的零极点分布情况看出来。

**(3)** 罗斯-霍尔维茨准则。

# 问 与 答

**问题 1：为什么要对系统进行模拟？**

**答：** 因为人们更容易理解、掌握和记住图形化的理论知识，所以，需要根据系统的数学模型将系统用图形表示，也就是用图形模拟系统。简言之，就是为了用图形代替数学公式。

**问题 2：梅森公式的意义是什么？**

**答：** 梅森公式可以反映系统图形结构，它架起了联系系统函数和图形结构的桥梁，是系统模拟的具体对象。

**问题 3：流图和框图有什么区别？**

**答：** 两者没有本质区别。一定要找不同点的话，那就是运算器的表现形式不一样，流图形式简洁，框图概念清楚。

**问题 4：什么是系统的稳定性？**

**答：** 所谓稳定，就是事物在一定程度的干扰下，还能保持特性不变的一种存在状态。系统的稳定性就是系统在一定程度的干扰下，其特性保持一种恒定状态的能力。

**问题 5：为什么要研究系统的稳定性问题？**

**答：** 在人们的生产实践中，构建任何一个系统都是为了完成某项任务或多项任务。如果系统隐含不稳定因素或在设计建设时没有考虑稳定性问题，则在系统工作时，就很可能出现问题，导致系统功能无法实现甚至系统被损坏或崩溃。因此，必须研究稳定性问题。

# 习 题 7

7-1 分别求出图 7-29 所示两个系统的系统函数，并说明这两个框图对应同一个系统。

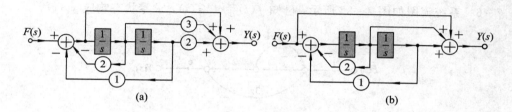

图 7-29　习题 7-1 图

**7-2**　试作出下列各系统的直接模拟框图。

(1) $H(p) = \dfrac{1}{p^3 + 3p + 2}$　　　　(2) $H(p) = \dfrac{p^2 + 2p}{p^3 + 3p^2 + 3p + 2}$

(3) $H(s) = \dfrac{2s + 3}{(s+2)^2(s+3)}$　　　(4) $H(s) = \dfrac{s^2 + 4s + 5}{(s+1)(s+2)(s+3)}$

**7-3**　求图 7-30 所示各系统的系统函数 $H(s) = \dfrac{Y(s)}{F(s)}$。

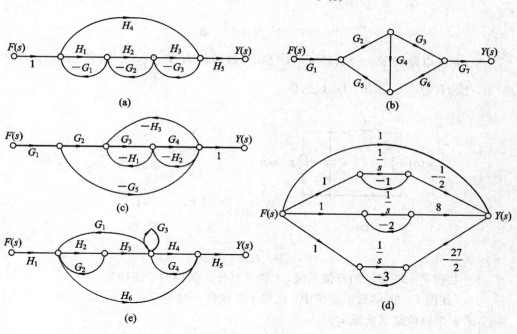

图 7-30　习题 7-3 图

**7-4**　设系统函数如下，试绘出其直接模拟、并联模拟和级联模拟框图。

(1) $H(s) = \dfrac{5s + 5}{s(s+2)(s+5)}$　　(2) $H(s) = \dfrac{5s^2 + s + 1}{s^3 + s^2 + s}$　　(3) $H(s) = \dfrac{3s}{s^3 + 4s^2 + 6s + 4}$

**7-5**　求出图 7-31 所示系统的系统函数 $H(s)$，并给出其直接形式的信号流图。

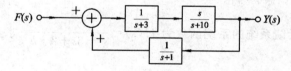

图 7-31　习题 7-5 图

7-6 系统流图如图 7-32 所示，已知 $f(t) = e^{-2t}\varepsilon(t)$，求零状态响应 $y_f(t)$。

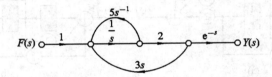

图 7-32 习题 7-6 图

7-7 求如图 7-33 所示各网络的系统函数，并画出零、极点分布图。

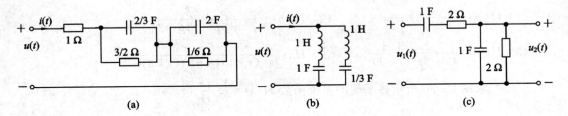

图 7-33 习题 7-7 图

7-8 系统电路如图 7-34(a)所示，已知传输函数 $H(s) = \dfrac{U_2(s)}{U_1(s)}$ 的零、极点分布如图 (b)所示，且 $H(0) = 1$，求 $R$、$L$、$C$ 的值。

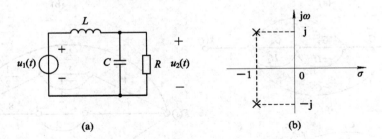

图 7-34 习题 7-8 图

7-9 如图 7-35 所示的反馈系统，$k$ 值满足什么条件时系统稳定？

7-10 在图 7-36 的反馈系统中，已知子系统的冲激响应 $h_1(t) = (2e^{-2t} - e^{-t})\varepsilon(t)$。

(1) 求 $k$ 为何值时系统稳定？

(2) 若要系统边界稳定，$k$ 为何值？并求此时全系统的冲激响应 $h(t)$。

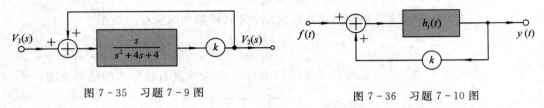

图 7-35 习题 7-9 图　　　　　图 7-36 习题 7-10 图

7-11 已知某反馈系统的系统函数为 $H(s) = \dfrac{1}{s^2 + 3s + 2 - k}$。求当常数 $k$ 满足什么条件时，系统是稳定的？

# 第 8 章　离散信号与离散系统时域分析

- 问题引入：我们已经学习了连续信号及连续系统的时域分析方法，那么，对离散信号与离散系统，在时域如何分析呢？
- 解决思路：借鉴连续信号、连续系统的方法→求解差分方程→分解响应。
- 研究结果：单位响应；卷积和。
- 核心内容：一个 LTI 离散系统的基本数学模型是常系数线性差分方程。差分方程的解也可分为零输入解和零状态解两部分。

随着计算机技术的迅猛发展，在工程实践中，大量原来属于连续信号和连续系统的问题愈来愈多地被转化成离散信号和离散系统问题加以处理并显示出诸多优点，如精度高、性能稳定、抗干扰能力强以及方法灵活等。因此，我们还需对离散信号与离散系统进行分析。

虽然连续信号与连续系统、离散信号与离散系统各自都有一套严密有效的分析方法，但在信号与系统的表征、处理及特性等方面，两者之间有着许多对应和相似之处，这为我们寻找离散信号和系统的分析方法提供了方便。

本章主要介绍离散信号和 LTI 离散系统的时域分析方法。

## 8.1　基本离散信号

### 8.1.1　周期序列

若一个离散信号 $f[n]$ 的值每隔 $N$ 个点（$N$ 为正整数）就重复出现，则该信号就是一个周期为 $N$ 的周期序列，可表示为

$$f[n] = f[n+kN], \quad k = 0, \pm 1, \pm 2, \cdots \text{（任意整数）} \tag{8-1}$$

### 8.1.2　正弦型序列

正弦型序列定义为

$$f[n] \stackrel{\text{def}}{=\!=\!=} \cos\Omega n \quad \text{或} \quad f[n] \stackrel{\text{def}}{=\!=\!=} \sin\Omega n \tag{8-2}$$

该信号可以通过以下变换得到

$$\cos\omega t \big|_{t=nT} = \cos\omega nT \big|_{\Omega=\omega T} = \cos\Omega n$$

式中：$T$ 是抽样间隔而不是函数周期 $T_0 = 2\pi/\omega$，$\omega$ 是我们熟悉的连续波角频率，而 $\Omega = \omega T$ 是离散角频率或数字角频率，单位是弧度（rad）。式（8-2）的波形见图 8-1。

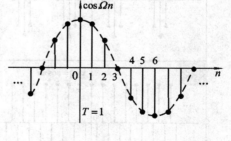

图 8-1　正弦型序列

需要指出的是，$\cos\omega t$ 是周期信号，但离散的 $\cos\Omega n$ 却未必是周期序列。只有当满足

$$\frac{\Omega}{2\pi} = \frac{m}{N} = 有理数 \tag{8-3}$$

条件时，$\cos\Omega n$ 才是周期序列，即满足

$$\cos\Omega n = \cos\Omega(n \pm N) = \cos\Omega(n \pm 2N) = \cos\Omega(n \pm 3N) = \cdots$$

式（8-3）中，$N$ 是周期，$m$ 为任意整数。比如图 8-2（b）所示的序列因不满足式（8-3），所以就是个非周期序列（虽然其包络看似周期变化形状，但其取值不是周期变化的）。

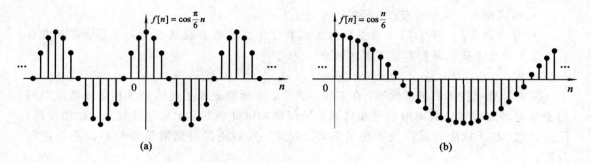

图 8-2　周期序列与非周期序列

为了对正弦型序列有更深刻的认识，我们用几个不同数字频率的正弦型序列（见图 8-3）说明一个事实：正弦型连续信号变为离散形式后，其波形可以不再是我们熟悉的形状。

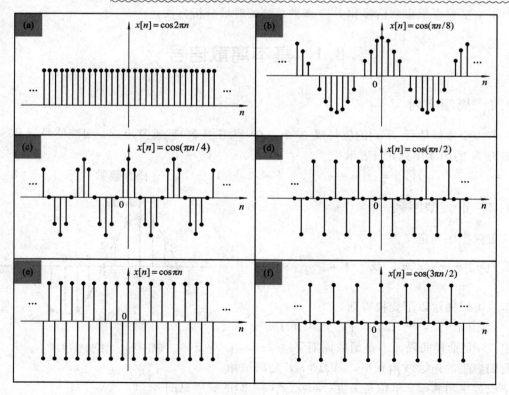

图 8-3　几种不同频率的正弦型序列

### 8.1.3　复指数序列

复指数序列定义为

$$f[n] \xlongequal{\text{def}} e^{(\rho+j\Omega)n} = e^{\beta n} \qquad (8-4)$$

式中，$\beta = \rho + j\Omega$，类似连续信号中的 $s = \sigma + j\omega$。若令 $\rho = 0$，则复指数序列就变成虚指数序列，可表示为

$$f[n] = e^{j\omega t}\big|_{t=nT} = e^{j\omega nT}\big|_{\Omega=\omega T} = e^{j\Omega n} \qquad (8-5)$$

利用欧拉公式，虚指数序列可写为

$$e^{j\Omega n} = \cos\Omega n + j\sin\Omega n \qquad (8-6)$$

与正弦型序列相似，若虚指数序列是一个以 $N$ 为周期的周期序列，即

$$e^{j\Omega n} = e^{j\Omega(n+kN)} \qquad (8-7)$$

则需满足

$$\frac{\Omega}{2\pi} = \frac{m}{N} = \text{有理数} \qquad (8-8)$$

### 8.1.4　指数序列

指数序列定义为

$$f[n] \xlongequal{\text{def}} \begin{cases} 0 & (n<0) \\ e^{an} & (n \geqslant 0) \end{cases} \qquad (8-9)$$

式中，$a$ 为实数。$a<0$ 时指数序列波形如图 8-4 所示。

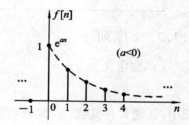

图 8-4　指数序列示意图

### 8.1.5　单位阶跃序列

在离散域定义 $\varepsilon[n]$ 为单位阶跃序列，即有

$$\varepsilon[n] \xlongequal{\text{def}} \begin{cases} 0 & (n<0) \\ 1 & (n \geqslant 0) \end{cases} \qquad (8-10)$$

其波形如图 8-5 所示，其作用与 $\varepsilon(t)$ 相似。

**注意**：$\varepsilon(t)$ 在 $t=0$ 时刻一般是没有定义的，而 $\varepsilon[n]$ 在 $n=0$ 时有确定的值 1。

### 8.1.6　单位脉冲序列

在离散域定义 $\delta[n]$ 为单位脉冲序列（简称单位序列），即有

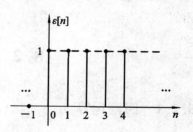

图 8-5　单位阶跃序列示意图

$$\delta[n] \xlongequal{\text{def}} \begin{cases} 0 & (n \neq 0) \\ 1 & (n=0) \end{cases} \qquad (8-11)$$

其波形如图 8-6 所示，其作用与 $\delta(t)$ 相似。有人也称其为"冲激序列"。

**注意**：$\delta(t)$ 在 $t=0$ 时刻的值是无穷大，而 $\delta[n]$ 在 $n=0$ 时有确定值 1。

我们很熟悉连续信号 $\varepsilon(t)$ 和 $\delta(t)$ 之间的微积分关

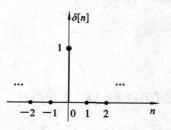

图 8-6　单位脉冲序列示意图

系，那么，单位阶跃序列与单位脉冲序列是否也有类似的关系呢？比较 $\varepsilon[n]$ 和 $\delta[n]$ 的波形可得

$$\delta[n] = \varepsilon[n] - \varepsilon[n-1] \tag{8-12}$$

$$\varepsilon[n] = \sum_{m=0}^{\infty} \delta[n-m] \xrightarrow{k=n-m} \sum_{k=-\infty}^{n} \delta[k] \tag{8-13}$$

如果把式(8-12)和式(8-13)形式的运算称为"差分"和"累加和"的话，显然，它们和 $\delta(t)$ 与 $\varepsilon(t)$ 之间的"微分"和"积分"概念很相似。因此，将式(8-12)、式(8-13)和 $\delta(t)$ 与 $\varepsilon(t)$ 的关系列入表8-1，便于我们观察比较。

**表 8-1　连续信号与离散信号关系对照表**

| 连 续 信 号 | | 离 散 信 号 | |
|---|---|---|---|
| 微分 | $\delta(t) = \dfrac{\mathrm{d}\varepsilon(t)}{\mathrm{d}t}$ | 差分 | $\delta[n] = \varepsilon[n] - \varepsilon[n-1]$ |
| 积分 | $\varepsilon(t) = \displaystyle\int_{-\infty}^{t} \delta(\tau)\,\mathrm{d}\tau$ | 累加和 | $\varepsilon[n] = \displaystyle\sum_{k=-\infty}^{n} \delta[k]$ |

### 8.1.7　z 序列

z 序列定义为

$$f[n] \xlongequal{\text{def}} z^n \tag{8-14}$$

式中，$z$ 通常是复数，一般表示为极坐标形式：$z = |z|\,\mathrm{e}^{\mathrm{j}\Omega_0} = |z| \angle \Omega_0$。注意：若设 $z = \mathrm{e}^{\beta}$，则上式就变为 $f[n] = z^n = \mathrm{e}^{\beta n}$，可见，z 序列是复指数序列的另一种表示形式。

与连续信号类似，复指数序列和冲激序列是离散信号中的核心信号。同时，与式(6-53)类似，对于离散 LTI 系统，有 $z^n \rightarrow H(z)z^n$。显然，z 序列在地位和作用上与 $\mathrm{e}^{st}$ 相似。

## 8.2　离散信号的基本运算

### 8.2.1　四则运算

两个序列的和、差、积、商分别为两序列宗量逐项对应的数值相加、减、乘、除所构成的新序列。即

$$f[n] = f_1[n] + f_2[n] \tag{8-15}$$

$$f[n] = f_1[n] - f_2[n] \tag{8-16}$$

$$f[n] = f_1[n] \cdot f_2[n] \tag{8-17}$$

$$f[n] = f_1[n] / f_2[n] \tag{8-18}$$

【例题 8-1】 已知序列

$$f_1[n] = \begin{cases} n+3 & (-2 \leqslant n \leqslant 2) \\ 0 & （其余） \end{cases}, \quad f_2[n] = \begin{cases} \left(\dfrac{3}{4}\right)^n + 1 & (0 \leqslant n \leqslant 3) \\ 0 & （其余） \end{cases}$$

分别求出它们的和、差、积、商。

**解**　$f_1[n]$ 与 $f_2[n]$ 之和、之差分别为

$$f_1[n]+f_2[n]=\begin{cases}(n+3)+0=n+3 & (-2\leqslant n\leqslant-1)\\[2mm](n+3)+\left[\left(\dfrac{3}{4}\right)^n+1\right]=\left(\dfrac{3}{4}\right)^n+n+4 & (0\leqslant n\leqslant 2)\\[2mm]0+\left[\left(\dfrac{3}{4}\right)^n+1\right]=\left(\dfrac{3}{4}\right)^n+1 & (n=3)\\[2mm]0+0=0 & (其余)\end{cases}$$

$$f_1[n]-f_2[n]=\begin{cases}(n+3)-0=n+3 & (-2\leqslant n\leqslant-1)\\[2mm](n+3)-\left[\left(\dfrac{3}{4}\right)^n+1\right]=-\left(\dfrac{3}{4}\right)^n+n+2 & (0\leqslant n\leqslant 2)\\[2mm]0-\left[\left(\dfrac{3}{4}\right)^n+1\right]=\left(\dfrac{3}{4}\right)^n-1 & (n=3)\\[2mm]0-0=0 & (其余)\end{cases}$$

$f_1[n]$ 与 $f_2[n]$ 之积、之商分别为

$$f_1[n]\cdot f_2[n]=\begin{cases}(n+3)\left(\dfrac{3}{4}\right)^n+n+3 & (0\leqslant n\leqslant 2)\\[2mm]0 & (其余)\end{cases}$$

$$\frac{f_1[n]}{f_2[n]}=\begin{cases}0 & (n=3)\\[2mm]\dfrac{(n+3)}{\left(\dfrac{3}{4}\right)^n+1} & (0\leqslant n\leqslant 2)\\[4mm]不存在 & (其余)\end{cases}$$

序列 $f_1[n]$、$f_2[n]$ 以及它们的和、差、积波形如图 $8-7$ 所示。

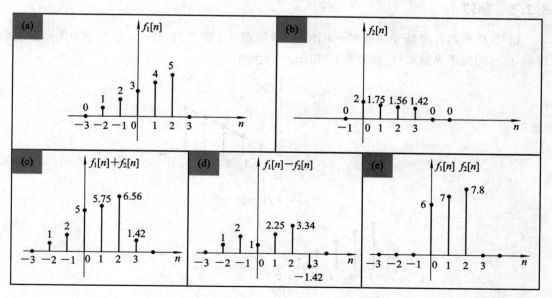

图 $8-7$　例题 $8-1$ 序列运算示意图

## 8.2.2 时移

序列 $f[n]$ 的自变量 $n$ 如果用 $n\pm k(k\geqslant 0)$ 替换，即得到一个新序列 $f[n\pm k]$。显然，时移序列 $f[n-k]$ 是由原序列 $f[n]$ 逐项依次右移 $k$ 个单位得到的；时移序列 $f[n+k]$ 是由原序列 $f[n]$ 逐项依次左移 $k$ 个单位得到的，如图 8-8 所示。

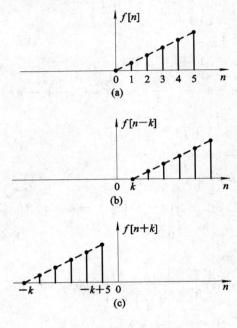

图 8-8 序列时移示意图

## 8.2.3 翻转

信号 $f[n]$ 的自变量 $n$ 如果用 $-n$ 替换，即得到一个新序列 $f[-n]$。显然，序列 $[n]$ 和序列 $f[-n]$ 关于纵轴对称(偶对称)，如图 8-9 所示。

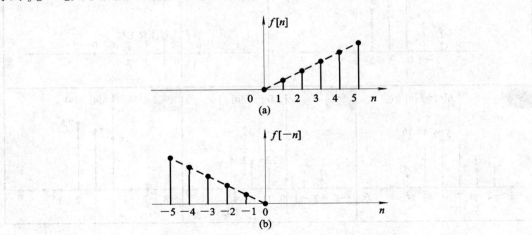

图 8-9 序列翻转示意图

### 8.2.4　累加和

类比连续信号的积分运算，离散序列有累加和运算。序列 $f[k]$ 的累加和定义为

$$y[n] \overset{\text{def}}{=\!=\!=} \sum_{k=-\infty}^{n} f[k] \tag{8-19}$$

**注意**：有些教材也称之为"迭分"运算，以便与"积分"运算相对应。

【**例题 8-2**】　求单位阶跃序列的累加和。

**解**　根据级数求和公式，单位阶跃序列的累加和为

$$\sum_{k=-\infty}^{n} \varepsilon[k] = \left[ \sum_{k=0}^{n} 1 \right] \varepsilon[n] = (n+1)\varepsilon[n]$$

### 8.2.5　差分

类比连续信号微分运算，可构造序列的差分运算。序列 $f[n]$ 的一阶前向差分定义为

$$\Delta f[n] \overset{\text{def}}{=\!=\!=} f[n+1] - f[n] \tag{8-20}$$

一阶后向差分定义为

$$\nabla f[n] \overset{\text{def}}{=\!=\!=} f[n] - f[n-1] \tag{8-21}$$

例如，单位阶跃序列及其时移序列的波形分别如图 8-10(a)和(b)所示，则单位阶跃序列的一阶后向差分为

$$\varepsilon[n] - \varepsilon[n-1] = \delta[n] \tag{8-22}$$

显然，单位脉冲序列是单位阶跃序列的一阶后向差分。

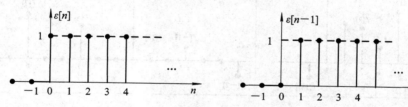

图 8-10　单位阶跃序列时移图

由上述差分定义可知，差分与微分在概念上很相似。注意：此处的符号"$\Delta$"和"$\nabla$"各表示一种运算。无论前向差分还是后向差分，差分的本质就是相邻两个序列值作减法运算。

【**例题 8-3**】　求下列各序列的差分。

(1) $y[n] = \sum_{i=0}^{n} f[i]$，求 $\Delta y[n]$。　　(2) $y[n] = \varepsilon[n]$，求 $\nabla y[n-1]$ 和 $\Delta y[n-1]$。

**解**　(1) 因为　　$y[n] = \sum_{i=0}^{n} f[i] = f[0] + f[1] + \cdots + f[n]$

$$y[n+1] = \sum_{i=0}^{n+1} f[i] = f[0] + f[1] + \cdots + f[n] + f[n+1]$$

所以　　　　　　$\Delta y[n] = y[n+1] - y[n] = f[n+1]$

(2) $\nabla y[n-1] = y[n-1] - y[n-2] = \varepsilon[n-1] - \varepsilon[n-2] = \delta[n-1]$

$\Delta y[n-1] = y[n] - y[n-1] = \varepsilon[n] - \varepsilon[n-1] = \delta[n]$

### 8.2.6　尺度变换

设有序列 $f[n]$，其尺度变换分为两种情况。

（1）若自变量 $n$ 变为 $an$，且 $a$ 为正整数，则序列 $f[n]$ 与 $f[an]$ 的关系可表示为

$$f[n] \rightarrow f[an], \quad a = 2, 3, 4, \cdots \qquad (8-23)$$

（2）若自变量 $n$ 变为 $\dfrac{n}{a}$，且 $a$ 为正整数，则序列 $f[n]$ 与 $f\left[\dfrac{n}{a}\right]$ 的关系可表示为

$$f[n] \rightarrow \begin{cases} f\left[\dfrac{n}{a}\right] & (n = ka) \\ 0 & (n \neq ka) \end{cases}, \quad k = 0, \pm 1, \pm 2, \cdots \qquad (8-24)$$

图 8-11 给出了一个 $f[n]$、$f[3n]$ 和 $f\left[\dfrac{n}{3}\right]$ 的波形，请读者仔细体会其中的差别。

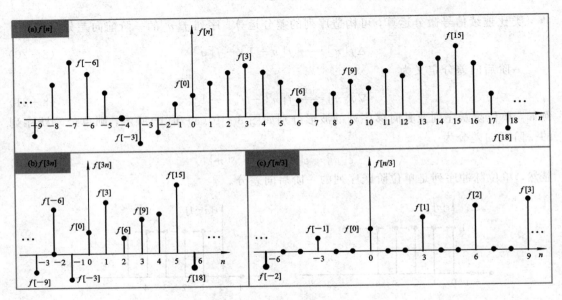

图 8-11　离散信号尺度变换示意图

**注意**：离散信号的尺度变换与连续信号的有很大区别，比如：

（1）离散时间域中，变换系数 $a$ 仅限于正整数。

（2）$f[an]$ 或 $f\left[\dfrac{n}{a}\right]$ 一般不再是原信号 $f[n]$ 的时域压缩或扩展 $a$ 倍，它们的波形通常与 $f[n]$ 也不一样。

### 8.2.7　卷积和

#### 1. 卷积和的概念

在离散信号中可定义与连续信号卷积相似的运算——卷积和，简称"卷和"。设有序列 $f_1[n]$ 和 $f_2[n]$，则 $f_1[n]$ 和 $f_2[n]$ 的卷积和定义为

$$f_1[n] * f_2[n] \stackrel{\text{def}}{=\!=\!=} \sum_{k=-\infty}^{\infty} f_1[k] f_2[n-k] \qquad (8-25)$$

## 2. 卷积和的特性

(1) 交换律　　　　　　　　　　$f_1[n] * f_2[n] = f_2[n] * f_1[n]$　　　　　　　(8 - 26)

(2) 结合律　　　$f_1[n] * [f_2[n] * f_3[n]] = [f_1[n] * f_2[n]] * f_3[n]$　　(8 - 27)

(3) 分配律　$f_1[n] * [f_2[n] + f_3[n]] = f_1[n] * f_2[n] + f_1[n] * f_3[n]$　(8 - 28)

三条定律的证明不难，只要进行适当的变量代换和改变运算次序即可，本书从略。

(4) 任意一个序列 $f[n]$ 与单位脉冲序列 $\delta[n]$ 的卷积和仍为该序列本身，即有

$$f[n] * \delta[n] = \delta[n] * f[n] = f[n] \qquad (8 - 29)$$

该特性可推广为

$$f[n] * \delta[n-k] = f[n-k] \qquad (8 - 30)$$

$$f[n-k_1] * \delta[n-k_2] = f[n-k_1-k_2] \qquad (8 - 31)$$

该特性表明，$\delta[n-1]$ 可作为一个单位延迟器的数学模型。

(5) 任意一个序列 $f[n]$ 与单位阶跃序列的卷积和为

$$f[n] * \varepsilon[n] = \sum_{i=-\infty}^{n} f[i] \qquad (8 - 32)$$

该特性表明，$\varepsilon[n]$ 可作为一个数字积分器的数学模型。该特性可推广为

$$f[n] * \varepsilon[n-k] = \sum_{i=-\infty}^{n-k} f[i] = \sum_{i=-\infty}^{n} f[i-k] \qquad (8 - 33)$$

(6) 若 $f_1[n] * f_2[n] = f[n]$，则有

$$f_1[n-k] * f_2[n] = f_1[n] * f_2[n-k] = f[n-k] \qquad (8 - 34)$$

该特性可推广为

$$f_1[n-k_1] * f_2[n-k_2] = f_1[n-k_2] * f_2[n-k_1]$$
$$= f[n-k_1-k_2] \qquad (8 - 35)$$

## 3. 卷积和的计算

卷积和的计算通常有定义式法、图形法、直接法、列表法和相乘法等五种方法。

### 1) 定义式法

**【例题 8 - 4】** 给定序列 $f[n] = \varepsilon[n]$，$h[n] = (0.8)^n \varepsilon[n]$，求卷积和 $y[n] = h[n] * f[n]$。

**解**　由卷积和定义式可得

$$y[n] = h[n] * f[n] = \sum_{k=-\infty}^{\infty} h[k] f[n-k]$$

$$= \sum_{k=-\infty}^{\infty} (0.8)^k \varepsilon[k] \varepsilon[n-k]$$

考虑 $\varepsilon[k]$ 及 $\varepsilon[n-k]$ 的作用，上式可写为

$$y[n] = \Big[ \sum_{k=0}^{n} (0.8)^k \Big] \varepsilon[n] = \frac{1-0.8^{n+1}}{1-0.8} \varepsilon[n]$$

$$= 5(1-0.8^{n+1}) \varepsilon[n]$$

**注意**：上式中 $\varepsilon[n]$ 的作用实际上是限定 $y[n]$ 的定义域，即 $n \geqslant 0$。

可见，求卷积和实际上是计算级数和。因此，我们给出常用级数求和公式如表 8 - 2 所示。

**表 8 - 2　常用求和公式**

| 序　　号 | 公　　　式 | 说　　　明 |
|---|---|---|
| 1 | $\displaystyle\sum_{n=k_1}^{k_2} a^n = \begin{cases} \dfrac{a^{k_1} - a^{k_2+1}}{1-a} & a \neq 1 \\ k_2 - k_1 + 1 & a = 1 \end{cases}$ | $k_1$、$k_2$ 为整数，且 $k_2 > k_1$ |
| 2 | $\displaystyle\sum_{n=k_1}^{\infty} a^n = \dfrac{a^{k_1}}{1-a} \quad \lvert a \rvert < 1$ | $k_1$ 为整数 |

表 8 - 3 给出常见序列的卷积和。

**表 8 - 3　卷 积 和 表**

| 序号 | $f_1[n]$ | $f_2[n]$ | $f_1[n] * f_2[n]$ |
|---|---|---|---|
| 1 | $f[n]$ | $\delta[n]$ | $f[n]$ |
| 2 | $f[n]$ | $\varepsilon[n]$ | $\displaystyle\sum_{i=-\infty}^{n} f[i]$, $n \geqslant 0$ |
| 3 | $\varepsilon[n]$ | $\varepsilon[n]$ | $(n+1)\varepsilon[n]$ |
| 4 | $n\varepsilon[n]$ | $\varepsilon[n]$ | $\dfrac{1}{2}(n+1)n\varepsilon[n]$ |
| 5 | $a^n\varepsilon[n]$ | $\varepsilon[n]$ | $\dfrac{1-a^{n+1}}{1-a}\varepsilon[n]$ |
| 6 | $n\varepsilon[n]$ | $n\varepsilon[n]$ | $\dfrac{1}{6}(n+1)n(n-1)\varepsilon[n]$ |

**2) 图形法**

与连续信号卷积运算类似，卷积和也可采用图解法计算，其步骤是：

第一步，变量代换。将 $f_1[n]$ 变为 $f_1[k]$，将 $f_2[n]$ 变为 $f_2[-k]$，即将 $f_2[k]$ 的波形以纵坐标为轴反折 $180°$。

第二步，平移。将 $f_2[-k]$ 沿横坐标轴（$k$ 轴）平移 $n$ 个单位，得到 $f_2[n-k]$。若 $n < 0$，将 $f_2[-k]$ 左移 $\lvert n \rvert$ 个单位；若 $n > 0$，将 $f_2[-k]$ 右移 $n$ 个单位。

第三步，逐点计算 $f_1[k]$ 与 $f_2[n-k]$ 的乘积，即 $f_1[k]f_2[n-k]$。

第四步，对第三步的结果做求和计算，即可得到不同 $n$ 对应的卷积和值。

下面通过一个例题详细介绍图解计算方法。

**【例题 8 - 5】**　给定序列 $f_1[n] = \begin{cases} n & (0 \leqslant n \leqslant 3) \\ 0 & (其余) \end{cases}$，$f_2[n] = \begin{cases} 1 & (0 \leqslant n \leqslant 3) \\ 0 & (其余) \end{cases}$，求卷积和 $y[n] = f_1[n] * f_2[n]$。

**解**　图 8 - 12 为求解全过程。读者可对照上述四个步骤自行分析。

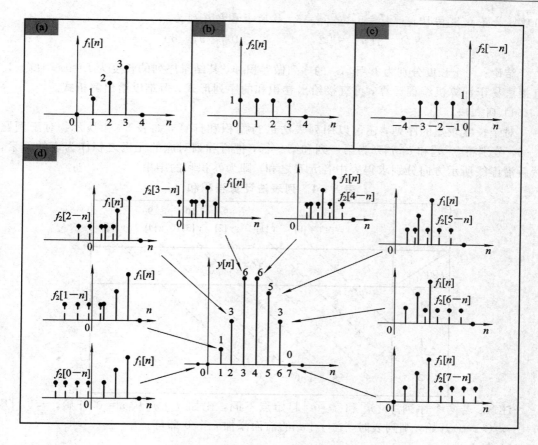

图 8-12　例题 8-5 卷积计算图示

3) 直接法

所谓直接求解就是将宗量 $n$ 逐点代入卷积和的定义式中求出结果序列的方法。

【例题 8-6】　给定两个序列 $f[n]=[\underset{\uparrow}{1},\ 1,\ 2]$，$h[n]=[\underset{\uparrow}{2},\ 2,\ 3,\ 3]$，求它们

的卷积和 $y[n]$。（注意：下面有箭头的数字表示 $n=0$ 时刻的序列值）

解　因为两个序列长度有限，且都从 $n=0$ 开始，所以由定义式可得

$$y[n] = f[n] * h[n] = \sum_{k=0}^{n} f[k]h[n-k]$$

将 $n=0$ 代入上式，得

$$y[0] = \sum_{k=0}^{0} f[0]h[0-0] = f[0]h[0] = 1 \times 2 = 2$$

将 $n=1$ 代入上式，得

$$y[1] = \sum_{k=0}^{1} f[k]h[n-k] = f[0]h[1] + f[1]h[0] = 2 \times 2 = 4$$

将 $n=2$ 代入上式，得

$$y[2] = \sum_{k=0}^{2} f[k]h[n-k] = f[0]h[2] + f[1]h[1] + f[2]h[0] = 3 + 2 + 4 = 9$$

同理，求得 $y[3]=10$，$y[4]=9$，$y[5]=6$。故所求卷积序列为

$$y[n] = [\underset{\uparrow}{2}, \quad 4, \quad 9, \quad 10, \quad 9, \quad 6]$$

**结论**：两个长度分别为 $L_1$ 和 $L_2$ 的序列做卷积和，其结果序列的长度为 $L=L_1+L_2-1$。直接法易于计算机编程运算，可直接给出卷积和的序列形式，但难以给出解析式。

4) 列表法

对于长度较短的序列，还可以用列表法进行卷积和计算，如表 8-4 所示。对于例题 8-6，分别将 $f[n]$ 和 $h[n]$ 列为第一列和第一行，把行和列对应的元素之积作为表的元素，然后沿虚线所示方向分别求得表中各元素之和，即为卷积和的结果。

**表 8-4　列表法计算卷积和**

| $f[n]$ \ $h[n]$ | 2 ($y[0]$) | 2 ($y[1]$) | 3 ($y[2]$) | 3 ($y[3]$) | ($y[4]$) | ($y[5]$) |
|---|---|---|---|---|---|---|
| | 2 | 2 | 3 | 3 | | |
| 1 | 2 | 2 | 3 | 3 | | |
| 1 | 2 | 2 | 3 | 3 | | |
| 2 | 4 | 4 | 6 | | | |

表头数字：2, 4, 9, 10, 9, 6

**注意**：若两个序列 $f_1[n]$ 和 $f_2[n]$ 起始点不同，比如 $f_1[n]$ 从 $n=0$ 开始，$f_2[n]$ 从 $n=-k$（$k>0$）开始，则列表时，在 $f_1[n]$ 的前面添加 $k$ 个 0 即可。

5) 相乘法

对于有限长序列还可采用类似普通乘法的求解方法，即把两个序列按乘法规则运算，但不进位，然后把同一列的乘积相加即可得到序列的卷积和。

**【例题 8-7】** 计算序列 $f_1[n]=[\underset{\uparrow}{3},2,4,1]$、$f_2[n]=[\underset{\uparrow}{2},1,5]$ 的卷积和 $y[n]$。

**解** 采用相乘法有

```
        3   2   4   1
  ×         2   1   5
  ────────────────────
       15  10  20   5
    3   2   4   1
+ 6   4   8   2
  ────────────────────
  6   7  25  16  21   5
```

即卷和为

$$y[n] = [\underset{\uparrow}{6}, 7, 25, 16, 21, 5]$$

## 8.2.8　序列的能量

离散信号 $f[n]$ 的能量定义为

$$E \overset{\text{def}}{=\!=} \sum_{n=-\infty}^{\infty} |f[n]|^2 \tag{8-36}$$

### 8.2.9　序列的单位序列表示

同连续信号 $\delta(t)$ 类似，单位脉冲序列 $\delta[n]$ 的一个重要用途就是能够以线性组合的形式（卷积和）表达一个一般序列 $f[n]$，即有

$$f[n] = \sum_{k=-\infty}^{+\infty} f[k]\delta[n-k] \qquad (8-37)$$

# 8.3　离 散 系 统

### 8.3.1　离散系统的概念

若系统的输入和输出都是离散信号，则该系统就是离散系统或数字系统，其定义如下：

**离散系统就是能将一个(几个)离散信号变为另一个(几个)离散信号的相关电路、设备或算法的集合。或者说，对离散信号进行处理或变换的系统就是离散系统。**

同连续系统一样，为了分析离散系统，首先要创建系统的数学模型。对于本书讨论的离散系统，其时域基本数学模型是常系数线性差分方程。图 8-13 是离散系统时域框图模型。

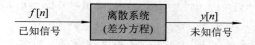

图 8-13　离散系统时域模型

### 8.3.2　离散系统的特性

同连续系统一样，这里也只讨论线性、时不变和因果离散系统。相应概念的数学描述如下：

（1）响应分解性。若由起始状态产生的响应为 $y_x[n]$，由激励产生的响应为 $y_f[n]$，则全响应 $y[n]$ 为

$$y[n] = y_x[n] + y_f[n] \qquad (8-38)$$

（2）线性。若 $y_1[n] = T[f_1[n]]$，$y_2[n] = T[f_2[n]]$，则

$$a_1 y_1[n] + a_2 y_2[n] = T[a_1 f_1[n] + a_2 f_2[n]] \qquad (8-39)$$

式中 $a_1$、$a_2$ 为任意常数。注意：$f_1[n]$ 和 $f_2[n]$ 也可以是起始状态。

（3）时不变性。若 $y[n] = T[f[n]]$，则

$$y[n-k] = T[f[n-k]] \qquad (8-40)$$

式中 $k$ 为实常数。

（4）因果性。有激励才有响应，响应不会在激励之前产生，换句话说，系统在任意时刻的响应只取决于系统该时刻及该时刻以前的输入，而与该时刻以后的输入无关，这就是因果系统的特征。

为方便起见，以后把线性时不变因果离散系统简称为离散系统(除非特别说明)。

需要说明的是，所有物理系统都是因果的，不管是连续系统还是离散系统。

**【例题 8-8】** 判断下列系统是否为线性系统。

(1) $x[n] \rightarrow y[n] = f^2[n_0] + f^2[n]$ (2) $x[n] \rightarrow y[n] = \cos\left[an + \dfrac{\pi}{3}\right]x[n]$

**解** (1) 系统满足响应分解性，但不满足零输入线性和零状态线性，是非线性系统。

(2) $x_1[n] \rightarrow y_1[n] = \cos\left[an + \dfrac{\pi}{3}\right]x_1[n]$，$x_2[n] \rightarrow y_2[n] = \cos\left[an + \dfrac{\pi}{3}\right]x_2[n]$

因为

$$x_1[n] + x_2[n] \rightarrow y[n] = \cos\left[an + \frac{\pi}{3}\right][x_1[n] + x_2[n]]$$
$$= \cos\left[an + \frac{\pi}{3}\right]x_1[n] + \cos\left[an + \frac{\pi}{3}\right]x_2[n]$$
$$= y_1[n] + y_2[n]$$

所以，系统是线性的。

**【例题 8-9】** 判断下列系统是否为时不变系统。

(1) $x[n] \rightarrow y[n] = ax[n] + b$

(2) $x[n] \rightarrow y[n] = nx[n]$

**解** (1) 因为 $x[n-n_1] \rightarrow y[n] = ax[n-n_1] + b = y[n-n_1]$，所以系统是时不变的。

(2) 因为 $x[n-n_1] \rightarrow y[n] = nx[n-n_1] \neq y[n-n_1] = (n-n_1)x[n-n_1]$，所以系统是时变的。

**【例题 8-10】** 判断系统 $y[n] = nf[n]$ 是否是线性的、时不变的和因果的。

**解** 设 $f_1[n]$ 作用于系统产生的响应为 $y_1[n]$，则 $y_1[n] = nf_1[n]$；

设 $f_2[n]$ 作用于系统产生的响应为 $y_2[n]$，则 $y_2[n] = nf_2[n]$。

当 $\alpha f_1[n] + \beta f_2[n]$ 作用于系统时，系统响应为

$$y[n] = n[\alpha f_1[n] + \beta f_2[n]] = \alpha y_1[n] + \beta y_2[n]$$

可见该系统满足齐次性和叠加性，所以是线性系统。

设 $f_1[n] = f[n-n_0]$ 作用于系统，则

$$T[f_1[n]] = nf[n-n_0] \neq (n-n_0)f[n-n_0]$$

因此该系统是时变的。

设 $n=2$，则 $y[2] = 2f[2]$，可见响应没有出现在激励之前，故系统是因果的。

# 8.4 离散系统时域描述法

与连续系统类似，在时域中，LTI离散系统也主要有差分方程、算子和脉冲响应等数学模型描述方法。

## 8.4.1 差分方程描述法

**所谓"差分方程"，通常是指含有未知序列移序序列的等式。**

未知序列左、右移序列的最大差值被称为差分方程的阶数。

　　差分方程适合描述离散系统,可直接反映系统在离散时刻 $nT$ 或 $n$,其输入、输出信号的运动状态或变化规律。比如 $y[n]$ 表示一个国家在第 $n$ 年的人口数,$a$、$b$ 是常数,分别代表出生率与死亡率。设 $f[n]$ 是国外移民的净增数,则该国在第 $n+1$ 年的人口总数为

$$y[n+1]=y[n]+ay[n]-by[n]+f[n]$$

整理得

$$y[n+1]-(1+a-b)y[n]=f[n]$$

显然,上式是个差分方程,是一个表示人口系统的数学模型,反映了人口的变化情况。由于输出序列移序的差值为 1,所以是个一阶差分方程。不难看出它还是一个前向差分方程。

　　再比如,某人按时于每月初向银行存款 $f[n]$ 元。银行按月实行复息(上个月底的本、息合在一起算作下个月计息时的本金,利率为 $\alpha$ 元/(月·元))。那么,第 $n$ 个月刚存款后的本息 $y[n]$ 包括如下三项:本月刚存入的款额 $f[n]$、上月初存款后的本金 $y[n-1]$、$y[n-1]$ 在上个月所得的利息 $\alpha y[n-1]$。因此,第 $n$ 个月刚存款后的本息 $y[n]$ 可用下式描述:

$$y[n]=y[n-1]+\alpha y[n-1]+f[n]$$

整理得

$$y[n]-(1+\alpha)y[n-1]=f[n]$$

这是一个后向一阶差分方程。

　　综上所述,可以给出差分方程的一般形式如下:

　　(1) $N$ 阶前向差分方程:

$$a_N y[n+N]+a_{N-1}y[n+N-1]+\cdots+a_1 y[n+1]+a_0 y[n]$$
$$=b_M f[n+M]+b_{M-1}f[n+M-1]+\cdots+b_1 f[n+1]+b_0 f[n] \qquad (8-41)$$

前向差分方程更适用于状态变量分析法。

　　(2) $N$ 阶后向差分方程:

$$a_N y[n]+a_{N-1}y[n-1]+\cdots+a_1 y[n-N+1]+a_0 y[n-N]$$
$$=b_M f[n]+b_{M-1}f[n-1]+\cdots+b_1 f[n-M+1]+b_0 f[n-M] \qquad (8-42)$$

后向差分方程多用于因果系统和数字滤波器的分析,是本章讨论的主要内容。

　　与微分方程类似,差分方程的重要意义在于:一个离散系统当前的响应 $y[n]$ 不仅与当前的激励 $f[n]$ 有关,还与系统过去的响应 $y[n-1]$,$y[n-2]$,$\cdots$,$y[n-k]$ 有关。也就是说,离散系统也具有记忆功能。

　　上述两个差分方程实例告诉我们一个事实:本课程不仅适用于电系统,同样也可以解决数学模型为微分方程或差分方程的其他系统(相似系统)问题。

## 8.4.2　算子描述法

　　类似于连续系统定义微分算子 $p$,离散系统将字母“$E$”定义为超前算子,表示将序列向前(左)移一个单位的运算,即 $Ey[n]=y[n+1]$,$E^2 y[n]=y[n+2]$,$\cdots$,$E^k y[n]=y[n+k]$。定义“$E^{-1}=1/E$”为滞后算子,表示将序列向后(右)移一个单位的运算,即 $E^{-1}y[n]=y[n-1]$,$E^{-2}y[n]=y[n-2]$,$\cdots$,$E^{-k}y[n]=y[n-k]$。

　　有了算子的概念则前向差分方程式(8-41)可表示为

$$(a_N E^N + a_{N-1} E^{N-1} + \cdots + a_1 E + a_0) y[n]$$
$$= (b_M E^M + b_{M-1} E^{M-1} + \cdots + b_1 E + b_0) f[n] \qquad (8-43)$$

后向差分方程式(8-42)可表示为

$$(a_N + a_{N-1} E^{-1} + \cdots + a_1 E^{-(N-1)} + a_0 E^{-N}) y[n]$$
$$= (b_M + b_{M-1} E^{-1} + \cdots + b_1 E^{-(M-1)} + b_0 E^{-M}) f[n] \qquad (8-44)$$

这样，用前向差分方程描述的离散系统传输算子 $H(E)$ 就可写为

$$H(E) = \frac{b_M E^M + b_{M-1} E^{M-1} + \cdots + b_1 E + b_0}{a_N E^N + a_{N-1} E^{N-1} + \cdots + a_1 E + a_0} = \frac{N(E)}{D(E)} \qquad (8-45)$$

式中 $D(E) = a_N E^N + a_{N-1} E^{N-1} + \cdots + a_1 E + a_0$ 为离散系统的特征多项式。$D(E) = 0$ 为特征方程，其根 $\lambda_i$ 也称为特征根或自然频率。

用后向差分方程描述的离散系统传输算子 $H(E)$ 就可写为

$$H(E) = \frac{b_M + b_{M-1} E^{-1} + \cdots + b_1 E^{-(M-1)} + b_0 E^{-M}}{a_N + a_{N-1} E^{-1} + \cdots + a_1 E^{-(N-1)} + a_0 E^{-N}} \qquad (8-46)$$

显然，式(8-46)可整理为

$$H(E) = \frac{E^N (b_M E^M + b_{M-1} E^{M-1} + \cdots + b_1 E + b_0)}{E^M (a_N E^N + a_{N-1} E^{N-1} + \cdots + a_1 E + a_0)} \qquad (8-47)$$

对于因果系统，有 $N \geqslant M$，因此式(8-47)可以写为

$$H(E) = \frac{E^{N-M} (b_M E^M + b_{M-1} E^{M-1} + \cdots + b_1 E + b_0)}{a_N E^N + a_{N-1} E^{N-1} + \cdots + a_1 E + a_0} \qquad (8-48)$$

可见，式(8-48)与式(8-45)的分母相同，也就是说，后向差分方程与前向差分方程的特征多项式是一样的。

式(8-48)告诉我们，后向差分方程可以转化为前向差分方程，前向差分方程也可变为后向差分方程。这个结论与微分方程和积分方程可以相互转换的概念类似。但在我们研究的系统范畴，差分方程是具体物理系统的数学模型，具有一定的物理意义，因此不能将前向和后向方程随意转换，比如因果系统就不能用前向方程表述。

通常在系统分析中，可以把后向差分方程传输算子的负幂次形式(式(8-46))整理为正幂次形式(式(8-48))，这样不但可与连续系统 $H(p)$ 的形式统一起来，而且便于系统的模拟、稳定性判别或其他研究(比如在讨论与 $h[n]$ 的对应关系上，$H(E)$ 用正幂次形式就比较方便)。虽然，$H(E)$ 的形式发生了变化，但并不意味着改变了系统的数学模型及其特性。

与连续系统微分方程 $\sum\limits_{i=0}^{n} a_i y^{(i)}(t) = \sum\limits_{j=0}^{m} b_j f^{(j)}(t)$ 相对应，离散系统前向差分方程可写为

$$\sum_{i=0}^{N} a_i y[n+i] = \sum_{j=0}^{M} b_j f[n+j] \qquad (8-49)$$

离散系统后向差分方程可表示为

$$\sum_{k=0}^{N} a_{N-k} y[n-k] = \sum_{r=0}^{M} b_{M-r} f[n-r] \qquad (8-50)$$

同连续系统一样，也可以利用离散系统传输算子与系统单位响应的关系对离散系统进行分析，即根据 $H(E)$ 找出相应的 $h[n]$，然后就可利用下面的卷积和法求出零状态响应 $y_f[n]$。常见的 $H(E)$ 与 $h[n]$ 的对应关系如表 8-5 所示。

**表 8 - 5　$H(E)$ 与 $h[n]$ 的对应关系**

| No. | $H(E)$ | $h[n]$　$n \geqslant 0$ |
|---|---|---|
| 1 | $1$ | $\delta[n]$ |
| 2 | $E^m$ | $\delta[n-m]$ |
| 3 | $\dfrac{E}{E-\lambda}$ | $\lambda^n$ |
| 4 | $\dfrac{E}{E-e^{\gamma T}}$ | $e^{\gamma Tn}$ |
| 5 | $\dfrac{E}{(E-\lambda)^2}$ | $n\lambda^{n-1}$ |
| 6 | $\dfrac{1}{E-\lambda}$ | $\lambda^{n-1}\varepsilon[n-1]$ |
| 7 | $\dfrac{E^2}{(E-\lambda)^2}$ | $(n+1)\lambda^n$ |

### 8.4.3　脉冲响应描述法

　　差分方程描述法和算子描述法一般都需要知道系统的结构或功能，否则，就需要利用测量法来描述，即输入一个指定序列，然后观察（测量）系统响应，从而得到系统端口间的关系。比如，输入单位序列 $\delta[n]$，则在起始状态为零的前提下，系统的响应就是单位脉冲响应 $h[n]$，因此，只要测得 $h[n]$，系统对任意序列的零状态响应即可表示为 $y_f[n] = f[n] * h[n]$。显然，这些概念与连续系统的一样。

# 8.5　离散系统时域分析法

　　与连续系统类似，离散系统的分析方法也分为时域和变换域两大类，分析思路也大致相同，很多概念互相对应，这为我们分析离散系统带来很大方便。因此，在本章的学习过程中，只要善于将连续系统的相关概念引入离散系统，将会收到事半功倍的效果。

### 8.5.1　时域经典分析法

　　在时域分析法中，有一个重要概念就是系统的"状态"。对于一个连续系统，状态表示各储能元件在 $t = t_0$ 时刻的储能情况，即各储能元件在 $t = t_0$ 时刻的输出，是一组必须知道且个数最少的数据。与此类似，也可以定义：

　　**一个离散系统在 $n = n_0$ 时刻的状态是指系统所有延迟元件在 $n = n_0$ 时刻的输出值的集合，是一组必须知道的且个数最少的数据** $x_1[n_0]$, $x_2[n_0]$, $\cdots$, $x_n[n_0]$，简记为 $\{x[n_0]\}$。

　　利用这组数据和存在于 $n \geqslant n_0$ 时间段的激励 $f[n]$，就能完全确定 $n_0$ 以后任何时刻的响应 $y[n]$。若设 $n = n_0 = 0$ 时刻为观察点，则 $\{x_1[-1], x_2[-1], x_3[-1], \cdots\}$ 为起始状态（类比连续域的 $0_-$ 时刻）；$\{x_1[0], x_2[0], x_3[0], \cdots\}$ 为初始状态（类比连续域的 $0_+$ 时刻）。

与连续系统类似，离散系统也有起始/初始条件的概念。具体内容为

**一个 $N$ 阶离散系统在 $n=0$ 时刻的 $N$ 个起始条件是指响应 $y[n]$ 在 $n=-1，-2，\cdots，$ $-N$ 时刻的值的集合，即 $\{y[-n]\}$，$n=1，2，\cdots，N$。**

**一个 $N$ 阶离散系统在 $n=0$ 时刻的 $N$ 个初始条件是指响应 $y[n]$ 在 $n=0，1，2，\cdots，$ $N-1$ 时刻的值的集合，即 $\{y[n]\}$，$n=0，1，2，\cdots，N-1$。**

需要说明的是，连续系统的起始条件到初始条件的转换可利用换路定理来实现，但离散系统的起始条件到初始条件的转换则需要利用递推算法。限于大纲要求，这里不赘述。

对于一个 $N$ 阶离散系统，若起始时刻为 $n=0$，且有 $y[-1]=y[-2]=\cdots=y[-N]=0$，则该系统就是一个"零状态"系统。

**1. 迭代分析法**

离散系统的分析也就是对系统基本数学模型——差分方程的求解。与连续系统求解微分方程一样，差分方程的求解也可在时域和变换域中进行，其时域解法也有经典法和响应分解法。经典法就是根据特征根求出方程齐次解，再根据激励序列的形式求出一个特解，两者相加即为方程全（通）解；而响应分解法就是分别求出零状态响应和零输入响应，然后再叠加为全响应。除此之外，时域中还有一个差分方程特有的迭代解法。

我们首先通过一个例子了解迭代法的求解原理，然后再介绍经典解法。

**【例题 8-11】** 设某离散系统的激励序列为 $f[n]=n\varepsilon[n]$，且初始条件 $y[0]=1$。求差分方程 $y[n]+\dfrac{1}{2}y[n-1]=f[n]$ 解的前四项。

**解** 所谓迭代法就是将 $f[n]$ 逐点代入差分方程，从而求出相应的 $y[n]$ 值的过程。原式可整理为

$$y[n]=-\frac{1}{2}y[n-1]+f[n]$$

当 $n=1$ 时，有

$$y[1]=-\frac{1}{2}y[0]+f[1]$$

将 $y[0]=1$、$f[1]=1$ 代入上式，有

$$y[1]=-\frac{1}{2}+1=0.5$$

当 $n=2$ 时，有

$$y[2]=-\frac{1}{2}y[1]+f[2]$$

将 $y[1]=0.5$、$f[2]=2$ 代入上式，有

$$y[2]=-\frac{1}{2}\cdot 0.5+2=1.75$$

当 $n=3$ 时，有

$$y[3]=-\frac{1}{2}\cdot y[2]+f[3]$$

将 $y[2]=1.75$，$f[3]=3$ 代入上式，有

$$y[3]=-\frac{1}{2}\cdot 1.75+3=2.125$$

因此，$y[n]$ 为

$$y[n] = [\underset{\uparrow}{1}, \quad 0.5, \quad 1.75, \quad 2.125, \quad \cdots \quad]$$

重复上述步骤，即可得到任意 $n$ 值所对应的 $y[n]$ 值。

**注意**：因为 $y[0]$ 已经给出，所以迭代时不需要再求 $n=0$ 时的值，直接从 $n=1$ 开始即可。

显而易见，迭代法的计算非常简单，很适合编制程序用计算机计算，其缺点是不容易给出解的闭合表达形式。迭代法也称为数值解法。

**2. 经典分析法**

经典解法的步骤与微分方程的基本一致，归纳如下：

第一步，写出系统特征方程 $D(\lambda) = a_k\lambda^k + a_{k-1}\lambda^{k-1} + \cdots + a_1\lambda + a_0 = 0$，并求出特征根。

第二步，根据特征值写出齐次解（自由响应）$y_c[n]$。若特征根为相异单实根 $\lambda_1, \lambda_2, \cdots, \lambda_k$ 时，齐次解形式为

$$y_c[n] = C_1\lambda_1^n + C_2\lambda_2^n + \cdots + C_k\lambda_k^n = \sum_{i=1}^k C_i\lambda_i^n \tag{8-51}$$

当特征根为 $m$ 重实根 $\lambda$ 时，齐次解形式为

$$y_c[n] = (C_1 n^{m-1} + C_2 n^{m-2} + \cdots + C_{m-1}n + C_m)\lambda^n = \left[\sum_{i=1}^m C_i n^{m-i}\right]\lambda^n \tag{8-52}$$

第三步，根据 $f[n]$ 的形式求出特解（强迫响应）$y_p[n]$。常用的特解形式见表 8-6。

第四步，将已经求得的齐次解和特解相加，即得差分方程的通解（系统全响应），如下：

$$y[n] = y_c[n] + y_p[n] \tag{8-53}$$

第五步，将给定的系统初始值代入上式，求得待定系数 $C_i$。

第六步，将确定的系数 $C_i$ 代入通解表达式即可。

**表 8-6　差分方程特解形式**

| 序号 | 激励 $f[n]$ | 特解 $y_p[n]$ |
|---|---|---|
| 1 | $A$（常数） | $C$（常数） |
| 2 | $An$ | $C_1 n + C_2$ |
| 3 | $An^k$ | $C_1 n^k + C_2 n^{k-1} + \cdots + C_{k+1}$ |
| 4 | $Ae^{an}$（$a$ 为实数） | $Ce^{an}$ |
| 5 | $Ae^{j\omega n}$ | $Ce^{j\omega n}$ |
| 6 | $A\sin[\omega_0(n+n_0)]$ | $C_1\cos\omega_0 n + C_2\sin\omega_0 n$ |
| 7 | $A\cos[\omega_0(n+n_0)]$ | $B_1\cos\omega_0 n + B_2\sin\omega_0 n$ |

**注意**：7 式中的常数之所以写成 $B_i$ 是为了与 6 式中的常数 $C_i$ 相区别。二者并不一定相同。

**【例题 8-12】**　用经典法求解差分方程 $6y[n] - 5y[n-1] + y[n-2] = 10\varepsilon[n]$ 的全响应

$y[n]$。已知 $y[0]=15$，$y[1]=9$。

**解** 系统特征方程为

$$6\lambda^2 - 5\lambda + 1 = 0$$

特征根为

$$\lambda_1 = \frac{1}{2}, \quad \lambda_2 = \frac{1}{3}$$

则齐次解为

$$y_c[n] = C_1 \left(\frac{1}{2}\right)^n + C_2 \left(\frac{1}{3}\right)^n$$

因为激励 $f[n]=10\varepsilon[n]$，即激励为常数，故设特解 $y_p[n]=C$。显然，有

$$y_p[n-1] = y_p[n-2] = C$$

代入原差分方程可得

$$6C - 5C + C = 10$$

解出 $C=5$，则特解为

$$y_p[n] = 5$$

全响应为

$$y[n] = y_c[n] + y_p[n] = C_1 \left(\frac{1}{2}\right)^n + C_2 \left(\frac{1}{3}\right)^n + 5$$

代入初始条件，有

$$y[0] = C_1 + C_2 + 5 = 15$$

$$y[1] = \frac{1}{2}C_1 + \frac{1}{3}C_2 + 5 = 9$$

解得 $C_1=4$，$C_2=6$。故全响应为

$$y[n] = y_c[n] + y_p[n] = 4\left(\frac{1}{2}\right)^n + 6\left(\frac{1}{3}\right)^n + 5, \quad n \geqslant 0$$

　　虽然经典法有时比下面的响应分解法简单，但有两个缺点：一是最后的结果难以分出零输入响应和零状态响应；二是若激励 $f[n]$ 的形式比较复杂，则不容易确定特解的形式。

## 8.5.2　单位脉冲响应

　　我们知道，在连续系统中，$h(t)$ 不仅可以表征系统本身的固有特性，还可与激励 $f(t)$ 卷积，从而得到系统的零状态响应 $y_f(t)$。在离散系统的分析中，也可以定义一个作用和特性类似于单位冲激响应 $h(t)$ 的单位脉冲响应 $h[n]$，定义如下：

　　**离散系统对单位脉冲序列 $\delta[n]$ 的零状态响应被定义为系统的单位脉冲响应，简称单位响应，记为 $h[n]$。**（注意：为了与连续系统的概念相统一，也可称其为"冲激响应"。）

　　根据 $\delta[n]$ 的定义，当 $n>0$ 时，有 $\delta[n]=0$，即有当 $n>0$ 时，系统的单位响应 $h[n]=0$。可见，单位响应 $h[n]$ 应该与系统差分方程齐次解具有相同的形式。当 $n=0$ 时系统的响应可归结为 $h[n]$ 具有的初始条件。下面通过几个例题，给出单位响应 $h[n]$ 的时域求解方法。

　　**【例题 8-13】** 求二阶系统 $y[n] + \frac{1}{6}y[n-1] - \frac{1}{6}y[n-2] = f[n]$ 的单位响应 $h[n]$。

**解**　特征方程为

$$\lambda^2 + \frac{1}{6}\lambda - \frac{1}{6} = 0$$

特征根为

$$\lambda_1 = \frac{1}{3}, \quad \lambda_2 = -\frac{1}{2}$$

则单位响应为

$$h[n] = \left[ c_1 \left( \frac{1}{3} \right)^n + c_2 \left( -\frac{1}{2} \right)^n \right] \varepsilon[n] \tag{8-54}$$

根据单位响应定义和系统方程，有

$$h[n] + \frac{1}{6}h[n-1] - \frac{1}{6}h[n-2] = \delta[n]$$

因为是因果系统，$h[-1] = h[-2] = 0$，且 $\delta[0] = 1$，故有

$$h[0] = -\frac{1}{6}h[-1] + \frac{1}{6}h[-2] + \delta[0] = 1$$

$$h[1] = -\frac{1}{6}h[0] + \frac{1}{6}h[-1] + \delta[1] = -\frac{1}{6}$$

将 $h[0] = 1$，$h[1] = -\dfrac{1}{6}$ 分别代入式（8-54），得联立方程

$$\begin{cases} c_1 + c_2 = 1 \\ \dfrac{1}{3}c_1 - \dfrac{1}{2}c_2 = -\dfrac{1}{6} \end{cases}$$

解得

$$c_1 = \frac{2}{5}, \quad c_2 = \frac{3}{5}$$

因此，系统单位响应为

$$h[n] = \left[ \frac{2}{5} \left( \frac{1}{3} \right)^n + \frac{3}{5} \left( -\frac{1}{2} \right)^n \right] \varepsilon[n]$$

**【例题 8-14】**　求系统 $y[n] + \dfrac{1}{6}y[n-1] - \dfrac{1}{6}y[n-2] = f[n] - 2f[n-2]$ 的单位响应 $h[n]$。

**解**　因为差分方程满足线性和时不变性，所以，该系统的响应可看作由 $f[n]$ 和 $-2f[n-2]$ 单独作用系统时产生的响应之和。根据单位响应的定义，有

$$h[n] = h_1[n] - 2h_1[n-2]$$

其中，$h_1[n]$ 是激励为 $\delta[n]$ 的零状态响应。

由例题 8-13 可知

$$h_1[n] = \left[ \frac{2}{5} \left( \frac{1}{3} \right)^n + \frac{3}{5} \left( -\frac{1}{2} \right)^n \right] \varepsilon[n]$$

则

$$-2h_1[n-2] = -2 \left[ \frac{2}{5} \left( \frac{1}{3} \right)^{n-2} + \frac{3}{5} \left( -\frac{1}{2} \right)^{n-2} \right] \varepsilon[n-2]$$

因此，系统的单位响应为

$$h[n] = \left[ \frac{2}{5} \left( \frac{1}{3} \right)^n + \frac{3}{5} \left( -\frac{1}{2} \right)^n \right] \varepsilon[n] - 2 \left[ \frac{2}{5} \left( \frac{1}{3} \right)^{n-2} + \frac{3}{5} \left( -\frac{1}{2} \right)^{n-2} \right] \varepsilon[n-2]$$

单位响应 $h[n]$ 除了上述求解方法之外，还可以通过对系统函数 $H(z)$ 求逆变换得到，这类似于连续系统中对系统函数 $H(s)$ 求逆变换得到 $h(t)$，后面会详细讨论这个问题。

### 8.5.3　单位阶跃响应

与连续系统类似，也可定义离散系统的单位阶跃响应。

离散系统对单位阶跃序列 $\varepsilon[n]$ 的零状态响应被定义为系统的单位阶跃响应，记为 $g[n]$。

阶跃响应 $g[n]$ 与冲激响应 $h[n]$ 的关系为

$$g[n] = \sum_{k=-\infty}^{n} h[k] \tag{8-55}$$

或

$$h[n] = g[n] - g[n-1] \tag{8-56}$$

### 8.5.4　响应分解分析法

同连续系统一样，离散系统的响应 $y[n]$ 也可分为零输入响应 $y_x[n]$ 和零状态响应 $y_f[n]$ 两部分，即

$$y(n) = y_x[n] + y_f[n] \tag{8-57}$$

**零输入响应 $y_x[n]$ 可表述为：当系统的输入（激励）序列为零时，仅由系统的起始状态（起始条件）所引起的响应。**

**零状态响应 $y_f[n]$ 可表述为：当系统的起始状态为零时，仅由系统外部的输入（激励）序列所引起的响应。**注意：与连续系统相似，起始状态的个数等于系统的阶数。

根据上述概念，所谓"响应分解法"就是分别求出系统的零输入响应 $y_x[n]$ 和零状态响应 $y_f[n]$，然后相加求得系统的全响应 $y[n]$ 的过程。下面通过实例介绍分析过程。

**1. 零输入响应的求解方法**

从零输入响应的定义中可知，它的形式与系统差分方程齐次解相同，齐次解中的系数由起始条件决定，而所有的起始条件都与激励序列无关。

**【例题 8-15】**　一个离散系统的差分方程为 $3y[n] + 2y[n-1] = f[n]$，已知 $y_x[-1] = 0.5$，求系统的零输入响应。

**解**　系统特征方程为

$$3\lambda + 2 = 0$$

特征根为

$$\lambda = -\frac{2}{3}$$

则零输入响应为

$$y_x[n] = c_x \left(-\frac{2}{3}\right)^n$$

将起始条件 $y_x[-1] = 0.5$ 代入上式，有

$$y_x[-1] = c_x \left(-\frac{2}{3}\right)^{-1} = 0.5$$

解得 $c_x = -\dfrac{1}{3}$，因此零输入响应为

$$y_x[n] = -\frac{1}{3}\left(-\frac{2}{3}\right)^n, \ n \geqslant -1$$

**2. 零状态响应的求解方法**

我们首先推出离散系统零状态响应与单位响应的关系。假设系统的激励序列为 $f[n]$，系统的零状态响应为 $y_f[n]$，如图 8-14 所示。

图 8-14　零状态响应示意图

推导过程如下：

（1）激励产生响应：$f[n] \rightarrow y_f[n]$；

（2）单位响应定义：$\delta[n] \rightarrow h[n]$；

（3）时不变特性：$\delta[n-k] \rightarrow h[n-k]$；

（4）齐次性：$f[k]\delta[n-k] \rightarrow f[k]h[n-k]$；

（5）可加性：$\displaystyle\sum_{k=-\infty}^{\infty} f[k]\delta[n-k] \rightarrow \sum_{k=-\infty}^{\infty} f[k]h[n-k]$；

（6）卷积和定义：$f[n]*\delta[n] \rightarrow f[n]*h[n]$。

说明：因为 $f[n]*\delta[n] = f[n]$（由卷积和特性可得），则有

$$f[n] \rightarrow f[n]*h[n]$$

即
$$y_f[n] = f[n]*h[n] = \sum_{k=0}^{n} f[k]h[n-k] \tag{8-58}$$

式（8-58）就是我们想要的结论，即离散系统的零状态响应等于激励序列与单位响应的卷积和。

【**例题 8-16**】　一个二阶系统模型为 $y[n] - \dfrac{5}{6}y[n-1] + \dfrac{1}{6}y[n-2] = f[n]$，求当 $f[n] = \varepsilon[n]$ 时的零状态响应。

**解**　系统特征方程为

$$\lambda^2 - \frac{5}{6}\lambda + \frac{1}{6} = 0$$

特征根为
$$\lambda_1 = \frac{1}{2}, \ \lambda_2 = \frac{1}{3}$$

则单位响应 $h[n]$ 为
$$h[n] = \left[c_1\left(\frac{1}{2}\right)^n + c_2\left(\frac{1}{3}\right)^n\right]\varepsilon[n] \tag{8-59}$$

根据单位响应定义和系统方程，有

$$h[n] - \frac{5}{6}h[n-1] + \frac{1}{6}h[n-2] = \delta[n]$$

将 $n=0$、$n=1$ 代入上式，得

$$h[0] - \frac{5}{6}h[-1] + \frac{1}{6}h[-2] = \delta[0]$$

$$h[1] - \frac{5}{6}h[0] + \frac{1}{6}h[-1] = \delta[1]$$

对于因果系统，$h[-1]=h[-2]=0$，且 $\delta[0]=1$、$\delta[1]=0$，因此有

$$h[0]=1, \quad h[1]=\frac{5}{6}$$

将这两个初始值代入式(8-59)，得联立方程

$$\begin{cases} c_1+c_2=1 \\ \dfrac{1}{2}c_1+\dfrac{1}{3}c_2=\dfrac{5}{6} \end{cases}$$

解得 $c_1=3$，$c_2=-2$，则单位响应 $h[n]$ 为

$$h[n]=\left[3\left(\frac{1}{2}\right)^n-2\left(\frac{1}{3}\right)^n\right]\varepsilon[n]$$

零状态响应

$$y_f[n]=f[n]*h[n]=\sum_{k=-\infty}^{\infty}\varepsilon[k]\left[3\left(\frac{1}{2}\right)^{n-k}-2\left(\frac{1}{3}\right)^{n-k}\right]\varepsilon[n-k]$$

$$=\left\{\sum_{k=0}^{n}\left[3\left(\frac{1}{2}\right)^{n-k}-2\left(\frac{1}{3}\right)^{n-k}\right]\right\}\varepsilon[n]$$

$$=\left[3\left(\frac{1}{2}\right)^n\frac{1-2^{n+1}}{1-2}-2\left(\frac{1}{3}\right)^n\frac{1-3^{n+1}}{1-3}\right]\varepsilon[n]$$

$$=\left[3-3\left(\frac{1}{2}\right)^n+\left(\frac{1}{3}\right)^n\right]\varepsilon[n]$$

**注意**：零状态响应后面的单位阶跃序列 $\varepsilon[n]$ 不能省略，它表示宗量 $n$ 从 0 开始。若省略，则需标出 $n \geqslant 0$。这个概念与连续系统中的一样。

有了上述零输入响应和零状态响应的求解方法后，就可在时域求得系统的全响应。下面通过一道例题说明全响应的求解方法。

**【例题 8-17】** 已知系统差分方程为 $y[n]-3y[n-1]+2y[n-2]=f[n]+f[n-1]$，起始条件 $y_x[-2]=3$，$y_x[-1]=2$。

(1) 试求系统的零输入响应 $y_x[n]$。

(2) 试求系统的单位响应 $h[n]$ 和阶跃响应 $g[n]$。

(3) 若 $f[n]=2^n\varepsilon[n]$，试求零状态响应和全响应。

**解** (1) 系统特征方程为

$$\lambda^2-3\lambda+2=0$$

特征根为 $\lambda_1=1$，$\lambda_2=2$，则零输入响应为

$$y_x[n]=c_1+c_2 2^n$$

将起始条件 $y_x[-2]=3$，$y_x[-1]=2$ 代入上式，得联立方程

$$\begin{cases} c_1+\dfrac{1}{4}c_2=3 \\ c_1+\dfrac{1}{2}c_2=2 \end{cases}$$

解得 $c_1=4$，$c_2=-4$，因此，系统零输入响应为

$$y_x[n]=4(1-2^n), \quad n \geqslant -2$$

(2) 系统单位响应可用类似例题 8-14 的方法求得。这里，采用将传输算子展开为部分分式的方法。系统差分方程的传输算子为

$$H(E) = \frac{1 + E^{-1}}{1 - 3E^{-1} + 2E^{-2}} = \frac{E^2 + E}{E^2 - 3E + 2} = E\frac{E + 1}{E^2 - 3E + 2}$$

$$= E\left(\frac{3}{E - 2} - \frac{2}{E - 1}\right) = \frac{3E}{E - 2} - \frac{2E}{E - 1}$$

由表 8-5 可知，系统单位响应为

$$h[n] = (3 \cdot 2^n - 2)\varepsilon[n]$$

系统阶跃响应 $g[n]$ 是离散系统对单位阶跃序列 $\varepsilon[n]$ 的零状态响应，即

$$g[n] = \varepsilon[n] * h[n] = \sum_{k=-\infty}^{\infty} h[k]\varepsilon[n-k] = \left[\sum_{k=0}^{n} h[k]\right]\varepsilon[n]$$

则本系统的阶跃响应为

$$g[n] = \left[\sum_{k=0}^{n}(3 \cdot 2^k - 2)\right]\varepsilon[n] = [-2(n+1) + 3(2^{n+1} - 1)]\varepsilon[n]$$

$$= (3 \cdot 2^{n+1} - 2n - 5)\varepsilon[n]$$

（3）系统零状态响应为

$$y_f[n] = f[n] * h[n] = \left[\sum_{k=0}^{n} 2^k(3 \cdot 2^{n-k} - 2)\right]\varepsilon[n]$$

$$= [(3n - 1)2^n + 2]\varepsilon[n]$$

全响应为

$$y[n] = y_x[n] + y_f[n] = 4(1 - 2^n) + (3n - 1)2^n + 2$$

$$= (3n - 5)2^n + 6, \quad n \geqslant 0$$

与连续系统类似，离散系统的响应也有自由和强迫响应、暂态和稳态响应之分。即有

（1）差分方程的齐次解是自由响应，特解是强迫响应。

（2）$|\lambda| < 1$ 的特征根所对应的自由响应也是暂态响应。对几乎所有的真实系统而言，自由响应也就是暂态响应。

（3）全部零输入响应和零状态响应的一部分构成自由响应，零状态响应的剩余部分就是强迫响应。

（4）稳态响应来自强迫响应。强迫响应也可有暂态响应分量。

# 8.6　系统记忆性、可逆性与因果性的判断

与连续系统类似，当且仅当一个离散系统的单位响应 $h[n]$ 满足

$$h[n] = K\delta[n] \tag{8-60}$$

即系统的响应与激励满足

$$y[n] = Kf[n] \tag{8-61}$$

时该离散系统就是一个无记忆（静态）系统。或者说，被差分方程描述的系统就是记忆系统。

若一个离散系统的冲激响应为 $h[n]$，另一个系统的冲激响应为 $h_i[n]$，则当

$$h[n] * h_i[n] = \delta[n] \tag{8-62}$$

时，冲激响应为 $h[n]$ 的系统就是一个可逆系统，即原系统；冲激响应为 $h_i[n]$ 的系统就是原系统的逆系统。

当且仅当一个离散系统的冲激响应 $h[n]$ 满足

$$h[n] = 0, \quad n < 0 \tag{8-63}$$

时则该系统就是一个因果系统。或者说，冲激响应为因果序列的系统就是因果系统。

**【例题 8-18】** 判断下列系统是否为因果系统。

(1) $h[n] = \varepsilon[3-n]$　　　(2) $h[n] = \delta[n+4]$　　　(3) $h[n] = 0.5^n \varepsilon[n]$

**解** (1) 当 $n = -1$ 时，$h[n] = \varepsilon[3-n] = \varepsilon[4] = 1 \neq 0$，因此是非因果系统。

(2) 当 $n = -4$ 时，$h[n] = \delta[n+4] = \delta[0] = 1 \neq 0$，因此是非因果系统。

(3) 当 $n < 0$ 时，$h[n] = 0$，因此是因果系统。

## 学 习 提 示

离散系统分析是与连续系统分析对应的另一个重要内容，其分析过程可以全盘借鉴连续系统的分析方法，提示大家关注以下知识点：

**(1)** 单位脉冲序列和阶跃序列是时域分析的基础。

**(2)** 卷积和是一种与卷积类似的数学运算，但计算方法多样且比卷积简单。

**(3)** 脉冲响应的概念及其与冲激响应的异同点。

## 问 与 答

**问题 1：** 为什么虚指数序列也要满足条件：$\dfrac{\Omega}{2\pi} = \dfrac{m}{N} =$ 有理数，才能和正弦型序列一样是周期序列？

**答：** 根据欧拉公式可知，虚指数序列只不过是正弦型序列的另一种表现形式，其本质还是正弦型序列。因此，它们具有相同的特性是很自然的。

**问题 2：** 与连续系统时域分析法相比，离散系统时域分析法有何特点？

**答：** 宏观上看，它们有着类似的分析法，比如，方程的经典解法、响应分解法、算子分析法、卷积分析法等。但在细节上，因为离散信号的特殊性，两种分析法还是有一些不同点，主要体现在：① 迭代法，这是离散系统的特有分析法。② 卷积的直接法、列表法和相乘法。

## 习 题 8

8-1　判断下列序列是否为周期序列，若是，则其周期 $N$ 为何值？

(1) $f_1[n] = A \cos\left(\dfrac{n\pi}{4}\right)$　　　　(2) $f_2[n] = A \sin(2n - \pi)$

(3) $f_3[n] = A \sin\left(\dfrac{3n\pi}{4} - \dfrac{\pi}{4}\right)$　　(4) $f_4[n] = e^{j\left(\frac{\pi}{8} - \pi\right)}$

8-2　画出下列离散信号的波形。

(1) $\left(\dfrac{1}{2}\right)^{n}\varepsilon[n]$　　　　(2) $\left(\dfrac{1}{2}\right)^{n}\varepsilon[n-2]$　　　　(3) $\left(\dfrac{1}{2}\right)^{n-2}\varepsilon[n-2]$

(4) $2\delta[n]-\varepsilon[n]$　　　(5) $\varepsilon[n]+\sin\dfrac{n\pi}{8}\varepsilon[n]$　　　(6) $n\cdot 2^{-n}\varepsilon[n]$

(7) $2^{n}(\varepsilon[-n]-\varepsilon[3-n])$　　　　　　(8) $(n^{2}+n+1)(\delta[n+1]-2\delta[n])$

8-3　已知 $f[n]=n[\varepsilon[n]-\varepsilon[n-7]]$，试分别画出下列信号的波形。

(1) $f_{1}[n]=f[-n]$　(2) $f_{2}[n]=f[n+1]$　　(3) $f_{3}[n]=f[n-1]$

(4) $f_{4}[n]=f[n+1]+f[n-1]$　　　(5) $f_{5}[n]=f[n+1]f[n-1]$

(6) $f_{6}[n]=f[3n]$

8-4　计算下列序列的一阶前向差分。

(1) $f[n]=\begin{cases}0, & n<0 \\ \left(\dfrac{1}{2}\right)^{n}, & n\geqslant 0\end{cases}$　　　(2) $f[n]=\begin{cases}0, & n<0 \\ n, & n\geqslant 0\end{cases}$

8-5　计算下列序列的一阶后向差分。

(1) $f_{1}[n]=\varepsilon[n]$　(2) $f_{2}[n]=n\varepsilon[n]$　(3) $f_{3}[n]=n^{2}\varepsilon[n]$　(4) $f_{4}[n]=a^{n}\varepsilon[n]$

8-6　写出图 8-15 所示波形的函数表达式。

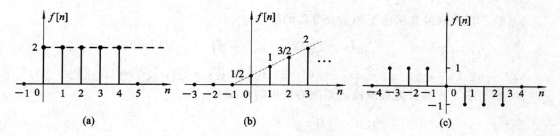

图 8-15　习题 8-6 图

8-7　用卷积定义式求下列各序列的卷积和 $y[n]=f_{1}[n]*f_{2}[n]$。

(1) $f_{1}[n]=\varepsilon[n]$，$f_{2}[n]=\varepsilon[n]$；

(2) $f_{1}[n]=0.5^{n}\varepsilon[n]$，$f_{2}[n]=\varepsilon[n]$；

(3) $f_{1}[n]=(-0.5)^{n}\varepsilon[n-4]$，$f_{2}[n]=4^{n}\varepsilon[-n+2]$；

(4) $f_{1}[n]=0.5^{n}\varepsilon[n]$，$f_{2}[n]=\varepsilon[n]-\varepsilon[n-5]$。

8-8　已知 $f_{1}[n]$、$f_{2}[n]$波形分别如图 8-16 所示，试画出 $y[n]=f_{1}[n]*f_{2}[n]$ 的波形。

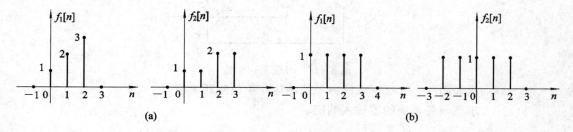

图 8-16　习题 8-8 图

8-9 已知 $f_1[n]=n[\varepsilon[n]-\varepsilon[n-4]]$、$f_2[n]=\varepsilon[n+2]-\varepsilon[n-3]$。试利用卷积和特性求 $f_1[n]*f_2[n]$。

8-10 已知系统的激励 $f[n]$ 和单位响应 $h[n]$ 如下，求系统的零状态响应。

(1) $f[n]=\varepsilon[n]$，$h[n]=\delta[n]-\delta[n-3]$；

(2) $f[n]=h[n]=\varepsilon[n]-\varepsilon[n-4]$。

8-11 一起始状态不为零的离散系统，当激励为 $f[n]$ 时，全响应为 $y_1[n]=\left[\left(\dfrac{1}{2}\right)^n+1\right]\varepsilon[n]$；当激励为 $-f[n]$ 时，全响应为 $y_2[n]=\left[\left(-\dfrac{1}{2}\right)^n-1\right]\varepsilon[n]$。求当起始状态增加一倍且激励为 $4f[n]$ 时的全响应。

8-12 已知某系统的起始状态为零，若激励为 $\varepsilon[n]$ 时，其响应为 $(2^n+3\times5^n+10)\varepsilon[n]$。

(1) 试写出该系统的差分方程。

(2) 若激励为 $2(\varepsilon[n]-\varepsilon[n-10])$，求零状态响应。

8-13 根据下列差分方程写出系统的传输算子 $H(E)$，并求系统的单位响应。

(1) $y[n+2]=5y[n+1]-6y[n]+f[n]$；

(2) $y[n]-y[n-1]+2y[n-2]=5f[n]$；

(3) $y[n]+0.5y[n-2]=f[n-2]$。

8-14 用时域经典法求下列差分方程的解。

(1) $y[n]+\dfrac{1}{12}y[n-1]-\dfrac{1}{12}y[n-2]=2^{-n}\varepsilon[n]$，$y[0]=0$，$y[1]=0$；

(2) $y[n+1]+3y[n]+2y[n-1]=(1+n)(\varepsilon[n]-\varepsilon[n-1])$，$y[0]=1$，$y[1]=-3$。

8-15 求下列差分方程所描述系统的单位响应 $h[n]$。

(1) $y[n]+\dfrac{1}{3}y[n-1]=f[n]-3f[n-1]$

(2) $y[n+1]+3y[n]+2y[n-1]=f[n]$

(3) $y[n]-\dfrac{1}{4}y[n-1]=f[n]$

(4) $y[n]+0.6y[n-1]-0.16y[n-2]=f[n]$

8-16 求如图 8-17 所示系统的单位响应。

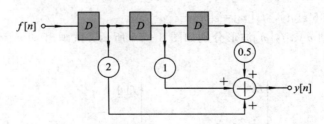

图 8-17 习题 8-16 图

8-17 求如图 8-18 所示系统的单位响应与单位阶跃响应。

8-18 求下列各系统的零输入响应。

(1) $y[n]-6y[n-1]+8y[n-2]=f[n]$，$y_x[-1]=\dfrac{1}{2}$，$y_x[0]=0$；

(2) $5y[n]-6y[n-1]=f[n]$，$f[n]=10\varepsilon[n]$，$y[0]=1$。

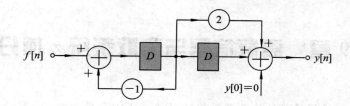

图 8-18　习题 8-17 图

8-19　求下列各系统的全响应。

(1) $y[n]+y[n-1]-6y[n-2]=f[n]$, $f[n]=\varepsilon[n]$, $y_x[-2]=\dfrac{17}{36}$, $y_x[-1]=-\dfrac{1}{6}$;

(2) $y[n]-0.1y[n-1]-0.2y[n-2]=1.4$, $n\geqslant0$, $y_x[0]=0.6$, $y_x[1]=0.01$;

(3) $y[n]+2y[n-1]=f[n]$, $f[n]=e^{-n}\varepsilon[n]$, $y[-1]=1$;

(4) $y[n]+2y[n-1]=f[n]$, $f[n]=e^{-n}\varepsilon[n]$, $y[0]=1$。

# 第9章　离散信号与离散系统 $z$ 域分析

- 问题引入：了解了离散信号及系统的时域分析方法后，读者自然会问：在 $z$ 域如何进行离散信号与系统的分析呢？
- 解决思路：离散信号分解→系统函数→$z$ 域响应。
- 研究结果：Z 变换；系统函数；零状态响应的 Z 变换等于系统函数与激励序列 Z 变换之积。
- 核心内容：Z 变换是拉氏变换的特例。Z 变换分析法与拉氏变换分析法的异同点。

## 9.1　Z 变换的概念

连续系统变换域分析法的基本思路是利用傅氏级数、傅氏变换和拉氏变换把激励信号分解为形如 $e^{jn\omega_0 t}$、$e^{j\omega t}$ 和 $e^{st}$ 等基本信号的离散和或连续和，然后再利用系统线性与时不变特性求得全响应。同样的思路也适用于对离散系统的分析。完成离散信号分解任务的主要工具就是本章的重点——Z 变换。

仿照为连续信号在 $s$ 域定义其像函数的方法，也可为离散信号 $f[n]$ 定义一个 Z 变换域及其像函数 $F(z)$。设 $z=re^{j\Omega}$ 为复数，则 $f[n]$ 的双边 Z 变换（Z-transform）被定义为

$$F(z) \xlongequal{\text{def}} \sum_{n=-\infty}^{\infty} f[n]z^{-n} \tag{9-1}$$

如果 $f[n]$ 为因果序列，则上式可写为

$$F(z) = \sum_{n=0}^{\infty} f[n]z^{-n} \tag{9-2}$$

并称之为 $f[n]$ 的单边 Z 变换。以后若不加说明，讨论的 Z 变换均指单边 Z 变换，并记为

$$F(z) = Z[f[n]] \tag{9-3}$$

从 Z 变换定义可见，要使 $f[n]$ 的 Z 变换存在，需要等式（9-1）式或式（9-2）右边的级数收敛，即 $z$ 的取值必须在能够使级数收敛的范围内才行。根据级数理论，级数收敛的充分条件是该级数绝对可和，即

$$\sum_{n=-\infty}^{\infty} |f[n]z^{-n}| < \infty \quad （双边 \text{ Z } 变换） \quad 或 \quad \sum_{n=0}^{\infty} |f[n]z^{-n}| < \infty \quad （单边 \text{ Z } 变换）$$

因此，可以这样定义 Z 变换的收敛域：

**对任意序列 $f[n]$，能够使 $F(z)$ 绝对可和的 $z$ 值集合称为收敛域，用符号 ROC 表示。**

通过理论分析，可以得到以下结论：

（1）反因果序列（左边序列）的收敛域在半径为 $\rho$ 的圆之内（$\rho$ 称为收敛半径），即当 $|z|<\rho$ 时，序列的 Z 变换存在。

（2）因果序列（右边序列）的收敛域是在半径为 $\rho$ 的圆之外，即当 $|z|>\rho$ 时，Z 变换存在。

（3）双边序列的收敛域在一个环内。

（4）有限长序列的收敛域在整个 $z$ 平面上（除去 $z=0$，$z=\infty$）。

（5）收敛域在所有情况下都是开集，即收敛域不包含边界。

（6）收敛域不包含任何极点（因为像函数在极点处不收敛），但边界上常常会有极点。

$\rho$ 值与序列 $f[n]$ 有关。比如，设 $f[n]=a^n$，$n \geqslant 0$，则 $F(z)=\sum\limits_{n=0}^{\infty}a^n z^{-n}=\sum\limits_{n=0}^{\infty}\left(\dfrac{a}{z}\right)^n$，由级数理论可知，该式在 $|z|>|a|$ 时收敛于 $\dfrac{z}{z-a}$，即意味着 $\rho=|a|$。

根据上述结论，序列收敛域示意图如图 9-1 所示。需要注意的是，对于双边 Z 变换而言，收敛域很重要，一般都要和 Z 变换表达式一起出现。

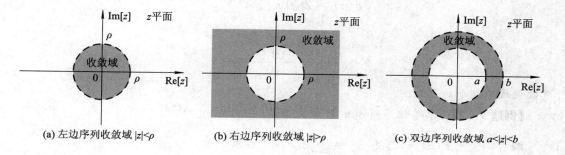

**(a)** 左边序列收敛域 $|z|<\rho$　　　**(b)** 右边序列收敛域 $|z|>\rho$　　　**(c)** 双边序列收敛域 $a<|z|<b$

图 9-1　序列收敛域示意图

式（9-2）给出了 Z 正变换，即根据 $f[n]$ 求其像函数 $F(z)$。那么，若给定一个 $F(z)$，则其原序列 $f[n]$ 可由下面的反演公式给出

$$f[n]=\frac{1}{2\pi j}\oint_c F(z)z^{n-1}\mathrm{d}z，\qquad n \geqslant 0 \qquad\qquad (9-4)$$

式中 $c$ 是在收敛域内环绕原点的沿逆时针方向的围线。该式称为 Z 逆变换，可记为

$$f[n]=Z^{-1}[F(z)]$$

这样，$f[n]$ 和 $F(z)$ 就构成 Z 变换对，简记为

$$f[n]\overset{Z}{\Longleftrightarrow}F(z) \qquad\qquad (9-5)$$

式（9-4）可以写成下式

$$f[n]=\oint_c\left(\frac{1}{2\pi j}\frac{F(z)}{z}\right)z^n\mathrm{d}z，\qquad n \geqslant 0 \qquad\qquad (9-6)$$

显然，$z^n$ 也是类似于 $e^{j\omega t}$ 和 $e^{st}$ 的基本信号，$\dfrac{1}{2\pi j}\dfrac{F(z)}{z}$ 可认为是信号 $z^n$ 的复振幅。

将式（9-6）与式（6-4）比较可见，Z 变换也能够像拉氏变换似的将离散信号 $f[n]$ 分解为形如 $z^n$ 基本序列的连续和，这就实现了我们预期的目的，为离散系统分析打下了基础。

## 9.2　常用序列的 Z 变换

下面通过例题，给出几个基本序列的 Z 变换。

【例题 9 - 1】 求图 9 - 2 所示序列的 Z 变换。

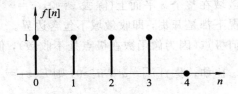

图 9 - 2 例题 9 - 1 的序列

**解** 对于这种有限长序列，可直接利用 Z 变换的定义进行求解。

$$F(z) = Z[f[n]] = \sum_{n=0}^{3} z^{-n}$$
$$= z^0 + z^{-1} + z^{-2} + z^{-3}$$
$$= \frac{z^3 + z^2 + z + 1}{z^3}$$

其收敛域为整个 $z$ 平面。

【例题 9 - 2】 求单位序列 $\delta[n]$ 的 Z 变换。

**解** $$F(z) = Z[\delta[n]] = \sum_{n=0}^{\infty} \delta[n]z^{-n} = \delta[0]z^0 = 1$$

即 $$\delta[n] \overset{Z}{\rightleftharpoons} 1$$

其收敛域为整个 $z$ 平面。

【例题 9 - 3】 求单位阶跃序列 $\varepsilon[n]$ 的 Z 变换。

**解** $$F(z) = Z[\varepsilon[n]] = \sum_{n=0}^{\infty} \varepsilon[n]z^{-n} = \sum_{n=0}^{\infty} z^{-n}$$

当 $|z^{-1}| < 1$ 即 $|z| > 1$ 时，级数 $\sum_{n=0}^{\infty} z^{-n}$ 收敛，故有

$$F(z) = \frac{1}{1 - z^{-1}} = \frac{z}{z - 1}$$

即 $$\varepsilon[n] \overset{Z}{\rightleftharpoons} \frac{z}{z - 1}$$

【例题 9 - 4】 求指数序列 $a^n\varepsilon[n]$ 的 Z 变换。

**解** $$F(z) = Z[a^n\varepsilon[n]] = \sum_{n=0}^{\infty} a^n z^{-n} = \sum_{n=0}^{\infty} \left(\frac{a}{z}\right)^n$$

当 $\left|\dfrac{a}{z}\right| < 1$ 即 $|z| > |a|$ 时，级数 $\sum_{n=0}^{\infty} \left(\dfrac{a}{z}\right)^n$ 收敛，故有

$$F(z) = \frac{1}{1 - az^{-1}} = \frac{z}{z - a}$$

即

$$a^n\varepsilon[n] \overset{Z}{\rightleftharpoons} \frac{z}{z - a}$$

表 9 - 1 给出常用单边序列的 Z 变换。

**表 9 - 1　常用单边序列的 Z 变换**

| 序号 | $f[n]$ | $F(z)$ | 收敛域 |
|---|---|---|---|
| 1 | $\delta[n]$ | $1$ | $\lvert z \rvert \geqslant 0$ |
| 2 | $\varepsilon[n]$ | $\dfrac{z}{z-1}$ | $\lvert z \rvert > 1$ |
| 3 | $n\varepsilon[n]$ | $\dfrac{z}{(z-1)^2}$ | $\lvert z \rvert > 1$ |
| 4 | $n^2\varepsilon[n]$ | $\dfrac{z(z+1)}{(z-1)^2}$ | $\lvert z \rvert > 1$ |
| 5 | $a^n\varepsilon[n]$ | $\dfrac{z}{z-a}$ | $\lvert z \rvert > \lvert a \rvert$ |
| 6 | $na^{n-1}\varepsilon[n]$ | $\dfrac{z}{(z-a)^2}$ | $\lvert z \rvert > \lvert a \rvert$ |
| 7 | $\mathrm{e}^{an}\varepsilon[n]$ | $\dfrac{z}{z-\mathrm{e}^a}$ | $\lvert z \rvert > \lvert \mathrm{e}^a \rvert$ |
| 8 | $\cos[\beta n]\varepsilon[n]$ | $\dfrac{z(z-\cos\beta)}{z^2-2z\cos\beta+1}$ | $\lvert z \rvert > 1$ |
| 9 | $\sin[\beta n]\varepsilon[n]$ | $\dfrac{z\sin\beta}{z^2-2z\cos\beta+1}$ | $\lvert z \rvert > 1$ |

# 9.3　Z 变换的特性

**1. 线性特性**

若 $f_1[n] \overset{Z}{\rightleftharpoons} F_1(z)$，$f_2[n] \overset{Z}{\rightleftharpoons} F_2(z)$，$a$ 和 $b$ 为任意常数，则

$$af_1[n] + bf_2[n] \overset{Z}{\rightleftharpoons} aF_1(z) + bF_2(z) \tag{9-7}$$

**2. 时移特性**

若 $f[n] \overset{Z}{\rightleftharpoons} F(z)$，并设 $k>0$，则

$$f[n-k]\varepsilon[n-k] \overset{Z}{\rightleftharpoons} z^{-k}F(z) \tag{9-8}$$

**3. $z$ 域尺度变换**

若 $f[n] \overset{Z}{\rightleftharpoons} F(z)$，则

$$a^n f[n] \overset{Z}{\rightleftharpoons} F\left(\frac{Z}{a}\right) \tag{9-9}$$

**4. 卷和特性**

若 $f_1[n]\varepsilon[n] \overset{Z}{\rightleftharpoons} F_1(z)$，$f_2[n]\varepsilon[n] \overset{Z}{\rightleftharpoons} F_2(z)$，则

$$(f_1[n]\varepsilon[n]) * (f_2[n]\varepsilon[n]) \overset{Z}{\rightleftharpoons} F_1(z)F_2(z) \tag{9-10}$$

除了上述特性之外，Z 变换还有其他特性，我们一并列入表 9‑2。

**表 9‑2　单边 Z 变换的主要特性**

| 序号 | 名　　称 | 时　　域 | z 域 |
|---|---|---|---|
| 1 | 线性特性 | $af_1[n]+bf_2[n]$ | $aF_1(z)+bF_2(z)$ |
| 2 | 时移特性 $k>0$ | $f[n-k]\varepsilon[n-k]$ | $z^{-k}F(z)$ |
| 3 | z 域尺度变换 | $a^nf[n]$ | $F\left(\dfrac{z}{a}\right)$ |
| 4 | 时域尺度变换 | $f\left[\dfrac{n}{k}\right],\ k=1,2,3,\cdots$ | $F(z^k)$ |
| 5 | 时域卷积 | $f_1[n]\varepsilon[n]*f_2[n]\varepsilon[n]$ | $F_1(z)F_2(z)$ |
| 6 | 时域相乘 | $f_1[n]\cdot f_2[n]$ | $\dfrac{1}{2\pi j}\oint_c\dfrac{F_1(\eta)F_2\left(\dfrac{z}{\eta}\right)}{\eta}\mathrm{d}\eta$ |
| 7 | 时域部分和 | $\displaystyle\sum_{k=0}^{n}f[k]$ | $\dfrac{z}{z-1}F(z)$ |
| 8 | z 域微分 | $n^kf[n]$ | $-z\dfrac{\mathrm{d}^kF(z)}{\mathrm{d}z^k}$ |
| 9 | 初值定理 | $f[0]=\lim\limits_{z\to\infty}F(z)$ | |
| 10 | 终值定理 | $f[\infty]=\lim\limits_{n\to\infty}f[n]=\lim\limits_{z\to1}(z-1)F(z)$ | |

**注意：** ① 特性 4(时域尺度变换)中，在 $n/k$ 不为整数的点上序列的取值均设为零。

② 特性 10(终值定理)中，要求 $F(z)$ 的全部极点位于单位圆内，若在单位圆上有极点，则只能位于 $z=+1$ 处且是一阶极点。

**【例题 9‑5】**　求下面周期为 $N$ 的单边周期单位序列的 Z 变换。

$$\delta_N[n]\varepsilon[n]=\delta[n]+\delta[n-N]+\delta[n-2N]+\cdots+\delta[n-mN]+\cdots=\sum_{m=0}^{\infty}\delta[n-mN]$$

**解**　因为

$$\delta[n]\overset{Z}{\rightleftharpoons}1$$

根据时移特性，各右移序列的 Z 变换为

$$\delta[n-N]\varepsilon[n-N]\overset{Z}{\rightleftharpoons}z^{-N}$$

$$\delta[n-2N]\varepsilon[n-2N]\overset{Z}{\rightleftharpoons}z^{-2N}$$

$$\vdots$$

$$\delta[n-mN]\varepsilon[n-mN] \overset{Z}{\rightleftharpoons} z^{-mN}$$
$$\vdots$$

所以，单边周期单位序列的 Z 变换为

$$F(z) = Z[\delta_N[n]\varepsilon[n]] = 1 + z^{-N} + z^{-2N} + \cdots + z^{-mN} + \cdots = \frac{1}{1-z^{-N}} = \frac{z^N}{z^N-1}, \ |z^N| > 1$$

【例题 9-6】　利用 Z 变换特性求下列序列的 Z 变换。

(1) $\sin[\beta n]\varepsilon[n]$　　(2) $(-1)^n n\varepsilon[n]$　　(3) $\sum\limits_{i=0}^{n}\left(-\frac{1}{2}\right)^i$

**解**　(1) 由欧拉公式知

$$\sin[\beta n]\varepsilon[n] = \frac{1}{2j}\left[e^{j\beta}\varepsilon[n] - e^{-j\beta}\varepsilon[n]\right]$$

根据 z 域尺度变换和线性特性，有

$$Z[\sin[\beta n]\varepsilon[n]] = \frac{1}{2j}\left[\frac{\dfrac{z}{e^{j\beta}}}{\dfrac{z}{e^{j\beta}}-1} - \frac{\dfrac{z}{e^{-j\beta}}}{\dfrac{z}{e^{-j\beta}}-1}\right] = \frac{z}{2j}\left[\frac{1}{z-e^{j\beta}} - \frac{1}{z-e^{-j\beta}}\right]$$

$$= \frac{z}{2j}\left[\frac{e^{j\beta}-e^{-j\beta}}{z^2 - z(e^{j\beta}+e^{-j\beta})+1}\right] = \frac{z\sin\beta}{z^2 - 2z\cos\beta + 1}$$

(2) 设 $f_1[n] = n\varepsilon[n]$，根据 z 域微分特性，有

$$F_1(z) = Z[n\varepsilon[n]] = -z\frac{d}{dz}\left(\frac{z}{z-1}\right) = \frac{z}{(z-1)^2}$$

再根据 z 域尺度变换特性，有

$$Z[(-1)^n n\varepsilon[n]] = F_1(-z) = \frac{-z}{(z+1)^2}, \qquad |z| > 1$$

(3) 因为

$$\left(-\frac{1}{2}\right)^n\varepsilon[n] \overset{Z}{\rightleftharpoons} \frac{z}{z+\dfrac{1}{2}}$$

根据时域部分和特性，有

$$Z\left[\sum_{i=0}^{n}\left(-\frac{1}{2}\right)^i\right] = \frac{z}{z-1} \cdot \frac{2z}{2z+1} = \frac{z^2}{(z-1)\left(z+\dfrac{1}{2}\right)}, \qquad |z| > \frac{1}{2}$$

【例题 9-7】　求单边序列 $(n+1)\varepsilon[n]$ 的 Z 变换。

**解**　因为　　　　　　　$\varepsilon[n] \leftrightarrow \dfrac{z}{z-1}$

则由表 8-3 和卷和特性可得

$$(n+1)\varepsilon[n] = \varepsilon[n] * \varepsilon[n] \leftrightarrow \left(\frac{z}{z-1}\right)^2, \ |z| > 1$$

## 9.4　Z 逆变换的求法

由像函数 $F(z)$ 求原函数 $f[n]$ 的过程称为 Z 逆变换。通常，求 Z 逆变换主要用幂级数

展开法和部分分式展开法。

## 9.4.1 幂级数展开法

将 Z 变换定义式展开

$$F(z) = \sum_{n=0}^{\infty} f[n]z^{-n} = f[0]z^0 + f[1]z^{-1} + f[2]z^{-2} + f[3]z^{-3} + \cdots \qquad (9-11)$$

可见，通过 Z 变换定义式可将 $F(z)$ 展开为 $z$ 的负幂次级数，则 $z^{-n}$ 项的系数就是原函数 $f[n]$ 的对应项。

**【例题 9-8】** 利用幂级数展开法验证 $\dfrac{1}{n}a^n \xrightleftharpoons{Z} \ln\dfrac{z}{z-a}$。

**证** 从级数理论可知，当 $|x| < 1$ 时，有

$$\ln(1-x) = -\left(x + \frac{x^2}{2} + \frac{x^3}{3} + \cdots + \frac{x^n}{n} + \cdots\right) \qquad (9-12)$$

令 $x = \dfrac{a}{z}$，则有

$$\ln(1-x) = -\ln\frac{z}{z-a}$$

因此，有

$$\begin{aligned}
\ln\frac{z}{z-a} &= \frac{a}{z} + \frac{1}{2}\left(\frac{a}{2}\right)^2 + \frac{1}{3}\left(\frac{a}{2}\right)^3 + \cdots + \frac{1}{n}\left(\frac{a}{2}\right)^n + \cdots \\
&= az^{-1} + \frac{1}{2}a^2z^{-2} + \frac{1}{3}a^3z^{-3} + \cdots + \frac{1}{n}a^nz^{-n} + \cdots
\end{aligned}$$

可见，原函数即为

$$f(n) = \frac{1}{n}a^n$$

即有

$$\frac{1}{n}a^n \xrightleftharpoons{Z} \ln\frac{z}{z-a}, \qquad |z| > a \qquad (9-13)$$

从该题中可以得到结论：

如果 $F(z)$ 以分式形式给出，则可用长除法将其展开为幂级数，从而求得 Z 逆变换。当 $f[n]$ 不能写成简单的解析式或只需求得 $f[n]$ 的若干值时，这种方法很适用。

**【例题 9-9】** 已知 $F(z) = \dfrac{z^3 + 2z^2 + 1}{z^3 - 1.5z^2 + 0.5z}$，$|z| > 1$，求原序列 $f[n]$。

**解** 采用长除法将 $F(z)$ 展开为幂级数

$$F(z) = 1 + 3.5z^{-1} + 4.75z^{-2} + 6.375z^{-3} + \cdots$$

因此，序列 $f[n]$ 为

$$f[n] = [\underset{\uparrow}{1}, \quad 3.5, \quad 4.75, \quad 6.375, \quad \cdots \quad]$$

## 9.4.2 部分分式展开法

与拉氏逆变换相似，Z 逆变换也可采用部分分式展开法求得，其关键就是要将 $F(z)$ 分解成若干个基本形式项的代数和，从而可以利用已有的基本形式写出 $F(z)$ 的逆变换。

　　需要注意的是，$F(z)$ 的部分分式展开和 $F(s)$ 的展开有所不同。对于 $F(s)$ 可以直接进行部分分式展开，而对于 $F(z)$ 而言，必须先对 $F(z)/z$ 进行部分分式展开，然后将分母的 $z$ 移到等式右边，保证部分分式中每一项的分子上都含有 $z$ 才行。这是因为从表 9-1 中可见，基本序列 Z 变换的分子上多数都有 $z$，如果直接对 $F(z)$ 展开的话，部分分式各项的分子就没有 $z$，无法利用基本序列的 Z 变换进行逆变换。

　　**【例题 9-10】**　求像函数 $F(z) = \dfrac{z+2}{2z^2-7z+3}$ 的 Z 逆变换。

　　**解**
$$\frac{F(z)}{z} = \frac{z+2}{z(2z-1)(z-3)} = \frac{k_1}{z} + \frac{k_2}{2z-1} + \frac{k_3}{z-3}$$

$$k_1 = Z\left[\frac{F(z)}{z}\right]\bigg|_{z=0} = \frac{z+2}{(2z-1)(z-3)}\bigg|_{z=0} = \frac{2}{3}$$

$$k_2 = (2z-1)\left[\frac{F(z)}{z}\right]\bigg|_{z=\frac{1}{2}} = \frac{z+2}{z(z-3)}\bigg|_{z=\frac{1}{2}} = -2$$

$$k_3 = (z-3)\left[\frac{F(z)}{z}\right]\bigg|_{z=3} = \frac{z+2}{z(2z-1)}\bigg|_{z=3} = \frac{1}{3}$$

因此
$$\frac{F(z)}{z} = \frac{2}{3}\cdot\frac{1}{z} - 2\cdot\frac{1}{2z-1} + \frac{1}{3}\cdot\frac{1}{z-3}$$

$$F(z) = \frac{2}{3} - 2\cdot\frac{z}{2z-1} + \frac{1}{3}\cdot\frac{z}{z-3}$$

则根据表 9-1，所求的原序列为
$$f[n] = \frac{2}{3}\delta[n] - \left(\frac{1}{2}\right)^n + \frac{1}{3}3^n, \qquad n \geqslant 0$$

　　**【例题 9-11】**　求像函数 $Y(z) = \dfrac{z^3+2z^2+1}{z(z-0.5)(z-1)}$ 的 Z 逆变换。

　　**解**　$\dfrac{Y(z)}{z} = \dfrac{z^3+2z^2+1}{z^2(z-0.5)(z-1)} = \dfrac{k_{01}}{z^2} + \dfrac{k_{02}}{z} + \dfrac{k_1}{z-0.5} + \dfrac{k_2}{z-1}$

$$k_{01} = z^2\left[\frac{y(z)}{z}\right]\bigg|_{z=0} = \frac{z^3+2z^2+1}{(z-0.5)(z-1)}\bigg|_{z=0} = 2$$

$$k_{02} = \frac{\mathrm{d}}{\mathrm{d}z}\left[z^2\frac{y(z)}{z}\right]\bigg|_{z=0} = \frac{(3z^2+4z)(z-0.5)(z-1)-(z^3+2z^2+1)(2z-1.5)}{(z-0.5)^2(z-1)^2}\bigg|_{z=0} = 6$$

$$k_1 = (z-0.5)\left[\frac{y(z)}{z}\right]\bigg|_{z=0.5} = \frac{z^3+2z^2+1}{z^2(z-1)}\bigg|_{z=0.5} = -13$$

$$k_2 = (z-1)\left[\frac{y(z)}{z}\right]\bigg|_{z=1} = \frac{z^3+2z^2+1}{z^2(z-0.5)}\bigg|_{z=1} = 8$$

因此
$$\frac{Y(z)}{z} = \frac{2}{z^2} + \frac{6}{z} - \frac{13}{z-0.5} + \frac{8}{z-1}$$

即
$$Y(z) = \frac{2}{z} + 6 - \frac{13z}{z-0.5} + \frac{8z}{z-1}$$

则根据表 9-1，所求的原序列 $y[n]$ 为
$$y[n] = 2\delta[n-1] + 6\delta[n] - 13(0.5)^n\varepsilon[n] + 8\varepsilon[n], \qquad n \geqslant 0$$

　　**注意**：利用 Z 变换时移特性，$\dfrac{2}{z}$ 的 Z 逆变换为 $2\delta[n-1]$。

## 9.5   $z$ 域和 $s$ 域之间的关系

我们知道，在 $s$ 域中，$s=\sigma+j\omega$；在 $z$ 域中，$z=re^{j\Omega}$，$\Omega=\omega T$，$T$ 为离散信号的抽样间隔。可见，$s$ 和 $z$ 均为复数，但表现形式不同，一个是复数的代数形式，一个是指数形式，显然，它们之间存在着一定的映射关系。比如，令实部为零，在 $s$ 域中就是 $\sigma=0$，$s=j\omega$；而在 $z$ 域中，则是 $r=1$，$z=e^{j\Omega}$。二者的映射关系由表 9-3 给出。

**表 9-3   $s$ 平面与 $z$ 平面的映射关系**

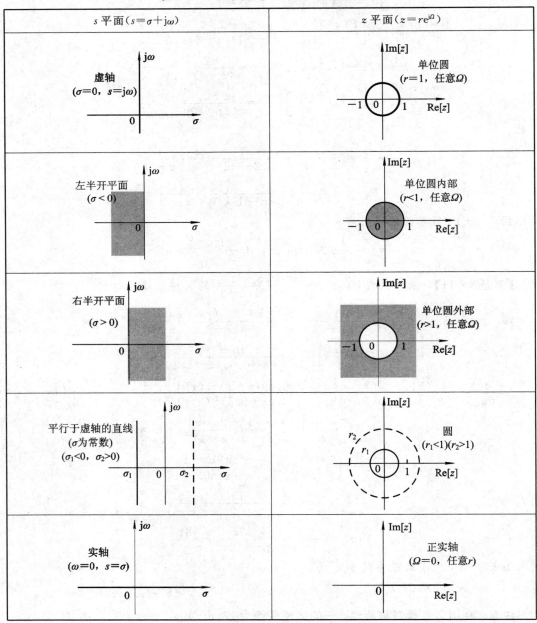

可见，$z$ 平面的单位圆可以看作是 $s$ 平面的虚轴沿逆时针方向弯成的圆。$s$ 域的左半平面对应于 $z$ 平面单位圆的内部区域，而 $s$ 域的右半平面对应于 $z$ 平面单位圆的外部区域。因此，与连续信号傅氏变换是虚轴 $j\omega$ 上的拉氏变换的概念相对应，可以说离散信号傅氏变换是单位圆上的 Z 变换。从这个概念上讲，可以认为 Z 变换是针对离散信号的拉氏变换。

综上所述，$z$ 域也是复频域，与 $s$ 域一样没有物理意义，只是一种数学手段，不像实频域具有频率物理特性。通过下面例题的学习，可以加深对 $z$ 域及其与 $s$ 域异同点的理解。

**【例题 9-12】**　求下列序列的单边 Z 变换，给出零、极点图及收敛域。

(1) $f[n] = \{1,\ -1,\ 1,\ -1,\ 1,\ \cdots\}$　　(2) $f[n] = \left(\dfrac{1}{2}\right)^{|n|}$

(3) $f[n] = \left(\dfrac{1}{2}\right)^{n}\varepsilon[-n]$

**解**　(1) $f[n] = (-1)^{n}\varepsilon[n]$，根据 Z 变换定义可得

$$F(z) = \sum_{n=0}^{\infty}(-1)^{n}\varepsilon[n]z^{-n} = \sum_{n=0}^{\infty}\left(-\frac{1}{z}\right)^{n} = \frac{1}{1-\left(-\dfrac{1}{z}\right)} = \frac{z}{1+z}$$

极点为 $\lambda = -1$，零点为 $z = 0$。ROC：$|z| > 1$。

(2) 原序列可写为左、右序列之和，即

$$f[n] = \left(\frac{1}{2}\right)^{n}\varepsilon[n] + \left(\frac{1}{2}\right)^{-n}\varepsilon[-n-1]$$

则有

$$F(z) = \sum_{n=0}^{\infty}\left[\left(\frac{1}{2}\right)^{n}\varepsilon[n] + \left(\frac{1}{2}\right)^{-n}\varepsilon[-n-1]\right]z^{-n}$$

$$= \sum_{n=0}^{\infty}\left(\frac{1}{2}\right)^{n}z^{-n} = \frac{z}{z-\dfrac{1}{2}}$$

极点为 $\lambda = \dfrac{1}{2}$，零点为 $z = 0$。ROC：$|z| > \dfrac{1}{2}$。

(3) 原序列为左边序列，在 $n > 0$ 时，取值为零。

$$F(z) = \sum_{n=0}^{\infty}\left[\left(\frac{1}{2}\right)^{n}\varepsilon(-n)\right]z^{-n} = 1，没有零、极点。ROC：z 平面。$$

以上 3 题的零、极点分布及收敛域见图 9-3。

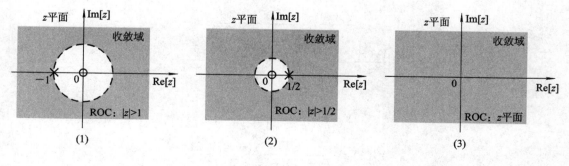

图 9-3　例题 9-12 图

# 9.6 离散系统的 $z$ 域分析法

之所以在离散信号的分析中引入 Z 变换，就是要像在连续系统分析时引入拉氏变换一样，简化分析方法和过程，为系统的分析研究提供一条捷径。离散系统的 $z$ 域分析方法可以利用 Z 变换将差分方程转换为代数方程求解，也可以通过系统函数分析系统，比如，研究系统的零状态响应、稳定性、频率响应等。

## 9.6.1 差分方程分析法

我们先通过一道例题看一下差分方程的 $z$ 域求解过程。

**【例题 9-13】** 某 LTI 系统的差分方程为 $y[n]-3y[n-1]+2y[n-2]=f[n]+f[n-1]$。已知起始条件 $y_x[-2]=3$，$y_x[-1]=2$，$f[n]=2^n\varepsilon[n]$。求系统的全响应。

**解** 令 $Z[y[n]]=Y(z)$，$Z[f[n]]=F(z)$。对差分方程两端进行 Z 变换，得

$$Y(z)-3z^{-1}Y(z)-3y[-1]+2z^{-2}Y(z)+2y[-2]+2z^{-1}y[-1]$$
$$=F(z)+z^{-1}F(z)+f[-1]$$

即

$$(1-3z^{-1}+2z^{-2})Y(z)=(3-2z^{-1})y[-1]-2y[-2]+F(z)+z^{-1}F(z)+f[-1]$$

可见，经过 Z 变换后，差分方程变换为代数方程。由上式可解得

$$Y(z)=\frac{(3-2z^{-1})y[-1]-2y[-2]}{1-3z^{-1}+2z^{-2}}+\frac{F(z)+z^{-1}F(z)+f[-1]}{1-3z^{-1}+2z^{-2}}$$

上式第一项只与系统起始状态有关，是零输入响应的像函数 $Y_x(z)$；第二项只与激励有关，是零状态响应的像函数 $Y_f(z)$。由于激励 $f[n]=2^n\varepsilon[n]$，所以 $y[-2]=y_x[-2]=3$，$y[-1]=y_x[-1]=2$，且有 $f[-1]=0$，$F(z)=\dfrac{z}{z-2}$。则 $Y_x(z)$ 和 $Y_f(z)$ 分别为

$$Y_x(z)=\frac{(3-2z^{-1})y(-1)-2y(-2)}{1-3z^{-1}+2z^{-2}}=\frac{2(3-2z^{-1})-6}{1-3z^{-1}+2z^{-2}}=\frac{-4z}{z^2-3z+2}$$

$$Y_f(z)=\frac{F(z)+z^{-1}F(z)+f(-1)}{1-3z^{-1}+2z^{-2}}=\frac{z^2+z}{z^2-3z+2}\cdot\frac{z}{z-2}$$

将 $\dfrac{Y_x(z)}{z}$、$\dfrac{Y_f(z)}{z}$ 分别展开为部分分式，得

$$\frac{Y_x(z)}{z}=\frac{4}{z-1}-\frac{4}{z-2}$$

$$\frac{Y_f(z)}{z}=\frac{6}{(z-2)^2}-\frac{1}{z-2}+\frac{2}{z-1}$$

即有

$$Y_x(z)=\frac{4z}{z-1}-\frac{4z}{z-2}$$

$$Y_f(z)=\frac{6z}{(z-2)^2}-\frac{z}{z-2}+\frac{2z}{z-1}$$

因此，系统零输入响应和零状态响应分别为

$$y_x[n] = 4(1 - 2^n) \quad n \geqslant 0$$

$$y_f[n] = (3n - 1)2^n + 2 \quad n \geqslant 0$$

全响应为

$$y[n] = y_x[n] + y_f[n] = 4(1 - 2^n) + (3n - 1)2^n + 2 = (3n - 5)2^n + 6 \qquad n \geqslant 0$$

显然，这一结果与时域法得到的结果一致，见例题 8 - 17。

一般情况下，对于 LTI 因果系统，其差分方程模型可表示为

$$\sum_{k=0}^{N} a_{N-k} y[n-k] = \sum_{r=0}^{M} b_{M-r} f[n-r] \tag{9-14}$$

对上式两边取 Z 变换，并利用时移特性可得

$$\sum_{k=0}^{N} a_{N-k} z^{-k} \Big[ Y(z) + \sum_{l=-k}^{-1} y[l] z^{-l} \Big] = \sum_{r=0}^{M} b_{M-r} z^{-r} \Big[ F(z) + \sum_{m=-r}^{-1} f[m] z^{-m} \Big] \tag{9-15}$$

对于因果输入序列，有

$$\sum_{m=-r}^{-1} f[m] z^{-m} = 0$$

因此有

$$\sum_{k=0}^{N} a_{N-k} z^{-k} \Big[ Y(z) + \sum_{l=-k}^{-1} y[l] z^{-l} \Big] = \sum_{r=0}^{M} b_{M-r} z^{-r} F(z) \tag{9-16}$$

上式即为系统在起始条件不为零且有激励序列作用下的全响应 $y[n]$ 与激励 $f[n]$ 之间的 z 域关系。注意：这个结论与拉氏变换求解系统方程很类似，可以一举求得方程全解。

若输入序列为零，响应只包含零输入响应 $y_x[n]$，其 Z 变换 $Y_x(z)$ 满足

$$\sum_{k=0}^{N} a_{N-k} z^{-k} \Big[ Y_x(z) + \sum_{l=-k}^{-1} y_x[l] z^{-l} \Big] = 0 \tag{9-17}$$

可见，$Y_x(z)$ 仅取决于零输入响应的起始状态值 $y_x[l]$，$l = -1, -2, \cdots, -k$。

一般而言，系统的起始状态值用 $y[l]$，$l = -1, -2, \cdots, -k$ 表示，与 $y_x[l]$ 并不相同。但对于因果输入序列，因为当 $n < 0$ 时，$f[n] = 0$，所以，有 $y[l] = y_x[l]$，$l = -1, -2, \cdots, -k$。

若系统起始状态值 $y[l] = 0$，$l = -1, -2, \cdots, -k$，则响应 $y[n]$ 即为零状态响应 $y_f[n]$。此时，$Y_f(z)$ 应满足

$$\sum_{k=0}^{N} a_{N-k} z^{-k} Y_f(z) = \sum_{r=0}^{M} b_{M-r} z^{-r} F(z) \tag{9-18}$$

显然，$Y_f(z)$ 只与系统的输入序列 $f[n]$ 有关。

仔细观察式(9 - 16)、式(9 - 17)和式(9 - 18)可以发现

$$Y(z) = Y_x(z) + Y_f(z) \tag{9-19}$$

即全响应的 Z 变换也满足响应分解特性。这个结论与拉氏变换是一样的。

综上所述，可以给出根据差分方程在 z 域分析离散系统的两种方法：

（1）先通过式(9 - 16)求得系统全响应 $y[n]$ 的 Z 变换 $Y(z)$，然后再求 $Y(z)$ 的 Z 逆变换，即可得到全响应的时域解 $y[n]$。

（2）利用式(9 - 17)和式(9 - 18)求得 $Y_x(z)$ 和 $Y_f(z)$，然后通过 Z 逆变换求得相应的

$y_x[n]$ 和 $y_f[n]$，并将它们相加，即可得到全响应 $y[n]$。

**【例题 9 - 14】** 已知 $y[-1] = y[-2] = 1$，$f[n] = 2^n \varepsilon[n]$，用 $z$ 域分析法求解系统 $y[n] - 5y[n-1] + 6y[n-2] = f[n-1]$ 的零输入、零状态响应及全响应。

**解** 令 $Z[y[n]] = Y(z)$，$Z[f[n]] = F(z)$。对差分方程两端进行 Z 变换，得

$$Y(z) - 5[z^{-1}Y(z) + y[-1]] + 6[z^{-2}Y(z) + y[-2] + z^{-1}y[-1]] = z^{-1}F(z)$$

$$(9 - 20)$$

根据表 9 - 1(5)可得

$$F(z) = \frac{z}{z-2}$$

将初始条件 $y[-1] = y[-2] = 1$ 和 $F(z)$ 代入式 (9 - 20)，得

$$Y(z) = \frac{(5 - 6z^{-1})y[-1] - 6y[-2]}{1 - 5z^{-1} + 6z^{-2}} + \frac{z^{-1}}{1 - 5z^{-1} + 6z^{-2}} \frac{z}{z-2}$$

则有

$$Y_x(z) = \frac{(5 - 6z^{-1})y[-1] - 6y[-2]}{1 - 5z^{-1} + 6z^{-2}} = \frac{8z}{z-2} - \frac{9z}{z-3}$$

$$Y_f(z) = \frac{z^{-1}}{1 - 5z^{-1} + 6z^{-2}} \frac{z}{z-2} = \frac{3z}{z-3} - \frac{3z}{z-2} - \frac{2z}{(z-2)^2}$$

根据表 9 - 1 中(5)和(6)可得 $Y_x(z)$、$Y_f(z)$ 的逆变换为

$$y_x[n] = [2^{n+3} - 3^{n+2}]\varepsilon[n]$$

$$y_f[n] = [3^{n+1} - (3+n)2^n]\varepsilon[n]$$

则全响应为

$$y[n] = y_x[n] + y_f[n] = [5 \times 2^n - 2 \times 3^{n+1} - n \times 2^n]\varepsilon[n]$$

通过例题可以发现，差分方程分析法与连续系统的 $s$ 域模型分析法很相似。在 $s$ 域分析法中，对系统微分方程两边取拉氏变换，将微分方程变为代数方程，然后求出系统响应的拉氏变换，最后用拉氏逆变换即可得到相应的时域解；在 $z$ 域分析法中，则是对系统差分方程两边取 Z 变换，将差分方程变为代数方程，然后求出系统响应的 Z 变换，最后用 Z 逆变换得到响应的时域解。真可谓"异曲同工"。

## 9.6.2 系统函数分析法

在上一小节中，有

$$\sum_{k=0}^{N} a_{N-k}z^{-k}Y_f(z) = \sum_{r=0}^{M} b_{M-r}z^{-r}F(z)$$

将该式整理，得

$$\frac{Y_f(z)}{F(z)} = \frac{\sum_{r=0}^{M} b_{M-r}z^{-r}}{\sum_{k=0}^{N} a_{N-k}z^{-k}}$$

与连续系统相仿，可以定义传输函数如下：

**离散系统零状态响应的 Z 变换 $Y_f(z)$ 与输入序列的 Z 变换 $F(z)$ 之比为系统函数或传输函数 $H(z)$，即有**

$$H(z) \xlongequal{\text{def}} \frac{Y_f(z)}{F(z)} = \frac{\displaystyle\sum_{r=0}^{M} b_{M-r} z^{-r}}{\displaystyle\sum_{k=0}^{N} a_{N-k} z^{-k}} \qquad (9-21)$$

与连续系统的 $H(s)$ 概念一样，$H(z)$ 只取决于系统本身的结构和元器件参数，与激励和响应无关。式(9-21)表明，$H(z)$ 可以根据系统模型（差分方程）直接求出。

与连续系统中冲激响应 $h(t)$ 和系统函数 $H(s)$ 是拉氏变换对一样，离散系统中的单位响应 $h[n]$ 与系统函数 $H(z)$ 是 Z 变换对，即

$$h[n] \xlongequal{Z} H(z) \qquad (9-22)$$

因此，$h[n]$ 和 $H(z)$ 分别在时域和 $z$ 域表征离散系统的内部特性，如图 9-4 所示。

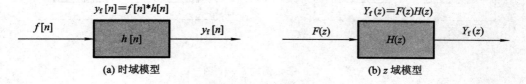

图 9-4　离散系统零状态的时域与 $z$ 域模型

式(9-22)告诉我们，系统函数还可以通过求单位响应 $h[n]$ 的 Z 变换得到。

除了上述方法外，还能利用系统传输算子 $H(E)$ 求得系统函数 $H(z)$，即在 $H(E)$ 中将 $E$ 换为 $z$ 即可，用数学语言表述为 $H(z) = H(E)\big|_{E=z}$。这样，传输算子中的一些概念同样适合系统函数，比如，特征方程、特征根、自然频率等。

因为系统函数与单位响应是 Z 变换对，而第 8 章有

$$y_f[n] = f[n] * h[n]$$

则根据卷积和的特性有

$$y_f[n] = f[n] * h[n] \xlongequal{Z} Y_f(z) = F(z)H(z)$$

这样，就得到本节的重要结论

$$Y_f(z) = F(z)H(z) \qquad (9-23)$$

即离散系统零状态响应的 Z 变换等于系统函数与激励序列 Z 变换之积。

至此，可以给出系统函数分析法的具体步骤如下：

第一步，求出序列 $f[n]$ 的像函数 $F(z)$；

第二步，利用上述方法求出系统函数 $H(z)$。

第三步，利用式(9-23)求出零状态响应的像函数 $Y_f(z)$。

第四步，利用 Z 逆变换求出 $Y_f(z)$ 的原函数，即系统的零状态响应。

**【例题 9-15】**　求下列系统的单位响应。

$$y[n] + \frac{1}{6}y[n-1] - \frac{1}{6}y[n-2] = f[n] - 2f[n-2]$$

**解**　根据式(9-21)，该系统的系统函数为

$$H(z) = \frac{1 - 2z^{-2}}{1 + \frac{1}{6}z^{-1} - \frac{1}{6}z^{-2}} = \frac{z^2 - 2}{z^2 + \frac{1}{6}z - \frac{1}{6}} = \frac{\frac{3}{5}z}{z + \frac{1}{2}} + \frac{\frac{2}{5}z}{z - \frac{1}{3}} - 2z^{-2}\left(\frac{\frac{3}{5}z}{z + \frac{1}{2}} + \frac{\frac{2}{5}z}{z - \frac{1}{3}}\right)$$

对上式取 Z 逆变换，即得单位响应

$$h[n] = Z^{-1}[H(z)] = \left[\frac{2}{5}\left(\frac{1}{3}\right)^n + \frac{3}{5}\left(-\frac{1}{2}\right)^n\right]\varepsilon[n] - 2\left[\frac{2}{5}\left(\frac{1}{3}\right)^{n-2} + \frac{3}{5}\left(-\frac{1}{2}\right)^{n-2}\right]\varepsilon[n-2]$$

显然，采用系统函数方法求解单位响应的结果与时域方法完全一致（见例题 8-14）。

**【例题 9-16】** 求如图 9-5 所示由单位响应分别为 $h_1[n] = \left(\frac{1}{2}\right)^n \varepsilon[n]$ 和 $h_2[n] =$ $\left(\frac{1}{3}\right)^n \varepsilon[n]$ 的两个子系统级联而成的系统的系统函数和单位响应。

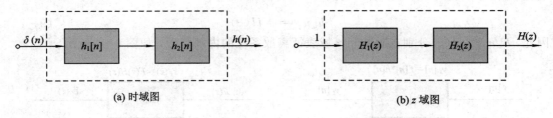

图 9-5　例题 9-16 图

**解** 因为前一子系统的输出是后一子系统的输入，所以，由系统函数定义得

$$H(z) = H_1(z)H_2(z)$$

即级联构成的复合系统的系统函数等于各子系统系统函数的乘积。

又因为

$$H_1(z) = \frac{z}{z - \frac{1}{2}}, \quad H_2(z) = \frac{z}{z - \frac{1}{3}}$$

所以，复合系统的系统函数为

$$H(z) = H_1(z)H_2(z) = \frac{z^2}{\left(z - \frac{1}{2}\right)\left(z - \frac{1}{3}\right)}$$

取上式的 Z 逆变换，得到复合系统的单位响应

$$h[n] = Z^{-1}[H(z)] = Z^{-1}\left[\frac{3z}{z - \frac{1}{2}} - \frac{2z}{z - \frac{1}{3}}\right] = \left[3\left(\frac{1}{2}\right)^n - 2\left(\frac{1}{3}\right)^n\right]\varepsilon[n]$$

**【例题 9-17】** 已知当激励为 $f_1[n] = \varepsilon[n]$ 时，一系统的零状态响应为 $y_{f1}[n] = 3^n\varepsilon[n]$。试求系统在激励为 $f_2[n] = (n+1)\varepsilon[n]$ 下的零状态响应 $y_{f2}[n]$。

**解** $f_1[n]$ 与 $y_{f1}[n]$ 的 Z 变换分别为

$$F_1(z) = \frac{z}{z - 1}, \ |z| > 1; \quad F_{f1}(z) = \frac{z}{z - 3}, \ |z| > 3$$

则有

$$H(z) = \frac{Y_{f1}(z)}{F_1(z)} = \frac{z - 1}{z - 3}, \ |z| > 3$$

$f_2[n]$ 的 Z 变换为

$$F_2(z) = \frac{z}{(z-1)^2} + \frac{z}{z-1} = \frac{z^2}{(z-1)^2}, \ |z| > 1$$

由式（9-23）得

$$Y_{f2}(z) = F_2(z)H(z) = \frac{z^2}{(z-1)(z-3)} = \frac{3}{2}\frac{z}{z-3} - \frac{1}{2}\frac{z}{z-1}, \ |z| > 3$$

求 $F_{f2}(z)$ 的 Z 逆变换得零状态响应

$$y_{f2}[n] = \left(\frac{3}{2}3^n - \frac{1}{2}\right)\varepsilon[n] = \frac{1}{2}(3^{n+1}-1)\varepsilon[n]$$

**注意**：同连续系统一样，离散系统零状态响应（包括单位响应）后面一定要乘上阶跃序列 $\varepsilon[n]$，以表明响应从 $n=0$ 开始，否则，就需要注明 $n \geqslant 0$。

**【例题 9-18】**　某 LTI 离散系统在输入 $f[n] = \left(\frac{1}{2}\right)^n \varepsilon[n]$ 时的零状态响应为

$$y_f[n] = \left[2\left(\frac{1}{2}\right)^n + 2\left(\frac{1}{3}\right)^n\right]\varepsilon[n]$$

试求其系统函数和差分方程模型。

**解**　因零状态响应 $y_f[n]$ 的像函数为

$$Y_f(z) = \frac{2z}{z-\frac{1}{2}} + \frac{2z}{z-\frac{1}{3}} = \frac{4z^2 - \frac{5}{3}z}{\left(z-\frac{1}{2}\right)\left(z-\frac{1}{3}\right)}$$

输入 $f[n] = \left(\frac{1}{2}\right)^n \varepsilon[n]$ 的像函数为

$$F(z) = \frac{z}{z-\frac{1}{2}}$$

则系统函数为

$$H(z) = \frac{Y_f(z)}{F(z)} = \frac{\dfrac{4z^2 - \dfrac{5}{3}z}{\left(z-\dfrac{1}{2}\right)\left(z-\dfrac{1}{3}\right)}}{\dfrac{z}{z-\dfrac{1}{2}}} = \frac{12z-5}{3z-1}$$

则有

$$3zY_f(z) - Y_f(z) = 12zF(z) - 5F(z)$$

将上式变形

$$3Y_f(z) - z^{-1}Y_f(z) = 12F(z) - 5z^{-1}F(z)$$

取逆变换，得后向差分方程

$$3y[n] - y[n-1] = 12f[n] - 5f[n-1]$$

## 9.6.3　序列分解分析法

在离散系统分析中，$z$ 序列 $z^n$ 与连续系统中的虚指数信号 $e^{j\omega t}$ 和复指数信号 $e^{st}$ 地位一样重要。根据式（9-6）可知，任何一个序列 $f[n]$ 可以分解为 $z$ 序列的线性组合。因此，可以仿照连续系统的分析方法，得到离散系统的序列分解分析法。

设系统对 $f[n] = z^n$ 的零状态响应为 $y_{f1}[n]$，则根据式（8-63）得

$$y_{fl}[n] = h[n] * f[n] = \sum_{k=0}^{n} h[k] z^{n-k} = z^n \sum_{k=0}^{n} h[k] z^{-k} = H(z) z^n \qquad (9-24)$$

上式表明，系统对基本序列 $f[n] = z^n$ 的零状态响应是序列本身和一个与宗量 $n$ 无关的常系数之积。而该系数正好是单位响应的 Z 变换，即系统函数 $H(z)$。故可得到系统对任意一个序列 $f[n]$ 的零状态响应的 Z 变换等于该序列的 Z 变换与系统函数之积的结论，即

$$Y_f(z) = F(z) H(z) \qquad (9-25)$$

式(9-25)的推导过程类似图 5-26，见图 9-6。

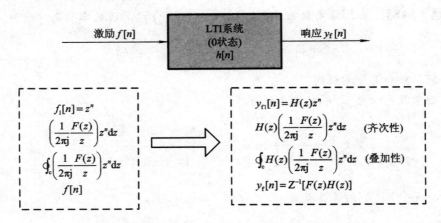

图 9-6　离散信号作用下系统零状态响应推导过程示意图

## 9.7　离散系统的模拟

类似于连续系统，离散系统也可以用基本运算部件进行时域或 $z$ 域模拟，其稳定性也可以通过系统函数进行分析研究。

离散系统基本运算部件主要有数乘器、延迟器(移位器)、求和器，如图 9-7 所示。

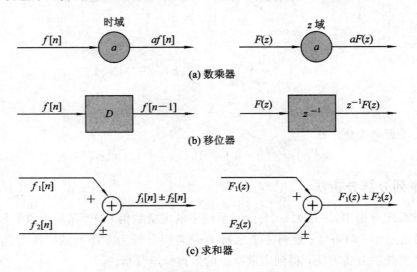

图 9-7　离散系统基本运算部件

离散系统的模拟方法与连续系统相似，也可以分为级联模拟、并联模拟和直接模拟。主要区别是将模拟对象从 $H(s)$ 换为 $H(z)$，即在模拟图中将字符"$s$"换为"$z$"即可。另外，梅森公式同样适合离散系统。

下面通过一道例题说明离散系统的流图和框图模拟。

【**例题 9 - 19**】　已知一离散系统的系统函数为 $H(z)=\dfrac{0.365z+0.267}{z^2-1.368z+0.368}$，试给出系统的直接模拟、级联模拟和并联模拟框图及流图。

**解**
$$H(z)=\frac{0.365z+0.267}{z^2-1.368z+0.368}=\left(\frac{1}{z-1}\right)\left(\frac{0.365z+0.267}{z-0.368}\right)$$
$$=\frac{1}{z-1}-\frac{0.635}{z-0.368}$$

根据系统函数的三种不同形式，系统可分为级联模拟、并联模拟和直接模拟。具体模拟图如图 9 - 8 所示。图(a)和图(b)为级联流图和框图模拟；(c)和(d)为并联流图和框图模拟；图(e)和图(f)为直接流图和框图模拟。

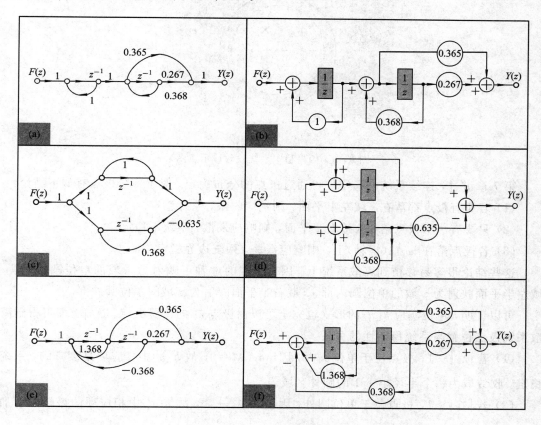

图 9 - 8　例题 9 - 19 离散系统模拟图

# 9.8　离散系统的稳定性分析

离散系统也存在稳定性问题，其概念和分析方法与连续系统相似。

对有界输入序列产生有界输出序列的离散系统称为稳定离散系统。即对于所有的 $n$ 值，有

$$|f[n]| < M_1 < \infty \rightarrow |y[n]| < M_2 < \infty \qquad (9-26)$$

式中 $M_1$、$M_2$ 为有限大的正数。

对于因果系统，判断其稳定的充要条件为：系统的单位响应 $h[n]$ 有界或绝对可和，即

$$\sum_{n=0}^{\infty} |h[n]| < \infty \qquad (9-27)$$

可以证明，因果稳定系统的收敛域是一个半径小于 1 的圆外区域，记为 ROC：$|z| > \rho|_{\rho<1}$。那么，一个 LTI 因果系统是 BIBO 稳定的充要条件可以变为其系统函数 $H(z)$ 的收敛域包含单位圆，见图 9-9。

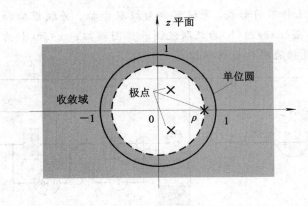

图 9-9 因果稳定系统收敛域示意图

第 7 章讲过，连续系统的稳定性可通过极点的分布确定。对于一阶极点有如下结论：

(1) 若所有极点都落在 $s$ 域左半平面，则响应收敛，系统稳定。

(2) 只要有一个极点落在 $s$ 域右半平面，则响应发散，系统不稳定。

(3) 若极点落在 $j\omega$ 轴（虚轴）上，则响应振荡，系统边界稳定。

这些结论很容易移植到离散系统上。因为 $s$ 域的虚轴可映射为 $z$ 域的单位圆，所以 $s$ 域左半平面映射为 $z$ 域的单位圆内部，$s$ 域右半平面映射为 $z$ 域的单位圆外部。

可以证明，单位响应 $h[n]$ 的形式也完全可以由极点 $\lambda_k$ 的位置决定。这样，即可得到离散系统极点位置与系统稳定性的关系：

(1) 若 $|\lambda_k| < 1$，极点位于单位圆内，因 $\lim_{n\to\infty} A_k \lambda_k^n = 0$，故 $h[n]$ 中相应项是衰减的，系统稳定。收敛域为一个半径小于 1 的圆外区域。

(2) 若 $|\lambda_k| > 1$，极点位于单位圆外，因 $\lim_{n\to\infty} A_k \lambda_k^n \to \infty$，故 $h[n]$ 中相应项的振幅是增加的，系统不稳定。

(3) 若 $|\lambda_k| = 1$，极点落在单位圆上，因 $\lim_{n\to\infty} A_k \lambda_k^n = A_k$，故 $h[n]$ 中相应项的振幅维持常数，系统边界稳定。

图 9-10 给出了 $H(z)$ 的极点分布与 $h[n]$ 的关系示意图。需要强调的是，这里只给出了单阶极点情况，有关高阶极点的情况可参看其他书籍。

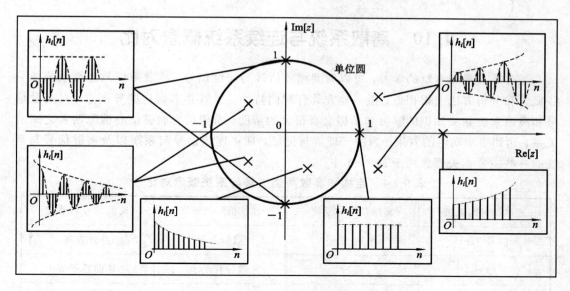

图 9-10　$H(z)$ 单阶极点与 $h[n]$ 波形关系示意图

另外，与连续系统的霍尔维茨准则类似，离散系统也有一个朱利（E. I. Jury）准则用于判断系统的稳定性。若 $H(z) = \dfrac{B(z)}{A(z)}$，且特征多项式 $A(z) = a_2 z^2 + a_1 z + a_0$，则二阶系统稳定的充要条件是：

$$\begin{cases} A(1) > 0 \\ A(-1) > 0 \\ a_2 > |a_0| \end{cases} \qquad (9-28)$$

**【例题 9-20】**　一系统的系统函数为 $H(z) = \dfrac{z+1}{z^2 + (2+k)z + 0.5}$，问 $k$ 为何值时系统稳定。

**解**　特征多项式为

$$A(z) = z^2 + (2+k)z + 0.5$$

根据朱利准则有

$$A(1) = 1 + (2+k) + 0.5 > 0$$

解出 $k > -3.5$。还有

$$A(-1) = 1 - (2+k) + 0.5 > 0$$

解出 $k < -0.5$。

可见，当 $-3.5 < k < -0.5$ 时系统稳定。

有关朱利准则的详细内容本书不再赘述。

## 9.9　离散系统的频域分析法

与连续系统类似，离散系统也有频域分析法，其主要分析工具就是离散时间傅里叶级数和离散时间傅里叶变换，简记为 DTFS 和 DTFT。限于篇幅，具体内容本书不做介绍。

# 9.10 离散系统与连续系统概念对比

通过第 8 章和本章的学习，可以看到离散信号与连续信号、离散系统与连续系统在一些概念和分析方法上很相似，很多地方具有对偶特性。了解并掌握这些异同点，对离散信号和离散系统相关知识的学习和掌握会有很大的帮助。希望读者能够细心揣摩两者之间的关系，达到事半功倍的效果。为便于理解与记忆，现将连续信号与系统以及离散信号与系统的一些主要相关概念列于表 9 - 4 中。

**表 9 - 4　连续和离散两类信号与系统概念对比**

| 连续信号与系统 | 离散信号与系统 | 连续信号与系统 | 离散信号与系统 |
|---|---|---|---|
| 信号 $f(t)$ | 序列 $f[n]$ | 微分方程 | 差分方程 |
| 微分 | 差分 | 微分算子 $p$ | 超前算子 $E$ |
| 积分 | 迭分（累加和） | 积分算子 $\dfrac{1}{p}$ | 滞后算子 $\dfrac{1}{E}$ |
| 卷积 | 卷和（卷积和） | 传输算子 $H(p)$ | 传输算子 $H(E)$ |
| 单位阶跃信号 $\varepsilon(t)$ | 单位阶跃序列 $\varepsilon[n]$ | 冲激响应 $h(t)$ | 脉冲响应 $h[n]$ |
| 单位冲激信号 $\delta(t)$ | 单位脉冲序列 $\delta[n]$ | 系统函数 $H(s)$ | 系统函数 $H(z)$ |
| $s$ 域 | $z$ 域 | 储能元件 | 延迟元件 |
| 拉氏变换 | Z 变换 | 积分器 $\dfrac{1}{s}$ | 延迟器 $\dfrac{1}{z}$ |
| 变量 $s=\sigma+j\omega$ | 变量 $z=re^{j\Omega}$ | 虚轴 $j\omega$ | 单位圆 $r=1$ |
| 基本信号 $e^{st}$ | 基本信号 $z^n$ | 起始条件 $\{y^{(n)}(0_-)\}$ | 起始条件 $\{y[-n]\}$ $n=1,2,\cdots,N$ |
| 基本信号 $e^{j\omega t}$ | 基本信号 $e^{j\Omega}$ | 初始条件 $\{y^{(n)}(0_+)\}$ | 初始条件 $\{y[n]\}$ $n=0,1,2,\cdots,N-1$ |

仔细观察并分析连续信号/系统和离散信号/系统的特点可以发现，两者之间主要由两个"桥梁"相连接，一个是"抽样定理"，另一个是"$s$ 平面与 $z$ 平面之间的转换"。

## 学习提示

$z$ 域分析是与时域分析并重的一个内容，提示大家关注以下知识点：

（1）Z 变换的概念及其与拉氏变换的异同点。

（2）Z 逆变换的求法。

（3）实频域、复频域和 $z$ 域系统函数的异同点。

（4）$z$ 域与 $s$ 域分析法的异同点。

# 问　与　答

**问题 1：如何理解 Z 变换？**

**答**：构造 Z 变换的目的和傅氏变换、拉氏变换一样，都是为了分解信号。傅氏变换把信号 $f(t)$ 分解为信号 $e^{j\omega t}$ 的连续和；拉氏变换把信号 $f(t)$ 分解为信号 $e^{st}$ 的连续和；而 Z 变换把序列（信号）$f[n]$ 分解为信号 $z^n$ 的连续和。因此，Z 变换也是一种信号分解工具，且和拉氏变换一样没有物理意义。另外，可以认为 Z 变换是针对离散信号的拉氏变换。

**问题 2：能否把连续系统和离散系统变换域分析法的流程用图描述？**

**答**：可以，见图 9-11。

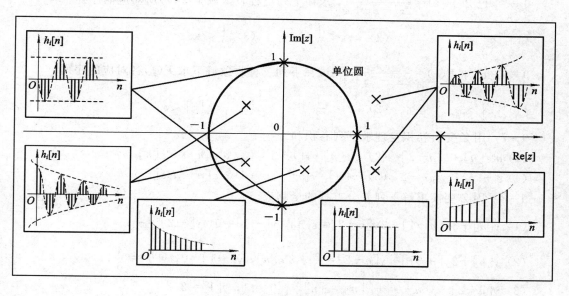

图 9-11　连续系统和离散系统变换域分析流程示意图

# 习　题　9

9-1　利用定义式求下列序列的单边 Z 变换，并标明收敛域，指出 $F(z)$ 的零点和极点。

（1）$f[n]=[\underset{\uparrow}{1},\ -1,\ 1,\ -1,\ \cdots]$　　　　（2）$f[n]=[\underset{\uparrow}{0},\ 1,\ 0,\ 1,\ \cdots]$

（3）$f[n]=\delta[n-N]$　　　　　　　　　　（4）$f[n]=\delta[n+N]$

（5）$f[n]=\left(\dfrac{1}{2}\right)^n \varepsilon[n-1]$　　　　　　　（6）$f[n]=\left(\dfrac{1}{2}\right)^n \varepsilon[-n]$

9-2　利用 Z 变换特性，求下列序列 $f[n]$ 的 Z 变换 $F(z)$。

(1) $f[n]=\varepsilon[n]-\varepsilon[n-8]$　　　　(2) $f[n]=\cos\left(\dfrac{n\pi}{2}\right)\cdot\varepsilon[n]$

(3) $f[n]=\left(\dfrac{1}{2}\right)^{n}\cos\left(\dfrac{n\pi}{2}\right)\cdot\varepsilon[n]$　　(4) $f[n]=n\varepsilon[n]$

(5) $f[n]=n(n-1)\varepsilon[n]$　　　　(6) $f[n]=na^{n}\varepsilon[n]$

9-3　由级数展开式 $e^{x}=1+x+\dfrac{x^{2}}{2!}+\dfrac{x^{3}}{3!}+\cdots+\dfrac{x^{n}}{n!}+\cdots$，求像函数 $F_{1}(z)=e^{-\frac{a}{z}}$（除 $z=$ 0 外的所有 $z$ 平面）和 $F_{2}(z)=e^{z}(|z|<\infty)$ 所对应的序列 $f_{1}[n]$、$f_{2}[n]$。

9-4　用部分分式展开法求下列 $F(z)$ 所对应的原序列。

(1) $F(z)=\dfrac{10z^{2}}{z^{2}-1}$ $(|z|>1)$　　　(2) $F(z)=\dfrac{2z^{2}-3z+1}{z^{2}-4z-5}$ $(|z|>5)$

(3) $F(z)=\dfrac{z+1}{(z-1)^{2}}$ $(|z|>1)$　　(4) $F(z)=\dfrac{z^{2}-1}{\left(z+\dfrac{1}{2}\right)\left(z-\dfrac{1}{3}\right)}$ $\left(|z|>\dfrac{1}{2}\right)$

9-5　已知 $F(z)=\dfrac{3z}{2z^{2}-5z+2}$，求在下列三种收敛域下 $F(z)$ 所对应的序列。

(1) $|z|>2$　　　　(2) $|z|<\dfrac{1}{2}$　　　(3) $\dfrac{1}{2}<|z|<2$

9-6　已知 $F(z)=\dfrac{z+2}{2z^{2}-7z+3}$，试在下列三种收敛域下求 $F(z)$ 各对应的序列。

(1) $|z|>3$　　　　(2) $|z|<\dfrac{1}{2}$　　　(3) $\dfrac{1}{2}<|z|<3$

9-7　用 Z 变换卷积定理求下列卷积和。

(1) $a^{n}\varepsilon[n]*\delta[n-2]$　(2) $a^{n}\varepsilon[n]*\varepsilon[n+1]$　(3) $a^{n}\varepsilon[n]*b^{n}\varepsilon[n]$

(4) $\varepsilon[n-2]*\varepsilon[n-2]$　(5) $n\varepsilon[n]*\varepsilon[n]$　　(6) $a^{n}\varepsilon[n]*b^{n}\varepsilon[-n]$

9-8　用 Z 变换求解下列差分方程的全响应。

(1) $y[n]+3y[n-1]+2y[n-2]=\varepsilon[n]$，$y[-1]=0$，$y[-2]=\dfrac{1}{2}$；

(2) $y[n]+2y[n-1]+y[n-2]=\dfrac{4}{3}\cdot3^{n}\varepsilon[n]$，$y[-1]=0$，$y[0]=\dfrac{4}{3}$；

(3) $y[n+2]+y[n+1]+y[n]=\varepsilon[n]$，$y[0]=1$，$y[1]=2$。

9-9　求如图 9-12 所示一阶离散系统在单位阶跃序列 $\varepsilon[n]$ 和复指数序列 $e^{j\omega n}\varepsilon[n]$ 激励下的零状态响应。（注：$0<a<1$）

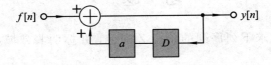

图 9-12　习题 9-9 图

9-10　求下列各系统的系统函数 $H(z)$，并判断系统的稳定性。

(1) 系统框图如图 9-13(a)所示。

(2) 系统流图如图 9-13(b)所示。

(3) 系统单位响应如图 9-13(c)所示。

（4）系统差分方程为 $y[n+2]+2y[n+1]+2y[n]=f[n+1]+2f[n]$。

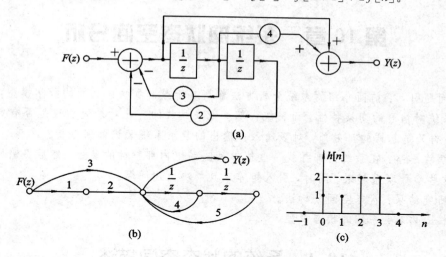

图 9-13　习题 9-10 图

**9-11**　已知系统函数如下，试作其直接、并联和串联形式的模拟框图和流图。

（1）$H(z)=\dfrac{3+3.6z^{-1}+0.6z^{-2}}{1+0.1z^{-1}-0.2z^{-2}}$　　　（2）$H(z)=\dfrac{z^{2}}{(z+0.5)^{3}}$

**9-12**　给定如图 9-14 所示系统。求：

（1）系统函数 $H(z)$；

（2）判断系统的稳定性；

（3）写出差分方程；

（4）求单位响应 $h[n]$；

（5）若激励 $f[n]=\varepsilon[n]$，$y_{x}[0]=y_{x}[1]=1$，求零输入响应、零状态响应和全响应。

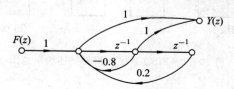

图 9-14　习题 9-12 图

# 第 10 章　系统的状态空间分析

- 问题引入：前面介绍的系统分析方法都是基于激励和响应之间的数学模型，讨论的是给定系统对信号的变换特性。而系统内部参数或结构的变化对系统响应是否有影响？若有，其影响又是怎样的？另外，对多输入多输出的复杂系统又该如何分析？
- 解决思路：在系统内部寻找一些能够反映系统内部特性的参数，然后将激励和响应分别与这些参数联系起来。同时，引入矩阵工具解决上述问题。
- 研究结果：状态空间分析法。
- 核心内容：系统的状态模型。

## 10.1　系统的状态空间描述

### 10.1.1　输入-输出描述

前面介绍的系统描述方法都是只基于系统输出和输入信号，反映系统端部物理量随时间或频率变化规律的"外部法"或"端口法"。

本章将介绍不仅与系统输出和输入信号有关，还涉及系统内部参数的"状态空间"描述法。图 10-1 是一个 SISO 系统的两种描述法示意图。

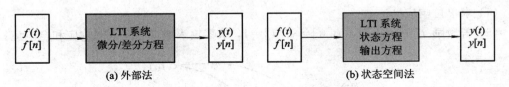

(a) 外部法　　　　　　　　　　　　　　　(b) 状态空间法

图 10-1　SISO 系统的两种描述法示意图

### 10.1.2　状态空间描述

在状态空间描述法中，不是直接给出系统输出和输入之间满足的微分（差分）方程，而是首先在系统内部适当地选择一组辅助变量——状态变量，然后找出这组状态变量与系统输入之间满足的关系式——状态方程，再找出系统输出和这组状态变量以及输入之间满足的代数方程——输出方程，从而完成系统输入、状态变量和系统输出三者之间的关系描述。

**用"状态方程"和"输出方程"描述系统的方法就是状态空间描述法。**

**系统的状态方程和输出方程可以统称为系统的状态模型。根据状态模型分析系统特性的方法就是状态空间分析法。**

**注意**：状态空间描述法只适合动态系统。

下面先介绍系统状态空间分析法中常用的几个术语。需要说明的是，这里"状态"和

"起始状态"等概念都是第 2 章和第 3 章相关概念的延续与补充。

（1）系统状态：当所有外部输入已知时，为确定系统未来运动规律而必须知道的一组数目最少的信息数据就是系统状态。

（2）状态变量：能够表示系统状态且随时间变化的变量就是状态变量，用 $x_1(t)$，$x_2(t)$，$\cdots$，$x_n(t)$ 表示。因此，系统在任意时刻 $t$ 的响应值，都可以由该时刻系统的状态变量和激励信号共同确定。注意：也可用 $\lambda_i(t)$ 表示状态变量。

需要指出的是：一个系统中状态变量的选取通常不唯一，但是状态变量的数目是唯一的，也就是说，构成状态方程组的一阶微分方程的个数是唯一的。

状态变量虽然可以有不同的选择，但也不能随便选取，要求状态变量必须满足独立性与完备性条件。所谓独立性，指各状态变量之间必须线性无关，即任何一个状态变量不能由其他状态变量的线性组合表示。而完备性则是指在已确定的状态变量之外不可能再找到一个状态变量。

（3）状态向量：状态变量 $x_1(t)$，$x_2(t)$，$\cdots$，$x_n(t)$ 的列向量形式就是状态向量，用 $x(t)$ 表示，即

$$x(t) = \begin{bmatrix} x_1(t) \\ x_2(t) \\ \vdots \\ x_n(t) \end{bmatrix} = \begin{bmatrix} x_1(t) & x_2(t) & \cdots & x_n(t) \end{bmatrix}^{\mathrm{T}}$$

具有 $n$ 个状态变量的状态向量被称为 $n$ 维状态变量。

（4）状态与起始状态的表示：状态变量在某一时刻 $t_0$ 的值就是系统在 $t_0$ 时刻的状态。向量形式为

$$x(t_0) = \begin{bmatrix} x_1(t_0) \\ x_2(t_0) \\ \vdots \\ x_n(t_0) \end{bmatrix} = \begin{bmatrix} x_1(t_0) & x_2(t_0) & \cdots & x_n(t_0) \end{bmatrix}^{\mathrm{T}}$$

状态变量在起始时刻 $0_-$ 的值称为系统的起始状态。其向量形式为

$$x(0_-) = \begin{bmatrix} x_1(0_-) \\ x_2(0_-) \\ \vdots \\ x_n(0_-) \end{bmatrix} = \begin{bmatrix} x_1(0_-) & x_2(0_-) & \cdots & x_n(0_-) \end{bmatrix}^{\mathrm{T}}$$

为简便起见，后面的论述中将上述 $x(0_-)$ 记为 $x(0)$。

（5）状态空间：放置状态向量 $x(t)$ 的空间就是状态空间。状态向量在 $n$ 个坐标轴上的投影即为相应的 $n$ 个状态变量。

（6）状态方程：状态方程指的是一组可以描述一个 $n$ 阶系统的激励向量 $f(t)$、起始状态向量 $x(0_-)$ 和状态向量 $x(t)$ 三者关系的一阶微分方程。状态方程揭示了系统内部的运动状态与规律。

（7）输出方程：一组可以描述激励向量 $f(t)$、状态向量 $x(t)$ 和响应向量 $y(t)$ 三者关系的代数方程称为系统的输出方程。

采用状态空间分析法研究系统特性主要有以下优点：

（1）一阶微分方程组便于求解，尤其便于计算机处理。

（2）由于系统响应（输出）与状态变量和激励（输入）之间满足的是代数方程（输出方程），所以，只要解出状态变量，则每一个响应都可通过状态变量和激励的线性组合求出。

（3）容易推广到时变系统和非线性系统中去。

**注意：**上述概念稍加变化（比如 $t$ 变为 $n$，微分方程变为差分方程等）即可适用于离散系统。

## 10.2　系统的状态方程

下面通过一个实例引出状态空间分析法的概念。

【**例 10 - 1**】　写出图 10 - 2 所示系统的状态方程。

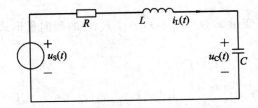

图 10 - 2　例题 10 - 1 图

**解**　根据 KCL 和电感、电容的特性列出方程如下：

$$Ri_L(t) + L\frac{di_L(t)}{dt} + u_C(t) = u_S(t) \tag{10-1}$$

和

$$C\frac{du_C(t)}{dt} = i_L(t) \tag{10-2}$$

如果仅关心响应和激励的关系，则将式（10 - 2）代入式（10 - 1），可得

$$LC\frac{d^2u_C(t)}{dt^2} + RC\frac{du_C(t)}{dt} + u_C(t) = u_S(t) \tag{10-3}$$

式（10 - 3）正是我们熟悉的外部法系统模型。求解该方程即可得到给定激励下的系统响应。

现在的问题是，我们不但要知道 $u_C(t)$ 与 $u_S(t)$ 的关系，还想了解 $i_L(t)$ 随 $u_S(t)$ 的变化规律，那么就需要将式（10 - 1）和式（10 - 2）联立求解，则有

$$\begin{cases} \dfrac{d}{dt}i_L(t) = -\dfrac{R}{L}i_L(t) - \dfrac{1}{L}u_C(t) + \dfrac{1}{L}u_S(t) \\[3mm] \dfrac{d}{dt}u_C(t) = \dfrac{1}{C}i_L(t) \end{cases} \tag{10-4}$$

式（10 - 4）是以 $i_L(t)$ 和 $u_C(t)$ 作为变量的一阶联立微分方程组。只要给定 $u_S(t)$ 并知道 $i_L(t)$ 和 $u_C(t)$ 的起始状态，即可完全了解该系统的全部行为。这种系统分析方法就是状态空间或状态变量分析法。式（10 - 4）就是该系统的状态方程，$i_L(t)$ 和 $u_C(t)$ 就是所谓的状态变量。

通常，对于一个如图 10 - 3（a）所示具有 $m$ 个输入 $f_1$，$f_2$，…，$f_m$ 和 $k$ 个输出 $y_1$，$y_2$，…，$y_k$ 的 MIMO 连续系统，其外部法描述的矩阵方程为

$$\begin{bmatrix} y_1(t) \\ y_2(t) \\ \vdots \\ y_n(t) \end{bmatrix} = \begin{bmatrix} h_{11}(t) & h_{12}(t) & \cdots & h_{1m}(t) \\ h_{21}(t) & h_{22}(t) & \cdots & h_{2m}(t) \\ \vdots & \vdots & & \vdots \\ h_{k1}(t) & h_{k2}(t) & \cdots & h_{km}(t) \end{bmatrix} * \begin{bmatrix} f_1(t) \\ f_2(t) \\ \vdots \\ f_n(t) \end{bmatrix} \tag{10-5}$$

可简记为

$$\boldsymbol{y}(t) = \boldsymbol{h}(t) * \boldsymbol{f}(t) \tag{10-6}$$

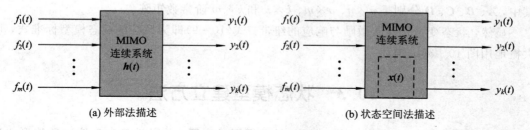

**(a) 外部法描述**　　　　　　　　　　　**(b) 状态空间法描述**

图 10-3　一个 MIMO 连续系统的端口法及状态空间描述示意图

而在状态空间描述法中，可以用一组一阶微分方程（状态方程）和一组代数方程（输出方程）加以描述，即

$$\begin{aligned} \dot{x}_1 &= a_{11}x_1 + a_{12}x_2 + \cdots + a_{1n}x_n + b_{11}f_1 + b_{12}f_2 + \cdots + b_{1m}f_m \\ \dot{x}_2 &= a_{21}x_1 + a_{22}x_2 + \cdots + a_{2n}x_n + b_{21}f_1 + b_{22}f_2 + \cdots + b_{2m}f_m \\ &\qquad\qquad\qquad\qquad \vdots \\ \dot{x}_n &= a_{n1}x_1 + a_{n2}x_2 + \cdots + a_{nn}x_n + b_{n1}f_1 + b_{n2}f_2 + \cdots + b_{nm}f_m \end{aligned} \tag{10-7}$$

和

$$\begin{aligned} y_1 &= c_{11}x_1 + c_{12}x_2 + \cdots + c_{1n}x_n + d_{11}f_1 + d_{12}f_2 + \cdots + d_{1m}f_m \\ y_2 &= c_{21}x_1 + c_{22}x_2 + \cdots + c_{2n}x_n + d_{21}f_1 + d_{22}f_2 + \cdots + d_{2m}f_m \\ &\qquad\qquad\qquad\qquad \vdots \\ y_k &= c_{k1}x_1 + c_{k2}x_2 + \cdots + c_{kn}x_n + d_{k1}f_1 + d_{k2}f_2 + \cdots + d_{km}f_m \end{aligned} \tag{10-8}$$

式中 $\dot{x}_i \xlongequal{\text{def}} \dfrac{\mathrm{d}x_i}{\mathrm{d}t}$，$x_i$ 为状态变量；$f_i$ 为系统的输入（激励）；$y_i$ 为系统的响应（输出）。

式（10-7）就是状态方程的一般表达式，式（10-8）则是输出方程的一般表达式。若记

$$\boldsymbol{x}(t) = \begin{bmatrix} x_1(t) \\ x_2(t) \\ \vdots \\ x_n(t) \end{bmatrix}, \ \boldsymbol{f}(t) = \begin{bmatrix} f_1(t) \\ f_2(t) \\ \vdots \\ f_n(t) \end{bmatrix}, \ \boldsymbol{y}(t) = \begin{bmatrix} y_1(t) \\ y_2(t) \\ \vdots \\ y_n(t) \end{bmatrix}$$

$$\boldsymbol{A} = \begin{bmatrix} a_{11} & a_{12} & \cdots & a_{1n} \\ a_{21} & a_{22} & \cdots & a_{2n} \\ \vdots & \vdots & & \vdots \\ a_{n1} & a_{n2} & \cdots & a_{nn} \end{bmatrix}, \ \boldsymbol{B} = \begin{bmatrix} b_{11} & b_{12} & \cdots & b_{1m} \\ b_{21} & b_{22} & \cdots & b_{2m} \\ \vdots & \vdots & & \vdots \\ b_{n1} & b_{n2} & \cdots & b_{nm} \end{bmatrix}$$

$$\boldsymbol{C} = \begin{bmatrix} c_{11} & c_{12} & \cdots & c_{1n} \\ c_{21} & c_{22} & \cdots & c_{2n} \\ \vdots & \vdots & & \vdots \\ c_{k1} & c_{k2} & \cdots & c_{kn} \end{bmatrix}, \ \boldsymbol{D} = \begin{bmatrix} d_{11} & d_{12} & \cdots & d_{1m} \\ d_{21} & d_{22} & \cdots & d_{2m} \\ \vdots & \vdots & & \vdots \\ d_{k1} & d_{k2} & \cdots & d_{km} \end{bmatrix}$$

则可得到状态方程和输出方程的矩阵标准表达形式

$$\begin{cases} \dot{\boldsymbol{x}}(t) = \boldsymbol{A}\boldsymbol{x}(t) + \boldsymbol{B}\boldsymbol{f}(t) \\ \boldsymbol{y}(t) = \boldsymbol{C}\boldsymbol{x}(t) + \boldsymbol{D}\boldsymbol{f}(t) \end{cases}$$

简记为

$$\begin{cases} \dot{\boldsymbol{x}} = \boldsymbol{A}\boldsymbol{x} + \boldsymbol{B}\boldsymbol{f} \\ \boldsymbol{y} = \boldsymbol{C}\boldsymbol{x} + \boldsymbol{D}\boldsymbol{f} \end{cases} \tag{10-9}$$

其中，$\boldsymbol{A}$、$\boldsymbol{B}$、$\boldsymbol{C}$、$\boldsymbol{D}$ 分别是 $n \times n$、$n \times m$、$k \times n$ 和 $k \times m$ 阶常数矩阵。

显然，状态变量是连接激励与响应的纽带。式(10-9)即为系统的状态模型标准式，可大概地用图 10-3(b)描述。

# 10.3　状态模型建立方法

我们已经知道一个系统可用电路图、模拟框图或流图、数学模型和系统函数等形式进行描述，那么，读者自然会问：状态模型能否通过这些描述形式得到呢？回答是肯定的。

## 10.3.1　电路图建立法

一个实际的电系统(电网络)一般由电阻、电感和电容构成。因为动态元件电感和电容的端电压和流过的电流正好都满足一阶微分关系，很容易写成状态方程的形式，并且正好都反映了系统的储能状态，所以可以选择电容电压和电感电流作为状态变量。

从电路图中直接列出状态方程的步骤如下：

(1) 选取电路中所有独立电容上的电压和独立电感上的电流作为状态变量。

(2) 利用 KCL 写出每个电容电流 $i_{C_i} = C_i \dfrac{\mathrm{d}u_{C_i}}{\mathrm{d}t}$ 与其他状态变量和输入量之间的关系式。

(3) 利用 KVL 写出每个电感电压 $u_{L_i} = L_i \dfrac{\mathrm{d}i_{L_i}}{\mathrm{d}t}$ 与其他状态变量和输入量之间的关系式。

(4) 若第(2)步和第(3)步所得到的 KCL 和 KVL 方程中含有非状态变量，则应利用适当的节点 KCL 方程和回路 KVL 方程将非状态变量消去。

(5) 将第(2)步和第(3)步或第(4)步所得到的关系式整理成标准形式即得到电路的状态方程。

(6) 由 KCL 和 KVL 写出状态变量和输入量与输出量之间的关系，即得到电路的输出方程。

下面通过两个实例具体介绍状态方程的建立方法。

【例题 10-2】　写出图 10-4 所示电路的状态方程和输出方程。$y_1(t)$ 和 $y_2(t)$ 为输出，$f_1(t)$ 为电流源，$f_2(t)$ 为电压源。

**解**　选电感电流为状态变量 $x_1(t)$，电容电压为状态变量 $x_2(t)$。根据 KCL 和 KVL可得

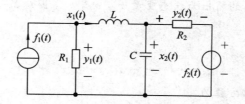

图 10-4　例题 10-2 系统

$$L\dot{x}_1 = y_1 - x_2 = R_1(f_1 - x_1) - x_2 = -R_1 x_1 - x_2 + R_1 f_1$$

$$C\dot{x}_2 = x_1 + \frac{1}{R_2}(f_2 - x_2) = x_1 - \frac{1}{R_2}x_2 + \frac{1}{R_2}f_2$$

写成状态方程矩阵形式为

$$\begin{bmatrix} \dot{x}_1 \\ \dot{x}_2 \end{bmatrix} = \begin{bmatrix} -\dfrac{R_1}{L} & -\dfrac{1}{L} \\ \dfrac{1}{C} & -\dfrac{1}{R_2 C} \end{bmatrix} \begin{bmatrix} x_1 \\ x_2 \end{bmatrix} + \begin{bmatrix} \dfrac{R_1}{L} & 0 \\ 0 & \dfrac{1}{R_2 C} \end{bmatrix} \begin{bmatrix} f_1 \\ f_2 \end{bmatrix}$$

输出方程为

$$y_1 = R_1(f_1 - x_1) = -R_1 x_1 + R_1 f_1$$

$$y_2 = x_2 - f_2$$

写成输出方程矩阵形式为

$$\begin{bmatrix} y_1 \\ y_2 \end{bmatrix} = \begin{bmatrix} -R_1 & 0 \\ 0 & 1 \end{bmatrix} \begin{bmatrix} x_1 \\ x_2 \end{bmatrix} + \begin{bmatrix} R_1 & 0 \\ 0 & -1 \end{bmatrix} \begin{bmatrix} f_1 \\ f_2 \end{bmatrix}$$

## 10.3.2　模拟图建立法

模拟图的重要部件是积分器。因此，由模拟图建立状态模型首先要处理积分器问题。假设积分器输出为 $x_o$，输入为 $x_i$，则有

$$\dot{x}_o = x_i \tag{10-10}$$

显然，积分器的输出可以作为状态变量，这是建立状态模型的关键。由模拟图（框图或流图）建立状态模型比电路图法更直观、更简单，其步骤如下：

（1）选取每个积分器的输出（或微分器的输入）作为状态变量。

（2）围绕每个加法器列出相应的状态方程或输出方程。

**【例题 10-3】**　试建立图 10-5 所示三阶系统的状态方程和输出方程。

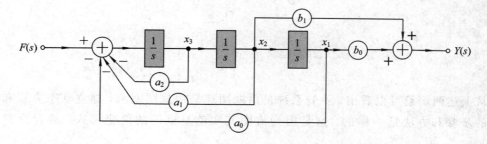

图 10-5　例题 10-3 图

**解** 选取三个积分器的输出为状态变量 $x_1,x_2,x_3$。围绕第一个加法器列状态方程为

$$\dot{x}_1 = x_2$$
$$\dot{x}_2 = x_3$$
$$\dot{x}_3 = -a_0 x_1 - a_1 x_2 - a_2 x_3 + f$$

围绕第二个加法器列输出方程为

$$y = b_0 x_1 + b_1 x_2$$

将上述各式用矩阵表示即可，如下：

$$\begin{bmatrix} \dot{x}_1 \\ \dot{x}_2 \\ \dot{x}_3 \end{bmatrix} = \begin{bmatrix} 0 & 1 & 0 \\ 0 & 0 & 1 \\ -a_0 & -a_1 & -a_2 \end{bmatrix} \begin{bmatrix} x_1 \\ x_2 \\ x_3 \end{bmatrix} + \begin{bmatrix} 0 \\ 0 \\ 1 \end{bmatrix} [f]$$

$$[y] = \begin{bmatrix} b_0 & b_1 & 0 \end{bmatrix} \begin{bmatrix} x_1 \\ x_2 \\ x_3 \end{bmatrix}$$

**【例题 10-4】** 图 10-6 是一个系统流图。试建立该系统的状态方程和输出方程。

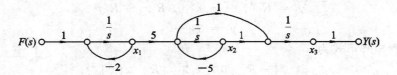

图 10-6 例题 10-4 图

**解** 选取积分器输出为状态变量，则有

$$\dot{x}_1 = -2x_1 + f$$
$$\dot{x}_2 = 5x_1 - 5x_2$$
$$\dot{x}_3 = \dot{x}_2 + x_2 = 5x_1 - 5x_2 + x_2 = 5x_1 - 4x_2$$

写成矩阵形式为

$$\begin{bmatrix} \dot{x}_1 \\ \dot{x}_2 \\ \dot{x}_3 \end{bmatrix} = \begin{bmatrix} -2 & 0 & 0 \\ 5 & -5 & 0 \\ 5 & -4 & 0 \end{bmatrix} \begin{bmatrix} x_1 \\ x_2 \\ x_3 \end{bmatrix} + \begin{bmatrix} 1 \\ 0 \\ 0 \end{bmatrix} [f]$$

输出方程为

$$y = x_3$$

即

$$[y] = \begin{bmatrix} 0 & 0 & 1 \end{bmatrix} \begin{bmatrix} x_1 \\ x_2 \\ x_3 \end{bmatrix}$$

从上述两例题可以看出，不管系统是用框图还是用流图表示，建立状态方程和输出方程的步骤和方法是一样的。这是因为流图其实就是框图的简化形式，两者没有本质区别。

### 10.3.3　数学模型建立法

我们常用的连续系统数学模型主要是线性微分方程及系统函数 $H(s)$。那么，根据数学模型如何建立状态模型呢？请看下面的例子。

【例题 10 - 5】　已知一个系统的系统函数为 $H(s)=\dfrac{b_1 s+b_0}{s^3+a_2 s^2+a_1 s+a_0}$。建立该系统的状态方程和输出方程。

**解**　先根据系统函数画出两种直接形式以及并联和串联形式流图，如图 10 - 7 所示。

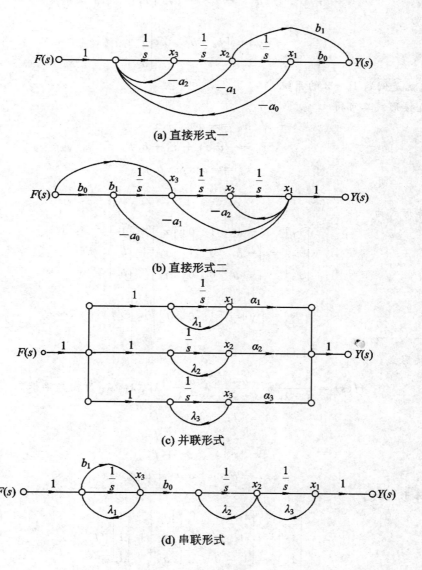

**(a) 直接形式一**

**(b) 直接形式二**

**(c) 并联形式**

**(d) 串联形式**

图 10 - 7　例题 10 - 5 图

由直接形式一可得

$$\dot{x}_1 = x_2$$
$$\dot{x}_2 = x_3$$
$$\dot{x}_3 = -a_0 x_1 - a_1 x_2 - a_2 x_3 + f$$
$$y = b_0 x_1 + b_1 x_2$$

写成矩阵形式为

$$\begin{bmatrix} \dot{x}_1 \\ \dot{x}_2 \\ \dot{x}_3 \end{bmatrix} = \begin{bmatrix} 0 & 1 & 0 \\ 0 & 0 & 1 \\ -a_0 & -a_1 & -a_2 \end{bmatrix} \begin{bmatrix} x_1 \\ x_2 \\ x_3 \end{bmatrix} + \begin{bmatrix} 0 \\ 0 \\ 1 \end{bmatrix} \begin{bmatrix} f \end{bmatrix}$$

$$\begin{bmatrix} y \end{bmatrix} = \begin{bmatrix} b_0 & b_1 & 0 \end{bmatrix} \begin{bmatrix} x_1 \\ x_2 \\ x_3 \end{bmatrix}$$

可见，这就是例题 10-3 的系统。

由直接形式二可得

$$\dot{x}_1 = -a_2 x_1 + x_2$$
$$\dot{x}_2 = -a_1 x_1 + x_3 + b_1 f$$
$$\dot{x}_3 = -a_0 x_1 + b_0 f$$
$$y = x_1$$

写成矩阵形式为

$$\begin{bmatrix} \dot{x}_1 \\ \dot{x}_2 \\ \dot{x}_3 \end{bmatrix} = \begin{bmatrix} -a_2 & 1 & 0 \\ -a_1 & 0 & 1 \\ -a_0 & 0 & 0 \end{bmatrix} \begin{bmatrix} x_1 \\ x_2 \\ x_3 \end{bmatrix} + \begin{bmatrix} 0 \\ b_1 \\ b_0 \end{bmatrix} \begin{bmatrix} f \end{bmatrix}$$

$$\begin{bmatrix} y \end{bmatrix} = \begin{bmatrix} 1 & 0 & 0 \end{bmatrix} \begin{bmatrix} x_1 \\ x_2 \\ x_3 \end{bmatrix}$$

对于并联形式，有

$$H(s) = \frac{\alpha_1}{s - \lambda_1} + \frac{\alpha_2}{s - \lambda_2} + \frac{\alpha_3}{s - \lambda_3}, \quad \lambda_1、\lambda_2、\lambda_3 \text{ 为相异单根}$$

可得

$$\dot{x}_1 = \lambda_1 x_1 + f$$
$$\dot{x}_2 = \lambda_2 x_2 + f$$
$$\dot{x}_3 = \lambda_3 x_3 + f$$
$$y = \alpha_1 x_1 + \alpha_2 x_2 + \alpha_3 x_3$$

写成矩阵形式为

$$\begin{bmatrix} \dot{x}_1 \\ \dot{x}_2 \\ \dot{x}_3 \end{bmatrix} = \begin{bmatrix} \lambda_1 & 0 & 0 \\ 0 & \lambda_2 & 0 \\ 0 & 0 & \lambda_3 \end{bmatrix} \begin{bmatrix} x_1 \\ x_2 \\ x_3 \end{bmatrix} + \begin{bmatrix} 1 \\ 1 \\ 1 \end{bmatrix} \begin{bmatrix} f \end{bmatrix}$$

$$\begin{bmatrix} y \end{bmatrix} = \begin{bmatrix} \alpha_1 & \alpha_2 & \alpha_2 \end{bmatrix} \begin{bmatrix} x_1 \\ x_2 \\ x_3 \end{bmatrix}$$

　　并联形式中的 **A** 矩阵是对角阵，其对角线上的元素为系统的特征根，因此，并联形式中的状态变量也被称为对角线变量。

　　对于串联形式，有

$$H(s) = \frac{b_1 s + b_0}{s - \lambda_1} \cdot \frac{1}{s - \lambda_2} \cdot \frac{1}{s - \lambda_3}$$

可得

$$\begin{bmatrix} \dot{x}_1 \\ \dot{x}_2 \\ \dot{x}_3 \end{bmatrix} = \begin{bmatrix} \lambda_3 & 1 & 0 \\ 0 & \lambda_2 & b_0 + b_1\lambda_1 \\ 0 & 0 & \lambda_1 \end{bmatrix} \begin{bmatrix} x_1 \\ x_2 \\ x_3 \end{bmatrix} + \begin{bmatrix} 0 \\ b_1 \\ 1 \end{bmatrix} [f]$$

$$[y] = x_1$$

串联形式中的 **A** 矩阵是三角阵，其对角元素也是系统的特征根。

　　上述例题给出以下结论：

　　(1) 一个系统可以有不同形式的状态方程和输出方程，即系统的状态模型不唯一。

　　(2) 若给定系统函数形如

$$H(s) = \frac{b_m s^m + b_{m-1} s^{m-1} + \cdots + b_1 s + b_0}{s^n + a_{n-1} s^{n-1} + \cdots + a_1 s + a_0} \tag{10-11}$$

则可以有如下三种形式的状态方程和输出方程。

　　形式一：

$$\begin{bmatrix} \dot{x}_1 \\ \dot{x}_2 \\ \vdots \\ \dot{x}_{n-1} \\ \dot{x}_n \end{bmatrix} = \begin{bmatrix} 0 & 1 & 0 & \cdots & 0 & 0 \\ 0 & 0 & 1 & 0 & \cdots & 0 \\ \vdots & \vdots & \vdots & \vdots & & \vdots \\ 0 & 0 & 0 & \cdots & & 1 \\ -a_0 & -a_1 & -a_2 & \cdots & -a_{n-2} & -a_{n-1} \end{bmatrix} \begin{bmatrix} x_1 \\ x_2 \\ \vdots \\ x_{n-1} \\ x_n \end{bmatrix} + \begin{bmatrix} 0 \\ 0 \\ 0 \\ \vdots \\ 1 \end{bmatrix} [f] \tag{10-12}$$

$$[y] = \begin{bmatrix} b_0 & b_1 & b_2 & \cdots & b_m & 0 & \cdots & 0 \end{bmatrix} \begin{bmatrix} x_1 \\ x_2 \\ \vdots \\ x_{n-1} \\ x_n \end{bmatrix} \tag{10-13}$$

　　形式二：

$$\begin{bmatrix} \dot{x}_1 \\ \dot{x}_2 \\ \vdots \\ \dot{x}_{n-1} \\ \dot{x}_n \end{bmatrix} = \begin{bmatrix} -a_{n-1} & 1 & 0 & \cdots & 0 & 0 \\ -a_{n-2} & 0 & 1 & 0 & \cdots & 0 \\ \vdots & \vdots & \vdots & \vdots & & \vdots \\ -a_1 & 0 & 0 & 0 & \cdots & 1 \\ -a_0 & 0 & 0 & \cdots & 0 & 0 \end{bmatrix} \begin{bmatrix} x_1 \\ x_2 \\ \vdots \\ x_{n-1} \\ x_n \end{bmatrix} + \begin{bmatrix} 0 \\ \vdots \\ 0 \\ b_m \\ \vdots \\ b_1 \\ b_0 \end{bmatrix} [f] \tag{10-14}$$

$$[y] = \begin{bmatrix} 1 & 0 & 0 & \cdots & 0 \end{bmatrix} \begin{bmatrix} x_1 \\ x_2 \\ \vdots \\ x_{n-1} \\ x_n \end{bmatrix} \tag{10-15}$$

形式三：

$$\begin{bmatrix} \dot{x}_1 \\ \dot{x}_2 \\ \vdots \\ \dot{x}_{n-1} \\ \dot{x}_n \end{bmatrix} = \begin{bmatrix} \lambda_1 & 0 & 0 & 0 & 0 \\ 0 & \lambda_2 & 0 & \cdots & 0 \\ 0 & 0 & 0 & \cdots & \vdots \\ \vdots & \vdots & \vdots & & 0 \\ 0 & 0 & 0 & 0 & \lambda_n \end{bmatrix} \begin{bmatrix} x_1 \\ x_2 \\ \vdots \\ x_{n-1} \\ x_n \end{bmatrix} + \begin{bmatrix} 1 \\ 1 \\ 1 \\ \vdots \\ 1 \end{bmatrix} [f] \tag{10-16}$$

$$[y] = \begin{bmatrix} K_1 & K_2 & K_3 & \cdots & K_n \end{bmatrix} \begin{bmatrix} x_1 \\ x_2 \\ \vdots \\ x_{n-1} \\ x_n \end{bmatrix} \tag{10-17}$$

其中，$K_1$，$K_2$，$\cdots$，$K_n$ 是 $H(s)$ 的部分分式展开式中的各项分子系数，即

$$H(s) = \frac{K_1}{s - \lambda_1} + \frac{K_2}{s - \lambda_2} + \cdots + \frac{K_n}{s - \lambda_n} \tag{10-18}$$

**注意**：形式三要求系统函数 $H(s)$ 有 $n$ 个相异单根。

需要说明的是，本节主要讨论的是连续系统状态模型的建立方法，而离散系统状态模型的建立方法与之类似。比如，由离散系统框图建立状态模型的步骤为

(1) 选取延时器的输出作为状态变量；

(2) 围绕加法器列出状态方程或输出方程。

离散系统状态模型的标准形式如下：

$$\begin{cases} \boldsymbol{x}[n+1] = \boldsymbol{A}\boldsymbol{x}[n] + \boldsymbol{B}\boldsymbol{f}[n] \\ \boldsymbol{y}[n] = \boldsymbol{C}\boldsymbol{x}[n] + \boldsymbol{D}\boldsymbol{f}[n] \end{cases} \tag{10-19}$$

**【例题 10-6】** 求如下离散系统的状态模型：

$$y[n+3] + 8y[n+2] + 16y[n+1] + 10y[n] = 6f[n+2] + 12f[n+1] + 18f[n]$$

**解**　由差分方程可写出系统传输算子 $H(E) = \dfrac{6E^2 + 12E + 18}{E^3 + 8E^2 + 16E + 10}$，根据梅森公式可得其流图如图 10-8 所示。

则有状态方程

$$x_1[n+1] = x_2[n]$$
$$x_2[n+1] = x_3[n]$$
$$x_3[n+1] = -10x_1[n] - 16x_2[n] - 8x_3[n] + f[n]$$

输出方程为

$$y[n] = 18x_1[n] + 12x_2[n] + 6x_3[n]$$

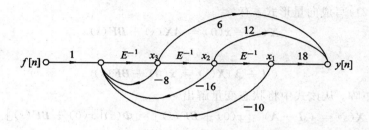

图 10-8　例题 10-6 图

写成矩阵形式为

$$\begin{bmatrix} x_1[n+1] \\ x_2[n+1] \\ x_3[n+1] \end{bmatrix} = \begin{bmatrix} 0 & 1 & 0 \\ 0 & 0 & 1 \\ -10 & -16 & -8 \end{bmatrix} \begin{bmatrix} x_1[n] \\ x_2[n] \\ x_3[n] \end{bmatrix} + \begin{bmatrix} 0 \\ 0 \\ 1 \end{bmatrix} f[n]$$

$$y[n] = \begin{bmatrix} 18 & 12 & 6 \end{bmatrix} \begin{bmatrix} x_1[n] \\ x_2[n] \\ x_3[n] \end{bmatrix}$$

有关离散系统状态空间分析法的详细内容读者可参看其他有关书籍。

# 10.4　状态模型求解方法

状态方程是一组联立的一阶微分方程，显然可以在时域进行求解，也可以在复频域中求解。由于 $s$ 域求解比时域简单容易，所以这里只介绍 $s$ 域求解方法。

状态方程 $s$ 域求解法在本质上与微分方程 $s$ 域求解法是一样的。考察下列状态方程组

$$\dot{x}_1 = a_{11}x_1 + a_{12}x_2 + \cdots + a_{1n}x_n + b_{11}f_1 + b_{12}f_2 + \cdots + b_{1m}f_m$$
$$\dot{x}_2 = a_{21}x_1 + a_{22}x_2 + \cdots + a_{2n}x_n + b_{21}f_1 + b_{22}f_2 + \cdots + b_{2m}f_m$$
$$\vdots$$
$$\dot{x}_n = a_{n1}x_1 + a_{n2}x_2 + \cdots + a_{nn}x_n + b_{n1}f_1 + b_{n2}f_2 + \cdots + b_{nm}f_m$$

中的第 $k$ 个方程

$$\dot{x}_k = a_{k1}x_1 + a_{k2}x_2 + \cdots + a_{kn}x_n + b_{k1}f_1 + b_{k2}f_2 + \cdots + b_{km}f_m \qquad (10-20)$$

对式(10-20)两边取拉氏变换，有

$$sX_k(s) - x_k(0) = a_{k1}X_1(s) + a_{k2}X_2(s) + \cdots + a_{kn}X_n(s) + b_{k1}F_1(s) + b_{k2}F_2(s) + \cdots + b_{km}F_m(s)$$

按此方法将所有 $n$ 个状态方程都取拉氏变换，就会得到

$$s\underbrace{\begin{bmatrix} X_1(s) \\ X_2(s) \\ \vdots \\ X_n(s) \end{bmatrix}}_{\boldsymbol{X}(s)} - \underbrace{\begin{bmatrix} x_1(0) \\ x_2(0) \\ \vdots \\ x_n(0) \end{bmatrix}}_{\boldsymbol{x}(0)} = \underbrace{\begin{bmatrix} a_{11} & a_{12} & \cdots & a_{1n} \\ a_{21} & a_{22} & \cdots & a_{2n} \\ \vdots & \vdots & & \vdots \\ a_{n1} & a_{n2} & \cdots & a_{nn} \end{bmatrix}}_{\boldsymbol{A}} \underbrace{\begin{bmatrix} X_1(s) \\ X_2(s) \\ \vdots \\ X_n(s) \end{bmatrix}}_{\boldsymbol{X}(s)} + \underbrace{\begin{bmatrix} b_{11} & b_{12} & \cdots & b_{1m} \\ b_{21} & b_{22} & \cdots & b_{2m} \\ \vdots & \vdots & & \vdots \\ b_{n1} & b_{n2} & \cdots & b_{nm} \end{bmatrix}}_{\boldsymbol{B}} \underbrace{\begin{bmatrix} F_1(s) \\ F_2(s) \\ \vdots \\ F_m(s) \end{bmatrix}}_{\boldsymbol{F}(s)}$$

$$(10-21)$$

将式(10-21)写成向量形式，有

$$s\boldsymbol{X}(s) - \boldsymbol{x}(0) = \boldsymbol{A}\boldsymbol{X}(s) + \boldsymbol{B}\boldsymbol{F}(s) \tag{10-22}$$

移项并整理得

$$(s\boldsymbol{I} - \boldsymbol{A})\boldsymbol{X}(s) = \boldsymbol{x}(0) + \boldsymbol{B}\boldsymbol{F}(s)$$

式中 $\boldsymbol{I}$ 为单位矩阵。从该式中将状态变量解出

$$\boldsymbol{X}(s) = (s\boldsymbol{I} - \boldsymbol{A})^{-1}[\boldsymbol{x}(0) + \boldsymbol{B}\boldsymbol{F}(s)] = \boldsymbol{\Phi}(s)[\boldsymbol{x}(0) + \boldsymbol{B}\boldsymbol{F}(s)]$$

即

$$\boldsymbol{X}(s) = \boldsymbol{\Phi}(s)\boldsymbol{x}(0) + \boldsymbol{\Phi}(s)\boldsymbol{B}\boldsymbol{F}(s) \tag{10-23}$$

式中，定义 $\boldsymbol{\Phi}(s) = (s\boldsymbol{I} - \boldsymbol{A})^{-1}$ 为分解矩阵。(注意：$\boldsymbol{\Phi}(s)$ 也可称为预解矩阵。)

对式(10-23)取拉氏逆变换，即可得到状态变量的时域解

$$\boldsymbol{x}(t) = \underbrace{L^{-1}[\boldsymbol{\Phi}(s)]\boldsymbol{x}(0)}_{\text{零输入分量}} + \underbrace{L^{-1}[\boldsymbol{\Phi}(s)\boldsymbol{B}\boldsymbol{F}(s)]}_{\text{零状态分量}} \tag{10-24}$$

可见，式(10-24)中的第一项仅与起始状态 $\boldsymbol{x}(0)$ 有关，当 $\boldsymbol{x}(0) = 0$ 时，该项为零，因此是状态变量的零输入分量。而第二项是输入 $\boldsymbol{F}(s)$ 的函数，因此是状态变量的零状态分量。

下面对输出方程进行求解。由 10.2 节可知，输出方程由下式给出

$$\boldsymbol{y}(t) = \boldsymbol{C}\boldsymbol{x}(t) + \boldsymbol{D}\boldsymbol{f}(t)$$

其 $s$ 域形式为

$$\boldsymbol{Y}(s) = \boldsymbol{C}\boldsymbol{X}(s) + \boldsymbol{D}\boldsymbol{F}(s)$$

将式(10-23)代入上式可得

$$\boldsymbol{Y}(s) = \underbrace{\boldsymbol{C}\boldsymbol{\Phi}(s)\boldsymbol{x}(0)}_{\text{零输入分量}} + \underbrace{[\boldsymbol{C}\boldsymbol{\Phi}(s)\boldsymbol{B} + \boldsymbol{D}]\boldsymbol{F}(s)}_{\text{零状态分量}} \tag{10-25}$$

将式(10-25)中的零状态响应单独写出

$$\boldsymbol{Y}_{\mathrm{f}}(s) = [\boldsymbol{C}\boldsymbol{\Phi}(s)\boldsymbol{B} + \boldsymbol{D}]\boldsymbol{F}(s) \tag{10-26}$$

而我们知道零状态响应与激励信号之比为系统函数，即

$$\boldsymbol{Y}_{\mathrm{f}}(s) = \boldsymbol{H}(s)\boldsymbol{F}(s) \tag{10-27}$$

对比式(10-26)和式(10-27)，可得系统函数矩阵

$$\boldsymbol{H}(s) = \boldsymbol{C}\boldsymbol{\Phi}(s)\boldsymbol{B} + \boldsymbol{D} \tag{10-28}$$

系统函数矩阵 $\boldsymbol{H}(s)$ 是一个 $k \times m$ 阶矩阵($k$ 个输出，$m$ 个输入)，其元素是 $H_{ij}(s)$。$H_{ij}(s)$ 是联系第 $i$ 个输出 $Y_i(s)$ 与第 $j$ 个输入 $F_j(s)$ 的传输函数(系统函数)，即 $H_{ij}(s) = \dfrac{Y_i(s)}{F_j(s)}$。

根据式(10-25)和式(10-28)可得系统响应的时域解

$$\boldsymbol{y}(t) = \underbrace{L^{-1}[\boldsymbol{C}\boldsymbol{\Phi}(s)\boldsymbol{x}(0)]}_{\text{零输入分量}} + \underbrace{L^{-1}[\boldsymbol{H}(s)\boldsymbol{F}(s)]}_{\text{零状态分量}} \tag{10-29}$$

【例题 10-7】 给定系统状态方程为 $\dot{\boldsymbol{x}}(t) = \boldsymbol{A}\boldsymbol{x}(t) + \boldsymbol{B}\boldsymbol{f}(t)$，其中 $\boldsymbol{A} = \begin{bmatrix} -12 & \dfrac{2}{3} \\ -36 & -1 \end{bmatrix}$，

$\boldsymbol{B} = \begin{bmatrix} \dfrac{1}{3} \\ 1 \end{bmatrix}$，起始条件为 $x_1(0) = 2$，$x_2(0) = 1$；$f(t) = \varepsilon(t)$。求状态变量 $\boldsymbol{x}(t)$。

**解**　因为 $\boldsymbol{x}(0) = \begin{bmatrix} 2 \\ 1 \end{bmatrix}$，$F(s) = \dfrac{1}{s}$，且有

$$\boldsymbol{sI} - \boldsymbol{A} = s\begin{bmatrix} 1 & 0 \\ 0 & 1 \end{bmatrix} - \begin{bmatrix} -12 & \dfrac{2}{3} \\ -36 & -1 \end{bmatrix} = \begin{bmatrix} s+12 & -\dfrac{2}{3} \\ 36 & s+1 \end{bmatrix}$$

$$\boldsymbol{\Phi}(s) = (\boldsymbol{sI} - \boldsymbol{A})^{-1} = \begin{bmatrix} \dfrac{s+1}{(s+4)(s+9)} & \dfrac{2/3}{(s+4)(s+9)} \\ \dfrac{-36}{(s+4)(s+9)} & \dfrac{s+12}{(s+4)(s+9)} \end{bmatrix}$$

所以

$$\boldsymbol{X}(s) = \boldsymbol{\Phi}(s)\boldsymbol{x}(0) + \boldsymbol{\Phi}(s)\boldsymbol{B}F(s)$$

$$= \begin{bmatrix} \dfrac{s+1}{(s+4)(s+9)} & \dfrac{2/3}{(s+4)(s+9)} \\ \dfrac{-36}{(s+4)(s+9)} & \dfrac{s+12}{(s+4)(s+9)} \end{bmatrix} \begin{bmatrix} 2 \\ 1 \end{bmatrix}$$

$$+ \begin{bmatrix} \dfrac{s+1}{(s+4)(s+9)} & \dfrac{2/3}{(s+4)(s+9)} \\ \dfrac{-36}{(s+4)(s+9)} & \dfrac{s+12}{(s+4)(s+9)} \end{bmatrix} \begin{bmatrix} \dfrac{1}{3} \\ 1 \end{bmatrix} \dfrac{1}{s}$$

$$= \begin{bmatrix} \dfrac{s+1}{(s+4)(s+9)} & \dfrac{2/3}{(s+4)(s+9)} \\ \dfrac{-36}{(s+4)(s+9)} & \dfrac{s+12}{(s+4)(s+9)} \end{bmatrix} \begin{bmatrix} \dfrac{6s+1}{3s} \\ \dfrac{s+1}{s} \end{bmatrix}$$

$$= \begin{bmatrix} \dfrac{2s^2+3s+1}{s(s+4)(s+9)} \\ \dfrac{s-59}{(s+4)(s+9)} \end{bmatrix} = \begin{bmatrix} \dfrac{1/36}{s} - \dfrac{21/20}{s+4} + \dfrac{136/45}{s+9} \\ \dfrac{-63/5}{s+4} + \dfrac{68/5}{s+9} \end{bmatrix}$$

对上式求拉氏逆变换可得

$$\begin{bmatrix} x_1(t) \\ x_2(t) \end{bmatrix} = \begin{bmatrix} \left( \dfrac{1}{36} - \dfrac{21}{20}\mathrm{e}^{-4t} + \dfrac{136}{45}\mathrm{e}^{-9t} \right) \varepsilon(t) \\ \left( -\dfrac{63}{5}\mathrm{e}^{-4t} + \dfrac{68}{5}\mathrm{e}^{-9t} \right) \varepsilon(t) \end{bmatrix}$$

**【例题 10 - 8】**　设一个系统的状态方程和输出方程分别为

$$\begin{bmatrix} \dot{x}_1 \\ \dot{x}_2 \end{bmatrix} = \begin{bmatrix} 0 & 1 \\ -2 & -3 \end{bmatrix} \begin{bmatrix} x_1 \\ x_2 \end{bmatrix} + \begin{bmatrix} 1 & 0 \\ 1 & 1 \end{bmatrix} \begin{bmatrix} f_1 \\ f_2 \end{bmatrix}$$

$$\begin{bmatrix} y_1 \\ y_2 \\ y_3 \end{bmatrix} = \begin{bmatrix} 1 & 0 \\ 1 & 1 \\ 0 & 2 \end{bmatrix} \begin{bmatrix} x_1 \\ x_2 \end{bmatrix} + \begin{bmatrix} 0 & 0 \\ 1 & 0 \\ 0 & 1 \end{bmatrix} \begin{bmatrix} f_1 \\ f_2 \end{bmatrix}$$

求系统传输函数 $\boldsymbol{H}(s)$ 和输出 $y_3(t)$ 与输入 $f_2(t)$ 之间的传输函数 $H_{32}(s)$。

**解**　根据题意有

$$A = \begin{bmatrix} 0 & 1 \\ -2 & -3 \end{bmatrix}, B = \begin{bmatrix} 1 & 0 \\ 1 & 1 \end{bmatrix}, C = \begin{bmatrix} 1 & 0 \\ 1 & 1 \\ 0 & 2 \end{bmatrix}, D = \begin{bmatrix} 0 & 0 \\ 1 & 0 \\ 0 & 1 \end{bmatrix}$$

可以求得

$$\boldsymbol{\Phi}(s) = (s\boldsymbol{I} - \boldsymbol{A})^{-1} = \begin{bmatrix} \dfrac{s+3}{(s+1)(s+2)} & \dfrac{1}{(s+1)(s+2)} \\ \dfrac{-2}{(s+1)(s+2)} & \dfrac{s}{(s+1)(s+2)} \end{bmatrix}$$

由公式 $H(s) = C\boldsymbol{\Phi}(s)B + D$ 可得

$$H(s) = \begin{bmatrix} 1 & 0 \\ 1 & 1 \\ 0 & 2 \end{bmatrix} \begin{bmatrix} \dfrac{s+3}{(s+1)(s+2)} & \dfrac{1}{(s+1)(s+2)} \\ \dfrac{-2}{(s+1)(s+2)} & \dfrac{s}{(s+1)(s+2)} \end{bmatrix} \begin{bmatrix} 1 & 0 \\ 1 & 1 \end{bmatrix} + \begin{bmatrix} 0 & 0 \\ 1 & 0 \\ 0 & 1 \end{bmatrix}$$

$$= \begin{bmatrix} \dfrac{s+4}{(s+1)(s+2)} & \dfrac{1}{(s+1)(s+2)} \\ \dfrac{s+4}{s+2} & \dfrac{1}{s+2} \\ \dfrac{2(s-2)}{(s+1)(s+2)} & \dfrac{s^2+5s+2}{(s+1)(s+2)} \end{bmatrix}$$

因为传输函数矩阵中第 $i$ 行第 $j$ 列元素是联系第 $i$ 个输出和第 $j$ 个输入之间的传输函数，所以，从上式中可以看出联系输出 $y_3(t)$ 与输入 $f_2(t)$ 之间的传输函数为

$$H_{32}(s) = \frac{s^2+5s+2}{(s+1)(s+2)}$$

观察该例题可以发现，因为 $\boldsymbol{\Phi}(s) = (s\boldsymbol{I} - \boldsymbol{A})^{-1}$，所以 $\boldsymbol{\Phi}(s)$ 中每个元素的分母都是 $|s\boldsymbol{I} - \boldsymbol{A}|$，而且 $\boldsymbol{\Phi}(s)$ 的分母也是 $H(s)$ 的分母。显然，系统传输函数的极点就是多项式 $|s\boldsymbol{I} - \boldsymbol{A}|$ 的零点，也就是系统的自然频率。因此，系统的特征方程为

$$|s\boldsymbol{I} - \boldsymbol{A}| = 0 \tag{10-30}$$

我们已经知道系统特征根和零输入响应之间的关系，若由式(10-30)解出的特征根为 $n$ 个相异单根 $\lambda_1, \lambda_2, \cdots, \lambda_n$，则系统的零输入响应为

$$y_x(t) = c_1 e^{\lambda_1 t} + c_2 e^{\lambda_2 t} + \cdots + c_n e^{\lambda_n t} \tag{10-31}$$

【例题 10-9】 已知某系统的状态方程和输出方程为

$$\begin{bmatrix} \dot{x}_1 \\ \dot{x}_2 \end{bmatrix} = \begin{bmatrix} 2 & 3 \\ 0 & -1 \end{bmatrix} \begin{bmatrix} x_1 \\ x_2 \end{bmatrix} + \begin{bmatrix} 0 & 1 \\ 1 & 0 \end{bmatrix} \begin{bmatrix} f_1 \\ f_2 \end{bmatrix}$$

$$\begin{bmatrix} y_1 \\ y_2 \end{bmatrix} = \begin{bmatrix} 1 & 1 \\ 0 & -1 \end{bmatrix} \begin{bmatrix} x_1 \\ x_2 \end{bmatrix} + \begin{bmatrix} 1 & 0 \\ 1 & 0 \end{bmatrix} \begin{bmatrix} f_1 \\ f_2 \end{bmatrix}$$

起始状态和输入为

$$\begin{bmatrix} x_1(0_-) \\ x_2(0_-) \end{bmatrix} = \begin{bmatrix} 2 \\ -1 \end{bmatrix}, \begin{bmatrix} f_1 \\ f_2 \end{bmatrix} = \begin{bmatrix} \varepsilon(t) \\ \delta(t) \end{bmatrix}$$

求该系统的状态变量和输出信号。

解　　　　　　　$$\boldsymbol{\Phi}(s)=(s\boldsymbol{I}-\boldsymbol{A})^{-1}=\begin{bmatrix} \dfrac{1}{s-2} & \dfrac{3}{(s+1)(s-2)} \\ 0 & \dfrac{1}{s+1} \end{bmatrix}$$

由公式 $\boldsymbol{X}(s)=\boldsymbol{\Phi}(s)\boldsymbol{x}(0)+\boldsymbol{\Phi}(s)\boldsymbol{B}\boldsymbol{F}(s)$ 可得

$$\begin{bmatrix} X_1(s) \\ X_2(s) \end{bmatrix}=\begin{bmatrix} \dfrac{1}{s-2} & \dfrac{3}{(s+1)(s-2)} \\ 0 & \dfrac{1}{s+1} \end{bmatrix}\begin{bmatrix} 2 \\ -1 \end{bmatrix}$$

$$+\begin{bmatrix} \dfrac{1}{s-2} & \dfrac{3}{(s+1)(s-2)} \\ 0 & \dfrac{1}{s+1} \end{bmatrix}\begin{bmatrix} 0 & 1 \\ 1 & 0 \end{bmatrix}\begin{bmatrix} \dfrac{1}{s} \\ 1 \end{bmatrix}$$

$$=\begin{bmatrix} \dfrac{1}{s-2}+\dfrac{1}{s+1} \\ \dfrac{-1}{s+1} \end{bmatrix}+\begin{bmatrix} \dfrac{3}{2}\dfrac{1}{s-2}+\dfrac{1}{s+1}-\dfrac{3}{2s} \\ \dfrac{1}{s}-\dfrac{1}{s+1} \end{bmatrix}$$

由公式 $\boldsymbol{Y}(s)=\boldsymbol{C}\boldsymbol{X}(s)+\boldsymbol{D}\boldsymbol{F}(s)$ 可得

$$\begin{bmatrix} Y_1(s) \\ Y_2(s) \end{bmatrix}=\begin{bmatrix} 1 & 1 \\ 0 & -1 \end{bmatrix}\left\{\begin{bmatrix} \dfrac{1}{s-2}+\dfrac{1}{s+1} \\ \dfrac{-1}{s+1} \end{bmatrix}+\begin{bmatrix} \dfrac{3}{2}\dfrac{1}{s-2}+\dfrac{1}{s+1}-\dfrac{3}{2s} \\ \dfrac{1}{s}-\dfrac{1}{s+1} \end{bmatrix}\right\}$$

$$+\begin{bmatrix} 1 & 0 \\ 1 & 0 \end{bmatrix}\begin{bmatrix} \dfrac{1}{s} \\ 1 \end{bmatrix}$$

$$=\begin{bmatrix} \dfrac{1}{s-2} \\ \dfrac{1}{s+1} \end{bmatrix}+\begin{bmatrix} \dfrac{3}{2}\dfrac{1}{s-2}+\dfrac{1}{2s} \\ \dfrac{1}{s+1} \end{bmatrix}$$

对上两式取拉氏逆变换，得

$$\begin{bmatrix} x_1(t) \\ x_2(t) \end{bmatrix}=\begin{bmatrix} \mathrm{e}^{2t}+\mathrm{e}^{-t} \\ -\mathrm{e}^{-t} \end{bmatrix}+\begin{bmatrix} \dfrac{3}{2}\mathrm{e}^{2t}+\mathrm{e}^{-t}-\dfrac{3}{2} \\ 1-\mathrm{e}^{-t} \end{bmatrix}=\begin{bmatrix} \dfrac{5}{2}\mathrm{e}^{2t}+2\mathrm{e}^{-t}-\dfrac{3}{2} \\ 1-2\mathrm{e}^{-t} \end{bmatrix}\quad(t>0)$$

$$\begin{bmatrix} y_1(t) \\ y_2(t) \end{bmatrix}=\underbrace{\begin{bmatrix} \mathrm{e}^{2t} \\ \mathrm{e}^{-t} \end{bmatrix}}_{\text{零输入响应}}+\underbrace{\begin{bmatrix} \dfrac{3}{2}\mathrm{e}^{2t}+\dfrac{1}{2} \\ \mathrm{e}^{-t} \end{bmatrix}}_{\text{零状态响应}}=\underbrace{\begin{bmatrix} \dfrac{5}{2}\mathrm{e}^{2t}+\dfrac{1}{2} \\ 2\mathrm{e}^{-t} \end{bmatrix}}_{\text{全响应}}\quad(t>0)$$

综上所述，可以给出系统状态空间分析法复频域解法的步骤：

（1）状态方程求解：给定状态方程 $\boldsymbol{x}(t)=\boldsymbol{A}\boldsymbol{x}(t)+\boldsymbol{B}\boldsymbol{f}(t)$ 和起始状态 $x(0)$，求 $x(t)$。

第一步，$s\boldsymbol{I}-\boldsymbol{A}=?$

第二步，$\boldsymbol{\Phi}(s)=(s\boldsymbol{I}-\boldsymbol{A})^{-1}=?$

第三步，$\boldsymbol{F}(s)=?$

第四步，$\boldsymbol{X}(s)=\boldsymbol{\Phi}(s)\boldsymbol{x}(0)+\boldsymbol{\Phi}(s)\boldsymbol{B}\boldsymbol{F}(s)=?$

第五步，$x(t)=L^{-1}[X(s)]$

（2）输出方程求解：给定输出方程 $y(t)=Cx(t)+Df(t)$，求解 $y(t)$。

第一步，$F(s)=?$

第二步，$X(s)=\Phi(s)x(0)+\Phi(s)BF(s)=?$

第三步，$Y(s)=CX(s)+DF(s)$

第四步，$y(t)=L^{-1}[Y(s)]$

# 10.5　稳　定　性　判　别

我们已经知道系统的自然（自由）频率就是特征方程 $|sI-A|=0$ 的根，即特征值。根据第 7 章可知，当系统所有特征值位于 $s$ 平面左半开平面上时，系统是稳定的。因此，只要计算出方程 $|sI-A|=0$ 的根，即可判定出系统稳定与否。这里不再赘述。

# 学 习 提 示

系统的状态模型是继方程模型、冲激响应和系统函数之后的又一种系统数学描述方法。状态空间分析法是一种基于矩阵的分析法，提示大家关注以下知识点：

**（1）状态空间法从系统内部入手，寻找一种既与激励有关又能和响应联系起来的中间变量。这种思路值得借鉴。**

**（2）"状态变量"不仅是连接激励与响应的桥梁，同时还能反映系统的历史行为，并与当前的激励一起，共同确定系统当前和未来的变化情况。**

**（3）"电路分析""线性代数"课程的相关知识是状态空间分析法的基础。**

# 问 　 与 　 答

**问题 1：状态空间分析法与端口法的主要异同点是什么？**

**答**：系统端口分析法和状态空间分析法有以下主要异同点：

（1）都能够给出系统激励与响应的关系。

（2）都是微分（连续系统）或差分（离散系统）方程模型。

（3）端口法主要适用于分析简单系统（SISO 系统）；状态空间法更适合分析复杂系统（MIMO 系统）。

（4）端口法的系统模型可以是高阶微分或差分方程，且只有激励和响应两个元素；状态空间法的模型只能是一阶方程，且包含激励、响应和状态变量三个元素。

**问题 2：对于同一个简单系统，方程模型和状态模型有何关系？**

**答**：方程模型是一个联系激励和响应的 $n$ 阶微分或差分方程；状态模型是一组联系激励、状态变量和响应的一阶微分或差分方程，但状态变量的个数（状态方程的个数）等于方程模型的阶数 $n$。可用图 10-9 诠释两者的特点及关系。

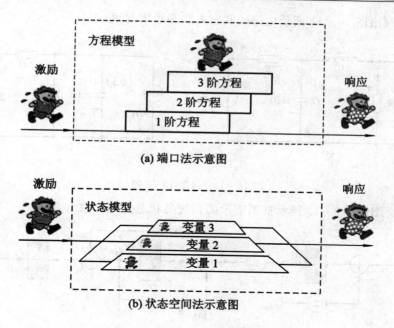

**(a) 端口法示意图**

**(b) 状态空间法示意图**

图 10 - 9　两种系统分析法示意图

# 习　题　10

10 - 1　列写图 10 - 10 所示电路的状态方程。

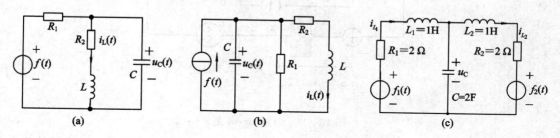

图 10 - 10　习题 10 - 1 图

10 - 2　如图 10 - 11 所示的复杂系统，试列写其状态方程和输出方程。

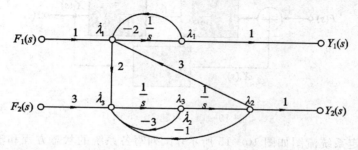

图 10 - 11　习题 10 - 2 图

10-3　写出图 10-12 所示电路的状态方程和输出方程。

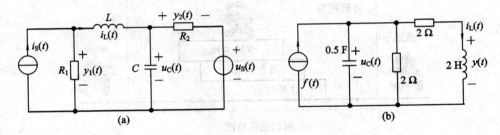

图 10-12　习题 10-3 图

10-4　写出图 10-13 所示框图表示的系统的状态方程和输出方程。

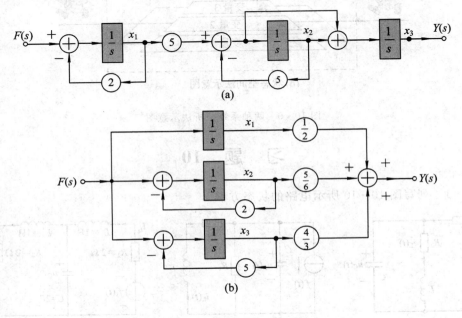

图 10-13　习题 10-4 图

10-5　如图 10-14 所示系统，以 $X_1(t)$、$X_2(t)$、$X_3(t)$ 为状态变量，请列写其状态模型。

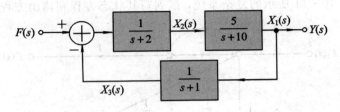

图 10-14　习题 10-5 图

10-6　给定系统流图如图 10-15 所示，试列写各系统的状态方程和输出方程。

10-7　描述系统的微分方程如下，试写出各系统的状态方程和输出方程。

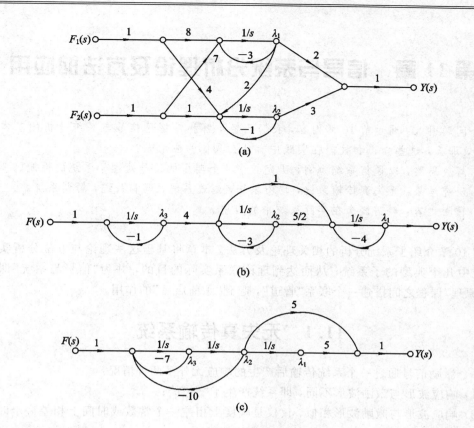

图 10-15　习题 10-6 图

(1) $y''(t)+4y'(t)+3y(t)=f'(t)+f(t)$；

(2) $y'''(t)+5y''(t)+y'(t)+2y(t)=f'(t)+2f(t)$。

10-8　已知 $H(s)=\dfrac{3s+10}{s^2+7s+12}$，试画出三种形式的信号流图，并列写出相应的状态方程和输出方程。

10-9　设有如图 10-16 所示的连续系统。

(1) 列写系统的状态方程；

(2) 根据状态方程列写系统的微分方程。

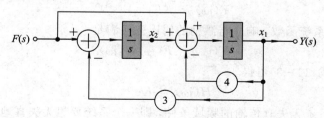

图 10-16　习题 10-9 图

# 第11章　信号与系统分析理论及方法的应用

- 问题引入：通过前 10 章内容，我们已经了解和掌握了信号与系统分析的基本理论和方法，那么，这些知识和技能在实践中有什么具体的应用呢？
- 解决思路：以通信系统为例，研究其中几个典型的信号处理子系统的性能。
- 研究结果：无失真传输系统，均衡系统，滤波系统，调制系统，解调系统。
- 核心内容：频谱概念在实际系统中的应用。

前 10 章介绍了系统分析的相关理论及方法。本章将基于这些理论与方法分析实际通信系统中几个典型的子系统，从而达到理论联系实际的目的，并为"信号与系统"课程与"通信原理"课程之间搭建一个联系"管道"，起到"承前启后"的作用。

## 11.1　无失真传输系统

一个激励信号通过一个系统传输后产生的响应无外乎两种情况：

（1）响应波形与激励波形不同，即系统产生了"失真"；

（2）响应波形与激励波形相似，仅仅是幅度上相差一个常数或时间上相差一个时移或两者兼有，这称为"无失真"。

对于一些信号处理系统，比如滤波系统、调制系统、倍频系统等，"失真"是系统功能要求的，是必须的。而对于一个常见的信号放大系统而言，无失真传输是我们追求的最高目标。因此，本节简单讨论一下系统无失真传输的条件。

根据无失真的概念和 LTI 系统的特性，一个激励 $f(t)$ 通过一个连续系统传输后产生的无失真响应 $y(t)$ 应该满足

$$y(t) = Kf(t - t_d) \tag{11-1}$$

式中，幅度系数 $K$ 和时延 $t_d$ 均为常数。该式被称为系统无失真传输的时域条件。

对式（11-1）两边取傅氏变换，有

$$Y(j\omega) = KF(j\omega)e^{-j\omega t_d} \tag{11-2}$$

而我们已经知道，系统函数、响应与激励的傅氏变换满足

$$Y(j\omega) = F(j\omega)H(j\omega) \tag{11-3}$$

比较式（11-2）和式（11-3）可得

$$H(j\omega) = Ke^{-j\omega t_d} \tag{11-4}$$

式（11-4）被称为系统无失真传输的频域条件，即一个系统要想无失真地传输信号，其系统函数的振幅谱 $|H(j\omega)|$ 应为一常数 $K$，相位谱 $\varphi(\omega)$ 应为一个过原点的直线 $-t_d\omega$，它们的波形如图 11-1 所示。

虽然，上述理想无失真传输系统在现实中无法实现，但这里给出的无失真传输条件还是有重要的理论意义。

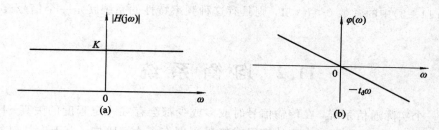

图 11-1　理想无失真传输系统的频率特性

实际通信过程中的物理信号都是频谱(包括能量谱和功率谱)宽度有限的，通常被称为"带限信号"，比如，话音信号的带宽为 300～3400 Hz，模拟视频信号为 0～6 MHz。简单地讲，最高频率 $\omega_H$ 是有限值的信号就是带限信号。显然，传输带限信号的通信系统的频率特性只要保证在信号频谱的频带内满足无失真条件即可。即有

$$H(j\omega) = Ke^{-j\omega t_d}, \quad |\omega| < \omega_H \tag{11-5}$$

式(11-5)也被称为带限无失真传输条件，其波形如图 11-2 所示。通常把系统频率特性中 $|\omega| < \omega_H$ 的频率范围称为系统的"通频带"，简称"通带"，意指系统允许无失真传输信号的频率范围，用字符"B"表示。$\omega_H$ 通常定为频率特性值下降到最大值的 70% 所对应的频率值，即有 $|H(\omega_H)| = 70K\%$。

若在通频带 $B$ 内，幅频特性 $|H(j\omega)|$ 不是一个常数，则被传输的信号将出现幅频失真；若相频特性 $\varphi(\omega)$ 不是直线，则被传输的信号就会有相频失真。不管出现哪种情况或两种情况同时出现，系统输出信号都会发生波形畸变，即该系统已经不是一个无失真传输系统。

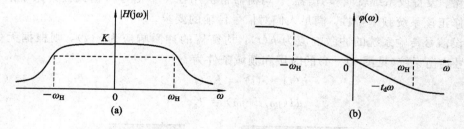

图 11-2　带限信号无失真传输系统的频率特性

若式(11-5)中的常数 $K > 1$，则具有这种频率特性的系统就是一个信号放大系统，即放大器。一个放大系统及其实例示意图如图 11-3 所示。

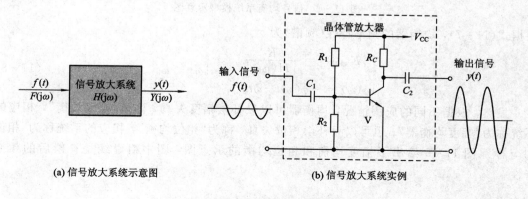

(a) 信号放大系统示意图　　　(b) 信号放大系统实例

图 11-3　信号放大系统示意图及实例

若式(11-5)中的常数 $0 < K < 1$，则具有这种频率特性的系统就是一个信号衰减系统，即衰减器。

# 11.2 均 衡 系 统

对于一个实际通信系统，在传输信号时或多或少都会存在一定程度的失真。因此实际工作中，问题的关键是人们对失真的容忍或接受程度有多大。比如，由于人耳对幅频失真比较敏感，而对相频失真不敏感，所以对于音频传输或处理系统而言，人们对幅频特性 $|H(j\omega)|$ 的平坦度要求较高，对相频特性 $\varphi(\omega)$ 的线性度要求则较低；再比如，由于人类视觉系统对图像信号的幅频失真不敏感，但对相位失真却难以接受，所以在视频信号传输系统中，需要严格控制相位特性的非线性变化。对于数据信号来说，因系统的幅频和相频失真都会对信号传输的误码率有很大影响，所以对两者的要求都比较高。

如果一个通信系统的失真程度过大，超出了人们的容忍范围，则可以采用均衡技术解决问题。另外，如果一个通信系统的频率特性不满足人们的要求，比如一个音乐爱好者觉得他的音响系统低音不够震撼，即幅频特性曲线的低频段不够高，也可以通过均衡技术提高低频段曲线，以增强低音的输出功率。

**"均衡"指的是通过控制或改变不同频率信号或一个信号中不同频率分量幅度的相对大小或相位大小，以补偿或修正整个系统频率特性的一种方法。**

能够实现控制或改变不同频率信号或一个信号中不同频率分量幅度相对大小或相位大小的电路、设备或系统就叫"均衡器"。均衡器常被用在一个信号传输或处理系统后面，以补偿或修正该系统频率特性，满足人们对信号传输的要求。

若设信号传输系统的冲激响应为 $h(t)$，均衡器的冲激响应为 $e(t)$，则根据无失真要求，信号均衡系统(见图 11-4)的时域和频域条件为

$$h(t) * e(t) = K\delta(t - t_d) \tag{11-6}$$

$$H(j\omega)E(j\omega) = Ke^{-j\omega t_d} \tag{11-7}$$

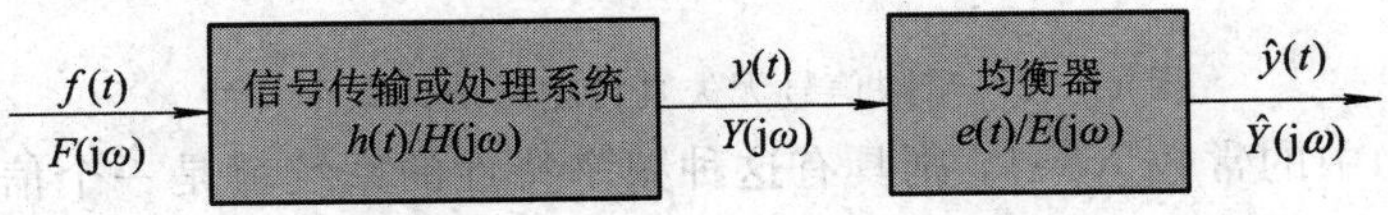

图 11-4　信号均衡系统模型示意图

根据式(11-7)，均衡器的频率特性(频谱)为

$$\begin{cases} |E(j\omega)| = \dfrac{K}{|H(j\omega)|} \\ \varphi(\omega) = -\varphi(\omega) - \omega t_d \end{cases}, \quad |\omega| < \omega_H \tag{11-8}$$

显然，根据不同的应用情况，均衡器可以只补偿幅度失真，称为"幅度均衡"，相应的系统称为"幅度均衡器"；也可以只补偿相位失真，称为"相位均衡"，相应的系统称为"相位均衡器"。图 11-5 给出了幅度均衡和相位均衡的示意图，图中粗虚线是补偿后的频率特性。

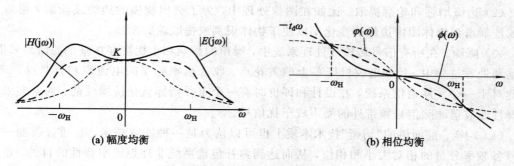

(a) 幅度均衡　　　　　　　　　　　　(b) 相位均衡

图 11-5　均衡系统频率特性示意图

　　幅度均衡的一个应用实例是音频均衡器。图 11-6 给出了两个音频均衡器实例，其中每一个"推杆"控制一个窄带带通滤波器的幅频特性，若所有的"推杆"处在同一高度，则总的幅频特性就是一个顶部平坦的宽带带通滤波器曲线。如果想要提升（衰减）某个频率的信号（分量），就把对应的"推杆"推高（拉低）即可。

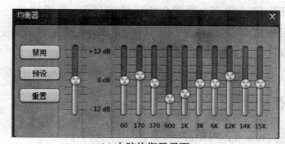

(a) 电脑均衡器界面

(b) 音频均衡器实物

图 11-6　均衡器实例图

# 11.3　滤　波　系　统

　　LTI 系统最重要、最广泛的应用是对信号进行"滤波"处理。

　　**"滤波"是指根据需要选择或抑制某些频率交流信号的一种信号处理方法。**

　　能够完成滤波功能的电路、设备或系统被称为"滤波器"。

　　"滤波"概念在实际应用中有多种说法。比如：

　　（1）选择性滤波。选择性滤波器通常用于从干扰信号中提取有用信号，其原理就是让位于某一频率或频段的有用信号通过系统，而抑制或滤除其他频率或频段的无用信号或干扰信号。一个大家熟悉的例子就是收音机或电视机的调谐器（调台电路）。

（2）边缘增强和轮廓提取。比如在图像处理中，为了突出物体的边缘或轮廓，可以采用滤波器增强物体图像边缘的变化率以便于物体识别或提取轮廓图像。

（3）降噪。在所有信号传输或处理系统中，噪声的影响和干扰贯穿在整个的信号采集、传输和处理过程中。比如电视机屏幕上的雪花点、收音机喇叭里的电流声和背景噪声等。因此对于一个实际通信系统，在设计和评价时有一个重要指标就是抗噪性能。通常多采用选择性滤波器滤除信号频带外的噪声或干扰信号。

（4）均衡。前面讲的"均衡"技术本质上也可以认为是一种滤波技术。它通过改变一个信号各频率分量的相对大小和相位，从而达到弥补传输系统非理想频率特性的目的。也有人把"均衡器"称为"频率成形滤波器"，也就是可以改变频谱形状的滤波器。

利用 LTI 系统进行的"滤波"被称为"线性滤波"。与此对应的还有"非线性滤波"，相关内容这里不再赘述。

对滤波器的研究，通常分为理想情况和实际情况两种。所谓"理想滤波器"是指这样一种滤波器，其通频带内的信号可以无失真地通过，而通频带外的信号则被完全抑制或去除。通频带和阻带之间没有过渡带。所谓"实际滤波器"，是指这样一种滤波器，其通频带内的信号可以带着一定程度的失真通过，而通频带外（或阻带内）的信号有一些不能被完全抑制或去除。通频带和阻带之间有明显的过渡带。

下面介绍常用的低通滤波器、高通滤波器、带通滤波器和带阻滤波器。

## 11.3.1 理想滤波器

### 1. 理想低通滤波器（low-pass filter）

理想低通滤波器幅频特性如下：

$$|H_{LP}(j\omega)| = \begin{cases} 1, & |\omega| < \omega_C \\ 0, & |\omega| > \omega_C \end{cases} \qquad (11-9)$$

### 2. 理想高通滤波器（high-pass filter）

理想高通滤波器幅频特性如下：

$$|H_{HP}(j\omega)| = \begin{cases} 1, & |\omega| > \omega_C \\ 0, & |\omega| < \omega_C \end{cases} \qquad (11-10)$$

### 3. 理想带通滤波器（band-pass filter）

理想带通滤波器幅频特性如下：

$$|H_{BP}(j\omega)| = \begin{cases} 1, & \omega_{C1} < |\omega| < \omega_{C2} \\ 0, & 其余 \end{cases} \qquad (11-11)$$

### 4. 理想带阻滤波器（band-stop filter）

理想带阻滤波器幅频特性如下：

$$|H_{BS}(j\omega)| = \begin{cases} 0, & \omega_{S1} < |\omega| < \omega_{S2} \\ 1, & 其余 \end{cases} \qquad (11-12)$$

式中，$\omega_C$ 被称为通带截止频率，$\omega_{C1}$ 被称为下截止频率，$\omega_{C2}$ 被称为上截止频率，$\omega_{C1} < \omega_{C2}$；$\omega_{S1}$ 被称为下阻带频率，$\omega_{S2}$ 被称为上阻带频率，$\omega_{S1} < \omega_{S2}$。

四种滤波器的幅频特性图如图 11-7 所示。

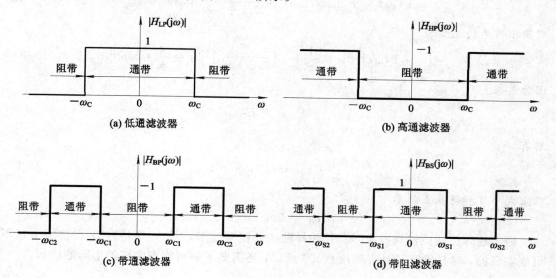

(a) 低通滤波器  (b) 高通滤波器

(c) 带通滤波器  (d) 带阻滤波器

图 11-7 理想滤波器的幅频特性

**【例题 11-1】** 已知一个理想高通滤波器的频率特性为

$$H_{HP}(j\omega) = \begin{cases} 1e^{-j\omega t_0}, & |\omega| > \omega_C \\ 0, & |\omega| < \omega_C \end{cases}$$

求冲激响应 $h(t)$。

**解** 若在频域引入一个门信号 $G_{2\omega_C}(\omega)$，则高通滤波器幅频特性可写为

$$|H_{HP}(j\omega)| = 1 - G_{2\omega_C}(\omega)$$

因为

$$\delta(t) - \frac{\omega_C}{\pi}Sa(\omega_C t) \xrightarrow{F} 1 - G_{2\omega_C}(\omega)$$

则冲激响应为

$$h(t) = F^{-1}[H_{HP}(j\omega)] = F^{-1}[|H_{HP}(j\omega)|e^{-j\omega t_0}] = F^{-1}[(1 - G_{2\omega_C}(\omega))e^{-j\omega t_0}]$$

$$= \delta(t - t_0) - \frac{\omega_C}{\pi}Sa[\omega_C(t - t_0)]$$

**【例题 11-2】** 一个单边指数信号 $f(t) = 2e^{-0.2t}\varepsilon(t)$ 通过一个理想低通滤波器，若要求输出信号的能量至少等于输入信号能量的 50%，求该滤波器的截止频率 $\omega_C$。

**解** 由公式(5-9)可得 $f(t)$ 的频谱为

$$F(j\omega) = \frac{2}{0.2 + j\omega} \tag{1}$$

根据公式(5-32)可得 $f(t)$ 的能量为

$$E_f = \int_{-\infty}^{+\infty} |f(t)|^2 dt = \frac{1}{2\pi}\int_{-\infty}^{+\infty} |F(\omega)|^2 d\omega = \frac{1}{\pi}\int_0^{+\infty}\left(\frac{2}{0.2 + j\omega}\right)^2 d\omega$$

$$= \frac{1}{\pi}\int_0^{+\infty}\frac{4}{0.2^2 + \omega^2}d\omega = \frac{4}{\pi}[5\arctan(5\omega)]_0^{\infty} = 10 \text{ J} \tag{2}$$

根据公式(5-54)可得输出信号的频谱为

$$Y(\mathrm{j}\omega) = F(\mathrm{j}\omega)H(\mathrm{j}\omega) = \frac{2}{0.2+\mathrm{j}\omega} \quad |\omega| \leqslant \omega_C \tag{3}$$

则输出信号的能量为

$$E_y = \frac{1}{2\pi}\int_{-\infty}^{+\infty}|Y(\omega)|^2\mathrm{d}\omega = \frac{1}{\pi}\int_0^{\omega_C}\left(\frac{2}{0.2+\mathrm{j}\omega}\right)^2\mathrm{d}\omega = \frac{4}{\pi}\cdot 5\arctan(5\omega_C) \tag{4}$$

因为要求

$$E_y = \frac{1}{2}E_f$$

则有

$$\frac{4}{\pi}\cdot 5\arctan(5\omega_C) = 5 \tag{5}$$

从上式中可解得截止频率

$$\omega_C = 0.2 \text{ rad/s}$$

因上述理想滤波器具有像"矩形"一样陡峭的幅频波形，即"矩形特性"，在物理上是不可能实现的，对其研究只具有理论意义，所以，还需要了解可物理实现的实际滤波器。

### 11.3.2　实际滤波器

一个可物理实现的滤波器不可能具有"矩形"特性，其通带一般不是平坦的直线，而是略有起伏的曲线；其阻带也不是恒为零，而可能是一种振荡衰减曲线；其频谱也不是双边的，而是单边的。图 11-8 给出了一种实际低通和带通滤波器幅频特性。其中，$\omega_s$ 为阻带边界频率。可见，实际滤波器的顶部并不平坦，边沿并不陡峭。而滤波性能的好坏，在很大程度上取决于频率特性边沿的陡峭程度。边沿越陡峭，过渡带越窄，滤波特性越好，但结构也就越复杂，成本也就越高。滤波器边沿陡峭程度与滤波器的阶数有关，即系统的微分/差分方程的阶数越高，滤波特性越接近矩形。

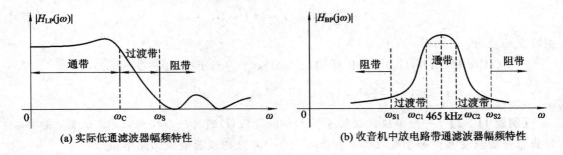

(a) 实际低通滤波器幅频特性　　(b) 收音机中放电路带通滤波器幅频特性

图 11-8　实际滤波器的幅频特性

上述无失真传输系统、均衡系统和滤波系统虽然都以连续系统为例，但概念和方法也适合对离散系统的研究，如数字无失真、数字均衡、数字滤波等概念和系统。这里不再赘述。

## 11.4　调制/解调系统

傅氏变换的调制特性在通信系统中非常有用，是无线传输、频分复用等通信技术的理论基础。

　　**"调制"指的是一种用一个信号控制另一个信号的某个参量的过程或方法。**

　　在调制技术中，控制信号被称为"调制信号"或"原始信号"，通常频率较低；被控信号被称为"载波"，是一种不携带有用信息的高频周期信号。在模拟和数字调制系统中，常见的载波是正弦型信号。被调制信号调制后的载波就变成一种包含有用信息的高频信号，被称为"已调信号"。从已调信号中取出调制信号的信号处理过程或方法就是"解调"。

　　可以用一个生活实例帮助读者理解调制的概念：比如，要把一件货物运到几千公里外的地方，必须使用运载工具，或汽车、或火车、或飞机。在这里，货物相当于调制信号，运载工具相当于载波。把货物装到运载工具上相当于调制。载有货物的载运工具就是已调信号。从运载工具上卸下货物就是解调。

　　对信号进行调制处理的主要目的是

　　（1）把低频信号"变为"高频信号，以便进行无线电通信。

　　（2）改善信号的传输质量。

　　（3）可以采用频分复用技术提高系统的通信效率和容量。

　　在模拟通信技术中，根据载波被控参量的不同，有幅度调制、频率调制和相位调制三种调制系统。下面简要介绍抑制载波的双边带调幅（DSB）和普通双边带调幅（AM）两种常见的幅度调制技术（系统）。

## 11.4.1　DSB 调制系统

　　设一个欲传输的有用信号为 $f(t)$，正弦型信号 $\cos\omega_{\mathrm{C}}t$ 为载波，$s_{\mathrm{DSB}}(t)$ 为已调信号。现对信号和载波进行相乘处理（如图 11-9 的模型所示），有

$$s_{\mathrm{DSB}}(t) = f(t)\cos\omega_{\mathrm{C}}t \tag{11-13}$$

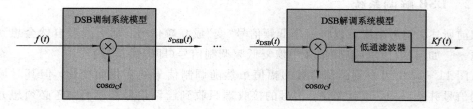

图 11-9　DSB 调制与解调系统模型

则根据傅氏变换的调制特性有

$$f(t) \stackrel{\mathrm{FT}}{\rightleftharpoons} F(\omega)$$

$$\cos\omega_{\mathrm{C}}t \stackrel{\mathrm{FT}}{\rightleftharpoons} \pi[\delta(\omega+\omega_{\mathrm{C}})+\delta(\omega-\omega_{\mathrm{C}})]$$

$$s_{\mathrm{DSB}}(t) = f(t)\cos\omega_{\mathrm{C}}t \stackrel{\mathrm{FT}}{\rightleftharpoons} \frac{1}{2}[F(\omega+\omega_{\mathrm{C}})+F(\omega-\omega_{\mathrm{C}})] \tag{11-14}$$

上述调制过程中信号与频谱的变化可用图 11-10 说明。

　　在图 11-10 中，调制信号与载波直接相乘后的频谱已经没有了载波频谱中的冲激分量，在载频两边是完全对称的调制信号的频谱（从式 11-14 中可以清楚地看到）。小于载频 $\omega_{\mathrm{C}}$ 的部分叫下边带频谱，大于载频 $\omega_{\mathrm{C}}$ 的部分叫上边带频谱，显然，上、下边带频谱以 $\omega_{\mathrm{C}}$ 为偶对称，所携带的信息是一样的，因此，实际上系统传输一个边带即可。这种已调信号

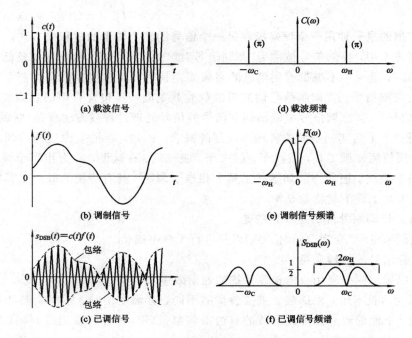

图 11-10    DSB 调制过程示意图

频谱中包含上、下两个边带且没有冲激分量的调幅方法被称为抑制载波的双边带调幅,简称 DSB 调制,已调信号通常记为 $s_{DSB}(t)$。同时可见,$s_{DSB}(t)$ 的振幅是随低频信号 $f(t)$ 的变化而变化的,也就是说,调制信号好像被"放"到了载波的振幅上。从频域上看,$s_{DSB}(t)$ 的频谱与 $f(t)$ 的频谱相比,只是幅值减半,形状不变,相当于将 $f(t)$ 的频谱搬移到 $\omega_C$ 处。

## 11.4.2    DSB 解调系统

如前所述,调制系统可以将一个低频信号"变"成高频信号,那么读者自然会想到另一个问题——如何从已调的高频信号中恢复低频调制信号(即原始信号)?

从图 11-10 中可看到已调信号的幅值虽然随调制信号的变化而变化,但其时域波形与调制信号并不一样,也就是说,信号的接收端只收到已调信号还不行,还必须想办法从中恢复出调制信号,即要对已调信号进行"解调"处理。解调方法不止一种,对于 DSB 信号的解调通常采用相干解调法。

从数学的三角函数变换公式中可知:

$$\cos\omega_C t \cdot \cos\omega_C t = \cos^2\omega_C t = \frac{1}{2} + \frac{1}{2}\cos 2\omega_C t$$

从通信的角度上看,上式中两个余弦信号相乘与调制过程相似,可以看成对一个信号(载波)用另一个同频同相的载波进行一次"调制",即可得到一个直流分量和一个二倍于载频的载波分量。相干解调正是利用这一原理。请看下式

$$s_{DSB}(t)\cos\omega_C t = f(t)\cos\omega_C t \cdot \cos\omega_C t = f(t)\cos^2\omega_C t = \frac{1}{2}f(t) + \frac{1}{2}f(t)\cos 2\omega_C t$$

$$(11-15)$$

上式表明,收信端只要对接收到的 DSB 信号再用与原载波同频同相的载波"调制"一下,即

可得到含有原始信号分量的已调信号。对于上式中的二倍频载波分量，可以用一个低通滤波器滤除，剩下的就是原始信号分量。定义如下：

**在收信端利用本地载波(与发信端载波同频同相的载波)对已调信号直接相乘，然后通过滤波进行解调的方法就叫相干解调或同步解调。**

相干解调模型框图见图 11 - 9。

DSB 技术主要用于调频立体声广播中的色差信号调制和彩色电视系统中的色差信号调制等场合。

### 11.4.3　AM 调制系统

在 DSB 信号中，我们注意到已调信号的波形只在幅值的形状上(包络上)部分地与调制信号相同，即已调信号的包络与调制信号经过全波整流后的波形成线性关系。那么，能不能想办法让已调信号在包络上完全与调制信号成线性关系呢？回答是肯定的。这就是本小节的内容——常规双边带调幅，简称 AM 调制。

从图 11 - 10 可知，若调制信号没有负值，则已调信号的包络就完全与调制信号的幅值变化成线性关系。要做到这一点，只要给调制信号加上一个大于或等于其最小负值的绝对值的常数即可。从波形上看，就是将调制信号向上移一个 $A$ 值，将上移后的信号再与载波相乘，即可得到包络与调制信号幅值变化成线性关系的已调信号——常规调幅信号。这种**将原始信号上移后再与载波相乘的调制方法就是常规双边带调幅法。**具体过程见图 11 - 11。

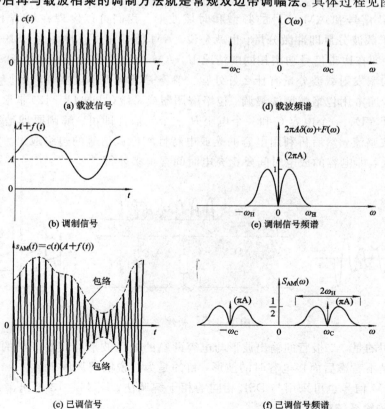

图 11 - 11　AM 调制过程示意图

数学推导如下：

设调制信号为 $f(t)$，其频谱为 $F(\omega)$，即有

$$f(t) \overset{FT}{\rightleftharpoons} F(\omega)$$

$$A + f(t) \overset{FT}{\rightleftharpoons} 2\pi A\delta(\omega) + F(\omega)$$

设载波为 $c(t)$

$$c(t) = \cos\omega_C t \overset{FT}{\rightleftharpoons} \pi[\delta(\omega + \omega_C) + \delta(\omega - \omega_C)]$$

则已调信号

$$s_{AM}(t) = [A + f(t)]\cos\omega_C t = A\cos\omega_C t + f(t)\cos\omega_C t \tag{11-16}$$

其频谱为

$$S_{AM}(\omega) = \frac{1}{2\pi}\{[2\pi A\delta(\omega) + F(\omega)] * \pi[\delta(\omega + \omega_C) + \delta(\omega - \omega_C)]\}$$

$$= [2\pi A\delta(\omega) + F(\omega)] * \frac{1}{2}[\delta(\omega + \omega_C) + \delta(\omega - \omega_C)]$$

$$= \pi A[\delta(\omega + \omega_C) + \delta(\omega - \omega_C)] + \frac{1}{2}[F(\omega + \omega_C) + F(\omega - \omega_C)] \tag{11-17}$$

比较式(11-14)和式(11-16)可见，AM 信号比 DSB 信号多了一个载波项 $A\cos\omega_C t$。

### 11.4.4　AM 解调系统

比较 DSB 信号和 AM 信号的频谱和时域波形，我们可以发现在频谱上 AM 信号比 DSB 信号多了载波分量即冲激分量。也就是说，AM 信号在发射时要比 DSB 信号多发送一个载波分量，即在边带信号功率相同的情况下，AM 信号的发射功率要比 DSB 信号大。那么多用一些功率发射载波分量有什么好处呢？答案是其优点体现在解调上。

AM 信号通常用包络解调法解调。包络解调器或系统(见图 11-12)非常简单，通常只用一个二极管 VD、一个电容 $C$ 和一个电阻 $R$ 三个元器件即可。解调原理是利用二极管将已调信号半波整流，然后再利用电容的充放电特性将已调信号的包络取出。实现包络解调需要一个前提，即电容的放电时间要比充电时间慢得多才行。

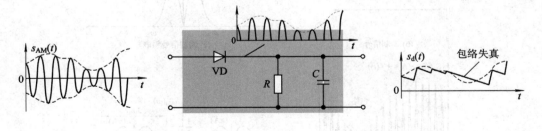

图 11-12　包络解调器

需要说明的是，二极管的输出波形与电容两端的电压波形应该是一样的，图中的二极管输出波形是不考虑后面接电容时的波形，目的是为了说明解调原理。

当然，AM 信号也可采用与 DSB 相同的相干解调法。图 11-13 给出采用相干解调器的 AM 信号传输系统模型。

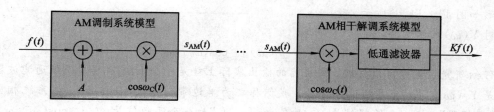

图 11 - 13　AM 调制与解调系统模型

AM 系统被广泛应用于无线广播领域，我们熟悉的中波、短波广播都采用 AM 技术。

需要说明的是，"信号与系统"知识在实际中的应用远不止上述内容，比如 SSB 调制、VSB 调制、频分复用、拉氏变换在控制系统中对响应性能的分析和对系统稳定性的判别。离散信号及离散系统等内容本章均未涉及，有兴趣的读者可以参看或学习《通信原理》、《自动控制原理》和《数字信号处理》等书籍。另外，DSB、AM、SSB 都是将调制信号调制到载波的幅值参量上，因此它们都可被称为幅度调制，简称调幅。

【例题 11 - 3】　一个信号处理系统及理想低通滤波器的频率特性 $H(j\omega) = G_{2\omega_0}(\omega)$ 如图 11 - 14(a)、(b)所示。设 $s(t) = 2\cos\omega_m t$，$c(t) = \cos\omega_0 t$，且 $\omega_m \ll \omega_0$，求 $y(t)$。

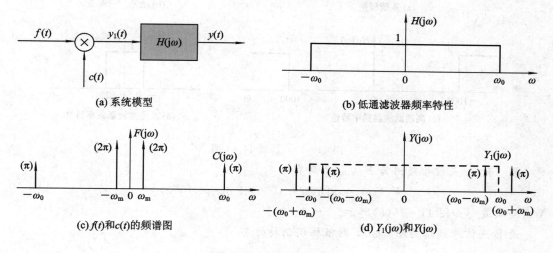

(a) 系统模型　　　　　　　　　　　　(b) 低通滤波器频率特性

(c) $f(t)$ 和 $c(t)$ 的频谱图　　　　　　　(d) $Y_1(j\omega)$ 和 $Y(j\omega)$

图 11 - 14　例题 11 - 3 图

**解**　根据傅氏变换有

$$S(j\omega) = 2\pi[\delta(\omega - \omega_m) + \delta(\omega + \omega_m)]$$
$$C(j\omega) = \pi[\delta(\omega - \omega_0) + \delta(\omega + \omega_0)]$$

它们的波形如图 11 - 14(c)所示。因为 $y_1(t) = s(t)c(t)$，则有

$$Y_1(j\omega) = \frac{1}{2\pi}S(j\omega) * C(j\omega)$$
$$= \pi\{\delta[\omega - (\omega_0 + \omega_m)] + \delta[\omega + (\omega_0 + \omega_m)]$$
$$+ \delta[\omega - (\omega_0 - \omega_m)] + \delta[\omega + (\omega_0 - \omega_m)]\}$$

其波形如图 11 - 14(d)所示。

根据系统图可知，低通滤波器输出的信号 $y(t)$ 的频谱为

$$Y(j\omega) = Y_1(j\omega)H(j\omega) = \pi\{\delta[\omega - (\omega_0 - \omega_m)] + \delta[\omega + (\omega_0 - \omega_m)]\}$$

其波形如图 11-14(d) 所示。

对 $Y(j\omega)$ 求逆变换，有

$$y(t) = F^{-1}[Y(j\omega)] = \cos(\omega_0 - \omega_m)t$$

仔细研究该例题可以发现，乘法器的输出实际上就是一个 DSB 信号，而低通滤波器的输出是 $Y_1(j\omega)$ 以 $\omega_0$ 为界的低频部分，我们称之为单边带信号（SSB 信号）。该系统相当于一个"变频器"，把一个低频信号 $s(t) = 2\cos\omega_m t$ "变"为一个高频信号 $y(t) = \cos(\omega_0 - \omega_m)t$。

**【例题 11-4】** 一个信号处理系统及其 $H_1(j\omega)$、$H_2(j\omega)$ 和激励 $f(t)$ 的频率特性如图 11-15(a)、(b)、(c)、(d) 所示。

(1) 画出 A、B、C、D 各点的频域波形及响应 $y(t)$ 的频谱。

(2) 求出 $y(t)$ 与 $f(t)$ 的关系。

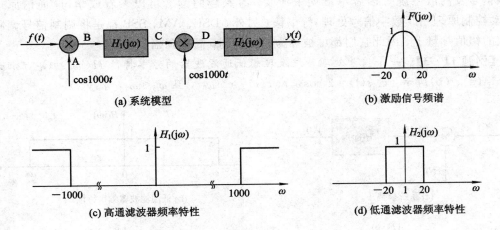

(a) 系统模型    (b) 激励信号频谱

(c) 高通滤波器频率特性    (d) 低通滤波器频率特性

图 11-15  例题 11-4 图

**解** 设 A 点信号频谱为 $F_A(j\omega)$，则有

$$F_A(j\omega) = \pi[\delta(\omega + 1000) + \delta(\omega - 1000)]$$

A 点频域波形如图 11-16(a) 所示。

设 B 点信号频谱为 $F_B(j\omega)$，则根据调制特性有

$$F_B(j\omega) = \frac{1}{2\pi}F(j\omega) * F_A(j\omega) = \frac{1}{2}[F_A(j(\omega + 1000)) + F_A(j(\omega - 1000))]$$

B 点频域波形如图 11-16(b) 所示。

设 C 点信号频谱为 $F_C(j\omega)$，则有

$$F_C(j\omega) = F_B(j\omega)H_1(j\omega)$$

C 点频域波形如图 11-16(c) 所示，显然高通滤波器输出了一个"上边带"SSB 信号。

设 D 点信号频谱为 $F_D(j\omega)$，则有

$$F_D(j\omega) = \frac{1}{2\pi}F_C(j\omega) * \pi[\delta(\omega + 1000) + \delta(\omega - 1000)]$$

$$= \frac{1}{2}[F_C(j(\omega + 1000)) + F_C(j(\omega - 1000))]$$

D 点频域波形如图 11-16(d) 所示。

最后，低通滤波器的输出 $y(t)$ 的频谱为

$$Y(j\omega) = F_D(j\omega)H_2(j\omega) = \frac{1}{4}F(j\omega)$$

其波形如图 $11-16(e)$ 所示。显然，$y(t)$ 与 $f(t)$ 的关系为

$$y(t) = \frac{1}{4}f(t)$$

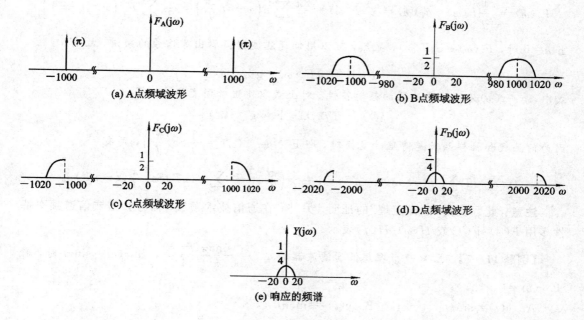

图 $11-16$　例题 $11-4$ 解图

该题的重要意义在于图解了一个通信领域常见的调制与解调系统的工作原理。第一个乘法器和高通滤波器组成发信端的"调制系统"，将低频输入信号 $f(t)$ 变为（调制为）高频信号，即 C 点的输出信号；C 点输出的高频信号经过信道传输（比如无线信道）到达收信端"解调系统"的入口，即第二个乘法器的入口，经过该乘法器再次的"调制"，变为更高频率的高频信号和低频信号的合成信号，再通过低通滤波器取出低频信号 $y(t)$，该低频信号 $y(t)$ 与发信端的输入信号 $f(t)$ 成线性关系，也就是说，收信端恢复了原始信号 $f(t)$，只是幅度上差一个常数而已。

下面再给出几道例题用于巩固本章知识。

**【例题 11-5】**　信号 $e(t) = \cos(10t)\cos(1000t)$ 通过下面哪个系统不失真。

A. $H(s) = \dfrac{s+3}{(s+1)(s+2)}$　　　　　　　B. $H(s) = \dfrac{(s-1)(s-2)}{(s+1)(s+2)}$

C. $H(j\omega) = [\varepsilon(\omega+1100) - \varepsilon(\omega-1100)]e^{-5j\omega}$　　D. $h(t) = \text{Sa}(5t)\cos(1000t)$

**解**　C。因为信号 $e(t)$ 在频域上分布在 $[-1010, 1010]$ 范围内，全部处在 C 系统的通频带内，且 C 系统具有线性相位特性，所以通过 C 系统不会失真。

**【例题 11-6】**　对带限信号 $f(t)$ 进行奈奎斯特速率（$2f_m$ Hz）采样。试证明 $f(t)$ 可以用它的采样值表示为 $f(t) = \displaystyle\sum_{n=-\infty}^{\infty} f(nT)\text{Sa}\left[\frac{\pi}{T}(t-nT)\right]$，其中，采样间隔 $T = \dfrac{1}{2f_m}$。

**证** 采样信号 $f_s(t)$ 可表示为 $f(t)$ 与冲激脉冲串信号的乘积形式，即

$$f_s(t) = f(t) \sum_{n=-\infty}^{\infty} \delta(t-nT) = \sum_{n=-\infty}^{\infty} f(nT)\delta(t-nT)$$

设 $f(t)$ 的傅氏变换为 $F(\omega)$，$\delta(t-nT)$ 的傅氏变换为 $\delta_T(\omega)$，根据式(5-49)得 $f_s(t)$ 的傅里叶变换为

$$F_s(\omega) = \frac{1}{2\pi}F(\omega) * \delta_T(\omega) = \frac{1}{2\pi}F(\omega) * \frac{2\pi}{T}\sum_{n=-\infty}^{\infty}\delta\left(\omega-n\frac{2\pi}{T}\right) = \frac{1}{T}\sum_{n=-\infty}^{\infty}F\left[\left(\omega-n\frac{2\pi}{T}\right)\right]$$

当 $n=0$ 时，$F_s(\omega)=\frac{1}{T}F(\omega)$，显然，可以用低通滤波器提取出原信号的频谱，故有

$$F(\omega) = TF_s(\omega) \cdot g_{2\pi/T}(\omega)$$

式中，$g_{2\pi/T}(\omega)$ 为低通滤波器的频率特性。对上式取傅里叶逆变换，可得

$$f(t) = Tf_s(t) * \mathrm{F}^{-1}[g_{2\pi/T}(\omega)]$$

因为门函数和抽样函数是傅里叶变换对，即 $\mathrm{F}^{-1}[g_{2\pi/T}(\omega)]=\frac{1}{T}\mathrm{Sa}\left(\frac{\pi t}{T}\right)$，则有

$$f(t) = T\sum_{n=-\infty}^{\infty}f(nT)\delta(t-nT) * \left[\frac{1}{T}\mathrm{Sa}\left(\frac{\pi t}{T}\right)\right] = \sum_{n=-\infty}^{\infty}f(nT)\mathrm{Sa}\left[\frac{\pi}{T}(t-nT)\right]$$

**注意**：此题就是"抽样定理"的证明。另外，在通信技术领域，信号频谱或信道频率特性多用 $F(\omega)/F(f)$ 或 $H(\omega)/H(f)$ 表示。

**【例题 11-7】** 已知一个理想低通滤波器的 $h(t)=\dfrac{\sin5\pi(t-4)}{\pi(t-4)}$，当 $x(t)=\sin\pi t$ 时，输出 $y(t)=($　　　)。

  A. $y(t)=\sin\pi t$         B. $y(t)=\sin5\pi t$

  C. $y(t)=\sin\pi(t-4)$     D. $y(t)=\sin5\pi(t-4)$

**解** 正确答案为 A。因为 $h(t)=\dfrac{\sin5\pi(t-4)}{\pi(t-4)}$ 的傅里叶变换为 $\varepsilon(\omega+5\pi)-\varepsilon(\omega-5\pi)$，而 $x(t)=\sin\pi t$ 的傅里叶变换为 $j\pi[\delta(\omega+\pi)-\delta(\omega-\pi)]$，其频带在 $|\omega|<\pi$ 范围内，所以输出是 $y(t)=\sin\pi t$。

**【例题 11-8】** 图 11-17(a)所示系统常用于从二个低通滤波器获得一个带阻滤波器。

(1) 若 $H_1(j\omega)$ 和 $H_2(j\omega)$ 是截止频率分别为 $\omega_{c1}=3\pi$ 和 $\omega_{c2}=\pi$ 的理想低通滤波器，即

$$H_1(j\omega) = \begin{cases} 1 & |\omega|<\omega_{c1} \\ 0 & |\omega|>\omega_{c1} \end{cases}, \quad H_2(j\omega) = \begin{cases} 1 & |\omega|<\omega_{c2} \\ 0 & |\omega|>\omega_{c2} \end{cases}$$

证明整个系统相当于一个理想带阻滤波器，并求出该滤波器的单位冲激响应 $h(t)$；

(2) 若输入 $x(t)=1+2\cos2\pi t+\sin4\pi t$，试求系统的输出 $y(t)$。

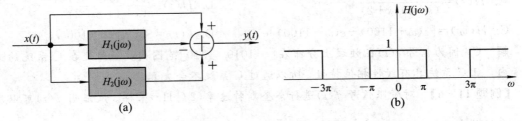

图 11-17 例题 11-8 图

**解** （1）全系统的系统函数为

$$H(\mathrm{j}\omega) = 1 - H_1(\mathrm{j}\omega) + H_2(\mathrm{j}\omega) = \begin{cases} 1 & |\omega| < \pi \text{ 或 } |\omega| > 3\pi \\ 0 & \text{其他} \end{cases}$$

可见 $H(\mathrm{j}\omega)$ 是一个理想带阻滤波器的特性，如图 11-17(b) 所示。显然，$H(\mathrm{j}\omega)$ 可以改写为

$H(\mathrm{j}\omega) = 1 - \hat{H}(\mathrm{j}\omega)$。其中 $\hat{H}(\mathrm{j}\omega) = \begin{cases} 1 & \pi < |\omega| < 3\pi \\ 0 & \text{其他} \end{cases}$ 可看作是两个宽度不同的门信号之差

的形式，因此，可得 $H(\mathrm{j}\omega)$ 的逆变换

$$h(t) = \mathrm{F}^{-1}\{H(\mathrm{j}\omega)\} = \delta(t) - \frac{\sin 3\pi t}{\pi t} + \frac{\sin \pi t}{\pi t}$$

（2）因为系统是一个理想带阻滤波器，所以频带范围在 $\pi < |\omega| < 3\pi$ 之间的信号分量将被滤掉。而 $x(t) = 1 + 2\cos 2\pi t + \sin 4\pi t$ 由三个频率分量组成，第一项"1"的频率为 0，第二项"$2\cos 2\pi t$"的频率为 $2\pi$，第三项"$\sin 4\pi t$"的频率为 $4\pi$。显然 $2\cos 2\pi t$ 将被滤掉，所以输出为 $y(t) = 1 + \sin 4\pi t$。

# 学 习 提 示

学习信号与系统分析的最终目的是为了把理论应用于实践。在此提示读者关注以下知识点：

**（1）** 傅氏级数和傅氏变换因为具有物理意义，故在通信系统中广为应用。信号频谱、功率谱和能量谱，以及系统的频率特性等概念非常重要。

**（2）** 可以用货车类比信号、车站类比系统的方法加深对"信号通过系统""系统处理信号"等概念的理解。

**（3）** 门信号和抽样信号这对"好兄弟"在通信技术领域有着重要作用，几乎总是成对出现，就好像成语里所说的"焦不离孟"一样。希望读者能够将它们之间的关系"烂熟于心"。

# 问 与 答

**问题 1：** 收音机选择电台的原理是什么？

**答：** 其原理就是用一个波形可以在频率轴上平移的带通滤波器滤除选中频率（频带）以外的其他频率信号。如图 11-18 所示。

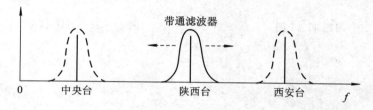

图 11-18 收音机调台原理

**问题 2：**常用的交流稳压电源原理图如图 **11 - 19** 所示，请问图中两个电容的作用是什么？

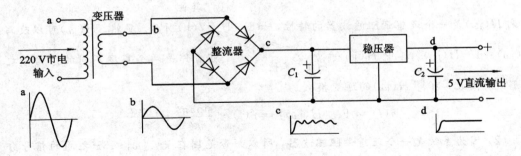

图 11 - 19　交流稳压电源原理图

**答：**电容器 $C_1$ 和 $C_2$ 起低通滤波作用，滤除电压中的高频分量，使波形更平滑。

# 习　题　11

11 - 1　一个系统如图 11 - 20 所示。设 $f(t) = \sum\limits_{n=-\infty}^{\infty} e^{j2nt}$，$n \in z$，$c(t) = \cos 2t$。若

$$H(j\omega) = \begin{cases} \dfrac{1}{2}, & |\omega| < 3 \text{ rad/s} \\ 0, & |\omega| > 3 \text{ rad/s} \end{cases}$$

求输出 $y(t)$。

11 - 2　已知一个 CT 系统的冲激响应为 $h(t) = \dfrac{1}{\pi} \text{Sa}(3t)$，输入信号 $f(t) = 3 + \cos 2t$。求系统的稳态响应 $y(t)$。

11 - 3　如图 11 - 21 所示的通信系统，输入为 $f(t)$，其最高频率为 $\omega_H$，$c(t) = A\cos\omega_0 t$，$\omega_H \ll \omega_0$。要求系统输出为 $y(t) = f(t)$，求低通滤波器 LF 的系统函数 $H(j\omega)$，并说明系统功能。

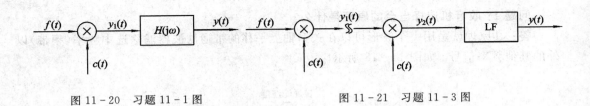

图 11 - 20　习题 11 - 1 图　　　　　　　图 11 - 21　习题 11 - 3 图

# 附录 部分习题参考答案

## 习题 1 参考答案

1-1

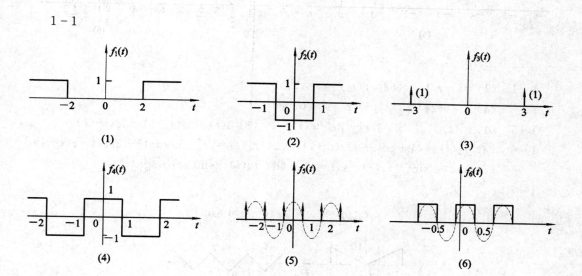

1-2

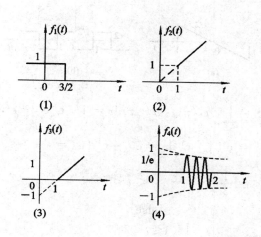

1 - 3

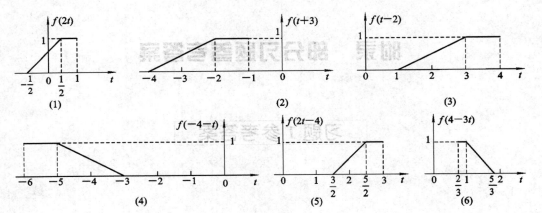

(1)　　　　　　　　　　(2)　　　　　　　　(3)

(4)　　　　　　　　　(5)　　　　　　　(6)

1 - 4　(1) $f(-t_0)$　　(2) $f(t_0)$　　(3) 1

　　　(4) $e^{-4}+2e^{-2}$　　(5) 2　　(6) 4

1 - 5　(1) $\delta'(t)$　　(2) $\delta(t)-2e^{-2t}\varepsilon(t)$　　(3) $\delta(t)-2\varepsilon(t-1)-2\delta(t-1)$

1 - 6　(a) $f_1(t)=(1+\cos\pi t)G_2(t-1)$　(b) $f_2(t)=2t[-\varepsilon(t+1)+2\varepsilon(t)-\varepsilon(t-1)]$

　　　(c) $f_3(t)=\sin(t)[\varepsilon(t)-\varepsilon(t-\pi)]$　(d) $f_4(t)=\sin(\pi t)\cdot\mathrm{sgn}(t)$

1 - 7

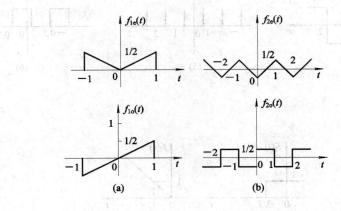

(a)　　　　　　　　　　(b)

1 - 8　$f_1(t) * f_2(t)=\displaystyle\int_{-\infty}^{+\infty}f_1(\tau)f_2(t-\tau)\mathrm{d}\tau=\int_{-\infty}^{+\infty}e^{2\tau}e^{-(t-\tau)}\varepsilon(t-\tau)\mathrm{d}\tau$

　　　$=e^{-t}\displaystyle\int_{-\infty}^{t}e^{3\tau}\mathrm{d}\tau=e^{-t}\frac{1}{3}e^{3\tau}\Big|_{-\infty}^{t}=\frac{1}{3}e^{-t}e^{3t}$

　　　$=\dfrac{1}{3}e^{2t},\quad-\infty<t<+\infty$

1 - 9　(a) $f_1(t) * f_2(t)=\begin{cases}0 & \text{else}\\ t-1 & 1\leqslant t<2\\ 1 & 2\leqslant t<3\\ 4-t & 3\leqslant t<4\end{cases}$

(b) $f_1(t) * f_2(t) = \begin{cases} 0 & \text{else} \\ \dfrac{1}{4}(t+1)^2 & -1 \leqslant t < 1 \\ -\dfrac{1}{4}t^2 + \dfrac{1}{2}t + \dfrac{3}{4} & 1 \leqslant t \leqslant 3 \end{cases}$

波形如下：

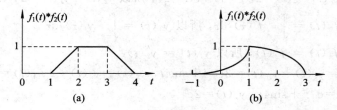

$1-10$　(1) $(1-e^{-t})\varepsilon(t)$　　(2) $f_2(t) = \dfrac{1}{2\pi}[1-\cos 2\pi t][\varepsilon(t) - \varepsilon(t-1)]$

## 习题 2 参考答案

$2-1$　(1) 系统具有分解性，但不具有零输入线性和零状态线性，故为非线性系统。

(2) 系统不具有分解性，故为非线性系统。

(3) 系统具有分解性：$y(t) = y_x(t) + y_f(t)$，$y_x(t) = x(0_-)\sin t$，$y_f(t) = tf(t)$。

系统具有零输入线性：设 $x(0_-) = a_1 x_1(0_-) + a_2 x_2(0_-)$，则

因为

$$x_1(0_-) \rightarrow y_{x1}(t) = x_1(0_-)\sin t \ , \ x_2(0_-) \rightarrow y_{x2}(0_-) = x_2(0_-)\sin t$$

所以

$$x(0_-) = a_1 x_1(0_-) + a_2 x_2(0_-) \rightarrow a_1 y_{x1}(t) + a_2 y_{x2}(t)$$
$$= [a_1 x_1(0_-) + a_2 x_2(0_-)]\sin t = x(0_-)\sin t = y_x(t)$$

系统具有零状态线性：设 $f(t) = a_1 f_1(t) + a_2 f_2(t)$，则

$$f_1(t) \rightarrow y_{f1}(t) = tf_1(t), \ f_2(t) \rightarrow y_{f2}(t) = tf_2(t),$$

所以

$$f(t) = a_1 f_1(t) + a_2 f_2(t) \rightarrow t[a_1 f_1(t) + a_2 f_2(t)] = tf(t) = y_f(t)$$

因此，本系统属于线性系统。

(4) 系统具有分解性、零状态线性，但不具有零输入线性，故是非线性系统。

$2-2$　(1) 方程中无初始状态，可视为零状态系统。方程中各项系数为常数，故是时不变系统。

(2) 方程中含 $3tf^2(t) = y_f(t)$，系数 $3t$ 是时间函数，故为时变系统。

(3) 方程中含 $tx(0_-)$ 项，故为时变系统。

(4) 方程中含 $y'(t)y(t)$ 项，故为时变系统。

$2-3$　(1) 因果系统；(2) 非因果系统；(3) 非因果系统；

(4) $b < 0$ 为非因果系统；$b \geqslant 0$ 为因果系统；(5) 因果系统

2-4　（1）线性、时变、因果系统；（2）非线性、时不变、非因果系统；

　　　（3）线性、时变、因果系统；（4）线性、时不变、因果系统；

　　　（5）线性、时不变、非因果系统；（6）非线性、时变、因果系统

2-5　当 $\tau \geqslant 0$ 时，该系统为时变、因果系统；当 $\tau < 0$ 时，该系统为时变、非因果系统。

2-6　因为 $f_2(t) = \varepsilon(t) - 2\varepsilon(t-1) + \varepsilon(t-2)$，所以 $y_2(t) = y_1(t) - 2y_1(t-1) + y_1(t-2)$

　　　因为 $f_3(t) = \int_{-\infty}^{t} f(\tau)_2 \mathrm{d}\tau$，所以 $y_3(t) = \int_{-\infty}^{t} y(\tau)_2 \mathrm{d}\tau$

　　　因为 $f_4(t) = f_2'(t)$，所以 $y_4(t) = y_2'(t)$

2-7　$y_1(t) = y_x(t) + y_{f1}(t) = 3e^{-2t} + \sin 4t$，$y_2(t) = y_x(t) + 2y_{f1}(t) = 4e^{-2t} + 2\sin 4t$

　　　$y_{f1}(t) = e^{-2t} + \sin 4t$，$y_x(t) = 2e^{-2t}$

　　　因此，$y_3(t) = y_x(t) + 3y_{f1}(t) = 5e^{-2t} + 3\sin 4t$，$t > 0$。

2-8　令 $x_1(0_-) = 1$，对应的零输入响应为 $y_{x1}(t)$，$x_2(0_-) = 1$ 对应的零输入响应为

　　　$y_{x2}(t)$，$f(t) = \begin{cases} 1 & t > 0 \\ 0 & t < 0 \end{cases}$ 对应的零状态响应为 $y_{f1}(t)$。所以

$$y_{x1}(t) = te^{-t} + e^{-t}, \quad y_{x2}(t) = te^{-t}, \quad y_{f1}(t) = -te^{-t}$$

　　　所以

$$y_f(t) = 3y_{f1}(t) = -3te^{-t}, \quad t > 0$$

2-9　$2u_C'(t) + 2u_C(t) = u_S(t)$

2-10　$u_C''(t) + 7u_C''(t) + 6u_C(t) = 6\sin 2t$

2-11　$i(t) = u_1(t) - \dfrac{1}{2}u_2(t) + \dfrac{1}{2}u_1'(t)$

2-12　$y''(t) + 7y'(t) + 12y(t) = f(t)$ 的框图模型如下：

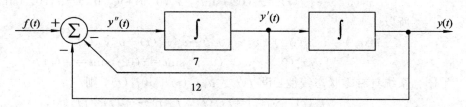

## 习题 3 参考答案

3-1　$y(t) = \dfrac{1}{2}e^{-3t} + 1$，$t > 0$，自由响应 $\dfrac{1}{2}e^{-3t}\varepsilon(t)$，强迫响应 $\varepsilon(t)$。

3-2　设齐次解为 $y_c(t) = c_1 te^{-2t} + c_2 e^{-2t}$，设特解为 $y_p(t) = pe^{-t}$。

　　　则 $y(t) = 4te^{-2t} - 3e^{-2t} + 6e^{-t}$　$t \geqslant 0$；

　　　自由响应为 $4te^{-2t} - 3e^{-2t}$，强迫响应为 $6e^{-t}$，$t \geqslant 0$。

3-3　$y_x(t) = c_1 e^{-3t} + c_2 e^{-t}$，$\begin{cases} c_1 + c_2 = 1 \\ -3c_1 - c_2 = 2 \end{cases}$，因此，$y_x(t) = -\dfrac{3}{2}e^{-3t} + \dfrac{5}{2}e^{-t}$。

3 – 4　$y_f(t) = 5e^{-t} - 5e^{-2t} + e^{-3t}$,　　$t > 0$。

3 – 5　$(1) u_C(0_+) = 10$ V, $i(0_+) = \dfrac{20 - u_C(0_+)}{R} = 5$A；$(2) u_C(t) = 20 - 10e^{-2t}$, $t \geqslant 0_+$。

3 – 6　$i_{Lx}(t) = \dfrac{1}{2}e^{-t} + \dfrac{1}{2}e^{-2t}$,　　$t \geqslant 0$; $i_{Lf}(t) = C_{f1}e^{-t} + C_{f2}e^{-2t} + 1$,　　$t \geqslant 0$。

3 – 7　(a) $H(p) = \dfrac{2(p+10)}{(p+5)(p+6)}$;　　(b) $H(p) = \dfrac{10(p+1)}{(p+5)(p+6)}$

3 – 8　(1) $y_x(t) = 5e^{-t} - 3e^{-2t}$,　　$t \geqslant 0$;

　　　　(2) $y_x(t) = e^{-t}[A_1 \cos t + A_2 \sin t] = e^{-t}[\cos t + 3\sin t]$,　　$t \geqslant 0$。

3 – 9　$h(t) = (e^{-2t} - e^{-3t})\varepsilon(t)$

3 – 10　$g(t) = (-e^{-t} + 0.5e^{-2t} + 0.5)\varepsilon(t)$

3 – 11　$h(t) = 0.5e^{-2t}\varepsilon(t)$

3 – 12　$y_{f1}(t) = \dfrac{1}{\pi}(1 - \cos\pi t)[\varepsilon(t) - \varepsilon(t-2)]$

3 – 13　(a) $y_{f1}(t) = \dfrac{\mathrm{d}f_1(t)}{\mathrm{d}t} * g(t) = g(t) - 2g(t-2) + g(t-3)$

　　　　(b) $y_{f2}(t) = \{[\varepsilon(t) - \varepsilon(t-1)] - \delta(t-1)\} * (2e^{-2t} - 1)\varepsilon(t)$

　　　　　　　　$= (1 - t - e^{-2t})\varepsilon(t) - [1 - t + e^{-2(t-1)}]\varepsilon(t-1)$

3 – 14　$h(t) = [h_1(t) + h_2(t) * h_1(t) * h_3(t)] * h_4(t) = 3[\varepsilon(t) - \varepsilon(t-1)]$

　　　　$g(t) = 3\varepsilon(t) * [\varepsilon(t) - \varepsilon(t-1)] = 3t[\varepsilon(t) - \varepsilon(t-1)] + 3\varepsilon(t-1)$

3 – 15　$h(t) = \varepsilon(t) + \varepsilon(t-1) + \varepsilon(t-2) - \varepsilon(t-3) - \varepsilon(t-4) - \varepsilon(t-5)$

3 – 16　$g(t) = 4e^{-2t}\varepsilon(t)$, $h(t) = 4\delta(t) \cdot 8e^{-2t}\varepsilon(t)$

3 – 17　$h(t) = e^{-t}\cos t \varepsilon(t)$

## 习题 4 参考答案

4 – 1　(a) 因为 $f_1(t)$ 为偶函数，所以其傅里叶级数中只包含余弦函数分量，又因为 $f_1(t)$ 为奇谐函数，故其傅里叶级数中只包含奇次谐波分量。综上，$f_1(t)$ 傅里叶级数中只有奇次余弦项谐波分量，无直流分量。

　　　　(b) 因为 $f_2(t)$ 是偶谐函数，即 $f_2(t) = f_2\left(t \pm \dfrac{T}{2}\right)$，所以傅里叶级数中只有直流项和偶次谐波项。

4 – 2　(a) $F_n = \dfrac{1}{T}$, $f_1(t) = \dfrac{1}{T}\displaystyle\sum_{n=-\infty}^{+\infty} e^{jn\omega_0 t}$

　　　　(b) $a_0 = \dfrac{E}{2}$, $a_n = \begin{cases} 0 & (n = 2, 4, \cdots) \\ -\dfrac{4E}{(n\pi)^2} & (n = 1, 3, \cdots) \end{cases}$, $b_n = 0$

　　　　　　$f_2(t) = -\dfrac{4E}{\pi^2}\left(\cos\omega_0 t + \dfrac{1}{3^2}\cos3\omega_0 t + \dfrac{1}{5^2}\cos5\omega_0 t + \cdots + \dfrac{1}{n^2}\cos n\omega_0 t + \cdots\right)$

　　　　　　$(n = 1, 3, 5, \cdots)$

(c) $F_0 = \dfrac{1}{\pi}$, $F_1 = \dfrac{1}{4}\mathrm{e}^{-\mathrm{j}\frac{\pi}{2}}$, $F_{-1} = \dfrac{1}{4}\mathrm{e}^{\mathrm{j}\frac{\pi}{2}}$, $F_n = \dfrac{-\cos^2\dfrac{n\pi}{2}}{\pi(n^2-1)}$  $(|n|>1)$

4-3  (1) $a_0 = \dfrac{1}{4}$,  $a_n = \dfrac{1}{(n\pi)^2}(\cos n\pi - 1)$,  $b_n = -\dfrac{1}{n\pi}\cos n\pi$

$$f_1(t) = \frac{1}{4} + \frac{1}{\pi^2}\sum_{n=1}^{\infty}\frac{\cos n\pi - 1}{n^2}\cos n\omega_0 t - \frac{1}{\pi}\sum_{n=1}^{\infty}\frac{\cos n\pi}{n}\sin n\omega_0 t$$

(2) $f_2(t) = \dfrac{1}{4} + \dfrac{1}{\pi^2}\sum_{n=1}^{\infty}\dfrac{1-\cos n\pi}{n^2}\cos n\omega_0 t - \dfrac{1}{\pi}\sum_{n=1}^{\infty}\dfrac{1}{n}\sin n\omega_0 t$

$$f_3(t) = \frac{1}{4} + \frac{1}{\pi^2}\sum_{n=1}^{\infty}\frac{1-\cos n\pi}{n^2}\cos n\omega_0 t + \frac{1}{\pi}\sum_{n=1}^{\infty}\frac{1}{n}\sin n\omega_0 t$$

$$f_4(t) = \frac{1}{2} + \frac{2}{\pi^2}\sum_{n=1}^{\infty}\frac{1-\cos n\pi}{n^2}\cos n\omega_0 t + \frac{1}{\pi}$$

4-4  (a) $f_1(t) = \dfrac{1}{2} - \dfrac{1}{\pi}\sum_{n=1}^{\infty}\dfrac{1}{n}\sin n\omega_0 t$;

(b) $f_2(t) = \dfrac{1}{2} + \dfrac{2}{\pi}\sum_{n=1}^{\infty}\dfrac{1}{n}\sin n\pi t$,  $n = 1,3,5\cdots$

4-5

(1)

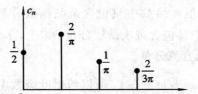 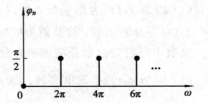

(2)

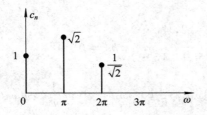 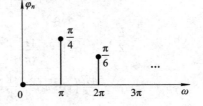

(3)

4 - 6　$a_0 = \dfrac{E}{\pi}$，$b_n = 0$，$a_n = \dfrac{2E}{T}\left[\dfrac{\sin\dfrac{(n+1)\pi}{2}}{(n+1)\omega_0} + \dfrac{\sin\dfrac{(n-1)\pi}{2}}{(n-1)\omega_0}\right]$

即　　　　$a_n = \begin{cases} \dfrac{E}{2} & (n=1) \\ 0 & (n=1,\,3,\,\cdots) \\ \dfrac{2E}{(1-n^2)\pi}\cos\dfrac{n\pi}{2} & (n=2,\,4,\,\cdots) \end{cases}$

$$f(t) = \frac{E}{\pi} + \frac{E}{2}\left(\cos\omega_0 t + \frac{4}{3\pi}\cos2\omega_0 t - \frac{4}{15\pi}\cos4\omega_0 t + \cdots\right)$$

振幅频谱图和相位频谱图如下：

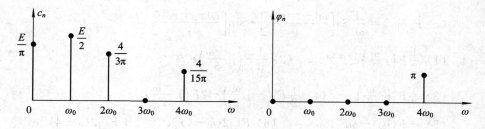

4 - 7　$f(t) = \dfrac{4E}{\pi}\left[\dfrac{1}{2} + \dfrac{1}{3}\cos2\omega_0 t - \dfrac{1}{15}\cos4\omega_0 t + \cdots - \dfrac{\cos\dfrac{n\pi}{2}}{n^2-1}\cos n\omega_0 t + \cdots\right]$　$(n=2,\,4,\,6,\,\cdots)$

振幅频谱图与相位频谱图如下：

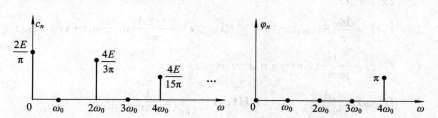

4 - 8　$u_C(t) = 6 + 8\cos(10^3 t - 36.9°) + 3.33\cos(2\times10^3 t - 56.3°)$ V，$p = 0.51$ (W)

4 - 9　$u_R(t) = \dfrac{2}{\pi}\left[0.104\sin(\pi t + 84°) + 0.063\sin(3\pi t - 79°)\right]$ (V)

4 - 10　$i(t) = 0.5 + 0.450\cos(\omega_0 t - 45°) + 0.067\cos(3\omega_0 t + 108.4°)$ (A)

# 习题 5 参考答案

5 - 1　(a)　$F_1(j\omega) = \dfrac{\dfrac{A}{\tau} - \dfrac{A}{\tau}e^{-j\omega\tau} - jA\omega e^{-j\omega\tau}}{(j\omega)^2}$

　　　(b)　$F_2(j\omega) = \tau\mathrm{Sa}^2\left(\dfrac{\omega\tau}{2}\right)$

(c) $F_3(j\omega) = 2\tau \text{Sa}(\omega\tau) + 4\tau \text{Sa}(2\omega\tau)$;

(d) $F_4(j\omega) = e^{-j\left(2\omega - \frac{\pi}{2}\right)}[\text{Sa}(\omega+\pi) - \text{Sa}(\omega-\pi)]$

(e) $F_5(j\omega) = \frac{1}{2}\left[\text{Sa}^2\left(\frac{\omega+\omega_0}{2}\right)e^{-j2(\omega+\omega_0)} + \text{Sa}^2\left(\frac{\omega-\omega_0}{2}\right)e^{-j2(\omega-\omega_0)}\right]$

5-2　(1) $F_1(j\omega) = \frac{1}{2}\left[1 - \frac{|\omega|}{4\pi}\right][\varepsilon(\omega+4\pi) - \varepsilon(\omega-4\pi)]$

(2) $F_2(j\omega) = \frac{\pi}{100}e^{-j3\omega}g_{100}(\omega)$　　　(3) $F_3(j\omega) = \pi e^{-2|\omega|}$

5-3　(a) $F_1(j\omega) = \dfrac{\text{Sa}\left(\dfrac{\omega}{2}\right)e^{-j2.5\omega} - e^{-j4\omega}}{j\omega}$　　　(b) $F_2(j\omega) = \dfrac{2}{j\omega}\left[\text{Sa}\left(\dfrac{\omega\tau}{2}\right) - \cos\left(\dfrac{\omega\tau}{2}\right)\right]$

(c) $F_3(j\omega) = \dfrac{2E}{\omega}\text{Sa}\left[\dfrac{\omega(\tau_2-\tau_1)}{4}\right] \cdot \sin\left[\dfrac{\omega(\tau_2+\tau_1)}{4}\right]$

5-4　(1) $\dfrac{1}{2}F\left(j\dfrac{\omega}{2}\right)e^{-j2.5\omega}$　　　(2) $\dfrac{1}{5}F\left(j\dfrac{-\omega}{5}\right)e^{-j\frac{3}{5}\omega}$

(3) $\dfrac{j}{2}F'\left(j\dfrac{\omega}{2}\right)$　　　(4) $\dfrac{j}{2}F'\left(-j\dfrac{\omega}{2}\right) - 2F\left(j\dfrac{-\omega}{2}\right)$

(5) $-F(j\omega) - \omega F'(j\omega)$　　　(6) $F[j2(\omega-4)]e^{j6(\omega-4)} + F[j2(\omega+4)]e^{j6(\omega+4)}$

5-5　(1) $e^{-j2(\omega+1)}$　　　(2) $(3+j\omega)e^{-j\omega}$　　　(3) $2\pi\delta(\omega) - \dfrac{4\sin(3\omega)}{\omega}$

5-6　(1) $-\dfrac{1}{2}|t|$　　　(2) $\dfrac{1}{\pi j}\sin(100t)$

(3) $\dfrac{1}{2\pi(\alpha+jt)}$　　　(4) $e^{2(t-1)}\varepsilon(t-1) - e^{-3(t-1)}\varepsilon(t-1)$

5-7　(a) $f(t) = \dfrac{A\omega_0}{\pi}\text{Sa}(\omega_0 t - 1)$　　　(b) $f(t) = \dfrac{-2A}{\pi t}\sin\dfrac{1}{2}\omega_0 t \cdot \cos\dfrac{1}{2}\omega_0 t$

(c) $f_3(t) = \dfrac{1}{j\pi dt^2}(\sin t - \sin 2t + t\cos 3t)$

5-8　(1) $H(j\omega) = \dfrac{1}{j\omega+2}$　　　(2) $H(j\omega) = \dfrac{1}{(j\omega)^2 + 3(j\omega) + 2}$

(3) $H(j\omega) = \dfrac{j\omega+4}{(j\omega)^2 + 5(j\omega) + 6}$

5-9　$y_f(t) = (e^{-3t} + e^{-t} - e^{-2t})\varepsilon(t)$

5-10　$y_x(t) = 7e^{-2t} - 5e^{-3t}$,　$y_f(t) = \left(-\dfrac{1}{2}e^{-t} + 2e^{-2t} - \dfrac{3}{2}e^{-3t}\right)\varepsilon(t)$

$y(t) = \left(-\dfrac{1}{2}e^{-t} + 9e^{-2t} - \dfrac{13}{2}e^{-3t}\right)\varepsilon(t)$

5-11　$y_f(t) = [1 - e^{-2(t-1)}]\varepsilon(t-1) - [1 - e^{-2(t-2)}]\varepsilon(t-2)$

5-12　$u_c(t) = (3 - 3e^{-t} - t)\varepsilon(t) + (t-3)\varepsilon(t-3)$

5-13　$h(t) = \dfrac{1}{2}e^{-2t}\varepsilon(t)$　　$i_f(t) = \left(5e^{-t} - 5.5e^{-2t} + \dfrac{1}{2}\right)\varepsilon(t)A$

5-14　$H(j\omega) = \dfrac{1}{(j\omega)^2 + 6j\omega + 8}$　　$h(t) = \dfrac{1}{2}[e^{-2t} - e^{-4t}]\varepsilon(t)$

$$y_f(t) = \left(-\frac{1}{8}e^{-4t} + \frac{1}{8}e^{-2t} - \frac{1}{4}te^{-2t} + \frac{1}{4}t^2e^{-2t}\right)\varepsilon(t)$$

## 习题 6 参考答案

6-1 (1) $\dfrac{6}{s^2+4} + \dfrac{2s}{s^2+9}$ (2) $2 - \dfrac{1}{s+1}$ (3) $\dfrac{1}{2}\left(\dfrac{1}{s} + \dfrac{s}{s^2+16}\right)$

(4) $e^{-\alpha}\dfrac{s+1}{(s+1)^2+\omega^2}$ (5) $\dfrac{e^{-s}}{s+1}$ (6) $\dfrac{e}{s+1}$

(7) $\dfrac{1}{s^2} - \dfrac{e^{-s}}{s^2} - \dfrac{e^{-s}}{s}$ (8) $\dfrac{e^s}{s^2}$ (9) $\dfrac{\pi}{s^2+\pi^2} + \dfrac{\pi e^{-2s}}{s^2+\pi^2}$

6-2 (a) $f_1(t) = 2\varepsilon(t) - \varepsilon(t-1) - \varepsilon(t-2) \leftrightarrow \dfrac{2}{s} - \dfrac{e^{-s}}{s} - \dfrac{e^{-2s}}{s} = \dfrac{2-e^{-s}-e^{-2s}}{s}$

(b) $f_2(t) = \dfrac{1}{T}t[\varepsilon(t) - \varepsilon(t-T)] = \dfrac{t}{T}\varepsilon(t) - \dfrac{t-T}{T}\varepsilon(t-T) - \varepsilon(t-T)$

$\leftrightarrow \dfrac{1}{T}\dfrac{1}{s^2} - \dfrac{1}{T}\dfrac{e^{-Ts}}{s^2} - \dfrac{e^{-Ts}}{s} = \dfrac{1 - e^{-Ts} - Tse^{-Ts}}{Ts^2}$

(c) $f_3(t) = \sin(\omega t)\left[\varepsilon(t) - \varepsilon\left(t-\dfrac{T}{2}\right)\right] = \sin(\omega t) \cdot \varepsilon(t) - \sin(\omega t)\varepsilon\left(t-\dfrac{T}{2}\right)$

$= \sin(\omega t)\varepsilon(t) + \sin\left[\omega\left(t-\dfrac{T}{2}\right)\right]\varepsilon\left(t-\dfrac{T}{2}\right) \leftrightarrow \dfrac{\omega}{s^2+\omega^2} + \dfrac{\omega e^{-\frac{T}{2}s}}{s^2+\omega^2}$

6-3 (1) $f(0_+) = \lim\limits_{s\to\infty} s\dfrac{2s+3}{(s+1)^2} = 2$, $f(\infty) = \lim\limits_{s\to 0} s\dfrac{2s+3}{(s+1)^2} = 0$

(2) $f(0_+) = \lim\limits_{s\to\infty} s\dfrac{3s+1}{s(s+1)} = 3$, $f(\infty) = \lim\limits_{s\to 0} s\dfrac{3s+1}{s(s+1)} = 1$

(3) $f(0_+) = \lim\limits_{s\to\infty} s\dfrac{s+3}{(s+1)(s+2)^2} = 0$, $f(\infty) = \lim\limits_{s\to 0} s\dfrac{s+3}{(s+1)(s+2)^2} = 0$

6-4 (1) $\dfrac{1}{2}(e^{-2t} - e^{-4t})\varepsilon(t)$, (2) $\delta(t) + (2e^{-t} - e^{-2t})\varepsilon(t)$

(3) $\left(\dfrac{2}{3} + e^{-2t} - \dfrac{2}{3}e^{-3t}\right)\varepsilon(t)$ (4) $f(t) = [-5e^{-3t} + 9e^{-5t}]\varepsilon(t)$

(5) $f(t) = \delta'(t) - 3\delta(t) - 5e^t\varepsilon(t) + 13e^{-2t}\varepsilon(t)$

(6) $f(t) = e^{-t}\varepsilon(t) + 2e^{-2t}t\varepsilon(t) - e^{-2t}\varepsilon(t)$

(7) $f(t) = \varepsilon(t) - e^{-t}\cos 2t\varepsilon(t)$

(8) $f(t) = 2e^t\varepsilon(t) + 2e^{-t}(\cos t - 2\sin t)\varepsilon(t)$

(9) $f(t) = e^{-t}t^2\varepsilon(t) - e^{-t}t\varepsilon(t) + 2e^{-t}\varepsilon(t) - e^{-2t}\varepsilon(t)$

6-5 (1) $2e^{-2t}\varepsilon(t) - e^{-2(t-3)}\varepsilon(t-3)$

(2) $\cos\pi t \cdot \varepsilon(t) + \cos\pi(t-T) \cdot \varepsilon(t-T)$

(3) $t\varepsilon(t) + 2(t-2)\varepsilon(t-2) + (t-4)\varepsilon(t-4)$

(4) $\cos 3t \cdot \varepsilon(t) + 2\sin 3(t-1) \cdot \varepsilon(t-1)$

6-6 (1) $h(t) = (e^{-2t} - e^{-3t})\varepsilon(t)$；(2)系统输入输出方程：$y''(t) + 5y'(t) + 6y(t) = f(t)$

6-7 $H(s) = \left(1 - \dfrac{11}{s+10}\right)$, $Y_f(s) = \dfrac{1}{s+10} - \dfrac{11}{(s+10)^2}$, $F(s) = \dfrac{1}{s+10}$, $f(t) = e^{-10t}\varepsilon(t)$

6 - 8　(1) $Y_f(s) = \dfrac{s}{s^2+3s+2}\dfrac{10}{s} = \dfrac{10}{s+1} - \dfrac{10}{s+2}$,

　　　　$y_f(t) = (10e^{-t} - 10e^{-2t})\varepsilon(t)$ ，全部是自由响应分量。

　　(2) $Y_f(s) = \dfrac{s}{s^2+3s+2} \cdot \dfrac{10}{s^2+1} = \dfrac{-5}{s+1} + \dfrac{4}{s+2} + \dfrac{1}{2}(1+3j)\dfrac{1}{s+j} + \dfrac{1}{2}(1-3j)\dfrac{1}{s-j}$

　　　　$y_f(t) = (4e^{-2t} - 5e^{-t} + \cos t + 3\sin t)\varepsilon(t)$

　　自由响应分量为：$(4e^{-2t} - 5e^{-t})\varepsilon(t)$；

　　强迫响应分量为：$(\cos t + 3\sin t)\varepsilon(t)$。

6 - 9　$I_s(s) = \dfrac{U_L(s)}{3} + \dfrac{U_L(s)+1}{\frac{1}{2}s}$,

　　$U_L(s) = \dfrac{3sI_s(s)}{s+6} - \dfrac{6}{s+6} = \dfrac{3s}{s+6} \cdot \dfrac{5}{s^2} - \dfrac{6}{s+6} = \dfrac{-8.5}{s+6} + \dfrac{2.5}{s}$

　　$u_L(t) = 2.5\varepsilon(t) - 8.5e^{-6t}\varepsilon(t)$

6 - 10　$u_C(t) = \dfrac{1}{2}[te^{-t} - e^{-t} + 1]\varepsilon(t)$

6 - 11　$\left(\dfrac{1}{5} + \dfrac{1}{s}\right)I_1(s) - \dfrac{1}{5}I_2(s) = \dfrac{15}{s}$,　$-\dfrac{1}{5}I_1(s) + \left(\dfrac{1}{2}s + \dfrac{6}{5}\right)I_2(s) = 2$

　　$I_1(s) = \dfrac{-57}{s+3} + \dfrac{136}{s+4}$,　$i_1(t) = (-57e^{-3t} + 136e^{-4t})\varepsilon(t)$

6 - 12　$Y_1(s) = \dfrac{-3}{s+1} = Y_x(s) + Y_{f1}(s) = Y_x(s) + H(s)$

　　$Y_2(s) = \dfrac{1}{s} - \dfrac{5}{s+1} = Y_x(s) + Y_{f2}(s) = Y_x(s) + \dfrac{1}{s}H(s)$

　　$H(s) = \dfrac{1}{s+1}$,　$Y_x(s) = \dfrac{-4}{s+1}$,　$y_x(t) = -4e^{-t}\varepsilon(t)$

　　$Y_{f3}(s) = H(s) \cdot \dfrac{1}{s^2} = \dfrac{1}{s+1} + \dfrac{1}{s^2} - \dfrac{1}{s}$,　$y_{f3}(t) = (e^{-t} + t - 1)\varepsilon(t)$

　　$y_3(t) = y_x(t) + y_{f3}(t) = t - 1 - 3e^{-t}$　　　　$t \geqslant 0$

6 - 13　$Y(s) = \dfrac{s+3}{s^2+3s+2}F(s) + \dfrac{s+5}{s^2+3s+2}$;　　$y_x(t) = (4e^{-t} - 3e^{-2t})\varepsilon(t)$

　　$y_f(t) = L^{-1}\left[\dfrac{s+3}{s^2+3s+2} \cdot F(s)\right] = (e^{-t} - e^{-2t})\varepsilon(t)$;　　$y(t) = (5e^{-t} - 4e^{-2t})\varepsilon(t)$

　　全部是自由响应分量

6 - 14　$sY(s) - y(0_-) + 2Y(s) = F(s)$,　$Y(s) = \dfrac{F(s)}{s+2} + \dfrac{y(0_-)}{s+2}$,　$F(s) = \dfrac{2}{s^2+4}$

　　$Y(s) = \dfrac{2}{(s+2)(s^2+4)} + \dfrac{1}{s+2} = \dfrac{5}{4}\dfrac{1}{s+2} + \left(-\dfrac{1}{8} - \dfrac{1}{8}j\right)\dfrac{1}{s-2j} + \left(-\dfrac{1}{8} + \dfrac{1}{8}j\right)\dfrac{1}{s+2j}$

　　$\leftrightarrow \dfrac{5}{4}e^{-2t} + \dfrac{1}{4}(\sin 2t - \cos 2t)$　　　　$(t \geqslant 0)$

6 - 15　$s^2Y(s) - sy(0_-) - y'(0_-) + 4sY(s) - 4y(0_-) + 3y(s) = 3F(s)$

　　$Y(s) = \dfrac{3}{s^2+4s+3}F(s) + \dfrac{sy(0_-) + y'(0_-) + 4y(0_-)}{s^2+4s+3} = \dfrac{1}{s} + \dfrac{1}{s+1}$,

$$y(t)=(1+\mathrm{e}^{-t})\varepsilon(t)$$

6 - 16　$s^2Y(s)-sy(0_-)-y'(0_-)+5sY(s)-5y(0_-)+6Y(s)=6F(s)$

$$Y(s)=\frac{6}{s^2+5s+6}F(s)+\frac{sy(0_-)+y'(0_-)+5y(0_-)}{s^2+5s+6}$$

$$Y_f(s)=\frac{6}{s^2+5s+6}\cdot\frac{2}{s+1},\qquad Y_x(s)=\frac{1}{s^2+5s+6}$$

$$y_f(t)=6(\mathrm{e}^{-t}+2\mathrm{e}^{-3t}-2\mathrm{e}^{-2t})\varepsilon(t),\ y_x(t)=(\mathrm{e}^{-2t}-\mathrm{e}^{-3t})\varepsilon(t)$$

## 习题 7 参考答案

7 - 1　(a) $H(s)=\dfrac{s^2+3s+2}{s^2+2s+1}$　　　(b) $H(s)=\dfrac{s^2+3s+2}{s^2+2s+1}$

7 - 2

　(1)

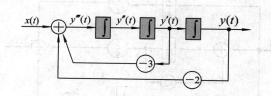

　(2)

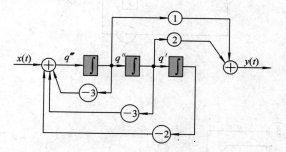

　(3)

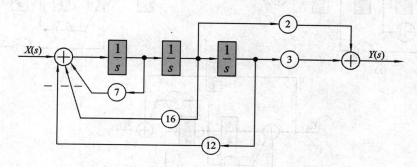

7 - 3　(a) $H(s)=\dfrac{H_1H_2H_3H_5+H_4H_5(1+G_2H_2)}{1+G_1H_1+G_2H_2+G_3H_3+G_1G_2G_3H_4+G_1G_3H_1H_3}$

　　(b) $H(s)=\dfrac{G_1G_2G_3G_7}{1-G_2G_3G_5G_6-G_2G_4G_5}$

(c) $H(s) = \dfrac{G_1 G_2 G_3 G_4 + G_1 G_5 (1 + G_3 H_1)}{1 + (G_3 H_1 + G_4 H_2 + G_2 G_4 H_3)}$

(d) $H(s) = \dfrac{s^3}{s^3 + 6s^2 + 11s + 6}$

(e) $H(s) = \dfrac{H_1 H_2 H_3 H_4 H_5 + H_1 H_5 H_6 (1 - G_3)}{1 - (H_2 G_2 + H_4 G_4 + H_2 H_3 G_1 + G_3 + H_6 G_1 G_4) + H_2 G_2 (G_3 + H_4 G_4)}$

7 - 4　（1）

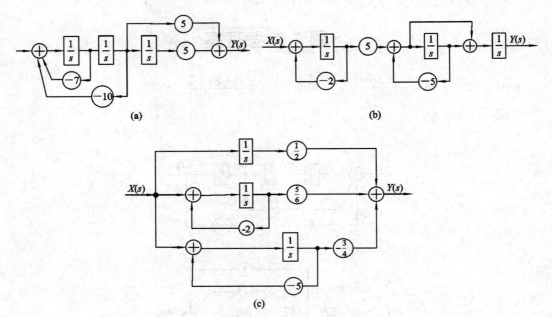

（2）

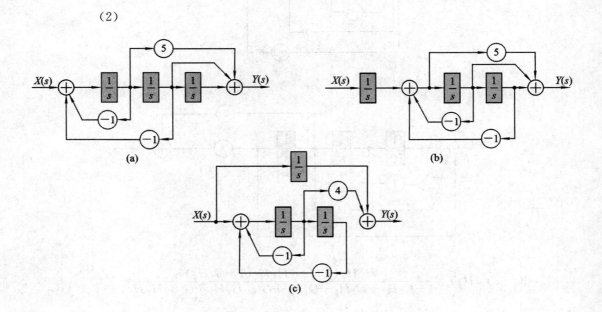

（3）

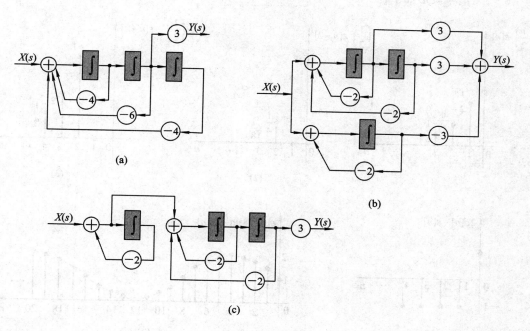

(a)

(b)

(c)

7-5　$H(s)=\dfrac{s^2+s}{s^3+14s^2+42s+30}$

7-6　$y_f(t)=-\dfrac{2}{5}e\left[\dfrac{2}{5}\cos(t-1)+\dfrac{1}{5}\sin(t-1)-\dfrac{2}{5}e^{-2(t-1)}\right]\varepsilon(t-1)$

7-7　(a) $H(s)=\dfrac{(s+2)(s+4)}{(s+1)(s+3)}$ ;

　　(b) $H(s)=\dfrac{(s^2+1)(s^2+3)}{2s(s^2+2)}$ ;

　　(c) $H(s)=\dfrac{2s}{4s^2+6s+1}$

7-8　$R=2\ \Omega$, $L=2$ H, C=0.25 F

7-9　$k<4$ 时系统稳定

7-10　(1) $k<3$ ；(2) $k=3$ 时边沿稳定，$h(t)=\cos\sqrt{2}\,t\varepsilon(t)$。

7-11　$k<2$ 时系统稳定

## 习题 8 参考答案

8-1　(1) 是，$N=8$；

　　(2) 不是；

　　(3) 是，$N=8$；

　　(4) 不是。

8 - 2　信号波形如下：

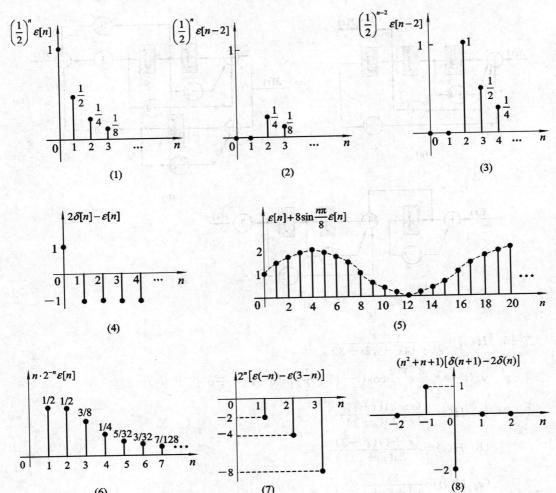

(1)　　　　　　　　(2)　　　　　　　　(3)

(4)　　　　　　　　(5)

(6)　　　　　　　　(7)　　　　　　　　(8)

8 - 3

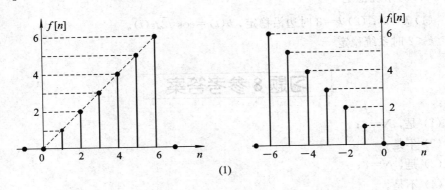

(1)

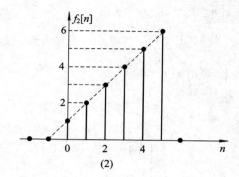

(2)

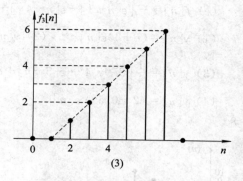

(3)

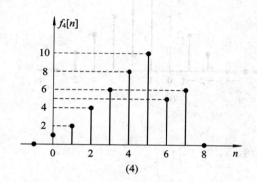

(4)

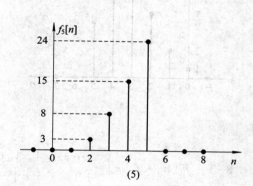

(5)

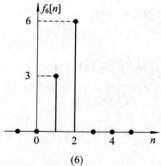

(6)

8-4　(1) $\Delta f[n]=\begin{cases} 0, & n<-1 \\ 1, & n=-1 \\ -(0.5)n+1, & n\geqslant 0 \end{cases}$

　　(2) $\Delta f[n]=\varepsilon[n]$

8-5　(1) $\delta[n]$

　　(2) $\varepsilon[n-1]$

　　(3) $(2n-1)\varepsilon[n-1]$

　　(4) $\delta[n]+a^{n-1}(a-1)\varepsilon[n-1]$

8-6　(a) $f[n]=2[\varepsilon[n]-\varepsilon[n-5]]$

　　(b) $f[n]=\dfrac{1}{2}(n+1)\varepsilon[n]$

(c) $f[n] = -[\varepsilon[n-1] - \varepsilon[n-4]] + [\varepsilon[n-1] - \varepsilon[-n-4]]$

8-7　(1) $y[n] = (n+1)\varepsilon[n]$　　(2) $y[n] = 2\left[1 - \left(\dfrac{1}{2}\right)^{n+1}\right]\varepsilon[n]$

　　(3) $y[n] = \dfrac{1}{9}\left[8^{-3} \cdot 4^n \cdot \varepsilon[5-n] + 8^3\left(-\dfrac{1}{2}\right)^n \varepsilon[n-6]\right]$

　　(4) $y[n] = (2 - 0.5^n)\varepsilon[n]$

8-8

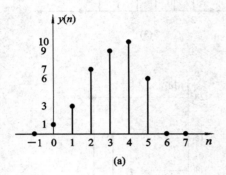

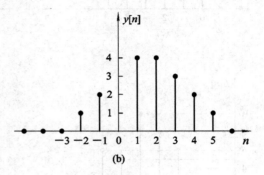

(a)　　　　　　　　　　　(b)

8-9　$f_1[n] * f_2[n] = \left\{ \cdots, 0, 1, 3, 6, 6, 6, 5, 3, 0, \cdots \right\}$
　　　　　　　　　　　　　　　　　↑

8-10　(1) $y_f[n] = \varepsilon[n] - \varepsilon[n-3]$

　　(2) $y_f[n] = (n+1)\varepsilon[n] - 2(n-3)\varepsilon[n-4] + (n-7)\varepsilon[n-8]$

8-11　$y[n] = \left[4 + 3\left(\dfrac{1}{2}\right)^n - \left(-\dfrac{1}{2}\right)^n\right]\varepsilon[n]$

8-12　(1) $y[n] - 7y[n-1] + 10y[n-2] = 14f[n] - 85f[n-1] + 111f[n-2]$

　　(2) $y_f[n] = 2(2^n + 3 \times 5^n + 10)\varepsilon[n] - 2[2^{(n-10)} + 3 \times 5^{(n-10)} + 10]\varepsilon[n-10]$

8-13　(1) $H(E) = \dfrac{E^2}{E^2 - 5E + 6}$　　$h[n] = \dfrac{1}{6}\delta[n] + (3^{n-1} - 2^{n-1})\varepsilon[n]$

　　(2) $H(E) = \dfrac{5E^2}{E^2 - E + 2}$

　　(3) $H(E) = \dfrac{1}{E^2 + 0.5}$

8-14　(1) $y[n] = \dfrac{18}{35}\left(-\dfrac{1}{3}\right)^n - \dfrac{12}{7}\left(\dfrac{1}{4}\right)^n + \dfrac{6}{5}\left(\dfrac{1}{2}\right)^n$　　$n \geqslant 0$

　　(2) $y[n] = (-1)^{n+1} + 2(-2)^n$　　　$n \geqslant 0$

8-15　(1) $h[n] = \delta[n] + 10\left(-\dfrac{1}{3}\right)^n \varepsilon[n-1]$;

　　(2) $h[n] = [(-1)^n - (-2)^n]\varepsilon[n]$

　　(3) $h[n] = \left(\dfrac{1}{4}\right)^n \varepsilon[n]$;

　　(4) $h[n] = [0.8(-0.8)^n + 0.2(0.2)^n]\varepsilon[n]$

8-16　$h[n] = 2\delta[n-1] + \delta[n-2] + 0.5\delta[n-3]$

8 - 17　$h[n] = \delta[n-1] + (-1)^{n-1}\varepsilon[n-1]$,

$\qquad g[n] = \left[\dfrac{3}{2} - \dfrac{1}{2}(-1)^n\right]\varepsilon[n-1]$

8 - 18　(1) $y_x[n] = 2^{n+1} - 2 \cdot 4^n$ $\qquad\qquad n \geqslant -1$

$\qquad$(2) $y_x[n] = -\left(\dfrac{6}{5}\right)^n$ $\qquad\qquad n \geqslant -1$

8 - 19　(1) $y[n] = \dfrac{9}{5}2^n + \dfrac{49}{20}(-3)^n - \dfrac{1}{4}$;

$\qquad$(2) $y[n] = (0.5)^{n+1} + 0.5(-0.4)^n + 2,\ n \geqslant 0$

$\qquad$(3) $y[n] = \dfrac{1}{1+2e}\left[(1+e)(-2)^{n+1} + e^{-n}\right]$;

$\qquad$(4) $y[n] = \dfrac{-e}{1+2e}\left[(-2)^{n+1} - e^{-(n+1)}\right]\varepsilon[n]$

# 习题 9 参考答案

9 - 1　(1) $F(z) = \dfrac{z}{z+1}$; $p = -1$, $\quad z = 0$, $\quad |z| > 1$

$\qquad$(2) $F(z) = \dfrac{z}{z^2-1}$; $|z| > 1$, $\quad p = \pm 1,\ z = 0$

$\qquad$(3) $F(z) = z^{-N}$, $\qquad$ 除零点外的全平面

$\qquad$(4) $F(z) = z^N$, $\qquad$ 除∞点外的全平面

$\qquad$(5) $F(z) = \dfrac{1}{2z-1}$, $|z| > \dfrac{1}{2}$, $p = \dfrac{1}{2}$

$\qquad$(6) $F(z) = 1$, $\qquad$ 整个 $z$ 平面

9 - 2　(1) $F(z) = (1 - z^{-8})\dfrac{z}{z-1}$, $|z| > 1$ $\qquad$(2) $F(z) = \dfrac{z^2}{z^2+1}$, $|z| > 1$

$\qquad$(3) $F(z) = \dfrac{4z^2}{4z^2+1}$, $|z| > \dfrac{1}{2}$ $\qquad$(4) $F(z) = \dfrac{z}{(z-1)^2}$, $|z| > 1$

$\qquad$(5) $F(z) = \dfrac{2z}{(z-1)^3}$, $|z| > 1$ $\qquad$(6) $F(z) = \dfrac{az}{(z-a)^2}$, $|z| > a$

9 - 3　$f_1[n] = \dfrac{(-a)^n}{n!}$, $\quad n \geqslant 0$; $\qquad f_2[n] = \dfrac{1}{(-n)!}\varepsilon[-n]$

9 - 4　(1) $f[n] = [5 + 5 \cdot (-1)^n]\varepsilon[n]$

$\qquad$(2) $f[n] = \dfrac{6}{5} \cdot 5^n \varepsilon[n] + (-1)^n \varepsilon[n] + \left(-\dfrac{1}{5}\right)\delta[n]$

$\qquad$(3) $f[n] = (2n-1)\varepsilon[n-1]$

$\qquad$(4) $f[n] = 6\delta[n] - \dfrac{9}{5}\left(-\dfrac{1}{2}\right)^n\varepsilon[n] - \dfrac{16}{5}\left(\dfrac{1}{3}\right)^n\varepsilon[n]$

9 - 5　(1) $f(n) = (2)^n\varepsilon(n) - \left(\dfrac{1}{2}\right)^n\varepsilon(n)$

$\qquad$(2) $f(n) = -(2)^n\varepsilon(-n-1) + \left(\dfrac{1}{2}\right)^n\varepsilon(-n-1)$

(3) $f(n) = -(2)^n \varepsilon(-n-1) - \left(\dfrac{1}{2}\right)^n \varepsilon(n)$

9-6　(1) $f(n) = \dfrac{2}{3}\delta(n) + \left[\dfrac{1}{3} \cdot 3^n \varepsilon(n) - \left(\dfrac{1}{2}\right)^n\right]\varepsilon(n)$

　　(2) $f(n) = \dfrac{2}{3}\delta(n) + \left[-\dfrac{1}{3} \cdot 3^n + \left(\dfrac{1}{2}\right)^n\right]\varepsilon(-n-1)$

　　(3) $f(n) = \dfrac{2}{3}\delta(n) - \dfrac{1}{3} \cdot 3^n \varepsilon(-n-1) - \left(\dfrac{1}{2}\right)^n \varepsilon(n)$

9-7　(1) $a^{n-2}\varepsilon[n-2]$;　　(2) $\dfrac{1-a^{n+2}}{1-a}\varepsilon[n+1]$;　　(3) $\begin{cases} \dfrac{b^{n+1}-a^{n+1}}{b-a}\varepsilon[n], & a \neq b \\ (n+1)a^n \varepsilon[n], & a = b \end{cases}$

　　(4) $(n-3)\varepsilon[n-4]$; (5) $\dfrac{1}{2}(n+1)n\varepsilon[n]$;　　(6) $\dfrac{b}{b-a}[a^n\varepsilon[n] + b^n\varepsilon[-n-1]]$

9-8　(1) $y[n] = \left[\dfrac{1}{6} + \dfrac{1}{2}(-1)^n - \dfrac{2}{3}2^n\right]\varepsilon[n]$

　　(2) $y[n] = \left[\left(\dfrac{1}{3}n + \dfrac{7}{12}\right)(-1)^n + \dfrac{3}{4} \cdot 3^n\right]\varepsilon[n]$

　　(3) $y[n] = \left[\dfrac{1}{3} + \dfrac{4\sqrt{3}}{3}\sin\dfrac{2\pi}{3}n + \dfrac{2}{3}\cos\dfrac{2\pi}{3}n\right]\varepsilon[n]$

9-9　$y_{f1}[n] = \dfrac{1}{1-\alpha}\varepsilon[n] + \dfrac{1}{\alpha-1}\alpha^{n+1}\varepsilon[n]$; $y_{f2}[n] = \dfrac{e^{j\omega(1+n)}}{e^{j\omega}-\alpha}\varepsilon[n] + \dfrac{1}{\alpha-e^{j\omega}}\alpha^{n+1}\varepsilon[n]$

9-10　(1) $H(z) = \dfrac{3z}{z+1} - \dfrac{2z}{z+2}$,不稳定;　　(2) $H(z) = \dfrac{3z^2+2z}{z^2-4z-5}$,稳定

　　(3) $H(z) = \dfrac{z^3+z^2+2z+2}{z^3}$,不稳定;　　(4) $H(z) = \dfrac{z+2}{z^2+2z+2}$,不稳定

9-11　(1)

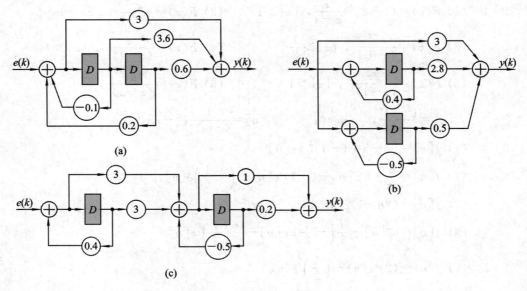

（2）

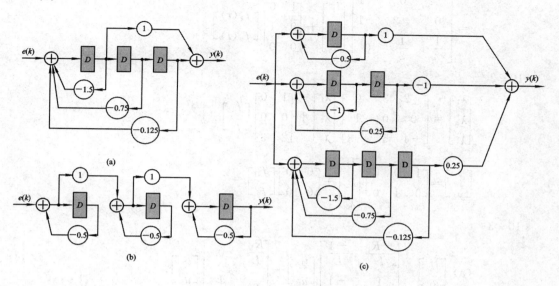

9-12　（1）$H(z)=\dfrac{z(z+1)}{z^2+0.8z-0.2}$　　　（2）临界稳定

（3）$y[n]+0.8y[n-1]-0.2y[n-2]=f[n]+f[n-1]$

（4）$h[n]=(0.2)^n\varepsilon[n]$

（5）$y_x[n]=\left[\dfrac{5}{3}(0.2)^n-\dfrac{2}{3}(-1)^n\right]\varepsilon[n]$

$y_f[n]=\left[\dfrac{5}{4}-\dfrac{1}{4}(0.2)^n\right]\varepsilon[n]$，$y[n]=\left[\dfrac{5}{4}+\dfrac{17}{12}(0.2)^n-\dfrac{2}{3}(-1)^n\right]\varepsilon[n]$

# 习题 10 参考答案

10-1

（a）$\begin{bmatrix} i_2' \\ u_3' \end{bmatrix}=\begin{bmatrix} -\dfrac{R_2}{L_2} & \dfrac{1}{L_2} \\ -\dfrac{1}{C_3} & -\dfrac{1}{R_1C_3} \end{bmatrix}\begin{bmatrix} i_2 \\ u_3 \end{bmatrix}+\begin{bmatrix} 0 \\ \dfrac{1}{R_1C_3} \end{bmatrix}f(t)$；

（b）$\begin{bmatrix} u_1' \\ i_2' \end{bmatrix}=\begin{bmatrix} -1 & -2 \\ \dfrac{1}{2} & -1 \end{bmatrix}\begin{bmatrix} u_1 \\ i_2 \end{bmatrix}+\begin{bmatrix} 2 \\ 0 \end{bmatrix}i(t)$

（c）$\begin{bmatrix} i_1' \\ i_2' \\ u_3' \end{bmatrix}=\begin{bmatrix} -\dfrac{R_1}{L_1} & 0 & -\dfrac{1}{L_1} \\ 0 & -\dfrac{R_2}{L_2} & -\dfrac{1}{L_2} \\ \dfrac{1}{C_3} & \dfrac{1}{C_3} & 0 \end{bmatrix}\begin{bmatrix} i_1 \\ i_2 \\ u_3 \end{bmatrix}+\begin{bmatrix} \dfrac{1}{L_1} & 0 \\ 0 & \dfrac{1}{L_2} \\ 0 & 0 \end{bmatrix}\begin{bmatrix} f_1(t) \\ f_2(t) \end{bmatrix}$

$$= \begin{bmatrix} -2 & 0 & -1 \\ 0 & -2 & -1 \\ \dfrac{1}{2} & \dfrac{1}{2} & 0 \end{bmatrix} \begin{bmatrix} i_1 \\ i_2 \\ u_3 \end{bmatrix} + \begin{bmatrix} 1 & 0 \\ 0 & 1 \\ 0 & 0 \end{bmatrix} \begin{bmatrix} f_1(t) \\ f_2(t) \end{bmatrix}$$

**10 - 2**

$$\begin{bmatrix} \dot{\lambda}_1 \\ \dot{\lambda}_2 \\ \dot{\lambda}_3 \end{bmatrix} = \begin{bmatrix} -2 & 3 & 0 \\ 0 & 0 & 1 \\ -4 & 5 & -3 \end{bmatrix} \begin{bmatrix} \lambda_1 \\ \lambda_2 \\ \lambda_3 \end{bmatrix} + \begin{bmatrix} 1 & 0 \\ 0 & 0 \\ 2 & 3 \end{bmatrix} \begin{bmatrix} f_1 \\ f_2 \end{bmatrix}$$

$$\begin{bmatrix} y_1 \\ y_2 \end{bmatrix} = \begin{bmatrix} 1 & 0 & 0 \\ 0 & 1 & 0 \end{bmatrix} \begin{bmatrix} \lambda_1 \\ \lambda_2 \\ \lambda_3 \end{bmatrix} + \begin{bmatrix} 0 & 0 \\ 0 & 0 \end{bmatrix} \begin{bmatrix} f_1 \\ f_2 \end{bmatrix}$$

**10 - 3**

(a) $\begin{bmatrix} \dot{i}_L \\ \dot{u}_C \end{bmatrix} = \begin{bmatrix} \dfrac{-R_1}{L} & \dfrac{-1}{L} \\ \dfrac{1}{C} & \dfrac{-1}{R_2 C} \end{bmatrix} \begin{bmatrix} i_L \\ u_C \end{bmatrix} + \begin{bmatrix} \dfrac{R_1}{L} & 0 \\ 0 & \dfrac{1}{R_2 C} \end{bmatrix} \begin{bmatrix} i_S \\ u_S \end{bmatrix},$

$$\begin{bmatrix} y_1 \\ y_2 \end{bmatrix} = \begin{bmatrix} -R_1 & 0 \\ 0 & 1 \end{bmatrix} \begin{bmatrix} i_L \\ u_C \end{bmatrix} + \begin{bmatrix} R_1 & 0 \\ 0 & -1 \end{bmatrix} \begin{bmatrix} i_S \\ u_S \end{bmatrix}$$

(b) $\begin{bmatrix} \dot{i}_L \\ \dot{u}_C \end{bmatrix} = \begin{bmatrix} -1 & 0.5 \\ -2 & -1 \end{bmatrix} \begin{bmatrix} i_L \\ u_C \end{bmatrix} + \begin{bmatrix} 0 \\ 2 \end{bmatrix} f(t), \quad y(t) = \begin{bmatrix} -2 & 1 \end{bmatrix} \begin{bmatrix} i_L \\ u_C \end{bmatrix}$

**10 - 4**

(a) $\begin{bmatrix} x_1' \\ x_2' \\ x_3' \end{bmatrix} = \begin{bmatrix} -2 & 0 & 0 \\ 5 & -5 & 0 \\ 5 & -4 & 0 \end{bmatrix} \begin{bmatrix} x_1 \\ x_2 \\ x_3 \end{bmatrix} + \begin{bmatrix} 1 \\ 0 \\ 0 \end{bmatrix} f(t); \quad y = \begin{bmatrix} 0 & 0 & 1 \end{bmatrix} \begin{bmatrix} x_1 \\ x_2 \\ x_3 \end{bmatrix}$

(b) $\begin{bmatrix} x_1' \\ x_2' \\ x_3' \end{bmatrix} = \begin{bmatrix} 0 & 0 & 0 \\ 0 & -2 & 0 \\ 0 & 0 & -5 \end{bmatrix} \begin{bmatrix} x_1 \\ x_2 \\ x_3 \end{bmatrix} + \begin{bmatrix} 1 \\ 1 \\ 1 \end{bmatrix} f(t); \quad y = \begin{bmatrix} \dfrac{1}{2} & \dfrac{5}{6} & \dfrac{4}{3} \end{bmatrix} \begin{bmatrix} x_1 \\ x_2 \\ x_3 \end{bmatrix}$

**10 - 5**

$$\begin{bmatrix} \dot{x}_1(t) \\ \dot{x}_2(t) \end{bmatrix} = \begin{bmatrix} -4 & -3 \\ 0 & -3 \end{bmatrix} \begin{bmatrix} x_1(t) \\ x_2(t) \end{bmatrix} + \begin{bmatrix} 0 \\ 1 \end{bmatrix} f(t);$$

$$y(t) = \begin{bmatrix} 1 & 0 & 0 \end{bmatrix} \begin{bmatrix} x_1(t) \\ x_2(t) \\ x_3(t) \end{bmatrix} + \begin{bmatrix} 0 \end{bmatrix} f(t)$$

**10 - 6**

(a) $\begin{bmatrix} \dot{\lambda}_1(t) \\ \dot{\lambda}_2(t) \end{bmatrix} = \begin{bmatrix} -3 & 0 \\ 2 & -1 \end{bmatrix} \begin{bmatrix} \lambda_1(t) \\ \lambda_2(t) \end{bmatrix} + \begin{bmatrix} 8 & 7 \\ 4 & 1 \end{bmatrix} \begin{bmatrix} f_1(t) \\ f_2(t) \end{bmatrix};$

$$r(t) = \begin{bmatrix} 2 & 3 \end{bmatrix} \begin{bmatrix} \lambda_1(t) \\ \lambda_2(t) \end{bmatrix}$$

(b) $\begin{bmatrix} \dot{\lambda}_1(t) \\ \dot{\lambda}_2(t) \\ \dot{\lambda}_3(t) \end{bmatrix} = \begin{bmatrix} -4 & -\dfrac{1}{2} & 4 \\ 0 & -3 & 4 \\ 0 & 0 & -1 \end{bmatrix} \begin{bmatrix} \lambda_1(t) \\ \lambda_2(t) \\ \lambda_3(t) \end{bmatrix} + \begin{bmatrix} 0 \\ 0 \\ 1 \end{bmatrix} f(t)$; $y(t) = \begin{bmatrix} 1 & 0 & 0 \end{bmatrix} \begin{bmatrix} \lambda_1(t) \\ \lambda_2(t) \\ \lambda_3(t) \end{bmatrix}$

(c) $\begin{bmatrix} \dot{\lambda}_1(t) \\ \dot{\lambda}_2(t) \\ \dot{\lambda}_3(t) \end{bmatrix} = \begin{bmatrix} 0 & 1 & 0 \\ 0 & 0 & 1 \\ 0 & -10 & -7 \end{bmatrix} \begin{bmatrix} \lambda_1(t) \\ \lambda_2(t) \\ \lambda_3(t) \end{bmatrix} + \begin{bmatrix} 0 \\ 0 \\ 1 \end{bmatrix} f(t)$; $r(t) = 5\lambda_1(t) + 5\lambda_2(t)$

10 - 7

(1) $\begin{bmatrix} \dot{x}_1 \\ \dot{x}_2 \end{bmatrix} = \begin{bmatrix} 0 & 1 \\ -3 & -4 \end{bmatrix} \begin{bmatrix} x_1 \\ x_2 \end{bmatrix} + \begin{bmatrix} 0 \\ 1 \end{bmatrix} f$, $\quad y = \begin{bmatrix} 1 & 1 \end{bmatrix} \begin{bmatrix} x_1 \\ x_2 \end{bmatrix}$

(2) $\begin{bmatrix} \dot{x}_1 \\ \dot{x}_2 \\ \dot{x}_3 \end{bmatrix} = \begin{bmatrix} 0 & 1 & 0 \\ 0 & 0 & 1 \\ -2 & -1 & -5 \end{bmatrix} \begin{bmatrix} x_1 \\ x_2 \\ x_3 \end{bmatrix} + \begin{bmatrix} 0 \\ 0 \\ 1 \end{bmatrix} f$, $\quad y = \begin{bmatrix} 2 & 1 & 0 \end{bmatrix} \begin{bmatrix} x_1 \\ x_2 \\ x_3 \end{bmatrix}$

10 - 8

(1) $\begin{bmatrix} \dot{x}_1(t) \\ \dot{x}_2(t) \end{bmatrix} = \begin{bmatrix} 1 & 0 \\ -12 & -7 \end{bmatrix} \begin{bmatrix} x_1(t) \\ x_2(t) \end{bmatrix} + \begin{bmatrix} 0 \\ 1 \end{bmatrix} f(t)$,

$y(t) = \begin{bmatrix} 10 & 3 \end{bmatrix} \begin{bmatrix} x_1(t) \\ x_2(t) \end{bmatrix}$（直接形式）

直接形式的流图如下：

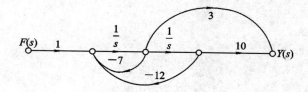

(2) $\begin{bmatrix} \dot{x}_1(t) \\ \dot{x}_2(t) \end{bmatrix} = \begin{bmatrix} -3 & 1 \\ 0 & -4 \end{bmatrix} \begin{bmatrix} x_1(t) \\ x_2(t) \end{bmatrix} + \begin{bmatrix} 0 \\ 1 \end{bmatrix} f(t)$,

$y(t) = \begin{bmatrix} 10 & 3 \end{bmatrix} \begin{bmatrix} x_1(t) \\ x_2(t) \end{bmatrix}$（串联形式）

串联形式的流图如下：

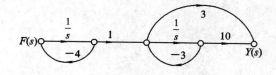

(3) $\begin{bmatrix} \dot{x}_1(t) \\ \dot{x}_2(t) \end{bmatrix} = \begin{bmatrix} -3 & 0 \\ 0 & -4 \end{bmatrix} \begin{bmatrix} x_1(t) \\ x_2(t) \end{bmatrix} + \begin{bmatrix} 1 \\ 1 \end{bmatrix} f(t)$,

$y(t) = \begin{bmatrix} 1 & 2 \end{bmatrix} \begin{bmatrix} x_1(t) \\ x_2(t) \end{bmatrix}$（并联形式）

并联形式的流图如下：

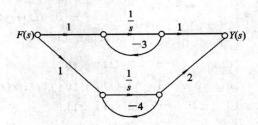

10 - 9　(1)　$\begin{bmatrix} \dot{x}_1(t) \\ \dot{x}_2(t) \end{bmatrix} = \begin{bmatrix} -4 & 1 \\ -3 & 0 \end{bmatrix} \begin{bmatrix} x_1(t) \\ x_2(t) \end{bmatrix} + \begin{bmatrix} 1 \\ 1 \end{bmatrix} f(t)$；　　　$y(t) = \begin{bmatrix} 1 & 0 \end{bmatrix} \begin{bmatrix} x_1(t) \\ x_2(t) \end{bmatrix}$

　　　　(2)　$\dfrac{d^2}{dt^2} y(t) + 4 \dfrac{d}{dt} y(t) + 3 y(t) = \dfrac{d}{dt} f(t) + f(t)$。

## 习题 11 答案

11 - 1　$y(t) = 1 + \cos 2t$

11 - 2　$y(t) = 1 + \dfrac{1}{3} \cos 2t$

11 - 3　$H(j\omega) = \dfrac{2}{A^2} G_{2\omega_C}(\omega)$，$\omega_C$ 为门信号截止频率，且 $\omega_H \leqslant \omega_C$。DSB 调制与解调系统。